AI产品设计与交互原型开发

姜立军　主编

华南理工大学出版社
SOUTH CHINA UNIVERSITY OF TECHNOLOGY PRESS
·广州·

图书在版编目（CIP）数据

AI 产品设计与交互原型开发 / 姜立军主编. --广州：华南理工大学出版社，2024.11
ISBN 978 – 7 – 5623 – 7554 – 8

Ⅰ.①A…　Ⅱ.①姜…　Ⅲ.①人工智能 – 应用 – 产品设计 – 高等学校 – 教材
Ⅳ.①TB472–39

中国国家版本馆 CIP 数据核字（2024）第 063518 号

AI CHANPIN SHEJI YU JIAOHU YUANXING KAIFA
AI 产品设计与交互原型开发
姜立军　主编

出 版 人：房俊东
出版发行：华南理工大学出版社
（广州五山华南理工大学17号楼，邮编510640）
http://hg.cb.scut.edu.cn　E-mail: scutc13@scut.edu.cn
营销部电话：020-87113487　87111048（传真）
策划编辑：王魁葵
责任编辑：周　扬　骆　婷
责任校对：王洪霞　梁晓艾
印 刷 者：广州小明数码印刷有限公司
开　　本：787 mm × 1092 mm　1/16　印张：26.5　字数：548 千
版　　次：2024 年 11 月第 1 版　2024 年 11 月第 1 次印刷
印　　数：1 ～500 册
定　　价：66.00 元

内容简介

AI（artificial intelligence，人工智能）带来设计的流程、范畴、对象，以及设计思维中的逻辑、判断、指标等一整套设计范式的变化，拓展了设计对象和边界。设计师的思维方式从关注人机交互（human-computer interaction）转变为人机协同（human-computer collaboration）思维模式。人与人工智能系统协同设计、集成大众智慧与人工智能的众包设计等设计观念不断拓展，AIGC 成为 Web 3.0 的重要特征，也成为众多企业及设计师普遍采用的设计创意手段。以 AI 为支撑的设计工具得到了极大的丰富，其参数化、智能化的计算设计能力可以产生许多不同的设计备选方案的集合，构建设计空间，激发创造性的想法，重构问题框架，拓宽设计范围，为设计师创造了新的生产力。设计师在关注 AI 的潜在风险和道德影响的同时，积极将 AI 作为创新工具来使用，建立一种更具协作性、创造性和可持续性的设计方式。本书从“AI 作为设计工具”“AI 作为设计材料”和“AI 作为设计对象”三个层面展开，呈现“AI＋设计”的诱人前景，为读者介绍了 AI 产品在市场分析、需求分析、竞品分析、系统设计、详细设计方面的基本流程、内容以及快速原型方法，并通过实际案例展现如何从无到有构建人工智能产品的过程。本书适合设计类专业本科生和研究生阅读，对产品经理也有一定的参考价值。

前 言

AI 产品作为人与人、人与物、物与物互联的应用终端，从智能信息产品延伸到智能硬件，在智能玩具、智能家居、医疗健康、智能汽车、机器人等领域具有广泛的应用场景，成为信息技术与各类产业融合的交汇点。

设计 AI 产品以共性的计算软硬件为基础，以智能感知、无线互联、大数据处理及显示部件等新一代信息技术为特征，以各类新型材料和计算机硬件为载体，对外部环境信息进行自动感知、分类加工、智能处理，帮助不同类型的用户获得更好的应用体验。在考虑更好地为人服务的同时，AI 产品设计必须结合特定的应用场景，综合成本、需求和实现可能性，以更广阔的视角考虑智能产品与人、社会、环境之间的关系，设计师需要参与数据采集、模型开发、上线部署等多个环节，这使得 AI 产品设计流程异常复杂。

本书围绕构建 AI 产品与服务主题，面向设计专业的学生，介绍与 AI 一起设计、利用 AI 作为设计工具，以及应用 AI 的相关产品或服务的概念、设计流程与方法。首先对设计中的 AI 进行阐述，提出 AI 设计师的能力需求与职责；然后针对集群智能产品、智能信息产品、智能硬件产品设计，提出设计 AI 产品的流程和方法；最后，综合应用设计思维和计算思维，通过实践案例，开发 AI 产品系统交互原型，利用 AI 进行设计创作。本书期望设计师在行动和反思中，以 AI 为工具、对象和设计材料，通过与 AI 对话有效地展示 AI 产品与服务，习得设计实践初步经验。

本书由姜立军主编，在信息和资源方面得到了许多人的帮助。本书第一章第一节参考了张民吉发表的部分社交媒体内容。第四章、第五章两个设计实践案例取材于华南理工大学翟卓然、许斌聪的毕业设计论文，为尊重原作者及其指导教师的创作思路，未对内容进行大的修改和调整。最后一章的两个设计案例取材于谭晋邦、陈玉容等人《先进设计》课程项目作业。关于 AI 产品开发流程和智能硬件产品开发流程部分，参考了董海洋、刘海峰发布的产品经理相关教学资源。华南理工大学研究生赵疏桐、谭玉林同学参与了本书图片相关设计工作。此外，为了在教学中更全面地反映 AI 的应用范围，本书还参考了大量网络资料，鉴于人工智能的发展速度，无法对所有资料来源进行详细说明，且很多应用软件与模型几乎以周为时间单位更新，AI 设计应用工具更是如雨后春笋般全面发展，由于这些创新应用中不乏个体或小微创业团体发布的产品，使得这些工具的界面或者功能可能与本书图示存在差异，甚至书中提到的一些链接或参考文献中的资料在本书出版时很可能不再有效，如果出现这种情况，请读者积极反馈，以便修订或勘误。同时，文中 AI 生成内容及部分访谈记录，为求真实，均保持原貌不作修改。

在此，向所有对本书编写、出版给予帮助的朋友致以诚挚感谢。因编者水平所限，错漏疏忽之处在所难免，敬请读者不吝指正。

编　者

2024 年 3 月

目录
CATALOGUE

第一章

设计中的 AI

自20世纪80年代初以来，“设计中的人工智能（AI in design）”蓬勃发展，人们试图使用人工智能的技术和方法来研究设计过程，以增强设计或实现自动化设计。AI在需求定义、设计生成、设计问题的求解、设计过程的优化以及大型复杂工程设计问题分析、设计评估等方面提供了辅助。AI扩展了设计的边界，也带来设计范畴、生产流程、对象，以及设计思维中的逻辑、判断、指标等一整套设计范式的变化。设计师在设计中考虑AI的潜在风险和道德因素的同时，必须将AI作为强大的创新工具，研究出更具协作性、创造性和可持续性的设计方法。

1.1 AI设计概述

2017年同济大学特赞设计与人工智能实验室针对人工智能对设计的影响，就以下四个问题进行了广泛的问卷调查。

（1）设计的目的、结果和过程是否可以被数据化和算法化。

（2）人工智能对设计意味着什么，与设计师除了取代和被取代的关系之外，是否存在共生可能。

（3）设计师所服务的不同行业已经被数据、算法和智能技术深度改造，人工智能是否会赋能新的设计思想、方法、路径、工具、角色。

（4）人机共同协作的设计，其知识产权归属如何确定，设计是否可以在技术垄断和人文自由之间扮演更重要的文化作用。

自该调查报告发布不到5年时间，AI设计在以下几个方面取得重要进展。

（1）设计对象和边界得到极大的拓展。在超大规模算力和5G低延迟网络技术支持下，互动游戏、社交网络、虚拟社会和数字地球概念全面交叉融合，基于平行计算的社会信息物理系统下的元宇宙、数字孪生、混合现实系统成为新的设计对象。

（2）设计师的角色和工作流程被重塑。AI设计将专注于人工智能系统与人类认知之间的合作和理解，设计师的思维方式从关注人机交互转变为人机协同思维模式。人与人工智能系统协同设计、集成大众智慧与人工智能的众包设计等设计观念不断拓展，AIGC成为Web 3.0的重要特征，也成为众多企业及设计师普遍采用的设计创意手段。

（3）以AI为支撑的设计工具得到了极大的丰富。设计工具越来越多地集成了参数化、智能化计算设计能力，为设计师创造了新的生产力。从广义上讲，人工智能可以被整合到交互式系统中，这些系统接收有关设计师已经做什么、正在做什么的数据，并推荐适合当前设计环境的行动。系统与设计人员处理所需的信息源连接，包含丰富设计示例，设计特征、元素的知识库，AI提供丰富的自动化操作，并将工具的控制权转移给设计师。这种“用户主导，AI建议足够细节”的范式可以提升用户体验。

（4）AI概念设计有创意层面的新突破。遗传编程算法可以从初始设计开始，生成更好地满足预定义适应度函数的替代方案，通过突变、组合和重组大型知识库中的先验概念，自动生成新的设计概念；生成式对抗网络（GAN）和生成式预训练全注意力网络（GPT）已经显示出有效生成更多和更新颖的设计能力，可以产生许多不同的设计备选方案的集合，构建设计空间，激发创造性的想法，重构问题框架，扩大设计范围。

（5）AI大模型显示出对设计前端的支撑能力。例如，在用研层面可以作为同理心触发器，增强观察者的情感感知能力，将设计师的知识和经验与用户联系起来，可以在工作环境缺乏外部信息时为设计构思提供信息，有助于产生实用和创造性的设计思维。AI可以帮助设计师挖掘和分析用户使用产品或服务的数字足迹，建构同理心，获得洞察点，并转化为具体的设计需求，还可以通过自动评估和筛选设计概念，加速设计过程。正如Arcadis建筑与规划事务所伦敦副总监Caoimhe Loftus所说：“设计的发展曾因我们的手动绘图和分析能力而受到限制。如今，我们可以借助人工智能的力量，以更快的速度生成并分析更多方案，从而提供更加明智且可靠的设计解决方案。”

从历史发展的角度来看，人作为生产力最大的价值就在于创造。正如工业革命时期，机器虽然代替了不少人力的使用，但是人在更需要发挥创造力的地方找到了自己的价值，以ChatGPT为代表的人工智能，其发展的方向也会这样。事实上，AIGC（AI创造内容）早已经在不少领域发挥着比“一本正经地闲聊”更大的价值，只是因为没有直面大众而缺乏像ChatGPT这样的感知而已。在医疗健康方面，AI语音生成技术能够帮助病人“开口说话”。语音合成软件制造商Lyrebird为渐冻症患者设计的语音合成系统，通过实现“声音克隆”，帮助患者重新获得“自己的声音”。AI数字人也能帮助阿尔茨海默病患者与他们可能记得的年轻面孔或者逝去的亲人互动。此外，AIGC也可以用于文物修复，助力文物的保护传承。腾讯就是利用360°沉浸式展示技术、智能音视频技术、人工智能等技术手段，对敦煌古壁画进行数字化分析与修复。在国外，DeepMind合作开发的深度神经网络模型Ithaca可以修复残缺的历史碑文。过去十年来，人工智能已经能够创作小说、编写剧本、谱曲并创作屡获殊荣的视觉艺术作品。随着人工智能在创意行业得到广泛应用，这种现象引发了人们对于失业问题的担忧，但与此同时，人们可以借此机会将简单而低效的工作交由机器来完成，而能够批判性思考并从多个角度解决问题的设计师在人工智能时代可能会更成功。借助这些工具，设计师可以快速测试多个解决方案，并最终获得让各方均满意的设计方案，避免了针对每个方案的反复建模和修改，正如AI设计工具Midjourney和DALL-E，为我们呈现了人工智能如何帮助设计师在几秒内创造独一无二的杰作。在此过程中，设计师的角色发生了变化，不再需要亲手制作作品，只需选择正确的提示符，就可以获得符合预期的设计和成果。尽管采用新工具的过程会有诸多困难，但设计师不能忽视行业变革的重要性。人工智能及其他新兴技术将成为未来设计的一部分，它们将使我们的工作变得更加高效。虽然人工智能将改变设计工作现状，但这种智能技术将取代人类的想法并不完全准确。随着技术的发展和经济的变革，业务流程的变化是自然而然的，设计工作过程也会受此影响。了解了人工智能将如何深刻地改变设计过程后，设计师们不必将人工智能视为威胁，而应该着眼于人工智能为设计领域带来的机遇，它对设计实践和设计原则的影响，以及设计师的工作将发生的变化。

1.1.1 AI与创造力循环地图

奈丽·奥克斯曼（Neri Oxman）在《设计与科学学报》发表的“纠缠时代”一文，提出了在科学、工程、设计和艺术四个领域创造性探索与创意循环的KCC（创造力克氏循环）的假设（图1-1），阐释了学科之间不再是割裂离散的孤岛这一命题，认为科学的作用是解释和预测我们周围的世界，它将信息转化为知识；工程的作用是将科学知识应用于实践问题解决方案的开发，它将知识转化为使用；设计的作用是解决实施拥有最强功能和增强人类体验的方案，它将使用转化为行为；艺术的作用是质疑人类的行为并提醒我们对周围世界的感知，它将行为转化为新的信息观念，重新呈现在KCC循环中科学开始时的数据，从而获得了关于世界的新信息，并激发了新的科学探究。创意能力在这个循环里不停地生成、消费和释放，知识不再被归于也不再产生于学科边界内，而是完全纠缠在一起，其中一个领域可以在另一领域内引发革命或演化，单个个体或项目可以横跨多个领域。

人类今天面临的主要问题都不是一个单一学科的问题，而是涉及复杂的社会技术系统和诸多的利益相关者的问题。设计需要从关注“造物”转而面向这些“大系统”和“大问题”。人类应对时代挑战、探索更好的未来的过程，就是一个大设计的过程。面对利益相关者众多，设计对象多元，设计要素复杂，设计流程冗长，设计数据丰富，设计工具效率低下的创造力生产需求，AI基于数据媒介，能融合不同学科的知识，从而可以全面深度介入设计的前端、参与设计的求解、简化设计的结果呈现，促进设计大众化，引领技术创新，推动艺术与科技融合，成为创造力克氏循环的催化剂。

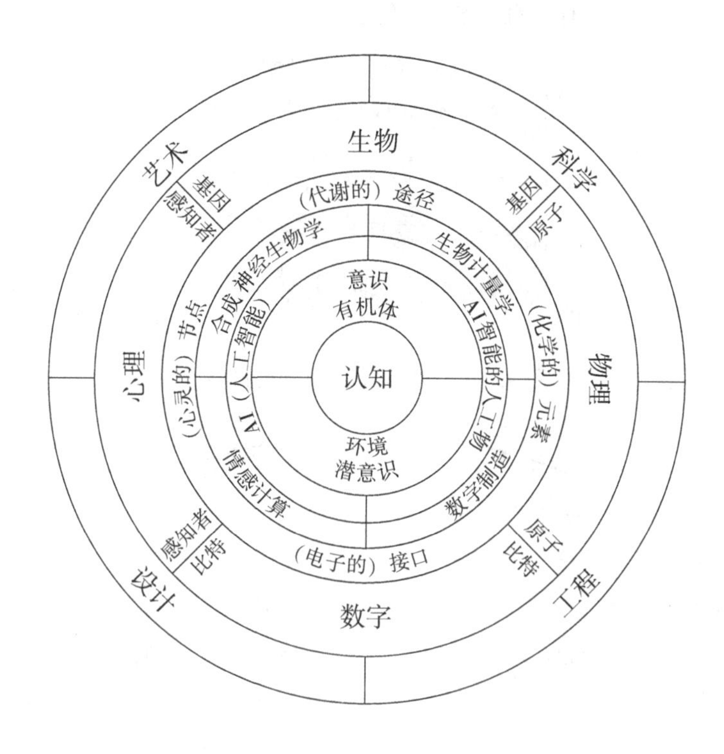

图 1–1 创造力克氏循环（KCC）

1.1.2 设计要素与逻辑

在创造力克氏循环中，设计是“人类在生存实践过程中，参与认识世界与改造世界的范式之一”，它将人的需求与技术、商业相结合，通过对思维要素的拆解，基于合理的逻辑形式进行梳理、权衡、推论、组合、判断，最终服务于设计的目的和价值，创造性、系统性、前瞻性地解决问题。

设计要素关注内容，设计逻辑形式用于组织要素，而执行路径则是将要素按照逻辑形式，封装在具体执行的顺序上。如图 1–2 所示 Jesse James Garrett 的用户体验要素 5 层级，将各要素以战略层、范围层、结构层、框架层、表现层进行排布，其中层级就是一种逻辑形式，基于此，我们知道要素间存在前提关系。英国设计协会（British Design Council）提出的双钻模型（double diamond），也是一种逻辑形式，它告诉我们在设计思考的过程中，需要保持发散—收拢定义—再发散—收拢定义的方式。图 1–3 描述了设计的执行路径。

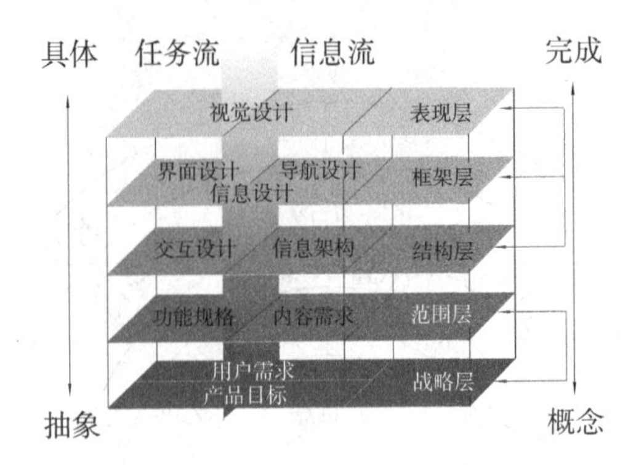

图 1–2 设计的设计要素和逻辑形式

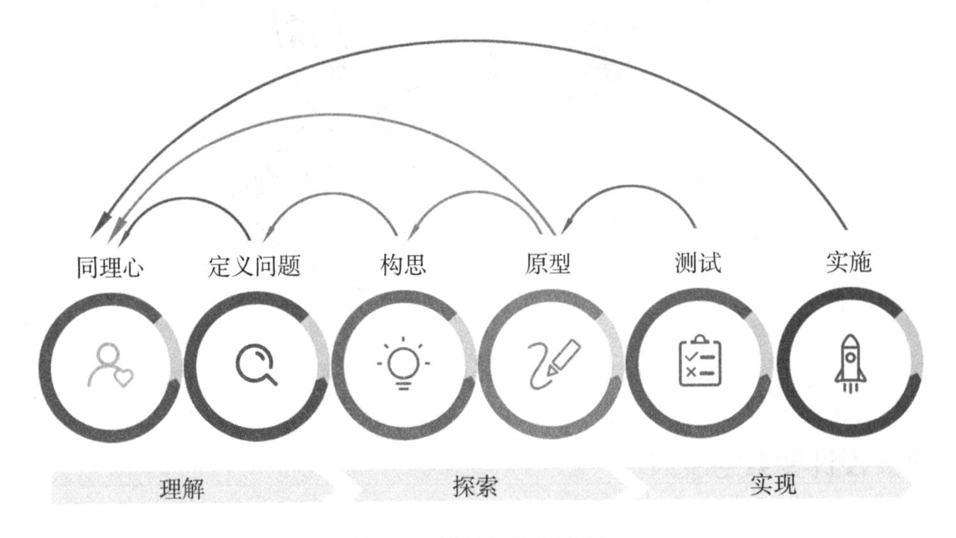

图 1–3 设计的执行路径

“思维要素”“逻辑形式”“执行路径”告诉我们要做什么，以及怎么做，但没有回答做到什么程度、具体指标、状态的好或者坏，而“价值判断模型”用于逻辑跳转的判定和结果的衡量，例如迪特拉姆斯的好设计十大原则（图 1–4）、交互设计的十大原则、品牌命名的原则、色彩搭配的原则、版式构成的法则等。

1.1.3 设计认知的层次结构

W. J. T 米歇尔在他的《图像学》（*Iconology*）中提出了人在认识世界的过程中，通过自身的感知通道，能够建立起形象（image）、文本（text）、意识形态（ideology）三种对事物的认识状态。形象、文本、意识形态与康德（Immanuel Kant）在《纯粹理性批判》一书中将人的认识活动划分的感性、知性和理性三个阶段相辅相成。这三种状态是如何被建立并统一起来的，是建立智能设计框架的前提问题。

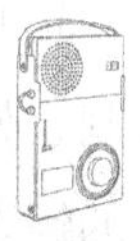

好的设计是创新的

可能用创新来衡量设计是不准确的，但是科技的发展总是为设计提供更多的创新。而创新的设计总是与创新技术息息相关，并且永不终止

好的设计是实用的

产品是买来使用的，但不仅仅是满足使用功能，同时也要满足心理功能和审美功能。好设计集中在好的使用性，而摒弃一切阻碍好用性的问题

好的设计是美观的

漂亮的外观对于产品也是非常有用的，因为我们的用户每天都会使用产品，好的外观会提升他们的幸福感。不过只有实用的产品才是漂亮的

好的设计是容易使用的

好的设计有一个清晰的结构，好的设计能让产品说话，最好的设计能让产品一目了然，无须说明书帮忙

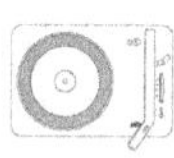

好的设计是不显眼的

产品就好像工具一样满足用户的目的。它们在具有功能性的同时也像艺术品一样，应该是中立而克制的，为用户的自我表达留出空间

好的设计是诚实的

不夸张产品本身的创意、功能和价值。不试图用实现不了的承诺去欺骗消费者

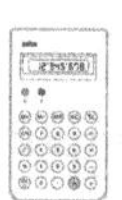

好的设计是可持续的

避免时尚元素，所以就不会过时。不像时尚设计，它会持续很久，哪怕是在现在的社会中都会脱颖而出

好的设计是细致的

任何事情都不能随心所欲、听之任之。设计过程中的谨慎和准确体现了对用户的尊重

好的设计是环保的

好的设计对保护环境有重要的贡献。它让产品在其生命周期内能够节约资源和最大限度地减少对自然的损害以及视觉的污染

好的设计是极简的

少即是多，因为把设计集中在基本的地方，让产品变得无负担，没有赘余的东西。回归纯净，回归简单

图 1-4　好设计的十大原则

（1）感性阶段，指对事物的直观感知。当一个事物呈现在我们面前的时候，无论是一块石头，一缕阳光，还是一段音乐，一副设计作品，我们都会对其产生感觉，在我们对这个事物的一切描述产生以前，这份感觉就已经存在。这些对于事物的直观感知建立的就是一种形象，但它是表面的，感觉上的，因此我们称其为“表象 / 感象”，这种表象是瞬时、此刻、当下的，在语言、逻辑、价值观表述出来以前，我们就能分辨感觉的强烈、明确、平缓、细微程度，这些直接作用于我们的情绪触发。

（2）知性阶段，指对感知的逻辑分析。呈现在我们面前的“事物”还只是一种随意、不成型、漫流态的感觉表象，但如果我们需要对其进行把握、控制、处理，则需要将其建立为一个具体的“对象”和“对象的属性”，例如一个具体的锤子，它包含哪些部分，重量多少，长度多少，颜色如何。通过结构化、参数化的方式，我们可以建立起“对象”和“对象的属性”的关联，例如将类型、尺度、数量、面积等属性和某个对象相联系，从而使实物或过程范畴化。

（3）理性阶段，指对逻辑的辩证反思。知性层的内容能够成立，是因为人具备一种很强大的建立“抽象概念”的能力，人只要见过任意一个锤子，就能建立起一种抽象的普遍的印象，无需穷尽全天下的锤子，就能轻松地定义出锤子的概念，并且将锤子的各要素部件、属性、特征参数统一在其定义之下。理性层还有一个重要的作用，就是根据新的经验，对知性层已经建立起来的内容进行反思和拷问，在不断修正的过程中，让理性的定义、知性的对象和感性的感觉达成协调、统一、稳定的自洽状态，从而指向共同的目的或价值。

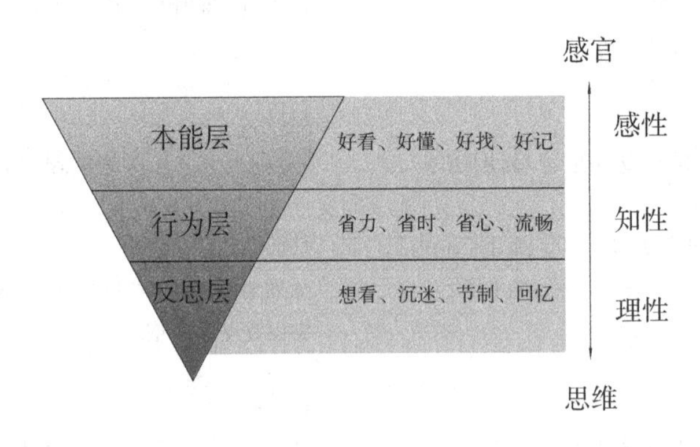

图 1–5　设计认知的层次

如图 1–5，感性决定了人对于一个设计作品画面模糊的、不可名状的直观感觉。我们通过抽象概念的方式，将这些不同的感觉表象定义为一个个对象，将它们的属性单独剥离出来建立参数单元（元数据），例如色彩、间距、高度、曲率，通过范畴化的方式，进行知性归纳，构建行为层逻辑和价值主张。“传达、指称、定义”只是对存在状态的直观性、逻辑性、概念性的表达，并不存在好坏、对错、喜恶、程度的判断。“任何的感觉，被心中的目的和价值统一之后，才具备意义”，如果一副设计作品的对象、表象所传达的感觉状态不能和用户心中的价值意义相契合，那便无法使用户产生共鸣。人们常说的“风格”，就是对一种设计的抽象概念定义，每一种风格下，统一了某种价值观念、要素对象、特征范畴、感觉状态。一些默认的审美取向或风格偏好，例如现代简约、优雅奢侈、潮流时尚、科幻电子等，并不是因为这些风格包含了绝对的真理或美，也不意味着它们就比其他审美更高级，仅仅是当今社会发展具有某些主流的生存结构，在这些生存结构下决定了某些特定的价值选择而已。

因此，AI设计工具必须支持从感性—知性—理性的一体化，满足从问题建构、概念生成、视觉产出、设计评估的全链路设计需求。得益于大模型的支持，已经有一些实验性的AI设计工具支持此类设计创意的展开，在形象、文本、意识形态层面为设计的展开提供支持。图1–6中，情绪板工具可以为若干概念产出启发性的图例，同时，自动解析概念表述，通过对概念重新组合，可以生成设计，或者使用生成模式工具，对其中的局部纹理进行生成。

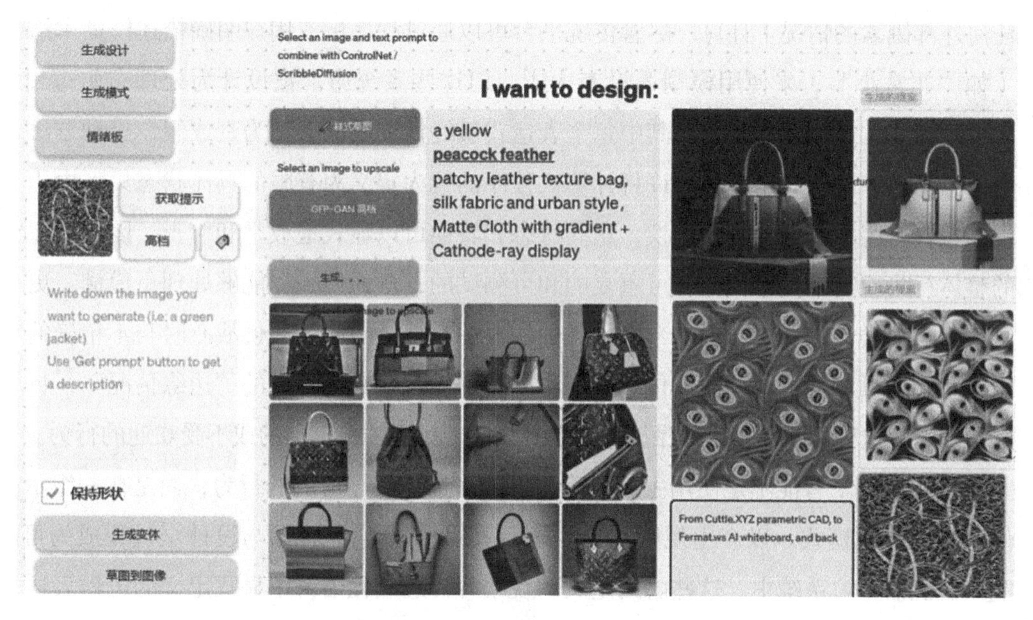

图1–6　AI设计支撑工具

1.1.4　AI设计框架

根据前述设计认知的要素、逻辑和路径层次，是不是人工智能只要复制传统的方法论系统就能够做到智能设计呢？答案显然是否定的。所有既定的、现有的、具体的设计方法和工具，都只是让人更好完成设计的“帮手”，并不是设计的内容本身，人工智能设计的主体框架，需要基于新范式，重新建立属于智能设计的要素、逻辑、路径和指标体系。

人工智能应用在其他领域中时，内容本身往往是确定性的，逻辑化、指标化、无歧义、低耦合的，例如道路拥堵识别，车是确定的，速度是可以计算的，拥堵率是可以用指标衡量的。但它们无法解释为什么一个图形就比另一个图形更准确、美观，让人激动。如果我们仅仅是用计算机逻辑打通“方法层”，拆解一些要素、重构一下逻辑、增加一些判断，也可以依葫芦画瓢地做出一些“设计”，但如果不知道内容本身是如何互相关联、影响、跳转的，将永远不可能“智能”。因为设计不是既定内容，它是一个创造过程，设计需要满足人的喜、怒、哀、乐、目的和意义。这个过程具有高度不确定性和综合经验性，导致设计本体中的模糊逻辑普遍存在，经常与近似推理而不是精确推理有关。例如，“非常小”“微红”或“很近”，这些词语没有确切的含义，而是与上下文相关。然而，传统上，计算机经验匮乏时，并不能获得这种辅助知识。传统的计算平台被设计为通过逻辑表达式运行，这些逻辑表达式可以在不了解任何外部因素的情况下计算。尽管传统平台可以通过程序员或用户明确描述模糊术语（如“非常小”）来使用模糊逻辑表达式，但这些系统通常被设计为处理布尔逻辑（也称为“二进制逻辑”），其中每个表达式最终计算结果必须为真或假。这种方法的一个基本原理是布尔逻辑允许将计算机程序的行为定义为有限的具体状态集，由于程序包含有限数量的状态和转换，这些状态和转换可以显式地枚举和检查，因此程序的整体行为应该是可预测的、可重复的和可测试的，从而使机器能够处理更模糊、更复杂或“人类”的概念，但也带来了各种各样的设计挑战，这些挑战有时与不精确的术语和不可预测的行为有关。传统的编程逻辑不能包含难以预见的“边缘情况”，特定条件下，这种情况会导致程序员将其定义为尚未解决的未定义的或不受欢迎的行为。

最新的人工智能不是使用一组明确的规则来描述程序可能的行为，而是在一组示例行为中寻找模式，以产生规则本身的近似表示，这使得 AI 参与设计全过程成为可能。在机器学习系统中，这些隐式定义的规则与传统编程语言中显式定义的逻辑表达式完全不同。相反，它们由分布式表示组成，隐含地描述了复杂系统中相互关联的组件集之间的概率连接，通过学习大量的例子，可以对复杂系统的行为产生强烈的直觉。由于机器学习系统被设计为概率地近似一组已演示的行为，其本质通常排除了它以完全可预测和可再现的方式表现，即使它已经是正确的。当然，这并不是说，一个训练有素的机器学习系统的行为必然是不稳定的，达到有害的程度。所以，在机器学习增强系统的设计中应该理解和考虑到，它们处理异常复杂的概念和模式的能力也带来了一定程度的不精确性和不可预测性，超出了传统计算平台的预期。

因此，需要在设计的每一个阶段将 AI 集成到设计过程中，进行设计的增强及自动化，由此形成了 AI 设计框架（图 1–7a）。AI 设计不只是还原人的作图方式，还需要通过机器识别、深度学习、人工标注建立对设计内容的感觉评价；通过将设计内容对象化和范畴化，对其形式特征和组织方式进行算法化处理；定义与设计对象关联的各抽象概念（需求），通过大数据、知识工程（例如知识图谱）进行目的和意义的关联推论，建立从商业环境—商业目标—商业定义的数据处理能力；通过 NLP、图像特征识别、跨模态联想，进行设计对象的“意象”关联，建立从商业定义—设计目标—设计定义的数据处理能力。

由于 AIGC 的快速发展，在 AI 设计框架中，涌现了多种 AI 设计辅助工具，借助这些工具，设计师可以高效快速生成设计。这些辅助工具包括访谈与洞察、数据分析、数据标注、问题识别、产品定义、故事板与客户旅程、快速设计、快速原型、AI 模型自动化、调色板定制、视觉概念生成、用户体验与设计传播、开发与测试等多种 AI 工具（图 1–7b）。

借助大数据和人工智能　人类和人工智能发挥各自优势

洞察
协作
测试
表达
构建
构思

利用人工智能
进行模拟和分析

利用人工智能
进行更多、更快的探索

利用人工智能
实现高质量和低成本

利用人工智能
进行更深入、更大胆的思考

（a）智能设计框架

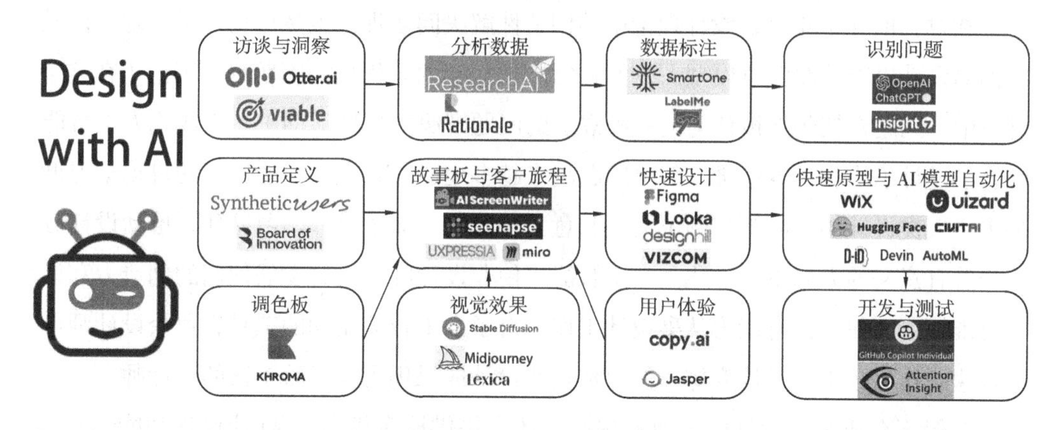

（b）智能设计框架中的 AI 辅助工具

图 1–7　智能设计框架及其 AI 辅助工具

传统设计对可用性的研究是通过原型进行的，通常在简化或受保护的环境中进行测试，为特定的人提供的体验是通过从其他人那里学习来设计的（例如，来自使用上一代产品的客户或测试过的其他用户的见解），而人工智能赋能的设计，学习来自于产品在环境中的实际使用，来自于大概率，也来自于用户自己的小数据，每一次交付都是一个机会，不仅可以不断改进设计，还可以进行新的实验，为更实质性的创新开辟空间。人工智能工厂本质上是迭代的，一般通过循环传递，改进其参数以更好地解决问题，或者探索新的机会（例如向用户推荐一个新的电影类别）。这种利用和探索的平衡行为，由强化学习算法促成，在整个产品生命周期中不断发生，特定用户在特定时刻所体验到的解决方案与产品首次发布时所体验到的解决方案是不同的，在某种程度上，解决方案总是“新的”。这不仅是因为软件运行体验的内在灵活性，它可以定期结合软件工程师设计的新版本，还因为整个学习循环（设计—构建—测试）是自动化的，这意味着每次客户访问服务时都会“发布”一个新产品版本。为了实现这一目标，学习循环的设计逻辑与传统产品不同，后者只包括在设计时被认为有用的功能。而在人工智能工厂中，设计的循环被那些在发布时没有充分利用的元素所重载，正如特斯拉将实现自动驾驶的传感器应用于训练关于真实街道环境的复杂性和多样性的算法，即使它们的大部分功能目前仍然不可用，或者内部指向摄像头已经两年没有主动提供任何功能，人工智能工厂被明确设计为具有冗余可视性。

1.2 设计思维与计算思维

在过去的几十年里，设计理论中的创造性解决问题理论虽然也包含了问题的框架（例如设计思维的双钻石模型），但它仍然根植于西蒙提出的问题解决理论（在这个理论中，问题框架仍然被认为是一种嵌套的问题解决的理性活动）。生成式人工智能结合了设计思维和计算思维，解决问题越来越多地嵌入到人工智能工厂的自动学习循环中，人类设计的核心转移到了框架和意义构建上，通过设计学习循环，推动设计方案朝着有意义的方向不断进化。人工智能将使非设计师有机会发展他们的创造力和设计思维技能，使他们有能力从事设计工作。有了人工智能驱动的工具，业余设计师可以快速制作出数千种设计变体，但评估这些设计成果仍需要经验丰富的设计师。人工智能非但不会成为让设计师失业的威胁，还会提供许多机会，AI 让设计师能够超越范围、规模和学习方面的限制，人类和计算机的合作将会完成以往单独由人类无法完成的事情，使设计师能够与机器共同创造，进行更智能、更快的工作。

1.2.1 设计思维

设计思维一词在设计文献中被广泛讨论，其基础是研究设计师如何认识、行动和思考。Gero将设计定义为“一种以目标为导向，受约束的决策、探索和学习活动，其运作环境取决于设计师对环境的感知”。这一定义将设计问题与可能不以目标为导向和约束的问题区分开来，例如一些涉及自我表达的艺术问题；也与一开始就知道所有变量的问题区分开来，比如工程优化问题或一些数学问题，其中设计人员对问题上下文的感知与潜在的解决方案无关。

设计思维的核心是设计师创造了进行设计活动的框架，虽然设计师可能“了解”很多关于世界的信息，但知识并没有存储在离散的抽象块中，而是等待在设计活动期间被“部署”。相反，当面对设计问题时，设计师在认知上不知不觉地构建了一个相互关联的知识的复杂集合（称为框架）。这个框架形成了一个镜头，设计师通过这个镜头，使得其所关注的对象（设计问题）被理解，并采取可能的设计行动。

设计师通常首先通过对问题的理解构建概念，形成问题空间，然后寻找可能的解决方案，形成解决方案空间，两者构成了设计框架。在这个框架中，设计问题空间中的变量是未知的，解决问题空间中所需的知识是不完整的。专业设计师具备的元认知技能，使其能够观察为设计问题所创建的框架，并且可以在该框架内构思适当的操作，这些操作可能会在有用的方向上扩展他们对问题的理解。

设计解决方案的一个显著特征是，往往专注于解决它们所针对的问题，通常不能直接应用于其他用户或其他设计方案。例如，房屋的建筑设计需要限定其所在位置的地点（如地形、景观、环境和历史）以及其居民（居住在其中的人们的特定需求）。以千篇一律的方式将房屋设计从一种设计情况重新用于另一种设计情况通常会导致较差的设计结果。

1.2.2 计算思维

第二种形式的“思维”，称为计算思维，其基础是研究计算机科学家如何认识、行动和思考。计算思维这个术语的起源是人们认识到计算机科学是解决现代世界中人类问题的许多创新和发现的基础，计算思维所需的主要认知能力是抽象能力。“抽象作为计算思维的基石的价值（将其与其他类型的思维区分开来）是无可争议的”，抽象是一种推理类型，它在对实物的分析过程中，保留相关信息并丢弃不相关的数据，从而将特定实例移动到一般的模式，也就是完成感性层的元数据到知性层的属性构建。

需要计算思维的问题通常是高度结构化的，或者更确切地说，问题的框架方式要求结构良好的解决方案（例如算法）成为该框架的一部分。它们通常也是反复出现的问题，即在许多地方发生或在同一地点复发的问题，计算思维意味着可以在具有类似问题的其他情况下部署解决方案。软件开发人员在他们当前的情况下为一个非常具体的问题创建一个解决方案，再在该解决方案的基础上进行更高层次的抽象，通过设计良好的基类去继承与派生，实现产品化，从而可以满足更普遍的需求。例如，城市内的寻路问题可以通过开发导航软件与支持 GPS 的智能手机和城市地理数据（例如 Google 地图）相结合来解决。解决一个城市的问题后，相应解决方案可以部署到另一个城市，只需更改所使用的数据，算法和硬件可以保持不变。

如图 1-8 所示，计算思维主要分为四个基本步骤：分解问题、模式识别、抽象归纳及算法开发。分解问题就是将复杂的、庞大的问题分解成几个小问题再分别解决的思维路径，把一个复杂的大任务拆分成多个简单的小任务，小任务都完成了，大任务也就完成了。分解完问题后，第二个步骤就是模式识别，找到事物的特征，寻找事物之间的共性，也可以寻找不同之处，然后分析总结该特征模式而得出逻辑答案。抽象归纳是确定对象或系统的哪个元素是必要的特征的过程。抽象会隐去问题的细节，找到问题的本质属性。比如，虽然用的是不同的地图，有的是城市地图，有的是森林地图，但是从起点到终点的本质属性是一样的，可以抽象归纳成同一类问题，可以用相

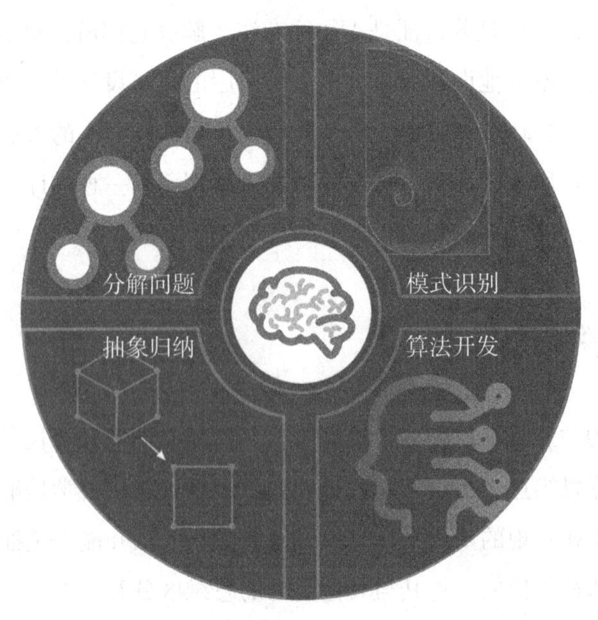

图 1-8　计算思维

同的方法解决。抽象归纳的目的，就是为了用相似的方法解决相似的问题。很多问题表面上看起来不一样，但可能本质上非常相似。抽象归纳是将在上一步模式识别中发现的差异剔除，过滤掉所有不必要的信息。经过以上三个步骤之后，最终还是为了解决问题，即要用一系列行动来完成任务。算法在概念上是解决问题、完成一项任务的程序步骤列表；算法开发是针对相似的问题，提供解决的办法。在这个过程中需要创建一系列步骤来解决所面对的问题，从而清晰地设计算法，这样任何人都可以按照所设计的算法指导完成任务或解决问题。

计算思维问题的解决方案通常是在适当的抽象级别上表示解决方案，以允许该解决方案应用于其他类似情况，如算法所代表的那样。在这方面，计算思维提供的解决方案旨在普遍适用。然而，它们也往往具有明确说明的适用性条件，例如函数可以接受的变量类型，以及解决方案可转移并可重复使用在这些条件适用的其他情况。

1.2.3　思维折叠

将设计思维和计算思维应用于解决设计问题的双重过程，姑且称之为思维折叠过程。AI 设计需要利用设计思维来理解用户需求，并将这些需求转化为可实施的设计方案。同时，AI 设计也需要利用计算思维来理解和解决技术问题。设计思维和计算思维在 AI 设计中可以相互补充。设计思维可以帮助理解用户需求，而计算思维可以帮助解决技术问题。同时，计算思维也可以帮助将设计转化为可实施的解决方案。这二者共同协作，可以帮助创造出更好的人工智能产品和服务。有些活动几乎完全集中在设计思维上，反之亦然。例如，机器的工程设计，很少或根本没有涉及计算思维，而对列表进行排序，则需要计算思维，很少或根本没有设计思维。还有一些任务似乎同时涉及计算思维和设计思维，例如网页设计师回应客户的要求时，设计思维和计算思维是用于解决设计问题的双重过程。

解释设计思维和计算思维之间差异的一个变量是解决方案相对于其所属问题的特殊性。典型的设计解决方案高度限定于思考者正在解决的设计问题——限定于用户、情况、上下文等，很少有能将先前问题的设计解决方案直接转移到新问题中，而无需进行进一步的设计思维来适应它的情况。与此相反，大多数计算思维解决方案可以应用于新问题，而无需进行任何进一步的计算思维。

设计思维和计算思维之间的差异与思考者构建问题的方式有关。在设计思维中，许多活动，如进行用户研究、材料研究、理论研究和案例等，都旨在扩大围绕问题的理解框架。例如，如果思想家考虑了与设计相关的文化部分并将其带入框架，则它通常是良好设计的指标。相比之下，计算思维涉及抽象——捕获信息和过程之间的核心关系，并抽象出可以删除的内容。在计算思维的背景下，文化往往被抽象出来。因此，用于解释设计思维和计算思维之间差异的第二个本体论范畴是框架相对于其所属问题的特殊性。

由此，设计思维和计算思维构成了智能设计的思维本体（图 1–9），在这个空间中，解决方案特异性和框架特异性是正交的，定位了人们如何使用设计思维或计算思维来推理设计问题。图 1–9 中左上象限与设计思维特征匹配，其目标是一个非常具体的解决方案，并通过试图获得对问题及其所在背景的广泛理解来实现。右下象限非常符合计算思维的特征，以一种具有抽象形式的精确理解，产生可以应用于许多地方的通用解决方案。

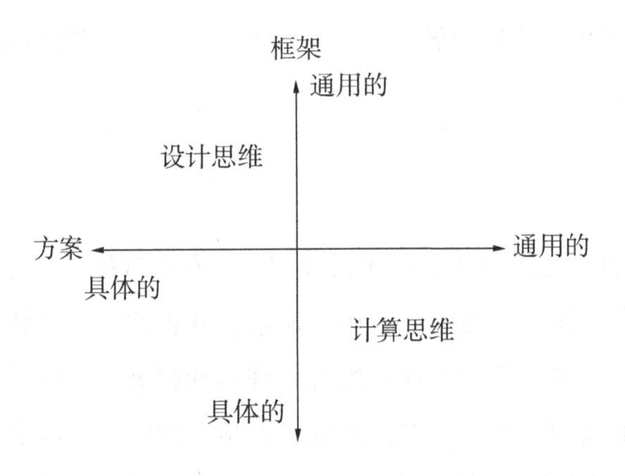

图 1–9　设计思维与计算思维空间

例如，网页设计师首先花几个小时与客户沟通，了解他们的需求，以便使设计出的网页符合特定客户的使用情境，然后调查类似的网站以进一步研究用户体验，更多地了解相似客户的问题、背景以及解决方案需要适应的文化领域，以扩展问题的框架，从而创建满足客户需求的一次性解决方案。然而，假设在创建网站早期模型的某个时候，同一个设计师意识到他们可以通过使用电子表格来生成一些代码以节省时间，那么在生成代码时，设计人员需要创建问题的抽象，作为解决同一问题的一部分。因此，对于设计电子表格而言，在不知道此活动的具体细节的情况下，通过将相同的电子表格应用在其他类似情况的活动就是计算思维。

在参数化设计方法中也有类似的思维折叠过程。工程师在设计活动期间，在尝试通过了解问题来扩展框架后，会花时间设置参数化模型，以生成问题的潜在解决方案。参数化模型的创建需要计算思维，以便为生成可用设计的算法创建正确的抽象表达。然而，这种参数化建模的结果反馈到设计中，表现为结合用户的需求，通过开发形状语法，然后应用该形状语法作为寻找解决方案（以设计思维为重点）的一部分。

设计思维（图1-9左上角）和计算思维（图1-9右下角）是人们在解决问题时进行推理的两种不同方式。这是一个双重过程模型，其中两个不同的过程——设计思维和计算思维——共同产生了人类解决问题的现象。使用这种双重过程模型的方法之一是了解支持设计人员的历史工具，这些工具明确支持从概念设计（例如手绘草图）到大规模部署（例如自动生成代码），未来的工具可能会进一步支持设计思维和计算思维之间的切换。

1.3 AI设计与AI设计师

这里使用AI设计而没有使用智能设计（intelligent design）一词，是因为intelligent design一词通常具有特指的含义。过去的几千年，哲学家们思辨大自然的复杂性是否存在超自然的设计者或创造者，由此产生了intelligent design一词。intelligent design被理解为智慧设计论，这是相对进化论的一种假设，是一种创造论。其倡导者认为，自然界特别是生物界中存在一些无法在自然的范畴内予以解释的现象，必须求助于超自然的因素，即必然是具有智慧的创造者创造并设计了这些实体和某些规则，造成了这些现象。智慧设计论支持者寻找的是他们所声称的“智能痕迹”证据—— 物体所具有的、必须来自设计的物理特征。例如，不可化约的复杂性、信息机制和特殊复杂性，如果生物系统具备一个以上这类特征，这些特征就是来自智慧设计。这一点与进化论针锋相对，因为彻底的进化论恰恰认为，生命的产生和发展是一个完全自然的过程，没有也不需要具有非凡智慧的创造者、非物质的生命力或者其他自然科学无法解释的神秘力量的介入，一切生命现象都是通过纯粹的自然进化过程产生的，宇宙并不存在造物主。2005年，38位诺贝尔奖获得者公开发表申明，声称“智慧设计论”基本是不科学的。美国国家科学院认为智能设计论和其他“超自然力量对生命起源的干预学说”不是科学，因为它们无法用实验检验，并且自身无法产生预测和新的推论。美国联邦法院判决，根据美国宪法第一修正案，“在公立学校的科学课程中，把智能设计论作为和进化论一样可选择的理论”这一诉求违宪。因此，本文用AI设计一词以示区别，表示在设计过程中借助AI的力量开展设计，以及结合AI的特征属性，设计具有AI能力的产品、服务或者系统。AI设计改变了设计材料，可以支撑日益复杂的美学目标，AI工具箱实际上比设计师们意识到的要大得多。在设计领域，大模型引领数字设计走向智能设计，相关工业设计软件结合GPT等技术，可应用在设计规划、布局优化、插件助手、草图绘制等场景，工业设计软件有望在AI升级的大趋势下迎来新一轮生产力革命。认知心理学和设计思维的研究表明，通过草图生成外部表征和通过想象力生成内部表征有助于解决设计问题，大多数完善的设计成果都是在草图绘制过程中沿着认知路径创建的。设计师在设计之初就创建了概念结构，并用于指导设计优化。如果人工智能有助于将这种想象的表示外化，可以改善按数量和质量评级的设计性能以及主观设计体验。例如，佛罗伦萨大教堂从最初的构想到项目完成用了大约140年的时间。相比之下，设计更复杂的哈利法塔只花了大约5年的时间，这两个项目的关键区别之一是后者运用了计算机辅助设计（CAD），这类工具使我们有可能构想出更为宏大和复杂的系统。

AI不仅有能力处理大量的数据和执行复杂的算法，还能提供创新的设计思路和解决方案。人工智能是否正在改变我们的设计实践，或者甚至在更深的层面上，通过重新构建激发设计行为的设计原则来发挥作用？AI是否构成或者改变了设计本体？新的设计原则如何指导设计实践？随着人工智能研究成果逐渐工具化、大众化，并普及到各行各业，人工智能已经到了技术的奇点，设计师们有机会利用AI探索突破性产品。设计师认识世界，改造世界的对象、手段、工具、方法和理论都必须与AI紧密联系，因此设计师需要清楚AI的特征、边界和应用途径，才能参与到从技术到产品的转化过程中去。

虽然设计师不需要学习PyTorch，也不需要弄清楚梯度下降是什么，但设计师需要和数据科学家合作，理解AI的可能性及约束条件，意识到还没有好的机器学习系统来处理因果关系，了解哪些是可能的失败案例，以及应该做什么和应该怎么做。作为设计师实践的一部分，还可以针对这些进行设计，用来促进合作、学习、达成共识、决定采取协调行动来实现我们的共同目标。设计师们如果不理解这一点，就不能充分利用它的功能，或者对人们做出糟糕的承诺。数据信息化、信息知识化、知识智能化成为新一轮科技革命的突出特征，推动我们进入物理世界、虚拟世界、智能机器世界和人类社会共存的四元空间。技术的进展本身并不能直接让人类生活变得更美好，技术必须转化为产品，才能为人类创造福祉。

1.3.1 AI作为设计工具的使用

AI作为设计工具可辅助或替代设计师进行创作，全部或者部分完成设计工作。Design through AI是一种协助设计师使用人工智能技术来进行设计的新兴领域。可以根据设计规范和用户需求自动生成设计方案。这种方法早期通常用于需要大量重复任务的领域，例如建筑设计、城市规划和工业设计等。在过去，设计过程主要依靠设计师的经验和直觉，而现在随着人工智能技术的快速发展，AI已经成为设计中不可或缺的重要组成部分。Design through AI的出现，不仅可以提高设计效率，还可以创造更加优秀的设计作品。比如，设计人员利用Autodesk Dreamcatcher这款基于人工智能技术的自动生成设计软件，在设计过程中需要定义设计规范和约束条件，并将其输入到AI系统中，通过机器学习算法进行迭代设计和参数优化，AI系统生成多个设计方案，通过评估和优化可选择最佳方案。Autodesk Dreamcatcher让设计师可以快速地创建出复杂的结构和形态，并且可以实时预览设计效果，最终挑选那些满足社会、文化规范，最具创意和符合品牌格调的设计方案，其创意空间远远大于人脑创意的范畴。

当前，AI人工智能的计算设计能力在编曲、写作、聊天、时尚等领域也显示出极大的爆发力。例如，时装领域中AI概念下输出的充满膨胀感的背包、纺织镜框墨镜、羊绒手镯式运动腕表等，可以看到其灵感迸发与迭代速度均十分亮眼。事实上，AI技术从感知理解世界到生成创造世界的跃迁，正推动人工智能迎来一个新时代。2023年，布鲁克林创意工作室MSCHF的全新作品阿童木同款“大红靴”爆火，极高还原了卡通走进现实的效果，模糊了虚拟和现实的界限，让虚拟的鞋子成为另一种形式的真实物品，可以作为艺术品被收藏，也可以作为游戏中的装备被使用，还能通过3D打印技术实现可触碰、可穿着的功能。

1.3.1.1 AI设计前端辅助

1. 场景生成

设计师常常借用“故事板”呈现其构思。广义上的故事板（storyboard，或译为“故事图”），原意是安排电影拍摄流程的记事板，指在影片的实际拍摄或绘制拍摄流程之前，以图表、图示的方式说明影像的构成，将连续画面分解成以一次运镜为单位，并且标注运镜方式、时间长度、对白、特效等，也有人将故事板称为“可视剧本”（visual script），让导演、摄影师、布景师和演员在镜头开拍之前，对镜头建立起统一的视觉概念。场景串联相当于设计叙事中纯文本形式的故事板，文字故事板使用简单的语言描述人物角色、情境及用户使用情景。

图形故事板是最快让他人获取自己想法的最佳手段之一，在设计领域应用较多。在图形故事板中，设计师通过描述一连串的用户行为，呈现一个完整的用户场景，用户就像在看电影一样，融入到情景当中。图形故事板在设计的不同阶段均可以使用。比如，数据采集阶段——用故事板发现设计问题；调研分析阶段——用故事板营造用户情景；概念设计阶段——用故事板探索概念设计；详细设计阶段——用故事板进行任务逻辑分析；传播阶段——用故事板展现产品。

故事板不仅仅是设计师头脑中假想情境的具象化，还可以使一些模糊的用户需求更加具象化，更有说服力，在设计沟通的过程中能发挥巨大的作用。故事板揭示了用户与产品的各个交互行为，既可以融入到用户的使用情景当中，又可以以一个旁观者的视角纵览全局，反思和总结使用场景的问题及真伪。

当前已经有一些利用大模型自动生成故事板的探索，虽然生成式人工智能似乎是一个很好的解决方案，但仍有许多技术挑战必须解决，才能使其完全适用于故事板。不能指望现有的生成视觉模型（如 Midjourney）开箱即可用。虽然生成系统可以产生视觉表现力的描绘，但它们往往缺乏跨帧的特征和环境一致性，对于像故事板这样的连续剧集媒体，仍有改进的余地，最新的 Sora 大模型具有生成连续视频帧的能力，有望为设计叙事提供帮助。另一个问题是，对脚本等丰富文本信息的快速工程仍然非常具有挑战性。一个好的提示会决定生成图像的质量，但很难从密集的脚本场景描述中自动解析和生成适当的提示。这需要先进的自然语言处理和理解技术。

最后，由于应用于故事板的生成式人工智能仍然是一项新任务，因此用于评估生成系统质量的现有评估指标定义不明确。FID 或 CLIP 分数等指标实际上只应用于单图像字幕系统，因此仍然缺乏对多个相关生成图像准确的端到端评估。

（1）生成图文配套故事板举例

在 https://www.storywizard.ai 网站中能够生成图文配套的故事板（图 1–10），也可以参与创作编辑，不同场景的 IP，背景及动作等视觉风格都具有一定的连贯性。

图 1–10　AI 设计中进行故事板创作示例

（2）生成文字故事板举例

除了图形故事板，还有一些文案创作类的 AI 应用，也可以服务于设计前端的概念探索，例如可以通过 https://ai.boardofinnovation.com/future-scenario-maker 网站进行场景创作尝试。还有一些专门进行写作的 AI 应用，同样可以服务于设计领域的场景生成，进行场景串联，生成文字故事板，提高创意水平和工作效率。例如 http://ai-screenwriter.onrender.com 网站可以快速生成故事梗概、角色卡、场景片段（图 1–11）。

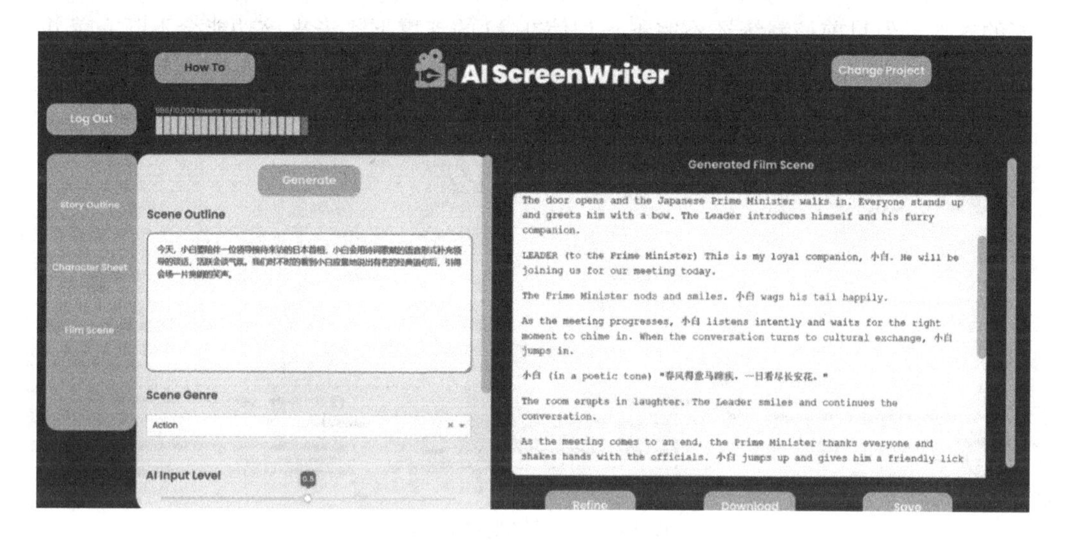

图 1–11　AI 写作举例

2. 用户研究

合成用户研究网站 https://app.syntheticusers.com/walkthrough 利用语言模型模拟人类样本，是一款让参与者更快、更准确地测试想法和产品的软件，允许用户针对特定受众进行研究并获得有意义的反馈（图 1–12）。它还提供与实时用户测试会话结果的定期比较，以及公司内部定性研究的访问，利用人工智能的力量合成人物角色，进行用户研究，获得同理心并提供解决方案。

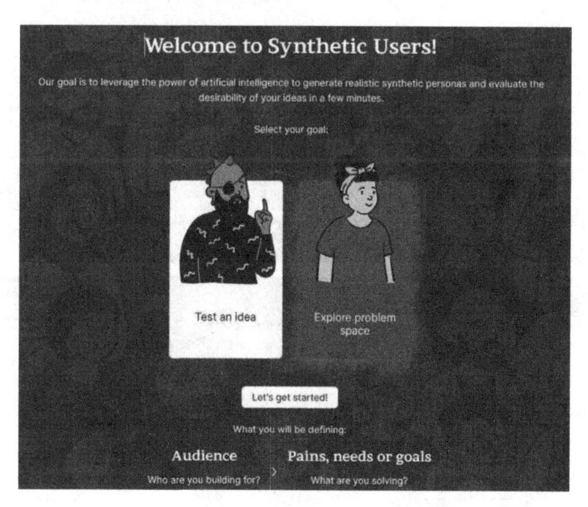

图 1–12　合成用户研究工具

进入系统后，可以选择“Explore proble space”探索问题空间。此时，无需给出初步的解决方案，系统会在用户和需求（或）目标约束下，进行开放性探索，总结访谈对象提出的方法和策略，并对该方法的挑战进行分析，提出有关产品机会点的建议，然后创建用户研究报告。这是设计思维双钻模型中的第一钻，对设计研究具有很好的支撑。但目前该系统还不完善，相信在AI的支撑下，未来该功能会不断完善并成为该软件平台的独特价值所在。

图1-13是其中的一个测试案例，选择生成6个用户访谈，创建的用户研究报告基于这6个访谈内容提出了设计建议或者产品机会。

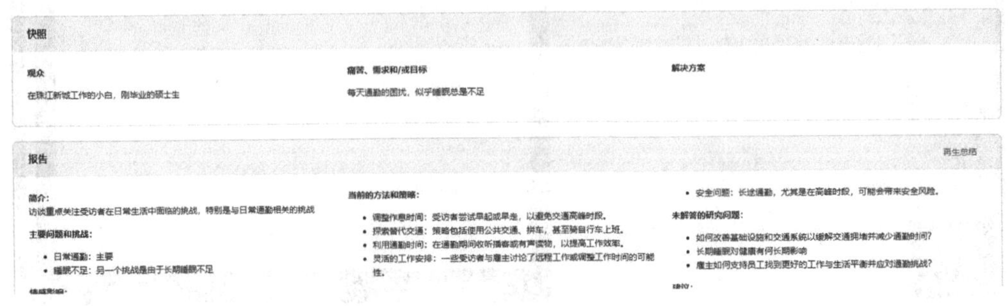

图1-13　设计机会的产生

如果由用户自己给出解决方案，可以选择“Test an idea”选项，这时系统根据指定数量的合成用户研究结果（图1-14），创建格式化的用户研究报告。其产出的用户访谈报告是结构化的（表1-1），包括用户对产品的总体看法，用户关心的主要问题，有关产品的常见问题，收到的反馈中最令人惊讶的部分是什么，受访者个人的想法，3条来自访谈用户的引述，后续验证步骤建议以及报告的最终得分。

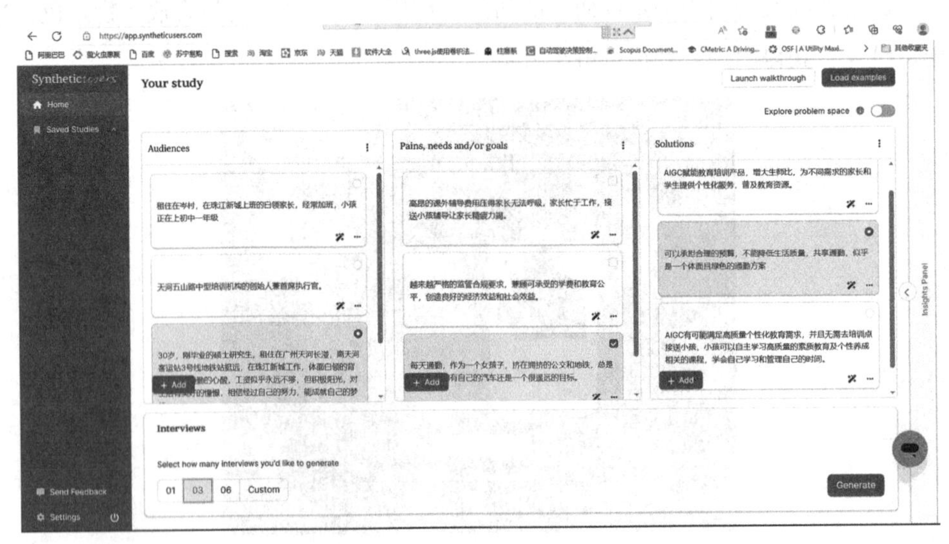

图1-14　合成用户访谈的三个背景资料

表1-1　用户研究报告

序号	主题	内　容
1	用户对产品的总体看法	用户欣赏该解决方案专注于提高师生比例和提供个性化服务。 他们认为，使教育资源更容易获得是促进教育公平的积极步骤。 用户认识到人工智能解决方案在简化合规流程和提高运营效率方面的潜力
2	用户关心的主要问题	用户担心增加师生比例对教育质量的潜在影响。 他们对教育中对技术的依赖和人的因素的潜在损失表示担忧。 用户担心实施拟议解决方案的潜在成本影响，以及中型培训机构的负担能力。 他们担心数据隐私和安全，尤其是人工智能的使用和学生敏感数据的收集
3	关于产品最常见的问题	用户经常询问所建议的解决方案的特定功能和特性。 他们询问解决方案与现有系统的集成以及实现过程中的潜在挑战。 用户要求澄清为教师和学生提供的培训和支持，以便有效地利用解决方案。 他们对解决方案的技术需求和可伸缩性有疑问。 用户查询有关保障资料隐私及确保遵守有关法例的措施
4	收到的反馈中最令人惊讶的部分是什么？	用户表达了对一种解决方案的强烈渴望，这种解决方案能够在遵从性需求和教育实践中的创新之间取得平衡。 他们强调在教育中保持人的因素和避免过度依赖技术的重要性。 用户强调了解决方案的定制和适应性的需求，以解决遵从性需求的区域差异。 他们强调了解决公平和无障碍问题的重要性，以确保解决方案使所有学生受益，无论其背景或地点如何
5	你的个人想法	教育部门的培训机构面临的挑战是复杂和多方面的。 提出的解决方案显示出解决其中一些挑战的潜力，但需要进一步改进和澄清。 在遵从性要求、可负担性和教育质量之间取得平衡至关重要。 应优先考虑数据隐私和安全，以建立信任并解决与学生敏感数据相关的问题。 解决方案应该是可适应的、可扩展的，并且在设计时考虑到长期的可持续性
6	3条有代表性的用户言论	我很欣赏提高师生比例的重点，但我担心对教育质量的潜在影响。个性化服务不应以牺牲个人关注为代价。——用户1 虽然技术可以带来好处，但它不应该取代教育中的人为因素。我们需要在创新和保持教师的重要作用之间取得平衡。——用户2 提议的解决方案有潜力，但我担心数据隐私和安全。确保敏感的学生数据得到保护并遵守相关法规至关重要。——用户3
7	建议验证的后续步骤	实施一个试点项目，在真实的教育环境中测试所提出的解决方案的有效性。 与解决方案提供商进行进一步的讨论，以解决问题并收集更详细的信息。 寻求利益相关者的反馈，包括教师、学生、家长和管理机构，以确保解决方案满足他们的需求和期望。 进行成本效益分析，以评估实现解决方案的财务影响和潜在投资回报
8	最终得分	基于对用户访谈的分析，并考虑到所确定的关注点和限制，将给提议的解决方案打3.5分（满分5分）。虽然它显示出潜力，但也存在影响其整体有效性的重大问题和限制。需要进一步改进、澄清和验证，以提高评级，并确保该解决方案能有效解决教育部门培训机构面临的挑战

虚拟用户访谈资料整理也呈现结构化的形式，包括问题描述、用于解决问题的策略、当前方法的调整、其他挑战、解决方案的有效性、对建议解决方案的改进、对提议的解决方案的担忧、有关建议解决方案的疑问几个部分。虽然虚拟用户访谈的部分资料雷同或者相似，不同用户还是会产生很多新奇的观点，很多观点极具参考价值，对于获得同理心具有积极意义。

下面摘录6个AI合成用户其中之一的生成内容[①]。

①首先，系统对描述的问题进行了很好的理解，并用新的方式进行了转述。

作为天河五山路上一家中型培训机构的创始人和 CEO，我面临着越来越严格的监管合规要求。这些要求使我很难在负担得起的学费、教育公平以及创造经济和社会效益之间取得平衡。

第一个挑战是遵守不断变化的法规的负担。保持最新的合规标准，并确保我们的机构符合所有必要的要求，既费时又耗费资源。它转移了我们对核心教育活动的关注和资源分配。

第二个挑战是需要在满足合规性要求的同时维持可负担的学费。实施和维持合规措施的成本可能很高，而将这些成本转嫁给学生可能会使普通人更难获得相关教育，特别是对低收入背景的学生而言。这损害了我们促进教育公平的目标。

最后，还有平衡经济效益和社会效益的挑战。虽然遵守规定对我们机构的长期可持续性和声誉至关重要，但有时会与我们提供优质教育和创造积极社会影响的使命相冲突。在财务可行性和社会责任之间取得适当的平衡是一项持续的挑战。

作为首席执行官，这些问题给我带来了沉重的负担，既要应对复杂的合规环境，又要确保我们的机构在财务上可持续发展，并对社会负责。它需要持续的监测、适应和决策，以有效地应对这些挑战。

②然后，系统提出了解决问题的策略。

为了应对与日益增长的法规遵从性要求相关的挑战，我们采用了以下几种策略：

a. 持续监测和保持更新：我已经把了解适用于我们培训机构的最新法规和合规标准作为优先事项。这包括定期追踪政府的最新指导方针，参加相关的研讨会，以及与同行交流和实践。

b. 投资于法规遵从性专业知识：认识到法规遵从性的复杂性，我们聘请了具有法规遵从性专业知识的专业人员。这确保我们拥有必要的知识和技能，有效地了解和应对监管格局。这些专家帮助我们解释和实施合规要求，进行内部审计，并制定健全

①仿宋字体为AI生成内容，可能存在错别字或逻辑错误。

的政策和程序。

c. 简化流程：为了优化效率和减少合规负担，我们在可能的情况下实施了简化流程和自动化系统。这包括使用软件解决方案进行数据管理、报告和文档，这不仅增强了遵从性，还提高了整体操作效率。

d. 合作与伙伴关系：我们积极与其他培训机构、行业协会和监管机构合作，分享经验、知识和资源。这使我们能够从彼此的实践中学习，交流思想，并共同应对挑战。通过建立强有力的伙伴关系，我们可以共同倡导合理的合规标准，以平衡教育需求、可负担性和社会影响。

e. 持续改进：公司有持续改进的文化，我们定期评估我们的合规实践，这包括进行内部审计，寻求利益相关者的反馈，并实施必要的变更以加强我们的合规措施。我们致力于适应和发展，以满足不断变化的合规要求。

这些策略在一定程度上帮助我们应对了法规遵从性带来的挑战。然而，它们并非没有自己的挑战和限制，我们将在下面讨论这些问题。

③系统指出上述策略有助于解决法规遵从方面的挑战，但我们仍然遇到了一些其他障碍和挑战。

a. 快速变化的法规：教育部门的法规环境不断发展，定期引入新的要求和指导方针。跟上这些变化并确保及时遵守可能是一个重大挑战。它需要对我们的过程进行持续的监测和主动调整，这可能是资源密集和耗时的。

b. 成本影响：实现和维护遵从性措施可能是昂贵的，特别是对于较小的培训机构。合规的财务负担，包括聘请合规专家、投资技术解决方案和进行定期审计，可能会使我们的资源紧张。平衡合规成本和可负担的学费是一项微妙的任务，需要仔细的财务规划。

c. 平衡遵从性和创新：严格的遵从性要求有时会阻碍我们教育计划中的创新和灵活性。虽然服从对于保持质量和问责制至关重要，但它也会限制我们试验新教学方法或改进课程的能力。在合规和创新之间取得平衡是一项持续的挑战。

d. 有限的资源和专业知识：作为一家中等规模的培训机构，我们可能只有有限的资源和专业知识专门用于合规化。这使得我们很难跟上复杂的监管要求，并确保我们运营的各个方面都全面符合要求。它需要有效的资源分配，并在必要时利用外部专业知识。

e. 解释和歧义：一些遵从性需求可能是开放的解释或缺乏明确的指导方针。这种模糊性会导致在实现合规实践时的混乱和不确定性。它要求我们做出明智的判断，并咨询法律专家或行业同行，以确保我们正确地解释和执行法规。

这些挑战对我们寻求全面有效的合规要求解决方案构成了障碍。虽然我们取得了进展，但仍有改进的余地，这使我们想到了我们正在评估的拟议的解决办法。

除了前面提到的挑战之外，还有一些问题与手头的问题有关：

f. 教育公平和可访问性：虽然遵从性要求对于维持质量标准是必要的，但它们可能在不经意间导致教育不公平。与合规措施相关的成本，如技术投资或员工培训，可能会增加学生的经济负担。这可能会对低收入家庭的学生造成入学障碍，损害教育公平的目标。

g. 管理负担：遵从性需求通常涉及大量的文档、报告和记录保存。这种行政负担可能是压倒性的，特别是对于行政人员可能有限的小型培训机构。它转移了核心教育活动的资源和注意力，影响了整体生产力和效率。

h. 适应文化和地区差异：不同地区或国家的合规性要求可能会有所不同，特别是在像中国这样的多元化国家。适应这些地区差异可能具有挑战性，特别是对于拥有多个分支机构或在不同地点开展业务的培训机构而言。它需要对当地法规有深刻的理解，并有能力相应地调整合规实践。

i. 平衡涉众期望：在满足遵从性需求和满足各种涉众（如学生、家长和监管机构）的期望之间可能存在微妙的平衡。涉众可能有不同的优先级和需求，找到一个让每个人都满意的中间立场可能是一个挑战。它需要有效的沟通、利益相关者的参与和透明的决策过程。

这些额外的挑战使解决与法规遵从性相关的问题的任务进一步复杂化。在评估任何拟议的解决方案时，考虑这些因素是至关重要的，以确保它们充分解决我们面临的各种挑战。

④系统分析提出的解决方案的有效性：

以普及教育资源为目标，AIGC 为教育培训产品赋能，提高师生比例，提供个性化服务，以满足不同家长和学生的需求，这一解决方案有可能解决我们讨论的一些挑战。

a. 解决遵从性需求：通过赋予教育培训产品以 AI 功能，解决方案可以帮助简化遵从性流程。人工智能可以帮助自动化管理任务、数据管理和报告，减少机构的合规负担。这可以释放资源，并允许更有效的法规遵循管理。

b. 个性化服务：注重提供个性化服务可以促进教育公平和无障碍。通过根据个人学生的需求和偏好定制学习体验，该解决方案旨在解决让来自不同背景的学生更容易接受教育的挑战。这可以帮助弥合负担能力和高质量教育之间的差距。

c. 提高学生与教师的比例：解决方案强调提高学生与教师的比例可以有几个好处。它可以让教师给予学生更多的个人关注，从而提高教育质量。此外，它可以帮助优化资源分配并降低成本，潜在地减轻与遵从性措施相关的财务负担。

d. 普及教育资源：解决方案普及教育资源的意图与创造社会影响的目标是一致的。通过利用人工智能功能，该解决方案可以更广泛地访问教育材料、工具和资源。这可以通过惠及偏远地区或无法获得传统教育资源的学生来促进教育公平。

然而，值得注意的是，所建议的解决方案的有效性将取决于各种因素，例如实现、可伸缩性和对特定监管需求的适应性。在对解决已确定问题的有效性做出最终判断之前，有必要彻底评估解决方案的功能，并考虑潜在的挑战或限制。

虽然拟议的 AIGC 授权教育培训产品的解决方案有望解决与法规遵从和教育公平相关的挑战，但仍有一些领域可以改进：

e. 与遵从性需求的清晰集成：确保建议的解决方案明确地处理并集成适用于教育部门的特定遵从性需求是非常重要的。这可能涉及与监管机构和法律专家密切合作，以了解法规遵循的细微差别，并开发直接支持法规遵循管理的功能。

f. 定制和适应性：解决方案的设计应该能够适应不同的法规环境和遵从性需求的区域变化。它应提供灵活性和定制选择，以满足在不同地点开展业务的不同培训机构的具体需要。这可以在更广泛的教育环境中增强其可用性和有效性。

g. 强大的数据隐私和安全：鉴于人工智能和数据驱动技术的潜在用途，优先考虑强大的数据隐私和安全措施至关重要。该解决方案应符合相关的数据保护法规，并确保安全处理敏感的学生和机构数据。这可以在利益相关者之间建立信任，减轻对数据隐私的担忧。

h. 可伸缩性和可访问性：解决方案应该是可伸缩的，以适应小型和大型培训机构的需求。具有不同技术能力和资源的机构应该能够利用它，确保它不会对技术基础设施或专门知识有限的机构造成额外的障碍。

i. 持续改进和反馈机制：实现从用户和涉众那里收集反馈的系统可以帮助确定需要改进的领域，并有效地处理任何新出现的挑战。基于用户反馈的定期更新和改进可以确保解决方案保持相关性、用户友好性，并与教育部门不断变化的需求保持一致。

通过合并这些改进，可使建议的解决方案变得更加有效、适应性强，并且与培训机构在处理法规遵从性和促进教育公平方面的具体需求和挑战保持一致。

⑤系统对提议解决方案的关切：

虽然拟议的 AIGC 授权教育培训产品的解决方案具有潜力，但仍有一些问题需要解决：

a. 依赖技术：该解决方案严重依赖人工智能和技术来实现流程自动化、个性化服务，提高师生比例。虽然技术可能是有益的，但人们担心过度依赖技术可能会损害教育中的人文因素。在技术驱动的解决方案与保持人际互动和个性化教学的基本作用之间取得平衡非常重要。

b. 实现挑战：实现集成 AI 功能并满足遵从性需求的解决方案可能是复杂且资源密集的。在技术集成、培训员工有效使用解决方案以及确保从现有系统无缝过渡方面可能存在挑战。在不同的教育环境中实施解决方案的实用性和可行性是至关重要的。

c. 公平和可及性考虑：虽然解决方案旨在提供个性化服务和普及教育资源，但也存在可及性方面的潜在差异。重要的是要确保该解决方案不会造成数字鸿沟，使来自弱势背景或偏远地区的学生因无法获得技术或互联网连接而进一步边缘化。应努力解决这些公平和无障碍问题。

d. 数据隐私和道德考虑：人工智能和数据驱动技术的使用引发了对数据隐私和道德考虑的担忧。必须建立健全的数据保护措施，获得必要的同意，并确保学生数据的收集、存储和使用方式的透明度。此外，应该仔细解决围绕在教育中使用人工智能的伦理问题，例如算法偏见和数据驱动的决策，以避免意想不到的后果。

e. 长期可持续性和适应性：解决方案的设计应考虑到长期可持续性。它应该适应不断变化的遵从性需求和技术进步。人们担心，随着法规的变化或新技术的出现，解决方案可能会过时或需要进行重大更新。从长远来看，确保解决方案的寿命和适应性对其有效性至关重要。

通过仔细的计划、涉众参与和持续的评估来处理这些问题，可以帮助减轻潜在的风险，并确保建议的解决方案有效地处理已确定的挑战。

⑥系统关于建议解决方案的追问：

a. 建议的 AIGC 授权教育培训产品的解决方案如何具体解决教育部门独特的合规要求？是否存在直接支持法规遵循管理的特定特性或功能？

b. 你能提供更多关于该方案如何提高师生比例的细节吗？将采用什么机制或工具来实现这一目标？如何确保在比例增加的情况下保持教育质量？

c. 解决方案将如何个性化服务，以满足学生和家长的多样化需求？会有什么措施确保个人化教学方法有效，并符合教育目标？

d. 将采取哪些步骤，以确保具有不同技术能力和资源的培训机构能够获得解决办法？是否有不同的版本或选项可用于适应不同的需求和基础设施？

e. 你可否详细说明政府会采取什么资料私隐及保安措施，以保障学生及院校的敏感资料？该解决方案将如何遵守相关的数据保护法规并解决与数据隐私相关的问题？

f. 对解决方案的持续改进和更新有什么计划？如何收集用户和利益相关者的反

馈，并将其纳入开发和增强过程？

g. 所提出的解决方案是否在任何教育环境中进行了试点或测试？如果是这样，这些试点项目的结果和反馈是什么？

h. 是否有任何个案研究或成功案例，显示建议的解决方案在处理符合规定的要求及促进教育公平方面的成效？如果可以的话，了解解决方案是如何实施的以及它对培训机构和学生的影响的实际例子将会很有帮助。

明确这些查询将有助于更好地理解所建议的解决方案的可行性、有效性和潜在限制。

确定建议的解决方案的合理成本需要更详细地了解其功能、实现需求和正在进行的支持。然而，考虑到处理法规遵从性和促进教育公平所涉及的挑战和复杂性，确保成本合理并与所提供的价值和利益保持一致是很重要的。

可能影响成本的因素包括不同培训机构所需的定制水平、人工智能能力的范围和与合规管理系统的集成、所提供的持续技术支持和更新的水平，以及所包含的任何额外服务或功能。

为了确定合理的成本，建议进行彻底的成本效益分析，考虑在遵从性管理、操作效率和对教育结果的影响方面的潜在节省。将拟议的解决方案与市场上的类似产品进行比较，以衡量其竞争力，这也很有价值。

最终，解决方案的成本应与培训机构的财务能力和资源相平衡，确保各种组织（包括预算可能更有限的小型和中型机构）都能负担得起并获得解决方案。

在解决已确定的问题方面，我将给提议的解决方案打 3 分（满分 5 分）。虽然该解决方案在解决我所在机构面临的一些挑战方面显示出潜力，但仍有一些问题有待解决，例如教育质量、访问公平、隐私和数据安全、采用和学习曲线以及成本影响。这些问题在我的评估中占很大比重。

虽然该解决方案的重点是个性化服务、提高师生比例和教育资源的可访问性，但其有效性将取决于实施、用户体验、与现有系统的集成以及持续支持等因素。解决这些问题并确保顺利实施过程，对于确定解决本机构问题的解决方案的真正有效性至关重要。

3. 研究提纲生成

AI 还可以基于质性研究方法，辅助生成研究提纲，并提出设计概要。例如，通过 https://ai.boardofinnovation.com/research-brief 网站提交三个背景资料，就可以生成研究提纲。图 1–15 显示了一个虚拟的设计项目如何就提出的热门问题生成研究提纲。

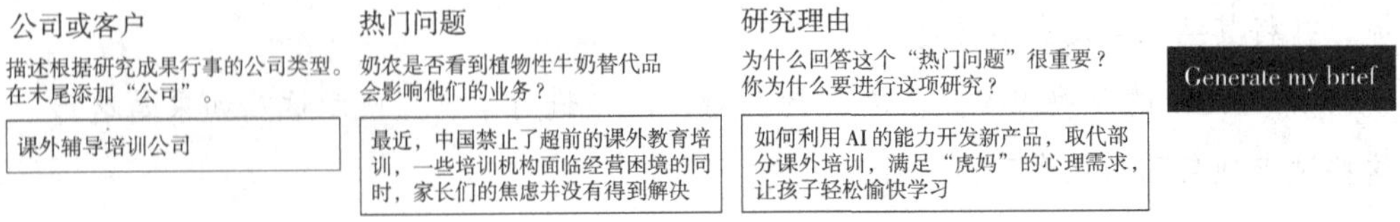

公司或客户
描述根据研究成果行事的公司类型。在末尾添加“公司”。
课外辅导培训公司

热门问题
奶农是否看到植物性牛奶替代品会影响他们的业务？
最近，中国禁止了超前的课外教育培训，一些培训机构面临经营困境的同时，家长们的焦虑并没有得到解决

研究理由
为什么回答这个“热门问题”很重要？你为什么要进行这项研究？
如何利用AI的能力开发新产品，取代部分课外培训，满足“虎妈”的心理需求，让孩子轻松愉快学习

Generate my brief

图 1–15　研究提纲

AI 生成的设计概要：我们的课后培训公司有兴趣探索如何利用人工智能（AI）的能力开发新产品，取代一些课外培训，满足“虎妈”的心理需求，让孩子轻松快乐地学习，产生社会和经济效益。这对我们来说很重要，因为它有可能彻底改变我们提供服务的方式，并为我们的公司、客户和整个社会带来重大利益。

AI 提出的研究问题：利用人工智能开发满足“虎妈”心理需求，让孩子学习更轻松、更愉快的新型课后培训产品，最有效的方法有哪些？

AI 提出的研究目标：①确定“虎妈”在为孩子寻找课后培训产品时关注的主要功能。②了解如何使用人工智能开发包含这些功能的新型课后培训产品。③评估基于人工智能的课后培训产品在改善儿童和家长的学习成果和满意度方面的有效性。④探索基于人工智能的课后培训产品的潜在社会和经济效益。

AI 提出的质性研究方法：如表 1–2 所示。

表 1–2　用户研究提纲

研究类型	目标受众	是否推荐该方法	所需人数	采访极端用户
专家访谈	人工智能专家、教育技术专家、儿童发展专家	是	5～10	无
利益相关者访谈	现有和潜在的教育培训机构、“虎妈”、教育政策制定者	是	10～15	对于孩子难以接受传统训练方法的父母、愿意分享经验和喜好的“虎妈”，对基于 AI 的教育技术持怀疑态度的家长
消费者访谈	儿童	是	20～30	在传统课后培训项目下苦苦挣扎的孩子
顾客满意度调查	教育培训机构、家长	是	100～200	无
培训需求评估调查	家长、孩子	是	500～1000	无
日记研究	不适应	不		
实地考察	培训师、实习生	是	20～30	
店铺测试	不适应	不		
家庭测试	不适应	不		

总体而言，可以与专家和利益相关者访谈，将在线调查和实地研究相结合，全面了解如何最好地利用人工智能来开发满足“虎妈”和“虎子”需求的新的课后培训产品。然后使用家庭测试来评估产品在现实世界中的有效性，研究提纲具有一定的合理性。

4. 访谈脚本创建

AI可以格式化访谈脚本，并给出相对合理的采访问题（表1-3～表1-6），为设计师获得需求提供帮助。

①背景与情景：

国家严禁教育培训机构以课前预习、课后巩固、作业练习、微信群打卡等任何形式给学生留作业，培训结束时间不得晚于 20:30 ，其目标旨在减轻义务教育阶段学生学业负担和家长校外培训经济负担，这导致很多培训机构经营困难，同时，一些家长对孩子教育的焦虑也并没有得到减缓。许多教育机构开始由线下辅导培训进行转型，思考开发新的教培产品，以满足社会需要，产生良好的社会与经济效益。

②研究问题：

以 ChatGPT 为代表的通用人工智能大模型，是否可以赋能中小学教育培训企业创作突破性产品。

③目标受众：人工智能专家、家长、学生、教师、教培机构经营管理人员。

④热身采访问题（表 1-3）：

表1-3　热身采访问题

问题	目的
您能告诉我一些关于您自己的情况吗？	了解受访者并建立融洽的关系
您能告诉我一些关于您在教育行业的背景和经验吗？	建立融洽的关系并获得有关受访者观点的背景
您在教育行业面临哪些挑战？	发现与教育和教学相关的潜在痛点
您如何看待人工智能在教育和培训中的应用？	了解受访者对主题的总体看法
您是否曾经使用过任何人工智能驱动的教育或培训产品？如果是这样，您能描述一下您的经历吗？	了解受访者对人工智能教育和培训产品的熟悉程度和经验

⑤主要采访问题（表 1-4）：

表1-4　主要采访问题

问题	目的	深度访谈潜在主题
您认为教育和培训公司目前面临哪些挑战？	确定教育和培训公司遇到的主要问题	COVID-19对行业的影响、市场竞争、学习者需求的变化

续表

问题	目的	深度访谈潜在主题
您认为ChatGPT如何帮助教育和培训公司创造突破性产品?	了解受访者对ChatGPT在行业中的潜力的看法	个性化学习的机会，课程设计的潜在改进，潜在的成本降低
您认为在教育和培训中使用ChatGPT有哪些潜在风险或有哪些顾虑?	识别与在行业中使用ChatGPT相关的任何潜在缺点或风险	人工智能模型的可靠性和准确性，人类教师的潜在失业风险，潜在的道德问题
您认为ChatGPT或其他AI模型如何用于改善教育行业?	探索受访者对人工智能在教育中潜在用途的看法，并发现潜在的机遇和挑战	ChatGPT在教育中的用例，在教育中使用AI的道德考虑，对教学和学习成果的潜在影响
您认为实施人工智能教育产品的最大障碍是什么?	确定在教育中采用和实施人工智能的潜在障碍	成本和资源限制，对数据隐私和安全的担忧，教育工作者和学生对变革的抵制
您认为人工智能驱动的教育产品如何满足不同学习者的需求，例如残疾学习者或来自不同文化背景的学习者?	探索人工智能在提高教育可及性和包容性方面的潜力	人工智能驱动的产品示例，成功满足了不同学习者的需求和开发包容性，并探讨人工智能产品的挑战和机遇
您认为教育工作者和学生在人工智能教育产品的开发和实施中应该扮演什么角色?	探讨让利益相关者参与人工智能教育产品的开发和实施的重要性	教育工作者、学生和人工智能开发人员之间成功合作的例子，围绕让利益相关者参与开发过程的潜在挑战
您认为ChatGPT可以帮助解决哪些具体问题?	确定ChatGPT可以解决的最紧迫的问题	面临问题的具体示例，使用ChatGPT的潜在解决方案
您认为人工智能驱动的教育产品应如何有效地整合到现有的课程和教学方法中?	探索将人工智能融入传统教学方法的潜在挑战和机遇	将人工智能成功纳入现有课程的例子，围绕调整课程和教学方法进行探讨

⑥定义的其他问题（表 1-5）：

表 1-5　其他问题

问题	目的	深入探讨的潜在主题
您能告诉我您在教育或培训方面遇到挑战是什么时候吗? 您是怎么克服的?	了解受访者遇到的具体问题以及他们如何处理这些问题	适应新的学习环境，同教与学方面存在困难的学生或教师打交道，克服语言障碍的例子
您认为成功的教育或培训产品最重要的因素是什么?	了解受访者对产品在行业中有效的看法	有效利用技术，引人入胜的课程，个性化的学习体验

续表

问题	目的	深入探讨的潜在主题
您如何看待未来5～10年教育和培训的发展?	了解受访者对行业未来方向的看法	教学方法的潜在变化，技术使用的增加，课程设计优先级的转移
您能告诉我更多关于您在教育领域使用人工智能的经验吗?	收集更多关于受访者对人工智能在教育中的看法和经验的信息	受访者使用或开发的人工智能产品的具体示例，在教育中使用人工智能的挑战和机遇
在教育中使用人工智能有哪些潜在风险或缺点?	发现在教育中使用人工智能的潜在道德风险、社会或实际考虑因素	人工智能驱动的产品对学生或教育工作者产生负面影响的例子，在教育中使用人工智能的道德考虑，对师生关系的潜在影响

⑦总结（表 1-6 ）:

表1-6 总结

问题	目的
根据我们的谈话，您认为教育公司在开发人工智能产品时要考虑的最重要的事情是什么?	总结受访者的主要见解和观点
如果我有任何其他问题，将来我可以跟进您吗?	如有必要，请求允许再次联系
非常感谢您今天抽出宝贵时间与我交谈。我非常感谢您的见解。	对受访者的参与表示感谢

5. 用户画像创建

AI工具还可以生成文字化的用户画像。当明确目标受众、极端用户和研究问题后， AI设计辅助工具将生成代表目标受众的角色，为设计师提供有价值的见解，以推动设计研究。

①培训机构经营者面临的重要问题

• 市场竞争日益激烈
• 难以吸引和留住学生
• 营销成本高
• 难以找到和留住合格的教师
• 保持高学术标准的压力
• 难以平衡教育质量与盈利能力
• 复杂的监管环境
• 租金和其他费用的增加

• 难以将业务扩展到新地点

②原型 1：创业创新者

a. 背景

• 男，32 岁

• 某大城市中型培训机构的创始人兼首席执行官

• 教育硕士学位

• 5 年前开始创业

• 先前的教学和课程开发经验

b. 目标

• 将业务扩展到新的地点

• 开发新的和创新的教育计划

• 吸引和留住高素质的教师

• 在实现盈利的同时保持高学术水平

c. 痛点

• 难以找到合适的扩张地点

• 高昂的租金和其他费用

• 市场竞争日益激烈

• 难以找到和留住高素质的教师

• 在实现盈利的同时保持高学术标准的压力

• 营销成本高

d. 人工智能如何提供帮助

作为一名创业创新者，这个原型使其有兴趣使用人工智能来开发新的、创新的教育计划，从而为企业带来竞争优势。人工智能可用于分析学生数据并制订个性化的学习计划，以满足个别学生的需求。人工智能还可用于开发聊天机器人，为学生提供即时反馈和支持，减少对人类教师 24/7 全天候服务的需求。此外，人工智能可用于简化营销工作，并通过个性化广告针对特定的潜在学生群体来降低成本。

6. 商业机会分数

AI 可以根据痛点的近期经历、痛点的影响找到解决方案的重要性权重、用于解决痛点的策略、现行办法面临的挑战以及对当前解决方案的满意度，对设计机会进行量化评估，给出商业机会评分（表 1–7）。

表 1–7　机会评分

痛点描述	痛点的近期经历	痛点的影响	解决方案的重要性（10分）	用于解决痛点的策略	现行办法面临的挑战	方案的满意度（10分）	商机得分
难以找到和留住合格的教师	由于工资低和缺乏工作满意度，教师流动率高	由于不断招聘和培训新教师，教学质量下降，学校费用增加	9	提供具有竞争力的薪酬和福利，提供专业发展和职业发展机会，创造积极的工作环境	用于增加工资和福利的预算有限，难以创造积极的工作环境	5	13
复杂的监管环境	难以遵守法规和跟上法律和政策的变化	不合规作法的法律后果和经济处罚的风险	8	聘请法律和合规专家，及时了解法律和政策的变化，实施有效的内部控制和流程	聘请法律和合规专家成本高，难以跟上法律和政策的不断变化	6	10
将业务扩展到新地点	难以找到合适的地点，获得必要的许可证和执照，并适应当地法规和习俗	与扩展到未知市场相关的费用和风险增加	7	进行市场调查，与当地合作伙伴和利益相关者建立关系，聘请当地专家，适应当地文化和监管差异	市场研究和聘请当地专家的成本高，难以适应文化和监管差异	4	10
难以为个别学生提供个性化支持	教师为每个学生提供个性化指导的资源和时间有限	没有得到个性化关注和支持的学生的参与度和学习成绩下降	9	实施个性化的学习软件和工具，提供个性化教学的教师培训，雇用额外的员工为学生提供支持	实施个性化学习软件和工具的成本高，难以提供教师培训和雇用额外的员工	5	13
难以跟上技术进步的步伐	快速变化的技术格局和缺乏投资新技术的资源	技术过时导致竞争力和效率下降	8	投资新技术和工具，为教师和员工提供新技术培训，与技术公司合作以保持最新状态	投资新技术和培训员工的成本高，难以找到可靠的技术合作伙伴	7	9

续表

痛点描述	痛点的近期经历	痛点的影响	解决方案的重要性（10分）	用于解决痛点的策略	现行办法面临的挑战	方案的满意度（10分）	商机得分
难以让父母和家庭参与教育过程	父母和家庭对子女教育的沟通和参与有限	没有得到家人支持的学生的学习成绩和参与度下降	7	定期向家长和家庭提供最新信息和沟通，为家长提供有关如何支持子女教育的研讨会和培训，为家长创造参与学校活动的机会	难以联系到所有父母和家庭，一些父母缺乏兴趣或时间	6	8

7. 问题建构与理解

在AI的支撑下，设计师可以通过问题理解卡获得对特定问题的宝贵见解，只需要输入目标受众和想了解的问题，就可以获得对问题的外部视角，并揭示潜在解决方案应考虑的设计原则。以下是一个由AI构建的问题理解卡的案例。

问题理解卡：中国学生课外辅导的沉重负担

目标受众：教育机构经营者

问题：由于《关于进一步减轻义务教育学生家庭作业和校外培训负担的意见》的发布，许多教育培训机构不得不停止运营，让家长们难以为孩子寻找到额外辅导的资源。这引起了家长们的极大焦虑，他们担心自己的孩子会落后于同龄人。

①背景

“由于《关于进一步减轻义务教育学生家庭作业和校外培训负担的意见》的发布，许多教育培训机构不得不停止运营，让家长们难以为孩子寻找到额外辅导的资源。这引起了家长们的极大焦虑，他们担心自己的孩子会落后于同龄人。”

“许多父母认为，孩子在生活中的成功取决于他们的学业成绩，他们需要为孩子提供额外的辅导，以确保他们具有竞争力。”

“家长们担心他们的孩子将无法跟上学校严格的课程，他们担心他们的孩子在没有额外辅导的情况下将无法充分发挥潜力。”

②引述

“我担心如果我的孩子没有得到额外的辅导，他会落后。所有其他父母都在这样做，所以我觉得我也必须这样做。”

③外部视角

“2018 年，中国私人补习市场价值约 100 亿美元。”

“超过 80% 的中国家长送孩子去上课外班，有些学生每天最多上三节课。”

④设计原则

对于来自不同社会经济背景的父母来说，解决方案应该是负担得起的。

生活在城市和农村地区的父母都应该能够获得这种解决办法。

解决方案应考虑到学生不同的学习风格和需求。

解决方案应该减轻家长和学生的压力和焦虑。

⑤第一求解方向

创建一个在线平台，为所有年龄和水平的学生提供负担得起且可访问的辅导服务。

与当地学校和社区中心合作，为有需要的学生提供免费辅导服务。

开发个性化的学习应用程序，以适应每个学生的学习风格和节奏，减少对额外辅导的需求。

8. 头脑风暴

针对教育培训机构，我们如何利用人工智能开发符合监管要求的教育产品，缓解家长焦虑，增强学生的学习体验和表现，并为教育和培训机构创造经济价值？AI进行头脑风暴的经过如表 1–8 所示。

表 1–8　AI 头脑风暴

构思工具	创意触发器	想法描述	名称
基于多布林的想法	过程	开发一个人工智能驱动的流程，根据每个学生的优势和劣势、兴趣和学习风格创建个性化的学习计划，以增强他们的学习体验和表现	个性化计划流程
基于 SCAMPER 的想法	修改	结合人工智能驱动的工具（如聊天机器人和虚拟助手）来修改传统的课堂环境，以促进学生和教师之间的沟通，提供实时反馈并提高参与度	人工智能教室改造
基于类比的想法	类比	开发一种人工智能驱动的教育产品，其功能类似于学生的私人教练，提供量身定制的反馈、激励和指导，类似于健身应用程序跟踪和改善用户身体健康的方式	私人教练产品
基于随机的想法	音乐	创建人工智能驱动的教育产品，利用音乐来增强学生的学习体验和表现，例如结合背景音乐或创建基于音乐的课程，帮助学生更好地记住信息	基于音乐的学习

9. 情绪板 / 故事板 / 快速创意工具（https://canvas.fermat.app/app/）

如图 1-16、图 1-17 所示，虽然该产品还不是一个很成熟的商业工具，但借助于 AI 大模型带来的便利，开发了若干视觉设计师希望拥有的创意套件，为设计提供了很大的便利。

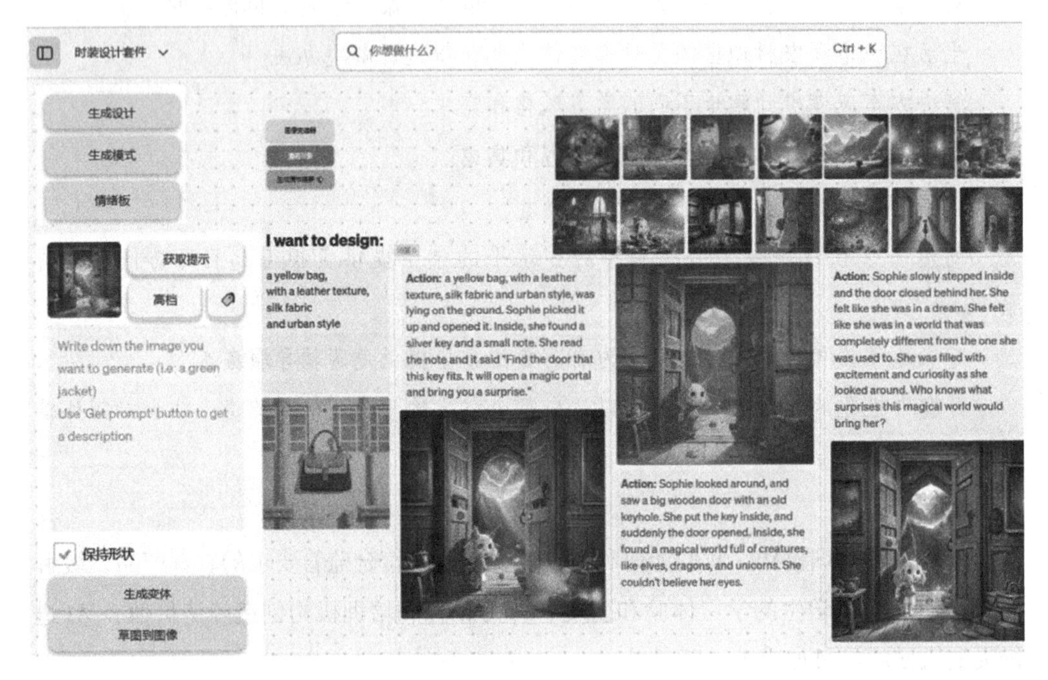

图 1-16　集合了多种 AI 支持的设计小工具

图 1-17　生成式设计案例

10. SWOT分析（https://rationale.jina.ai/）

只要输入设计师的决定，比如“设计一款自动驾驶广告车，通过合理的商业模式，使得初创企业成为与分众传媒比肩的著名公众公司”，系统就能自动进行SWOT分析，提出“专注于开发创新技术，打造强势品牌”的产品战略。以下是根据这一决定生成并导出的分析结果（表1-9）。

表1-9　SWOT分析

STRENGTHS（优势）	WEAKNESSES（劣势）
创新产品 设计自主广告车是一种独特而创新的产品，可以吸引注意力并引起市场兴趣。 **高市场需求的潜力** 随着自动驾驶技术的不断进步，自动驾驶广告车的市场需求潜力巨大。 **可扩展的商业模式** 创建一个可以在不同地点复制的可扩展商业模式，可以帮助公司快速发展并成为行业的主要参与者	**来自老牌公司的竞争** Waymo和Uber等老牌公司已经在自动驾驶汽车技术上投入了大量资金，这可能使新创业公司难以竞争。 **监管障碍** 在公共道路上操作自动驾驶汽车时，需要克服监管障碍，这可能会延迟或限制公司的运营能力。 **开发成本高** 开发自动驾驶汽车成本高昂，需要在研发方面进行大量投资，这可能会影响公司的财务资源
OPPORTUNITIES（机会）	**THREATS（风险）**
不断增长的需求 随着对自动驾驶汽车和数字广告的需求不断增加，这类产品的市场也在不断增长。 **通过技术实现差异化** 先进的传感器、机器学习算法和计算机视觉等创新技术可以将公司的产品与竞争对手区分开来。 **新兴市场的增长潜力** 由于对数字广告的需求不断增加，中国和印度等人口众多的新兴市场提供了增长机会。 **众包广告内容** 从用户那里众包广告内容可以创建与受众产生共鸣的引人入胜的活动	**诉讼或法律问题** 与涉及自动驾驶汽车的事故或其他事件相关的诉讼或法律问题可能会导致重大的经济损失。 **安全问题** 与自动驾驶汽车相关的安全问题可能会使公众对公司产品的看法产生负面影响。 **经济不景气** 经济衰退可能导致对广告服务的需求下降，从而影响公司的收入来源
CONCLUSION（结论） 进入竞争激烈的自动驾驶汽车和数字广告市场将需要大量投资，但提供了增长机会。为了取得成功，重要的是要专注于开发创新技术，使产品与竞争对手区分开来，同时创造强大的品牌形象。此外，克服监管障碍以及谨慎管理财务资源以确保长期可持续性至关重要	

11. 创意策划（https://seenapse.it/）

通过对ChatGPT进行定制开发，AI可以进行商业策划。

例如，输入条件为“如果我的广告客户是肯德基，你如何策划？”系统会提示：“为了帮助我为您的肯德基广告提出创意，请提供以下信息：1. 广告目标；2. 目标受众；3. 创意类型（例如，标题、标语、视频脚本、社交媒体帖子等）；4. 您希望我修改的创意或风格样本。一旦我获得这些信息，我将为您的肯德基广告带来有趣的创意。”

继续对话过程，在编辑框交互输入“你自己大致定下来，我就是想看看你到底能有多智慧”，系统此时输出：

“好的，我期待肯德基广告提出一个创意。假设广告目标是吸引年轻人，目标受众是18-30岁的年轻人，创意类型是社交媒体帖子创意：肯德基“美食探险家”挑战，1. 在肯德基码头设置特殊的“美食探险家”菜单，包含五种独特的、限时推出的肯德基美食组合。2. 邀请参与者在社交媒体上发布他们尝试这些特殊组合的照片或视频，并使用特定的话题标签（例如，#KFC 美食探险家）。3. 每周从参与者中抽取一名幸运儿，奖品可以是肯德基礼品卡或其他相关产品。4. 在活动期间，可以邀请当地的美食博主参与挑战，分享他们的体验，以提高活动的精彩性。这些创意将吸引年轻人参与挑战，分享他们的肯德基美食探险家之旅，从而提高了肯德基在社交媒体上的曝光度。”

此时，创意与广告车其实没有关联，因此，再次交互输入“那我的广告车？”，这时，AI输出的创意文案为：

“抱歉，我之前的回答没有涉及广告车。现在我将为肯德基广告提出一个涉及广告车的创意。创意：肯德基“美食快闪”广告车活动。1. 准备带有肯德基品牌标志和宣传口号的装饰。2. 在社交媒体上宣布广告车将在城市的不同地点出现，提供免费的肯德基食品。3. 每天发布广告车的位置提示，邀请粉丝猜测和寻找广告车的位置。4. 当粉丝找到广告车并在社交媒体上发布他们与广告车的合影时，可获得免费试吃机会。5. 在活动期间，可以与当地的美食博主或意见领袖交流合作，邀请他们参与寻找广告车的活动，分享他们的体验，以提高活动的关注度。这些创意将利用广告车作为一个有吸引力的亮点，结合社交媒体活动，提高肯德基在目标受众中的吸引力。”

已经有一些离散的AI支持工具，帮助设计师开展设计研究，服务于双钻模型设计前端的不同阶段，在这个阶段中，大语言模型是否可能以及何时可能取代心理科学中的人类参与者，仍是一个开放性问题。语言模型也可能特别擅长预测道德判断，因为道德判断在很大程度上取决于场景的结构特征，包括有意行为者的存在、损害的原因和脆弱的受害者，语言模型能很容易检测到这些特征。现代语言模型似乎已经越过了一个至关重要的人性门槛：它们交流得如此流畅，以至于常常看起来与人无法区分，事实上，GPT-3.5的道德判断与人类道德判断非常吻合（$r = 0.95$；详细信息请访问 https://nikett.github.io/gpt-asparticipant）。人类道德判断通常被认为是语言模型特别难以捕捉的，图1-18表明GPT-3.5与人类判断之间存在强大的一致性。

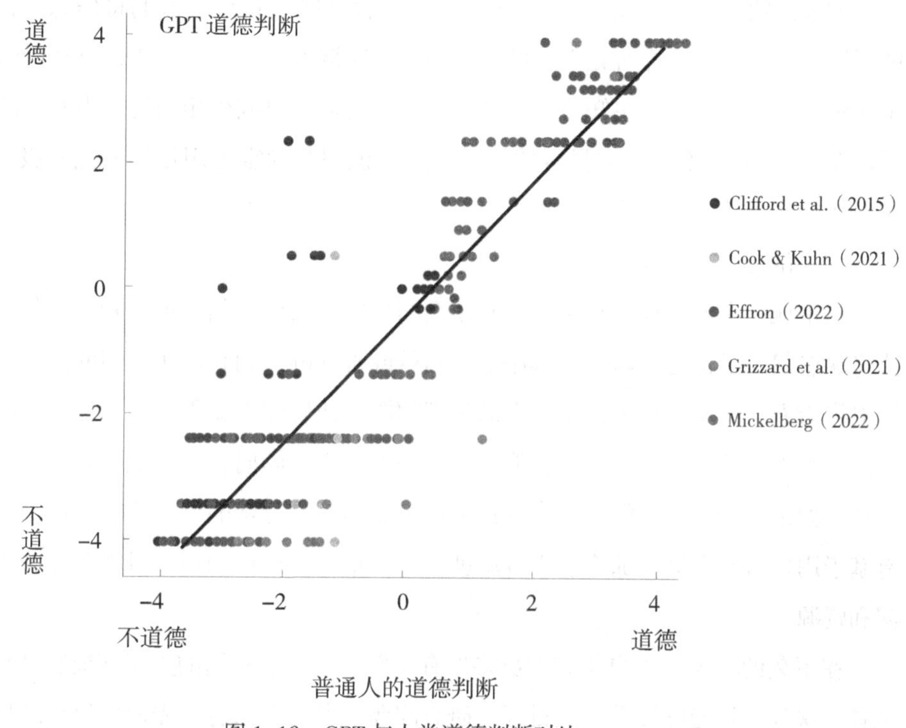

图1-18　GPT与人类道德判断对比

GPT-3.5有超过1750亿个机器学习参数，这使其认知架构过于复杂，难以解释。我们无法确定大语言模型在模拟参与者的过程中到底发生了什么，但他们的表现似乎非常准确地模拟了人类对道德判断的表达。研究人员已经通过经验证明了GPT-3在道德判断之外的领域模拟人类参与者的能力，包括预测投票选择，复制经济博弈中的行为以及在认知心理学的场景中展示类似人类的问题解决和启发式判断。大语言模型的研究也复制了经典的社会科学发现，包括最后通牒博弈和Milgram实验。

12. 问题和限制

（1）大多数AI工具目前无法处理视觉输入

已经发布的人工智能研究工具完全基于文本，只能分析转录数据，没有处理视频或视觉输入的能力，对于分析用户访谈来说，这不是一个大问题。然而，这对可用性测试是不适应的，没有任何人或人工智能工具可以仅通过转录文本进行可用性测试分析。

（2）含糊不清的总结和建议

人工智能工具经常给出极其模糊的总结和建议，但没有解释相关信息或详细描述的含义，也没有说明应该如何修改现有内容以清晰呈现。AI 生成的总结和建议经常是模板化的，缺乏非常具体和有针对性的见解。

（3）对上下文的理解有限

AI 洞察生成器严重缺乏上下文信息。尽管某些工具允许人们将信息上传到给定的项目，但它们不允许研究人员区分这些资源应该如何使用。由于缺乏背景信息，不了解研究目标，系统无法知道什么对研究人员是最重要或最相关的。当有用的见解被埋没在 AI 生成的不相关的见解的海洋中时，识别并确定有用见解的优先级可能很耗时，甚至比手动分析会话更耗时。

（4）缺乏引用和验证

在生成观点或建议时，某些工具不会引用它们找到该信息的位置（例如，它们无法将观点归因于特定会话、为其添加时间戳或将其链接到它们所引用的剪辑）。这种缺陷将给人工智能合作者带来巨大的伦理问题，使研究人员无法验证该工具的摘要或建议是否来自某项研究。人工智能系统有一种危险的倾向，即提供听起来合理的错误信息。如果一个人工智能工具建议你为产品添加一个特定的新功能，但这个建议并没有基于用户研究数据，那么它大概率就是一个错误。这样的错误可能会耗费用户的时间和资源。

在不久的将来，用户研究人员将拥有良好、可靠、有用的人工智能驱动辅助设计工具。这些工具能够接受研究目标、研究问题、参与者信息、先前的研究结果等许多不同类型的背景信息，能够接受研究人员的编辑和更正，并具有更大的灵活性，研究人员则通过快速、简单的方法仔细检查人工智能系统的工作。这类工具的出现不再是幻想，而且无论 AI 的结论是来自特定的会议还是来自于某个观察员的笔记，都有准确、具体的链接引用。这些研究工具应用广泛，能处理视频、屏幕截屏等素材，具有更好的用户体验和可靠性。

1.3.1.2 AI 图形设计

图形设计作为一门艺术和创意的结合体，逐渐融入了人工智能的辅助。AI 辅助图形设计，不仅提升了创意的延展性，还大大提高了设计师的效率和工作体验。

1. 提高效率

AI 能够通过学习大量的设计样式和元素，快速生成各种基本设计元素，如图案、背景、标志等。这样，设计师可以更专注于创意的发掘和组合，而不必花费过多时间在基本元素的制作上。AI 在图形设计中的应用还包括快速修正和优化设计。它能够识别设计中的问题，并给出改进的建议。例如，在颜色搭配方面，AI 可以根据设计师的需求和配色规则，自动选择最佳的配色方案。

例如，美图秀秀、remove.bg 等官网提供的智能抠图功能（图 1-19），可以为大部分复杂图片提供高效快捷且质量优良的抠图，这对于不熟悉基本图像处理软件的用户而言提供了极大的便利。Adobe Sensei 可以在不同的创意应用程序中自动设计一些任务。在 Photoshop 中使用 Adobe Sensei 可以自动选择合适的颜色调整选项，从而节省设计师的时间和精力。

图 1-19　智能抠图功能

自动生成多种设计类型越来越成为重要的设计需求。AI 工具可以根据用户的偏好、需求和以前的设计生成多个版本的图形，在保留品牌完整性的同时，创建独特和替代版本的视觉资产。例如，Wolff Olins 通过创造性的协作与算法，为 Brazilian telecom 提供了一个动态“Oi”标识（图 1-20a），这个标识能对声音做出不同的反应。这对于传统设计方法而言，设计师不可能在不同设计方案中快速浏览，也没有捷径可走，不可能短时间生成如此多的方案探索。Designhill.com（图 1-20b），Looka.com 这类网站对于有基本设计经验的用户而言，可以推动大量创意的产生，并在后期通过人工进行方案的优化。

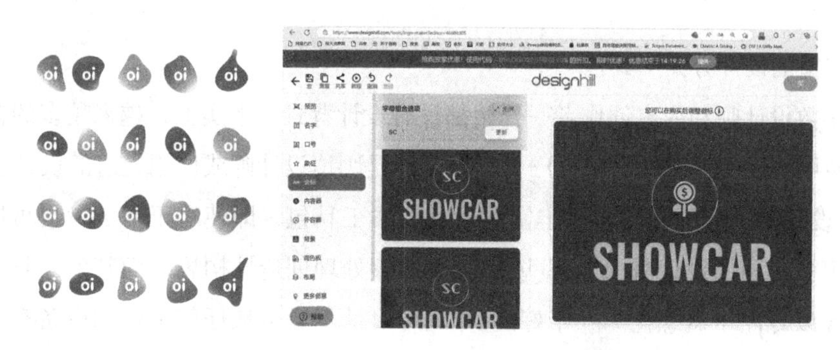

（a）Brazilian telecom Oi　　（b）Designhill 进行标志设计

图 1-20　视觉设计

Midjourney 可以快速生成不同主题、配色和风格的 UI 界面。比如，在 Midjourney 中，只需要分别设置提示词 “high-quality UI design, cryptocurrency sports betting, use light orange and purple gradient colours, crypto currency logos, sports betting website --q 2 --s 250 -”，和 “Ui, ux, web page, creative landing page for a personal website of a filmaker who is a passionate traveller and shoot and edit films and a guitarist, hyperrealistic, classy, intense, --v 5.2 --ar 16:9 -”，就可以生成图 1-21 所示的移动端和 PC 端 UI。结合一些低代码交互开发工具，可以迅速制作原型。这类产品可以快速满足甲方模糊需求，明确设计概念优化空间，帮助设计师显著提升设计效率。Midjourney 对于生成包装设计、UI 设计的多个概念设计阶段，具有独特优势。

图 1-21　快速生成 UI

2. 丰富的设计方案工具包

大多数设计师和内容创作者一开始都没有设计背景。事实上，越来越多的营销人员开始使用在线工具制作营销推广材料，而不是聘请设计师或使用先进的设计软件。许多 AI 设计辅助应用程序包含丰富的设计方案工具包，即使对于初学者也可以轻松导航，服务不同的设计需求。一些 AI 工具能够处理创造性构思，而其他工具则执行各种任务以专注于概念化。一个好的 AI 图形设计工具可从任何平台和设备有效地创建和编辑艺术品。一些工具只需点击一下即可编辑或更新设计，跨多个渠道重新调整内容用途并随时随地共享。

使用 http://Designs.ai 网站可以创建徽标、图形、视频、模型或 PowerPoint。该平台还使用人工智能生成数千种设计变体和数百万种设计资产。用户只需输入品牌信息和偏好即可创建徽标和设计模板。这类人工智能设计平台一般都包括海报设计、品牌识别包、颜色匹配器、字体配对器、可缩放矢量图形下载。如果用户为非设计行业人员，又想要一个属于自己公司的 Logo，而本身对软件一窍不通，又不想花钱找人设计，还想看起来高端、大气，就可以通过 AI 设计 Logo。这些工具对于设计师来说也是必不可少的，特别是图形设计经验仅限于电脑自带画图软件的设计师。Looka 和 Designhill 是比较优秀的设计网站（图 1–22）。基于 Logo 自动生成的 VI 是基于模板的，且这些 Logo 质量不一。

图 1–22 设计工具包

3. 个性化定制

AI 还可以根据设计师的需求，快速生成不同风格和主题的设计作品。这对于企业和设计师来说，节省了大量的时间和精力，同时也满足了不同用户的个性化需求。通过机器学习和智能算法，AI 可以根据用户的需求和偏好进行个性化的设计推荐，从而将收集到的数据进行分析和处理，通过机器学习算法了解用户的喜好和特点，创建用户画像和模型。例如，在室内设计中，AI 可以根据用户的喜好，生成符合其个性化需求的家具、装饰品、颜色搭配等，并可以通过不断与用户互动，根据用户的反馈信息，对设计方案进行优化和调整，使得设计更符合用户的需求和偏好。以服装设计为例，当用户在购物网站上选择一件衣服时，AI 可以根据用户的身材、身高、肤色等特征，推荐适合用户的款式和颜色。此外，AI 还可以根据用户的喜好和风格，推荐符合其个性化需求的服装设计方案。通过这种方式，AI 可以帮助用户快速找到符合自己需求和偏好的服装，提高用户的购物体验，更好地满足用户的需求。

虚拟替身技术是数字化设计领域的新热点，通过集成 GPT 和 LaMDA 等大型语言模型的强大功能，将个性化的 IP 与人物 / 品牌结合，实现语音与表情的关联，实现实时流媒体转换；通过部署交互式数字人类数字助理，能够以更人性化、引人入胜和有效的方式与消费者互动，部分或者全部替代客户支持、销售、培训、个人理财服务等岗位，显著提高转化率，改善客户体验，同时降低品牌的整体生产成本。D-ID 在世界移动通信大会上首次亮相了交互数字助理，D-ID 的直播人脸动画 API 通过将 D-ID 的专有技术轻松集成到一个简单、可扩展和弹性的软件包中，结合演示者说话和移动的面孔实现个性化动态交互，为消费者提供实时数字助理或同伴。D-ID 的生成式 AI 技术简化了学习和开发、销售和营销视频内容的难度，它们的平台使用深度学习模型，使创作者能够从文本中生成数字人物和逼真的数字演示者，从而大大降低大规模视频制作的成本。

1.3.1.3 运算化设计

运算化设计（computational design）是一种利用计算机和算法生成、优化和控制设计过程的方法，它是 AI 设计在设计过程中的具体应用，它可以位于前端，也可以位于后端，有时也称为计算设计。它将数学、编程和设计相结合，通过算法和数据处理技术实现对设计过程的自动化和优化。运算化设计可应用于各个领域，例如建筑、工业设计、产品设计、数字艺术等。运算化设计可以自动执行一些繁琐、重复的设计任务，从而大大提高效率和准确性。通过调整参数或输入不同数据，运算化设计可以快速生成不同风格、不同形态的设计方案。通过可视化界面或虚拟现实技术等手段，运算化设计可以直观地呈现设计结果，并帮助设计师进行沟通和协作。运算化设计在建筑领域被广泛应用，例如进行建筑结构设计、立面设计、城市规划等。其中，运算化设计可以根据建筑场地、功能需求、材料成本等因素，自动生成最优的建筑方案和结构方案。运算化设计在工业设计领域可以帮助设计师优化产品形态、结构、重量等。例如，利用运算化设计可以快速生成 3D 模型，并进行各种仿真分析，以验证产品的性能和可行性。运算化设计在数字艺术领域也有很多应用，例如生成艺术、虚拟现实等。通过运算化设计技术，艺术家可以快速生成、控制和修改艺术作品，从而实现更高的创造力和艺术价值。

运算化设计有三个子类：参数化设计、拓扑优化、生成式设计（图1-23）。这些不同的术语经常被混淆，有时甚至表达相同的含义。

（a）参数化设计

（b）拓扑优化

（c）生成式设计

图1-23　参数化设计、拓扑优化与生成式设计案例

1. 参数化设计

参数化（parametric）设计最早由Sutherland在20世纪60年代提出，在变量化设计（variational geometry extended）思想产生后出现。其含义是以约束的方式来进行零件设计。参数化设计已经融入到许多设计师的工作流程中。比如，Solidworks的表驱动零件设计被认为是最简便的参数化设计，大多数支持宏命令的CAD工具都支持参数化设计，在Rhinoceros 6预装Grasshopper等可视化工具后，参数化设计变得易于访问并且非常直观。设计人员只需输入参数，如尺寸、角度或偏移量以及适用的设计要求即可产生输出。

参数化设计为设计人员根据需求以及产品结构中的几何关系来编写程序提供便利，将设计的可能性扩展到之前人工手动不能达到的境地。在设计的初期，设计师会根据对产品设计逻辑的分析进行数据定义。基于基本数据的定义之后，会进行一定数据范围值的调整，在这个范围值变量内进行合理设计寻找，剔除噪声，获得最终合理的设计参数，再进行调整后，完成最终造型设计。参数化设计是一种交互式设计过程，它使用一组规则和输入的参数控制设计模型。这些规则建立了不同设计元件之间的关系。这些参数是定义设计模型的特定项的值，如尺寸、角度和权重。修改参数时，算法会根据设置的依赖项自动更新所有关联的设计元素。在传统3D建模中，设计师需要负责单独更新每一个设计元件。然而在参数化设计中，设计者只需更新一个参数，参数算法就会进行所有相关的更新。在设计复杂和不常见的几何建筑时，参数化设计是非常理想的选择。

参数化模型易于修改并且可以实时调整。这让设计师可以探索更多可能的设计选项。设计师不是用独立的位置信息和尺寸绘制数百根柱子，而是输入符号参数定义柱子之间的关系以及与建筑物本身的关系。如果将来需要根据新的设计信息移动柱子，则只需更新参数，并根据已有的算法调整模型即可。

作为一种将设计意图与设计结果相结合的基于算法的方法，参数化设计将设计中的元素变量化，通过元素的相互作用形成复杂的几何形状和结构，使设计的最终结果可以实时修改，进而达到修改部分参数就可以改变最终结果的目的。如图 1–24 所示，安东尼奥·高迪（Antonio Gaudi）设计圣家族教堂时采用倒置教堂模型的方法进行设计研究，这是参数化设计的最早实践之一。他通过悬挂的加重绳子创造了复杂的悬链线拱门。通过调整砝码的位置，他可以改变悬链线拱的形状，从而改变整个模型。这一方法很像模拟计算。我国奥运建筑“水立方”“鸟巢”都是建筑参数化设计的实例。著名建筑设计师和时尚设计师 ZAHA HADID 的作品也大量使用了参数化设计方法。

图 1–24　圣家族教堂参数化模拟

如图 1–25 所示，在产品造型设计领域中，宝马（BMW）新发布的 NEXT100 概念车中，其轮毂上部表皮的设计就采用了参数化设计方法，同时其车体内部的大量内饰设计也是通过程序生成并进一步设计控制的产物。如图 1–26 所示，米其林轮胎和雷克萨斯座椅，就是基于参数设计对产品形态进行了仿生设计的产物。

图 1–25　宝马的参数化设计

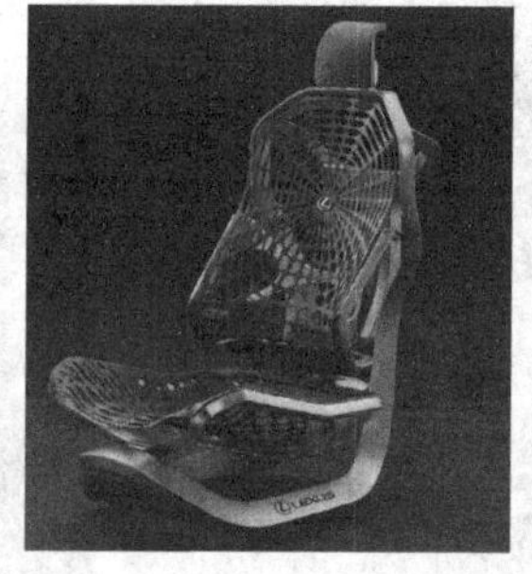
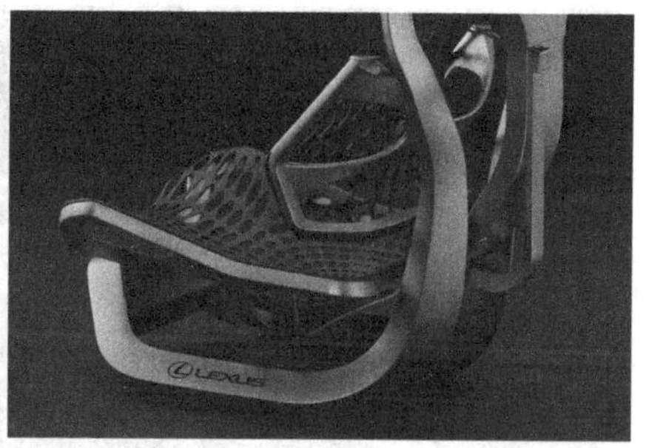

图 1-26　盘根错节的轮胎和合成蜘蛛丝旋转动态汽车座椅

如图 1-27 所示自行车头盔由 Voronoi 3D 技术公司设计，采用 Grasshopper3d 中的参数化设计工具，使用更少的材料以保证安全性和轻便性。

图 1-27　工业设计中的参数化设计

循规蹈矩的设计人员往往没有创造力。虽然设计过程中有一定程度的反复试验，但人类不可能生产和审查所有可能的设计选项。这导致设计师往往依赖于经过验证的已有设计或过去项目中使用的设计。自然界控制着万事万物的随机规律性生长。尽管万物的形态千差万别，但是它们都有各自生成的逻辑。逻辑，就是自然的法则，也是美学的守则，针对这些有机形态如果依靠人工进行创作或者形态的探索，无疑工作量巨大。而遵循大自然中的一切条件因素，将宏观或者微观的形态进行参数化描述，并通过交互方式进行修改，则要容易得多，因此，参数化设计作品对仿生形态情有独钟。除了建筑和产品领域，在服饰设计领域，参数化设计也同样有着非常惊艳的表现（图 1-28）。

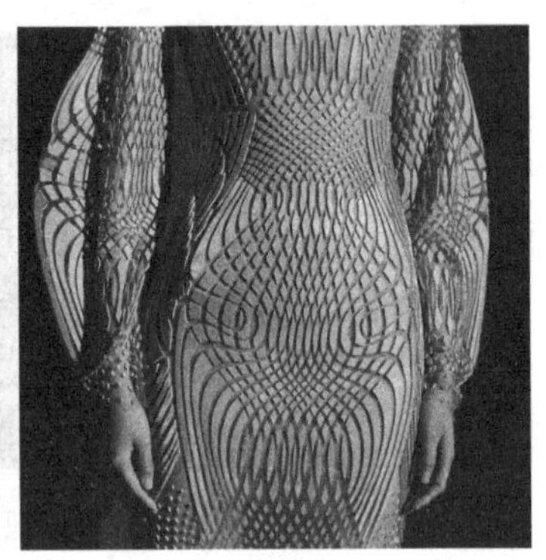

图 1-28　服装参数化设计

2. 拓扑优化

拓扑优化是许多 CAD 软件程序中广泛使用的工具。在拓扑优化过程中，用户上传 CAD 模型并指定零件的设计目标，包括约束、载荷等。随即该软件对输入内容进行处理，并根据原始 CAD 模型创建单个优化的几何图形。拓扑优化是一种数学方法，针对给定的一组约束优化进行设计空间内的材料布局，找到最佳的形状并在满足一组给定规则的同时最大限度地降低成本。因此，一旦形状被预先确定，拓扑优化就会关注属于该形状或可以适合该形状的连接组件的数量。

拓扑优化和生成式设计的区别在于整个过程，拓扑优化是仅基于功能目标、约束和负载的单一解决方案。生成式设计则同时发展多个解决方案，以根据功能和非工程要求汇聚到最佳解决方案集。基于工程师对如何解决问题的最佳猜测（即便该设计概念存在设计师的偏见），拓扑优化从一个完整的人工设计模型开始，该模型根据预定的载荷和约束创建，只呈现一个优化的评估概念，并没有自动构思。生成式设计首先输入约束，然后由 AI 进行分析，以确定数百或数千个拓扑概念。拓扑优化没有考虑的因素是认为人工设定的设计概念本质上都是带有偏见的。在生成式设计中，人工智能不会受到偏见的影响（至少不会那么直接），并且可以探索超出设计师想象的范围。生成式设计过程不必输入要优化的现有 3D 模型，而是首先设置项目约束和目标。然后，人工智能驱动的软件会分析这些结果并生成一系列设计结果，设计师可以进一步评估和优化这些结果。

3. 生成式设计

在某种程度上，拓扑优化是生成式设计的基础。在生成式设计之前，工程师手动进行草图绘制和建模来进行概念化和测试迭代。生成式设计使该过程更进一步消除了对初始人工设计模型的需求，工程师制定高级性能要求和通用设计框架，然后将细节交给软件。生成式设计软件能够为产品设定性能目标的同时确定周边（成本、制造方法、材料、重量、尺寸等）的优先级，并解决冲突的设计约束。生成式设计软件使用算法探索这些参数的可能性，以生成数千种设计选项。然后，人工智能驱动的软件将分析每个设计并确定最有效的设计，由工程师或设计师进行评估，做出最终选择。生成式设计将设计师从重复性任务和容易出错的多次计算中解放出来，使设计师专注于解决问题和创新。这类软件不仅在产品开发生命周期中节省了大量时间，而且提供了比人类设计师手动创建或评估的更多替代方案，甚至从未设想过的概念。

为了展示由生成式软件创建的设计范围，设计师菲利普·斯塔克（Phillipe Starck）创造了有史以来第一个由人工智能设计的椅子（图1–29）。对于他来说，设计过程就像与一个可以用新的眼光看待问题的算法进行对话。

图1–29 菲利普·斯塔克用生成式设计完成的椅子

在工业设计中成功使用人工智能的一个例子来自阿迪达斯公司。该公司开发了一种4D打印工艺，该工艺使用AI算法来优化其Futurecraft 4D鞋的设计（图1–30）。该设计针对舒适性、耐用性等性能进行了优化，从而使产品得到了消费者的高度追捧。

图1–30 阿迪达斯——未来工艺4D鞋（2017）

运算化设计基于人工智能技术或优化技术进行产品设计创新，具有以下显著优势。

（1）设计更好的解决方案

设计师可以探索数百种设计选项，而不再局限于通过手动绘图产生的少数几个选项。设计师还可以利用不同于传统思维的独特设计解决方案，并改进设计算法来不断改进结果。

（2）自动执行重复性任务

更新一个构件尺寸或重命名一个构件很简单，但在面对数百个构件时这项任务会变得乏味且降低利润。通过连接到建模软件的运算化设计软件，设计人员可以创建实时修改整个模型的算法。

（3）提高生产力

一旦公司特定的设计流程被编程到计算软件中，设计师基本上可以将设计任务外包给这些程序。通过运算化设计，架构师可以用更少的迭代更快地进行设计，从而提高生产力并用更少的资源完成更多的工作。

（4）降低设计风险

迭代设计过程和易于使用的可视化编程工具使设计师能够将设计质量提高到人类能力之上。设计人员可以利用人工智能在多种场景下测试设计。无错误的设计降低了所有相关方的风险和责任。

（5）降低项目成本

将繁琐的设计任务和设计用运算化设计软件完成，可以降低项目所需的人员数量。此外，通过算法生成的设计将大大减少错误，从而降低现场设计变更的可能性。随着所需要的资源和更改减少，项目成本将下降。

（6）减少材料浪费

零浪费或至少减少浪费，始终是项目的目标，但在实践中却很困难。使用计算软件，可以通过使用原材料和产生的废物数据评估并优化项目设计以减少浪费。

（7）改进操作顺序

安排操作顺序是一项复杂的任务。运算化设计软件使项目团队能够创建针对建筑组件安装进行排序的逻辑顺序，然后可以优化和改进序列以提高效率。

在对表征新材料或难以定义的问题和解决方案空间进行建模时，定义这些参数的过程可能特别复杂。生成式设计应用程序可以帮助概念化复杂的设计解决方案，生成式设计扩展使用户能够选择和比较零件的制造方法（如 CNC 加工、压铸、3D 打印等），并查看每种方法适用于零件的约束。生成式设计通常会创建高度有机的形状，这对于特定类型的性能敏感型应用程序至关重要。这些模型通常无法用传统的制造技术（如注塑成型）制造。3D 打印是将这些复杂形状变为现实的理想技术。通过允许一遍又一遍地沉积薄层材料，制造商可以使用从塑料到树脂（SLA），甚至金属的任何类型的固体材料制造零件。

一些生成式设计软件产品是独立的产品，有些是大型工程平台中的扩展。Revit 中的新工具使用生成式设计将算法问题解决的规模、速度和精度引入设计决策。Autodesk 的 Fusion 360 为用户提供了一套功能强大的建模工具，包括草图绘制、直接建模、曲面建模、参数化建模、网格建模、渲染等。其生成式设计功能使用户能够识别设计要求、约束、材料和制造选项，以生成可用于制造的设计，同时使用户能够利用机器学习和 AI 的强大功能，根据视觉相似性、绘图和过滤器查看云生成的设计结果。

大模型可以提供海量数据支持，为生成式设计提供了更多的可能性和途径。生成式设计是一种基于算法和计算能力的设计方法，通过运用数学、编程和数据分析等技术，自动生成符合设计要求的设计方案。大模型可以为生成式设计提供更多的数据支持，例如物理、工程、材料、环境等数据，让设计方案更加科学、有效和可靠。同时，大模型还可以帮助优化生成式设计的过程和结果，提高设计效率和准确度。传统的生成式设计通常由设计师手动输入各种参数和限制条件，通过算法生成设计方案。而 AI 生成式设计则利用机器学习、深度学习等人工智能技术，根据大规模数据分析、学习和推理，自动优化设计方案，甚至可以在不考虑人类意愿和限制条件的情况下生成全新的设计方案。

Stable Diffusion 的基础模型是在 LAION-5B 中的成对图像和字幕上进行训练的。LAION-5B 是一个公开可用的数据集，来源于从网络上抓取的数据，其中有 50 亿个图像和文本根据语言进行分类，并按分辨率分成单独的数据集，此外，数据标签包含预测的“审美”分数（如主观视觉质量）、是否含有水印等。基于 Stable Diffusion 基础模型，与细分领域结合，产生了一些令人惊叹的艺术创作探索，如造梦日记（图 1-31a），Lexica（lexica.art，图 1-31b）的二次元和插画风格创作等。

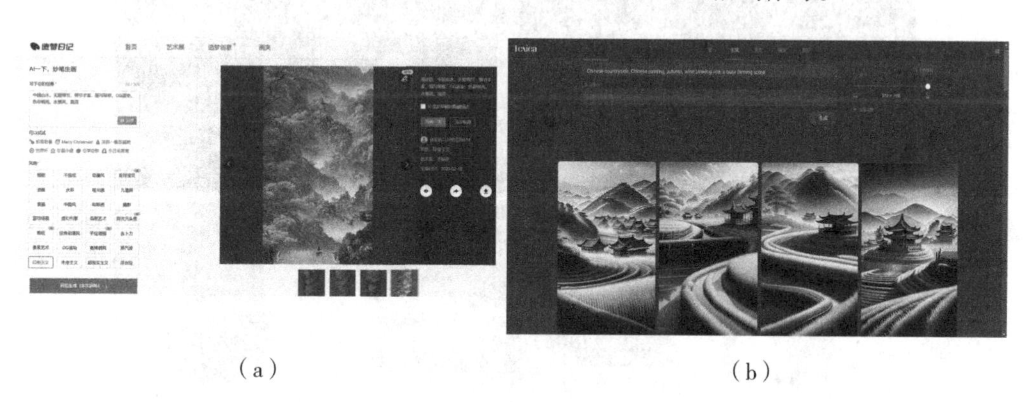

（a）　　（b）

图 1-31　造梦日记和 Lexica 生成的风景图像

如图 1-32 所示，Lexica 可以快速生成 4 幅图片，并且基于其中任何一张进行扩展、变体和高分辨率放大。

图 1-32　Lexica 由文字生成图像后高分辨率放大与变体

Midjourney 是一款搭载 DISCO 社区的 AI 制图工具（图 1-33），给定提示词后，就能通过 AI 算法快速生成相对应的图片。提示词可以选择不同画家的艺术风格，例如安迪华荷、达·芬奇、达利和毕加索等，还能识别特定镜头或摄影术语。有别于谷歌的 Imagen 和 OpenAI 的 DALL-E，Midjourney 是第一个快速生成 AI 制图并开放给大众申请使用的平台，首次使用可以免费生成 25 个图像。Midjourney 生成的作品往往带有电脑生成的痕迹，一般有较好的艺术感，不会被误认为是新闻素材，但对色情、血腥、暴力创作题材的审核还不够精准。

图 1-33　Midjourney 由文字生成图像及变体

OpenAI DALL-E 同样是从文本到图像的生成式 AI（图 1-34）。DALL-E 是一种新的 AI 系统，可以从自然语言的描述中创建逼真的图像。OpenAI DALL-E 算法可能具备了一些超出人类想象的能力，简单来说，只要用户写下想看到的东西，就会为其绘制出来。

在深黑色的背景前，一个中年人，她的汤加皮肤丰富而发光，被捕捉到中间旋转，她的卷发像暴风雨一样在她身后飘动。她的装束就像一阵由大理石和瓷器碎片组成的旋风。在散落的瓷器碎片的光芒照耀下，营造出梦幻般的氛围，舞者设法显得支离破碎，但又保持着和谐流畅的形式。

一张以荔枝为灵感的球形椅子的照片，凹凸不平的白色外观和毛绒内饰，衬托着热带壁纸。

图 1-34　OpenAI DALL-E

例如，当用户在搜索栏里，用英文输入“长得像牛油果的椅子”，它会在大约 8 秒时间内，生成多达 9 张与“牛油果椅子”词义相符的图片，但如果输入中文，则完全图不对题。用英文将提示修改为“长得像牛油果的台灯”，虽然结果让人哭笑不得，但还是可以看出 AI 确实进行了对象的融合，产生了新的概念联想（图 1-35）。最新版本的 AI 生成工具对提示词的语言要求进行了很好的优化。

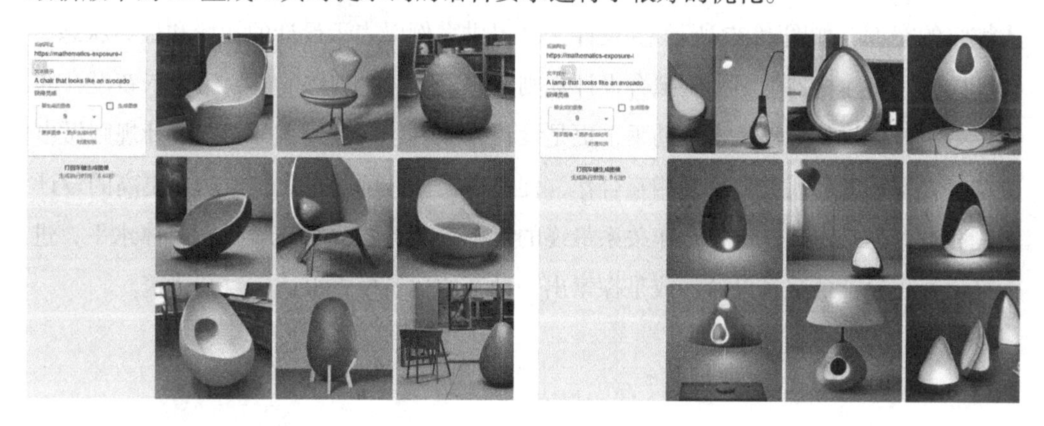

图 1-35　OpenAI DALL-E 的设计创作

这个例子其实非常“现实主义”，提示词中的目标对象单一，场景没有限制。但如果提示语改为“竹林里一只中华田园犬正在和一只熊猫玩攀爬的游戏”，那么图 1-36 所示的输出结果基本上还是切中词义，并提供一些创作灵感，可供后期创作修改。而输入“位于城市中心的巴比伦空中花园，达利画风”，输出的艺术效果简直妙不可言。

图 1-36　OpenAI DALL-E 的设计创作

本质上，与很多人工智能算法模型一样，DALL-E 就是一个模拟了大脑神经元网络的数学系统，它自然需要分析大量数据来学习技能。譬如上文中的牛油果椅子，在识别出一颗牛油果之前，达利至少观摩了上千颗大大小小、奇形怪状的牛油果。而更重要的是，它还需要在图像与描述图像的文字之间，找到一种关系模式。事实上，这个系统引发人工智能研究圈讨论的关键之一，在于它能够同时处理文字语言与图像，并且在自然语言理解与计算机视觉之间构建起更加紧密的关系。

随着大模型应用的加速和大众化，设计师与 AI 协同，在建筑设计领域涌现出令人惊叹的案例，如图 1-37 所示，设计人员提供案例以表示设计的初始和最终状态，计算机通过构建机器学习模型拟合设计规则，然后将经过训练的模型应用于新设计的生成中。计算机将不仅是设计助手，更是设计合作者，帮助建筑师根据设计规则做出决策。人工智能和人类设计师相互合作，促进人类设计师的进化，以达到更高的设计智能和设计思维水平。这种合作关系最终的目标是持续提高建筑设计的整体水平，进而简化原先复杂的建筑设计，或是探索出一种新的建筑模式以适应复杂建筑。

图 1-37　AIGC 在建筑设计中的应用

计算设计的一个显著好处是，它允许同时探索、验证和比较数百或数千个设计选项，使工程师能够快速有效地找到最能满足项目参数和需求的选项。当工程师利用 AI 快速、高效、大规模地发现和测试新的复杂设计迭代时，可以大大缩短新产品的研发时间。因此，利用生成式设计的公司可以在加快产品上市时间方面获得竞争优势。生成式设计可以创建复杂的设计，如有机特征和内部晶格，以充分利用增材制造技术提供的独特设计自由度的优势。AI 还具有了整合零件的能力，因此由生成算法和 3D 打印创建的单个复杂几何形状通常可以取代数十个独立零件的组件。随着 AI 设计软件变得越来越强大和复杂，设计师们通过使用人工智能将设计过程中一些最费力的部分自动化，从而大大加快产品甚至建筑物的上市时间。

在 *Science* 杂志发布的 2022 年度科学十大突破中，AIGC 赫然在列。这一年，谷歌、Meta、微软等科技巨头在 AIGC 赛道积极布局，世界科技巨头用 AI 实力及技术应用推动 AIGC 的风潮席卷全球，绘画、音乐、新闻、网络直播等诸多行业正被重新定义。在业内看来，AIGC 是一种“人机共创”新模式。未来，AIGC 将颠覆现有的内容生产模式，可以实现以十分之一的成本，以百倍千倍的生产速度，创造出有独特价值和独立视角的内容。

1.3.2　与 AI 一起设计

与 AI 一起设计（design with AI）指的是设计师与 AI 共同参与设计过程。设计人员和 AI 系统之间的互动是平等的，并且设计人员需要考虑如何最大限度地利用 AI 的能力实现设计目标。这种方法通常用于需要创造性和创新性的领域，例如广告、艺术、音乐和游戏等。

融合人类和机器智能（或称“共生”），并不是一个新概念。1960年，J.C.R. Licklider在他那篇颇具影响力的文章《人机共生》中写道：“我们希望，在不久的将来，人脑和计算机将紧密结合在一起，由此产生的伙伴关系将以人类大脑从未思考过的方式思考，并以我们今天所知道的信息处理机器无法达到的方式处理数据。”

相比之下，“融合”更多的是指伙伴关系，即人类和机器都有一定程度的自主权，他们一起朝着目标努力。某些集成模型将设计师的考虑范围从人类向计算机发出请求时会发生什么，扩展到当用户没有发出请求时，计算机可能会做什么。换句话说，当用户不与计算机交互时，计算机能做什么？这将如何影响用户体验？机器学习算法可能会在幕后收集和分析数据，以提供无摩擦、个性化的用户体验，随着人类和计算机的作用变得模糊不清而融合在一起，由此产生的反馈循环可以利用两者的优势，为多方的多个目标服务。

Design with AI意味着人工智能将完全融合到设计思维的模型中，在不同阶段帮助设计师进行设计展开。创造力被视为人类的主要特征，创造是人类最擅长的，目前比机器做得更好。虽然创意产业正在逐渐接受在各种产品和服务中使用人工智能的想法，但重点仍然是创造更好的用户体验。人类设计越来越多地成为一种意义构建活动，也就是说，理解哪些问题应该或可以解决。如果机器能够学会复制设计师的创意过程，创意专业人士的工作方式必然会发生改变，目前这种强人工智能在应用层面还远不成熟，现阶段人工智能还不会完全接管设计师的工作，但它将改变设计师们的工作方式。未来的设计师，作为意义的创造者，面向的是人工智能工厂的构建，其角色是了解哪些问题更有意义，设计学习循环，然后推动它们朝着有意义的方向不断进化，赋予人工智能更有效、更以人为本的实现。人工智能工厂融合并进一步增强了以人为本的设计思维的原则，促进跨部门、利益相关者和行业的创造力，使其能够超越产品最初的设想范围。

AI将增强设计师的大脑，成为一个创造性的合作伙伴，放大人的创造力，加速创作过程，并比以往任何时候都更深入地探索设计可能性。鉴于当前所处的弱人工智能阶段，AI在进行自动创意输出设计方案方面还无法彻底取代设计师的工作，因此，充分发挥人和AI的优势，让设计师与AI一起设计，从而把设计师从大量的重复性工作中解脱出来，实现设计师与人工智能协同，将设计思维与计算思维相结合，可以大大激发设计人员的创意和想象力。

Design with AI意味着让机器做它们最擅长的事情：收集、分类和分析数据，优化、模式识别和快速学习，通过寻找模式，建立联系，并得出结论；让设计师和开发人员做他们最擅长的事情：创造力，洞察力，抽象思维，在事物之间建立不寻常的创新联系。例如，人工智能可以筛选大量的调查、访谈、观察、录音、视频和其他用户研究数据，预测哪种设计模式最有效。

最初，CAPTCHA系统通过要求用户完成一项机器难以完成的小任务来验证系统用户是否是人类。当用户被允许或被拒绝进入网站时，该功能就结束了。卡耐基梅隆大学的研究人员设计了一种新的系统，即reCAPTCHA，将这一过程转变为一个对人类用户和人工智能都有利的反馈循环。在reCAPTCHA中，系统从每个人工任务的结果中学习，将知识反馈给人工智能技术以改进它。谷歌获得了reCAPTCHA技术，很多人都体验过这个结果。我们进入一个网站后被要求通过完成一个任务来验证我们是否为人类。例如，在观看了一个图像网格后，用户可能会被要求选择一个对象类别——所有的红绿灯、所有的人行横道等。通过这种刻意的设计，系统判断用户是否真的是使用网站的人，以及利用用户的选择来改进谷歌的自动驾驶汽车图像识别技术。reCAPTCHA是一个相对简单的想法，但却是一个强大而高效的想法。在机器学习增强系统的开发中，这一思想的基本精神可以被设计人员用来适应各种各样的应用。设计人员可以在用户和计算系统之间创建有利于双方的符号关系，同时为系统开发人员简化艰巨的数据收集和清理任务。

随着人类与智能界面的关系日益紧密，还会出现哪些其他困难？除了在人与机器之间建立关系之外，随着机器学习的改进，设计师是否可以开始将人类和非人类智能混合在一起？设计师能否利用这两个实体的优势来开发以前无法实现或无法想象的能力——所有这些是否考虑了更广泛的文化影响？设计师如何才能创造出一个系统，让人类和机器在递归循环中相互学习？设计界面如何能不仅响应用户的即时需求，还能识别和利用人类和机器认知的独特能力？

服装零售业的革新方向应当是为用户提供尽可能好的体验，具体方案则是将人和机器、感性与理性、艺术与科学相结合。Stitch Fix是一家由数据和算法驱动的电商公司。在这里，消费者仅需花费10分钟填写一份问卷，人工智能的强大算力便能从库存中找出符合消费者个性的服饰清单。购买时，消费者既可以选择给自己一点惊喜——订购一个名为包含5件衣物的“Fix”盒子，这些衣物由算法和真人造型师挑选，但消费者在打开盒子之前并不知道里面有什么。他们也可以像平时线上购物一样点开页面直接购买，只不过消费者看到的选项已经过算法的过滤，让消费者仿佛置身于按照自己的品位进货的专属私人商店。

Stitch Fix将客户填写的问卷转化为数据，然后导入算法，分析客户偏好并形成推荐商品目录。同时，算法指引一位造型师与该客户匹配，造型师依据自己的判断从算法推荐的商品目录中选出5件服饰，并附上一封信简要说明自己的选择思路，形成一个 Fix 盒子。盒内单品价格从 30 美元到 200 美元不等。客户收到盒子后，可以留下自己喜欢的服饰并结账，再用盒子里所附的到付邮包将剩余服饰退回。

这种带有盲盒元素的销售方式能够刺激客户的好奇心，而准确的算法加上造型师人性化的判断，又能保证客户在打开盒子时不会失望。从公寓楼中的创业种子，到市值超 35 亿美元（截至 2021 年 10 月）的零售业巨擘，Stitch Fix 的成功源自以下 5 点。

1.3.2.1 高效的数据收集

Stitch Fix 将数字化定位为公司的核心竞争优势，为每个客户建立专属造型档案。造型档案包括式样、尺码、裁剪、价格偏好，以及诸如“周一需要穿正装”“希望能凸显自己的长腿”等个性化的细节等 90 多个数据点。更重要的是，随着时间推移，Stitch Fix 能够通过观察复购行为、邀请填写反馈问卷等形式对数据进行迭代，而活跃客户受 Stitch Fix 所提供服务的吸引也乐于提供反馈。根据 Stitch Fix 2020 年和 2021 年年报，在购买 Fix 盒子的客户中，愿意对购物体验进行反馈的客户数量占 80%。Stitch Fix 借此构筑了庞大的面板数据。

除问卷以外，Stitch Fix 还参考交友软件开发了能够高效收集数据的 App 内置小游戏。这个游戏不仅能让 Stitch Fix 积累更多数据，还同时增加了品牌黏性。据公司 2020 年底的统计，75% 的活跃客户参与了游戏，积累的有效数据已超过 60 亿条。

对这些数据的分析结论能够指导公司优化购物体验，而享受过该产品出色购物体验的客户也更愿意配合反馈，并提供更多数据，最终形成“销售—反馈”的良性循环，构成强大的网络效应。

1.3.2.2 数据驱动的商业模式

数据有效地帮助 Stitch Fix 解决了顾客和商品的匹配问题，并且优化了顾客体验和提升了商业效率。Stitch Fix 使用了“50+”种算法来处理问题，这些问题主要包括：为客户量身定制盒子、预测购买行为和需求、优化库存和设计新服装。

造型算法，解决顾客和商品的匹配问题。通过给商品组合打分，算法用分数反映客户喜欢该商品组合的程度，从而筛选出盒子的最佳商品组合，搭配师会在算法推荐后用人工选择的方式最终决定盒子内容。风格预测算法，分析出顾客尚未被满足的需求，并通过推出相关商品解决。算法会利用知识图谱，把合适的商品属性重新组合在一起，提供给 Stitch Fix 自有的独家品牌来推出满足独特需求的商品。搭配师算法，解决顾客和搭配师的匹配问题。算法会检测顾客和搭配师之间的亲和力、风格偏好、地理接近度和人口统计学资料等，为顾客找到最合适的搭配师。需求预测算法提前分析顾客需求，包括偏好、生活方式、生活阶段和满意度，以便提前对进销存进行管理，预测顾客需求的商品类型、款式、品牌等，以减少供应过剩的问题，并为推荐提供参考建议。

商品优化算法，解决在合适的时间给顾客提供合适的商品的问题，从而通过科学的商品管理来实时调整库存，优化库存管理和分配。例如，Stitch Fix通过数据了解到男士衬衫的胸围和宽度的最佳比例，因此调整了男士衬衫衣领到胸前第一个纽扣的距离；再比如，通过数据分析得到某种尺寸商品的合理分布，就可以根据这个比例储存相关商品。物流管理算法，根据顾客到履约中心的距离、顾客需求同库存的匹配度等，合理分配选择最佳的履约中心递送和回收盒子；优化选择路径，通过绘制更有效的路线帮助履约中心的员工一次性完成多个盒子的商品选择工作，从而缩短时间，减少人工成本。

造型师进行人工决策是Stitch Fix创业初期的重要推手。公司拥有超过3400名搭配师，其中绝大多数是兼职和远程工作。公司为搭配师提供了定制的搭配程序，帮助搭配师完成搭配工作。比如，对于每个盒子而言，搭配程序可以提供推荐的toplist；提供每个顾客的历史记录和个人笔记；利用各种属性过滤库存中的商品；浏览算法推荐；引导使用数据分析功能；选择商品组合；撰写顾客造型说明；传送方案给具体的运营团队负责实施。

顾客通过网站、客户端与搭配师沟通，可以方便地查阅其订单和搭配配置；Stitch Fix则收集客户相关的数据、客户反馈等，并且把这些数据反馈给搭配师和算法，从而优化个性化的服务体验。个性化推荐算法，将客户的体型、穿衣风格、预算约束等内生变量，与季节、库存、销量等外生变量相结合，构建出矩阵，以预测库存产品和客户偏好之间的相关性。

算法首先去掉客户曾退回的排除项，再将剩下的库存商品以每件100～150个代表颜色、面料、款式等属性的数据点与客户的偏好进行匹配并打分，用协同过滤算法调整后得到得分排序，最后构成供造型师挑选的推荐清单。

库存管理算法，在造型师敲定商品后，算法会根据客户和集散中心之间的相对位置、商品的库存状况、调货时间等因素，确定最合适的调货流程。库存管理算法还会统计商品的销售状况，提醒库存团队及时补货、处理积压库存，提高存货周转。

新款式设计算法，模仿生物进化，用算法进行服装设计。首先，算法将现有的各种设计元素（如中长款、波点图案、泡泡袖等）解构为一系列属性作为“基因”，之后，将属性广泛组合，进行“杂交”，再稍加改动，促使“突变”，从而产生极为丰富的结果。算法对所有结果进行评分，并将分数最高的结果提交设计师进行验证，确认“进化”是否成功。Stitch Fix 据此构建了自有设计品牌，其对销售量的贡献在 2019 年已达 20%。

1.3.2.3 科技的理智与人类的情感相结合

引入数据和算法的同时，卡特里娜坚持将数据科学与造型师的判断相结合，并赋予后者改变或驳回算法推荐结论的权力。例如，有时客户的需求非常具体：“我需要一条能参加户外婚礼的正装长裙。”此时，造型师无需通过算法，就知道如何满足这个需求。此外，随着购物次数变多，客户和造型师的关系日益密切，有的客户会和造型师分享如怀孕、减肥成功、入职新工作之类的隐私。这些都意味着客户的人生进入了新阶段。

没有感情的机器难以理解其中的意义，但善解人意的造型师却能立即了解客户的重大变化，并据此为客户设计全新的造型，从而进一步加深与客户的联系。而这无疑能产生极强的品牌忠诚度。

在 Fix 盒子内，造型师还会附上一张便笺，向客户致以问候，解释自己选择时的考虑，并邀请客户给出反馈。在线上社交时代，这样略显复古的信件能让客户倍感亲切。

信中表达的“我们希望能为你做得更好”的态度，可以有效提高客户的购买意愿。而提供反馈的邀请则会令客户感到自己被重视，同时也让公司获得可靠的一手数据。

总之，造型师掌握着 Fix 盒子销售的关键工序，地位相当重要，也占据着员工总数的大部分。

在数据算法团队和造型师团队的通力合作下，公司销售额连续数年以超过 25% 的速度飙升。

归根结底，人类感性而细腻，机器理性而冷酷，只有人与机器相结合，才能在艺术与科学、感性创意与理性逻辑之间找到平衡，从而产生更大的能量，让数据和算法变得有温度，为客户提供更好的体验。

1.3.2.4 富有创意的销售方式和出色的用户体验

利用盲盒玩法，Fix 盒子迅速占领了市场，取得了出人意料的成功，并在很长时间内成为支撑公司扩张的主要动力。

在整个购物过程中，客户会享受到种种积极的购物体验：

- 拆开盒子发现中意衣物时的惊喜；

- 构建独一无二专属造型时的自我彰显；
- 在家中穿衣镜前试穿，而无需在商场试衣间前排队的从容感；
- 送货上门、免费退货带来的方便与快捷；
- 与造型师互动时萌发的友情。

人们在购物时不仅希望获得商品，还希望获得上述积极的情感体验。如果商家真的能提供这些体验，客户自然愿意付出一些溢价。这正是Fix盒子大行其道的根本原因。

1.3.2.5 自我进化和突破

Stitch Fix的成功，代表的是服装零售行业内创新对传统的胜利。而作为创新势力本身，Stitch Fix也认识到创新没有止境。想要走得更远，就必须不断改进、突破、自我进化。造型师的数量和工作量直接影响着Fix盒子的销量。一方面，Fix盒子的销量持续上升，要求造型师投入更多的劳动；另一方面，公司产品线不断扩充，每涉足一个新领域，都需要有针对性地拓展团队或者培训现有团队。公司为此不断扩大造型师团队的规模，因而产生越来越高的费用。而且，一旦造型师离职，其专业能力和与客户建立起的个人感情纽带，也无法作为公司的资产保留下来。最终公司下定决心进行改革。

2021年9月，Stitch Fix正式发布新的销售模式Freestyle。在这种模式下，客户无需订购Fix盒子，也不用造型师进行推荐，在购物界面就能直接看到供选购的服饰。当然，呈现在客户眼前的所有服饰都是经过算法精心挑选的，不会出现客户不喜欢、尺码不合适或预算无法承受的商品。目前，Freestyle模式已经成为与Fix盒子平行的第二增长曲线。看似冰冷的科技却可以为客户带来“被关怀”和“被重视”的温暖感，科技与创意相结合，可以有效地优化客户的购物体验，从而帮助企业在完全竞争市场中创造出属于自己的品牌溢价。

Design with AI是指通过AI进行创新设计，将人工智能策略应用于方案的产出，人和AI一起成为设计创意的主体。主要设计任务的设计者、AI模型设计师和架构师，实现AI模型的工程师，保存用于训练AI模型的数据资源的社区，收集、清理和注释数据的工作人员，以及开发和维护AI计算框架的组织，这些利益干系人共同贡献并产生设计结果。这些利益相关者之间的所有权、外观设计成果的利益和法律责任，以及对设计价值的重新划分，可能会引发经济和道德辩论。

1.3.3 AI 作为设计材料

设计师们很难用机器学习（以下简称 ML）这种无形的技术“画草图”。卡内基梅隆大学人机交互教授约翰·齐默尔曼解释说：“当我教一个设计师时，我可以给他们纸板说‘做一张凳子；做一顶帽子。’然后他们就会知道纸板能做什么。但我不能派人去玩那样的机器学习，我们可以从目前参与这项技术的有限设计师身上看到这一障碍。”

既然我们不能像纸板一样切割和折叠 ML，我们如何将 ML 作为一种设计材料？齐默尔曼发现，大多数设计专业的学生不知道什么是可能的。“或者，如果他们考虑使用 ML，他们使用它的方式是如此神奇，以至于他们想象的东西是无法构建的。”他的团队经常使用一种称为配对的系统，这与典型的以用户为中心的过程相反。

但是，还有其他方法可以让设计师考虑将 ML 作为设计材料。设计师还可以更直接地使用训练数据。事实上，“（数据）可以成为人们交流想法和意图的一种方式”。潜在的数据来源无处不在——社交媒体、带传感器的智能手机、Arduino、摄像头、麦克风等，让人们能够输入并快速训练自己的数据。Wekinator 是一个开源软件平台，最初的目标是让预测算法对实验性音乐家和作曲家有用。通过这个软件，人和数据可以交流，朝着新的方向相互动态演变。例如，快速训练一个模型来识别一系列身体手势，然后将这些手势与音符联系起来。通过手势，你可以在飞行中创作音乐，通过直接访问训练数据和模型创造充满活力的工作。谷歌的 Teeable Machine、Artbreeder 和 Runway ML 都鼓励非专业人士这样做。例如，Refsgaard 制作了“奇怪有趣的东西”，如 Sound- 受控星际泰迪熊，一个无限奔跑游戏，用户可以用声音控制泰迪熊的动作。还有一个名为 Poems About Things 的项目，它使用谷歌的建议 API 生成诗歌，以响应由图像识别系统标记的物体，把算法所犯的“错误”作为其工作的素材，从某种意义上说，这些创意人员是通过算法的眼睛有趣地观察世界，然后使用由此产生的外星视角指导他们自己的创意实践。

设计师运用 AI 进行产品设计的能力远远赶不上人们的期望。在数据量膨胀的同时，这项技术的成本却在下降。“预测机器”围绕着我们，推荐、过滤和分析人类的行为和欲望。预见性设计预示着无摩擦的交互将迅速变化以满足个人需求。巨大的潜力伴随着巨大的风险，因为设计师很难在直观的智能反应和减少的人为控制之间取得平衡。设计师现在需要投入到机器学习的争论中，培养有利于人类的关键设计实践。要做到这一点，他们需要了解这项技术的基本概念和功能，这样就可以开始用这种奇怪而令人兴奋的新设计材料勾勒出未来。将人类智能、选择性和甄别整合到多重ML/AI生态中，使ML/AI系统不那么脆弱，能够更优雅地容忍错误。

设计师通过拥抱风险、不可预测性和多种观点，可以获得有用的和相关的意外发现，可以通过赋予智能设备适当的个性行为传达观点和限制。这可以为智能系统的内部工作提供急需的透明度，一种策划的、设计的、隐喻的透明，这是对（通常）固有的不可思议的ML/AI系统的解释。随着人工智能使审美领域自动化，我们被算法包围，通过精心策划的“真相”来影响我们的感官和想象力。我们应该超越人工智能作为助手或合作者的概念，开始将其视为我们自己的延伸——扩展人类能力和更好地理解周围世界的典型人类追求的副产品，将后人文主义思想植入艺术设计实践中。

产品仅有认知智能是不够的。人类是社会性的、情绪化的生物。为了有效地与人类交互，计算机必须表现出适当的情感行为。计算机现在不仅需要建立同理心，还需要表现出同理心，在为人工智能设计时，要拥抱情感，使用情感作为设计材料来建立信任，因为信任会推动最终用户和设计师双方的行为改变。如果我们不专注于创造具有熟练社交和情商的机器，就将绕过人类和计算机共同生活和协作的未来。

我们越接近智能界面和产品，设计师的领域就越复杂，社会科学家的专业知识就越成为等式的一部分；人与机器之间越深入地联系，新颖、复杂的设计挑战就越会出现。随着机器学习的改进，设计师是否可以开始将人类和非人类智能融合在一起？设计师能否利用这两个实体的优势开发以前无法实现或无法想象的能力——所有这些是否都考虑到更广泛的文化影响？

设计师用故事板和纸画草图，在miro\Mural或者canva上创建服务蓝图，并使用泡沫、纸板和3D打印机进行原型设计，使用现有的软件，如Sketch和Invision使数字界面栩栩如生，HTML和CSS是设计材料……数据及其可视化是一种设计材料，所有设计师都使用某种材料，这些材料是设计师用来探索并最终体现为他们解决方案的元素。设计师的选择在很大程度上是由他们必须使用的材料决定的。例如，从事印刷工作的平面设计师必须熟悉纸张尺寸、涂层类型、颜色混合，以及印刷机和其他达到预期效果的方法。人工智能、机器学习、大数据和设计的融合为设计开辟了新的可能性，同时在设计的不同方面也暴露了新的困难。AI具有非常独特的特性。很难把人工智能理解为一种被动的、恒定的材料。相反，它不仅是可塑的，而且它本身具有一定程度的“生命”属性，至少是自主性。设计师将生活与AI技术联系起来，必须了解其能力、局限、使用环境，并领导产品、服务和体验的创造，以有意义的方式让我们的生活更美好。

1.3.3.1 AI 技术的材料属性

与其他更传统的材料相比，使用人工智能进行设计将以更多样化、更难以提前计划的方式发展。目前，还没有直接的方法研究人工智能模型并使其完全可预测，以一种有效、简单、不显眼的方式向用户传达信息。目前的方法分为诉诸透明度的方法或解释。这种理解的缺乏造成了低质量的用户体验，以及用户对智能系统信心的缺乏。鉴于AI作为一种新的设计材料在很多层面影响体验，未来需要针对AI的特点开展不透明度设计，针对不可预测性进行设计，为学习而设计，为进化而设计以及设计共享控制。

很多预先训练的模型，发布在hug Face等平台，包括视频创作、图像理解、目标检测、图像分割和问题回答等多种先进模型。这样的模型可以为设计师提供访问权限，有助于开发突破性产品。然而，87%的AI产品最后失败的原因之一是人工智能产品团队经常完全跳过早期的原型测试或过度关注理想用户旅程，忽略了可能偏离的AI失败案例。每种材料都有一定的优点和缺点。就像机械师或木工处理物理材料并了解它能做什么，它的边界是什么一样，设计师应该将人工智能视为最新的设计材料，将模型的行为和潜力置于环境中产品的特定数据实例和用户的故障场景，构建他们对人工智能模型的理解，通过将模型的材料属性连接到最终用户的需求，以创新和改进设计体验。

然而，这些模型通常是在未知或通用数据上进行预训练的，虽然有AI模型卡等文档提供了模型训练的概述、性能和预期用途，但对设计人员来说，可能不足以评估是否适合其特定的应用环境。AI失败及其后果通常与特定的用户数据和使用的上下文（例如，无法识别文本）有关，从输入生成、模式构造、假设定义到最终评估的不同AI应用阶段，已经开发了一些工具帮助工程师分析人工智能模型的行为。例如，Affinity允许AI工程师过滤图像并视觉检查模型输出，这个工具也使工程师能够将图像分组到模式中，并定义特定组的关于模型失败原因的假设；一旦模型失败了，Beat the Machine，dynabbench和Patterned Beat the Machine等软件鼓励最终用户将错误实例数据上传。这些工具主要还是面向工程师，对设计师应用层面的考虑不足。当前，设计师和产品经理很大程度上依赖“绿野仙踪”的模拟来探索模型行为，而不是直接与模型交互。Wizard of Error允许设计师执行“绿野仙踪”（WoZ）研究和模拟ML错误，在设计过程的早期，设想可能的失败。Hong等人开发了一个低成本的工具HAXPlaybook，有助于自然语言处理中设计师主动考虑与模型相关的失败，但还没有工具允许设计师使用特定的人工智能模型，这使得设计师获得一种真实的模型行为变得困难。Gradio 允许 AI 工程师与非技术合作者或最终用户分享他们开发的 ML 模型。一些 Python 包可用于探测模型的可视化界面，查看模型输出，并标记可疑的预测。另外，ProtoAI 使用基于模型的原型方法，设计人员将模型输出直接合并到 UI 设计中，在模型出现故障时进行分析。设计师需要工具支持他们基于 AI 的产品设计和原型制作过程，真实地捕捉动态 AI 行为和考虑派生设计的情况下可能的系统故障，揭示未捕获的更细微的错误模式和性能指标，以应用程序和最终用户为中心进行模型探索，以便在设计早期发现人工智能故障，并进行设计干预。然而，由于人工智能的概率性和不断发展的特性，这种主动发现模式的局限性是具有挑战性和耗时的，设计师对于 AI 模型的能力和局限性，还缺乏高效简易的探索方法。

人们已经提出了许多设计人工智能体验的指导方针（AIX），包括如何从 AI 故障中恢复、减轻或缓解的建议。比如谷歌的 PAIR 剧本，用了整整一章来描述错误和“优雅的失败”，提供设计师识别和诊断 AI 错误的最佳实践，同时也提供了潜在的失败后的前进路径。使用谷歌提出的设计工具，通过匹配 23 种 AI 模式，设计适当的体验交互工具，如通过透明度设计，描述模型与数据，提供警告或解释，或将控制权交给用户，处理人工智能的失败，增强信任，通过反复探索，设计师可以深入了解模型的行为，努力捕捉和测试人工智能产品的动态行为，针对不同的人物角色检验该模型的性能，基于观察到的模型故障进行综合设计；微软的人机交互指南，则建议设计师明确系统可以做什么以及如何做，如果系统出现故障，设计师应该支持有效的修正，向用户提供局部解释，缩小人工智能的影响；面对人工智能的不确定性，霍维茨的混合主动用户界面设计原则，提供设计师决定移交控制权时的另一个最佳实践，这些建议通常是提供高层次的指导，缺乏可操作的细节。

在进行模型行为分析时，人工智能工程师通常会从各种来源收集信息，如用户或合成数据收集，并检查其模型输出。如对于分类问题，可以观察模型输出的混淆矩阵，通过跨子组的模型性能分析和绩效比较，评估人工智能系统的公平性与分类性能。跨子组的度量可以帮助发现有偏见的系统，例如作为性别分类模型，有些模型在有色人种和性别分类或者识别时表现明显不佳。使用不同的输入迭代测试 AI，可以帮助工程师分析为什么模型失败，如何改进模型，以及模型性能指标和主要故障模式，促进模型适宜性评估和使用。

What-if 是一款旨在研究机器学习模型的交互式可视化工具（图 1-38），其缩写为 WIT。通过人们对机器学习模型的检查、分析和对比，这款工具会对分类模型或回归模型的理解有所帮助。该工具可以在同一工作流程中比较多种模型，可视化推断结果，依据相似度排列数据点，编辑一个数据点并观察模型的执行过程，将反事实与数据点对比，使用特征值探测模型性能，使用混淆矩阵和ROC曲线进行试验以及检测算法公平性限制。由于其用户界面友好以及无需依赖复杂编码，从开发者到产品经理、研究者或学生，每一个人都可以使用这款工具达到自己的目的，可以帮助设计师更容易且准确地检查、评估并排除机器学习系统中的故障，并预先做出设计安排。

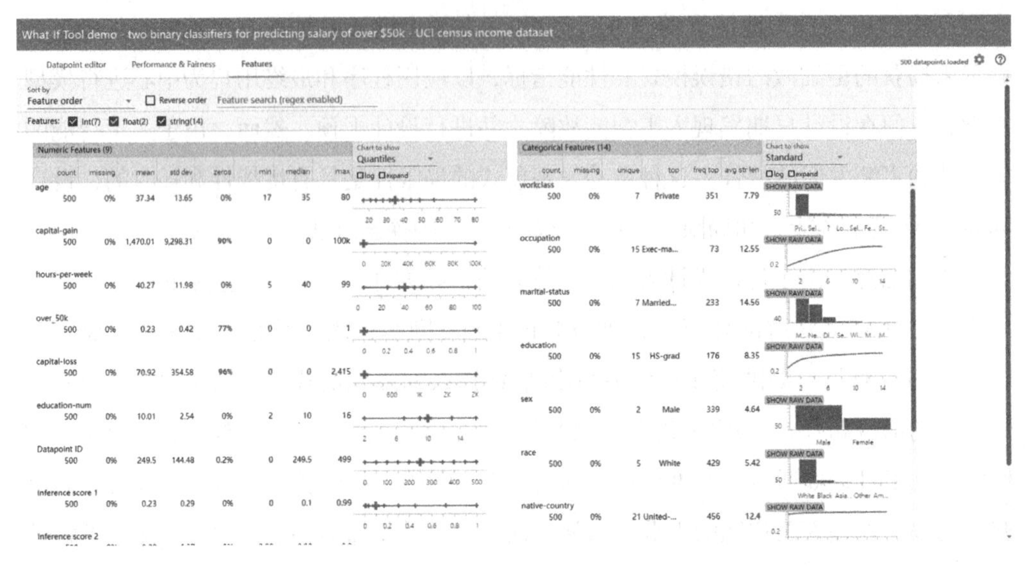

图 1–38　谷歌的 What–if 工具

此外，谷歌还开发了其他数据可视化工具（图 1–39），构建开源工具和平台，使 ML 模型更易于理解、更值得信赖和更公平。

图 1–39　谷歌的其他探索工具

算法工程师必须试验许多技术，如查看文档的解释，聚类度量和反事实的输入变化等，以建立一个更好的可解释性模型，虽然模型理解和评估方面的工作大量涌现，但是并没有可视化或可解释性的工具可供分析，往往需要使用自己的软件包或定制工具。随着自然语言处理（以下简称“NLP”）模型变得越来越强大，并被部署在真实的场景中，理解模型的预测结果变得越来越重要。对于任何新的模型，研究人员可能想知道在哪些情况下模型表现不佳，为什么模型做出特定的预测，或者模型在不同的输入下是否表现一致，比如文本风格或代词性别的变化等。Google PAIR 研发的用于自然语言处理模型的可视化、交互式模型理解工具（language interpretability tool，LIT），是一种解释和分析 NLP 模型的新方法，让模型结果不再那么“黑盒”。通过基于浏览器的用户界面，LIT 支持各种调试工作流。在特定的 NLP 模型和数据集上使用 LIT，需要编写一小段 Python 代码即可自定义组件，例如任务特定的度量计算或反事实生成器，并通过提供的 API 添加到 LIT 实例中。

LIT 是一个用于理解 NLP 模型的交互式平台，它基于改正 What-if 工具的缺点进行完善，功能大大扩展，涵盖了大范围的 NLP 任务，包括序列生成、跨度标记、分类和回归，以及可定制和可扩展的可视化和模型分析（图 1-40）。LIT 还支持局部解释，包括显著图、注意力机制、模型预测的丰富可视化，以及含度量、嵌入空间和灵活切片在内的聚合分析。LIT 用户轻松地在不同角度的可视化之间切换，以测试局部假设并在数据集上进行验证。LIT 还提供了对反事实生成的支持，其中新的数据点可以动态地添加，并且将它们对模型的影响可视化，还可以对两个模型或两个单独的数据点并排可视化。

NLP 主要帮助机器人正确理解并与人沟通。过去工程师在执行相关作业时，AI 模型往往会因为数据库中的偏见等人为因素，而出现超预期的行为。若要提前测试与排除人为障碍，工程师需耗费大量时间成本，但在资源紧缩的情况下，这种状况是不容许的。而这也是 LIT 的优势所在。LIT 工具能回答工程师在自然语言处理上的三大问题。第一，AI 模型在什么状况下答复精准度会下降？第二，AI 模型为什么会做出特定预测？第三，若调整 AI 模型中字体、动词时态或是代名词的代表性别，例如英文里的 he、she、it，AI 模型是否会受影响、会不会稳定运行？LIT 可以让工程师提前测试对模块的假设，在无需庞大时间成本的情况下，得到可视化资料并执行假设后的分析。在此过程中，工程师可以随意在数据库中添加数据，并且即刻获得 AI 模块的变化预测。此外，LIT 能够让工程师同时比对因资料不同而改变的两种 AI 模块，让 NLP 相关作业变得更容易且有效率。

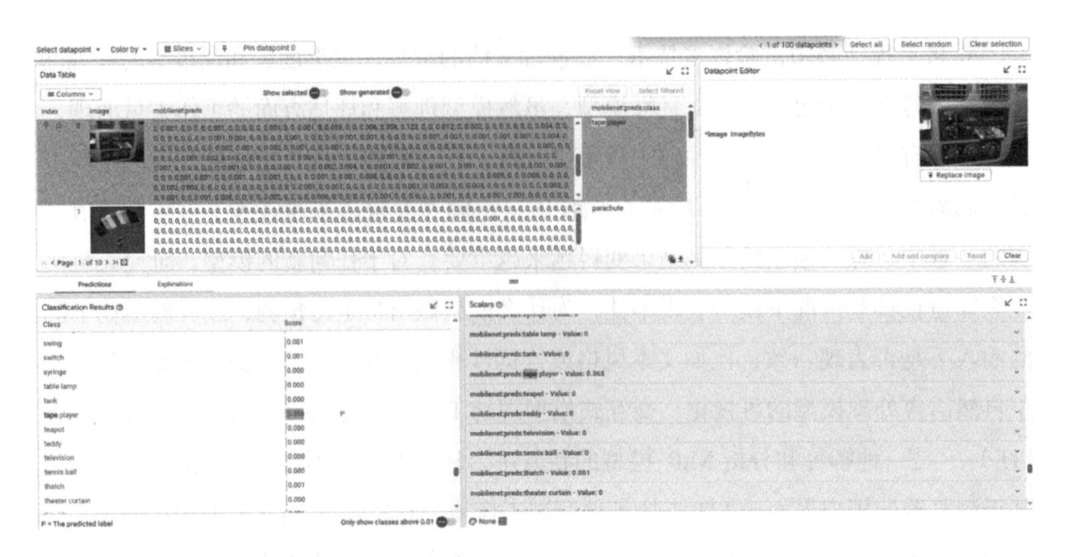

图 1-40　LIT 数据可视化与模型分析工具

1.3.3.2　AI 进行材料创造

数字工具在新材料的开发中变得越来越有用。从使用数字制造创建新的几何形状（以及属性），到对超材料属性进行建模，这些工具一直在推动材料设计的前沿应用。然而，与许多领域一样，人工智能有可能将设计更深入地带入开发中，像 AlphaFold 这样的项目正在改变可以模拟的事物类型，将我们的分辨率降低到分子水平。人工智能（AI）算法在材料设计中的集成正在彻底改变材料工程领域，因为它还能够预测材料特性，设计具有增强功能的新材料，并发现超越直觉的新机制。此外，它还可以用来推断复杂的设计原则，并比反复试验更快地确定高质量的候选方案。这种工具和方法的爆炸式增长令人兴奋，并有望从未来的材料调色板中获得广度和特异性。现在，设计师也有一些方法可以参与到这个想象中的未来世界。使用生成式 AI 工具进行快速材料可视化的美妙之处在于，我们不必成为科学家或研究人员即可创建它们。来自任何背景的任何人，都可以创造自己的材料，并选择任何可以想象的物理特性和美学，以可承受的成本制造所设想的大规模制造材料。

在材料设计领域，研究人员长期以来一直被具有优越性能和多功能性的材料的可能性所吸引。然而，全新材料的开发进展相对缓慢且具有挑战性。一个关键的兴趣领域是生物材料，由于其最小单元的基本性质，使得这类材料具有独特的特征。这些基本性质由简单的构建块构成，如果组装得当，可以提供卓越的性能。这些材料表现出高度复杂的层次结构，从纳米到微观和宏观尺度，使它们能够实现传统材料中通常不相容的优越性能，例如荷叶的自清洁能力，蜘蛛丝的非凡强度和柔韧性，壁虎指尖的粘附能力以及蜂巢蜂窝的各向异性压缩响应，激发了研究人员开发新材料的灵感，仿生材料设计与人工智能等创新技术的交集，提高了设计过程的效率和有效性。通过连接生物材料中发现的复杂几何形状并利用人工智能算法，研究人员可以解锁材料科学的新领域，从而开发出具有前所未有的特性和功能的先进材料。例如，用漂白的珊瑚礁制成的叉子，并用生物塑料加固，是设计一种能够有效讲述产品可持续性故事的材料的一个好例子。这种方法不仅避免了利用现有资源产生额外的废物，而且还突出了珊瑚礁退化的关键问题。通过结合这些材料，该产品可以切实提醒人们注意环境挑战。另一个例子是海藻和苔藓的材料可视化，探索如何将其应用于鞋子。即使材料不是物理制作的，生成的图像也激发了我们思考一种方法，即将其作为图案应用到织物上。任何设计师都可以使用关于材料可视化的简单经验法则，结合生成式 AI 图像生成器来快速、稳健地想象和可视化材料。通过利用 AI，一旦这些受自然启发的设计被充分理解，研究人员就可以复制和调整这些原理，以调整具有类似特性的合成材料，使用先进的制造技术设计和制造材料，快速探索广阔的设计空间，减少潜在解决方案库，并为所选应用确定最佳材料成分和结构而加速材料开发，并根据结果改进设计，这种设计方法有可能解决众多复杂的结构设计挑战，从而展示其在仿生材料工程领域的广泛相关性。

总体而言，机器学习模型从准确预测复杂材料特性到优化不同应用的设计，在先进材料设计中的应用方面具有巨大潜力。随着人工智能和机器学习技术的融合，材料设计领域正在经历一场变革。这些技术提供了有价值的工具，以解决探索广阔设计空间和研究新材料或增强现有材料的固有复杂性。通过与人类的创造力和独创性相结合，人工智能算法和机器学习方法可以为未来技术发展和改进新材料做出贡献，彻底改变材料设计方法，并可能在生物医学、工程和力学研究中具有广泛的应用。

1.3.4 AI 设计师

就像 20 世纪后期，设计思维的出现颠覆了建筑师、工程师和工业设计组织决定如何制造新事物的方式，虽然 AI 还无法将创造力和设计自动化，但设计师职业无疑将受到人工智能的深刻影响。随着技术能力的提高，风险也会变得更高。人工智能有可能以非常积极或非常消极的方式改变我们的社会。例如，人工智能工具的公正性取决于用于创建它们的数据和算法。如果这些是有缺陷的，那么由此产生的设计也可能是有偏见或有缺陷的。人工智能也存在被不道德地使用或以可能损害用户或环境的方式使用的风险。作为具有 AI 技术概念和设计师思维的 AI 设计师，有责任意识到这些风险，并采取措施减轻这些风险。此外，AI 工具通常需要访问敏感数据，例如用户行为和偏好，这会带来隐私和安全漏洞的风险，AI 设计师必须采取措施保护这些数据，并确保负责任地使用它。图 1–41 所示，AI 设计师的岗位需求旺盛，不同岗位对 AI 设计师能力有不同需求。

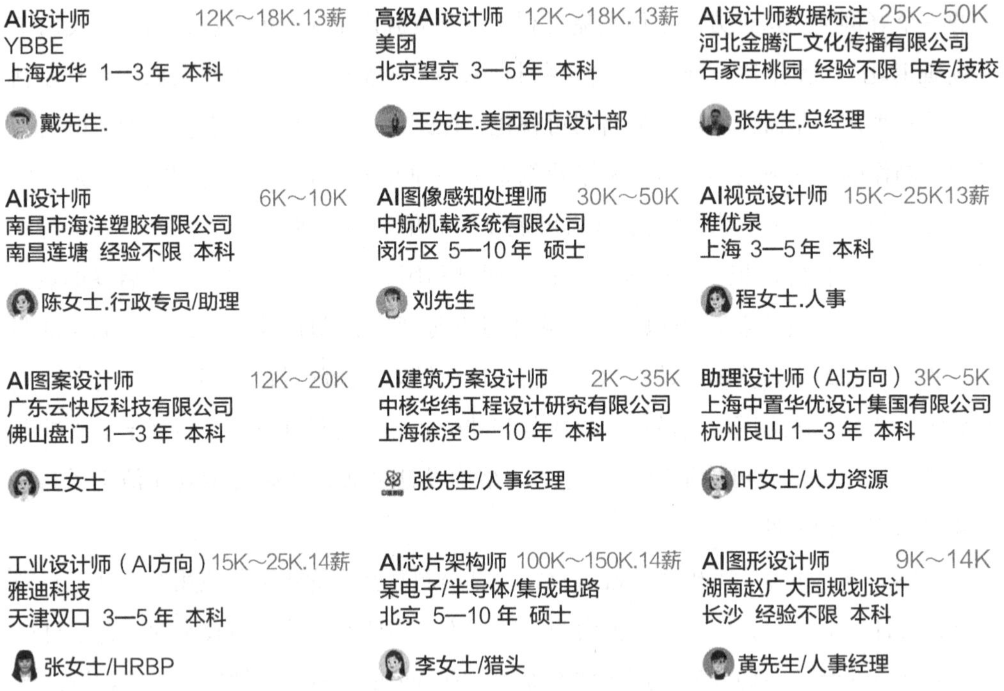

AI设计师 12K～18K.13薪 YBBE 上海龙华 1—3 年 本科 戴先生.	高级AI设计师 12K～18K.13薪 美团 北京望京 3—5 年 本科 王先生.美团到店设计部	AI设计师数据标注 25K～50K 河北金腾汇文化传播有限公司 石家庄桃园 经验不限 中专/技校 张先生.总经理
AI设计师 6K～10K 南昌市海洋塑胶有限公司 南昌莲塘 经验不限 本科 陈女士.行政专员/助理	AI图像感知处理师 30K～50K 中航机载系统有限公司 闵行区 5—10 年 硕士 刘先生	AI视觉设计师 15K～25K13薪 稚优泉 上海 3—5 年 本科 程女士.人事
AI图案设计师 12K～20K 广东云快反科技有限公司 佛山盘门 1—3 年 本科 王女士	AI建筑方案设计师 2K～35K 中核华纬工程设计研究有限公司 上海徐泾 5—10 年 本科 张先生/人事经理	助理设计师（AI方向）3K～5K 上海中置华优设计集国有限公司 杭州艮山 1—3 年 本科 叶女士/人力资源
工业设计师（AI方向）15K～25K.14薪 雅迪科技 天津双口 3—5 年 本科 张女士/HRBP	AI芯片架构师 100K～150K.14薪 某电子/半导体/集成电路 北京 5—10 年 硕士 李女士/猎头	AI图形设计师 9K～14K 湖南赵广大同规划设计 长沙 经验不限 本科 黄先生/人事经理

图 1–41　不同需求的 AI 设计师

虽然一些人工智能设计工具以某种形式免费提供，但最好的工具可能很昂贵，而且并非所有设计师都可以使用。这可能会给一些设计师带来壁垒，并限制人工智能在工业设计中的潜在应用。人工智能工具需要一定程度的专业知识才能有效使用。对于一些可能缺乏必要技能或资源来使用这些工具的设计师来说，这可能是一个障碍，AI 还可能导致设计师对技术的依赖，如果这项技术失败或过时，由于技能退化，设计师可能没有必要的技能或资源来继续他们的工作。

人工智能专家可以提供技术专长，并对人工智能功能及其局限性有深刻理解，使设计过程中的许多任务实现自动化，而设计师能够专注于高级设计思维和解决问题，批判性思考提供有价值的领域知识和创造性输入，并从多个角度解决问题。AI 设计师充分利用人类和机器的优势，可以创建更有效和高效的设计流程。

1. AI设计师和传统设计师的区别

AI设计师是一个非常有挑战性的职业，他们的工作是设计、开发、实现、应用具有人工智能的产品和工具，创作新型社会物理信息系统，将AI技术转化为产品与服务。AI设计师对人工智能功能有深刻的理解，并需及时了解这些功能的发展，跨越设计、项目管理和研究等学科，努力确保软件工程师使用正确的工具满足用户需求。AI设计师在信息技术领域工作，确保正在实施的数据收集方法及人工智能操作是安全的、合法的，并且适用于现实世界的用户问题。

AI设计师和传统产品设计师有什么区别？从“AI设计师”这个词来看，它可以分解为“设计师”加“AI”，AI设计师核心职责和底层能力与传统产品设计师是一致的，仍然是通过技术手段实现业务目标，但是他们在面向的对象、使用的技术以及岗位边界这三个方面却大有不同。

（1）面向对象的不同。传统的产品设计师更多活跃在C端，他们面向的是用户，比如电商产品设计师、策略产品设计师、社区产品设计师等。但是AI产品设计师更多活跃在B端，面向的是各大企业，而且AI产品更多应用在B端的场景下，比如云从科技的人脸识别产品，大多是供应银行用户，应用于银行的自动柜员机开户等场景。之所以有这些不同，主要是C端场景的产品，前期大部分都需要“烧钱”获客。但是对当前市场来说，线上流量越来越贵，C端产品想要有所突破越来越难，倒不如做B端服务，通过提供企业服务的方式完成AI产品商业化。

（2）实现产品目标的技术手段不同。传统产品设计师对接的是研发工程师，需要通过研发工程师的代码来完成产品的功能实现。而AI产品设计师对接的是数据科学家、算法工程师和研发工程师，需要对接算法工程师完成具体的模型，再对接研发工程师进行工程开发联调和上线。最终得到的产品形态可能是一个API接口，没有所谓的页面。比如，腾讯的人脸识别产品，对外连接只是一个HTTP接口，接口名称为“人脸检测与分析”，接口描述是“识别上传图像上面的人脸信息”，API地址为“https://api.ai.qq.com/fcgi-bin/face/face_detectface”。基于这种情况，AI产品设计师除了要懂一些基本的研发技术之外，也需要深入学习算法知识，比如工作中常用到哪些算法，以及它们的实现逻辑等。

（3）AI产品设计师在岗位边界上的不同。这个边界可以分为两个方面，一方面是岗位要求的边界，另一方面是和技术人员协作的边界。传统产品设计师的岗位要求非常清晰，一般来说，电商产品设计师需要懂得电商业务、供应链、电商后端设计，了解用户裂变、营销活动设计；社区产品设计师要有社区、社交产品经验，而且每一家企业相同岗位的职位描述差别不会太大。但AI产品设计师的岗位要求非常模糊，同样是AI产品岗位，有的公司会要求设计师具有行业经验，不要求懂技术，而有的公司会要求必须懂技术，甚至要求能看懂Python代码。为什么AI产品设计师的岗位要求如此模糊和混乱呢？这主要是因为AI产品岗位比较新，很多公司还不能确定这个岗位要做的事情。有些技术导向型的公司就希望产品设计师懂技术，甚至要求是从研发转岗的人；有些偏业务导向，则希望产品设计师有丰富的行业经验。此外，传统产品设计师与研发协作的时候，只需要提供PRD文档（产品需求文档），对需求进行讲解，有问题及时提供解答就可以了。但是AI产品设计师很难产出一个ROI（投资回报率）指标明确的PRD文档，要经过多种算法的比较进行验证假设，才能对数据具有较好的洞察能力，因此需要在反复沟通中逐渐清晰对于算法目标范围的设定。

2. AI设计师的职责

（1）AI设计师应该了解构建负责任、公平、透明和值得信赖的人工智能的道德标准和人工智能的陷阱。他们应该有能力为团队建立和维护道德实践，并且应该能够将道德思维整合到日常设计和开发过程中。

（2）AI设计师应该有能力在提供人工智能体验时与不同的利益相关者进行协作。他们应该了解开发、交付和改进人工智能的过程以及自身在这个过程中的独特责任。在最高级别，人工智能设计师应该帮助团队实现一个成功的目标，包括从数据收集到模型设计再到体验交付。

（3）AI设计师应该能够制定和阐明模拟人类智能和思维过程背后的目的和意图。他们应该能够为人工智能开发制定以用户为中心的战略，并从业务和用户的角度阐明常见的人工智能用例。一旦定义了战略，AI设计师应该能够讲述关于人工智能战略价值的引人入胜的故事。

（4）AI设计师负责人类与AI机器之间的迭代和动态关系。AI设计人员使AI模型的输出可供使用，以便人类能够深入了解机器不断发展的推理和结果。同时，AI设计师创建捕获人类输入或偏好的交互，使机器能够随着时间的推移而改进。在最高级别，人工智能设计师应该能够产生各种高质量人工智能交互，为其他设计师定义标准和最佳实践。

3. AI设计师的工作内容

AI设计师是未来设计领域的重要角色之一。他们不仅需要掌握传统美学和设计技能，而且需要深入理解和应用人工智能技术，AI设计师与开发人员以及其他领域的专业人才之间的跨界合作，为未来的设计进程注入了新的活力和可能性。例如，利用机器学习算法进行图形设计，可以生成多样化、鲜明的设计风格。又如，利用自然语言处理技术进行文本自动生成，可以为文本设计带来全新的可能性。AI设计师在这些新领域的探索中，不断推动着设计的边界，创造了更加多样化、更加具有创意性的设计作品。AI设计师通常从事以下工作。

（1）设计AI原型：一些AI设计师要具有很强的创造力，专注于广泛的概念探索，而不是深入研究特定的技术。因此，AI设计师的典型工作流程涉及勾勒许多不同的产品概念，展示当人工智能运行良好时，人们如何使用特定的技术能力，AI设计师确保人们看到AI的可能性。一旦原型完成，人工智能组织可能会继续进行新的研究或项目开发。

（2）开发基于AI的产品：AI设计师的职责可能包括提出人工智能的创造性用途，设计新的以人工智能为中心的应用程序，对这些用途进行试点测试，然后在潜在投资者产生结果时将这些想法展示出来。该领域的设计师通常具有创建新硬件或与开发人员合作开发创新软件概念的经验。AI团队的设计师还通过开源项目构建AI工程师以及外部开发人员社区使用的应用程序。该团队的产品设计师构建专门的开发人员应用程序，确保创建一组可以很好地作为系统运行的工具。该领域的设计师需要对AI开发过程有深刻的理解，并热衷于为全球工程师赋能。他们通常具有很强的工程或系统思维背景。

（3）数据采集方案设计与数据分析：AI设计师通常被要求参与到数据收集过程。AI设计师可以利用众包方式设计数据收集方案，将数据提供给AI系统，还可以通过分析有关用户行为、市场趋势和竞争情报等信息，更好地了解用户需求和市场需求，为设计过程提供指导。AI设计师与为这种数据收集和注释构建工具的工程师合作，并设计其支持的平台，以简化效率并直观地收集高质量的数据。在某些情况下，当更自动化的方法不起作用时，设计人员会帮助收集数据集。AI设计师有助于确保开发的数据收集系统是安全、公平、合乎道德的，并适用于真实的用户问题，以确保安全可靠地使用AI。此外，AI设计师还需要对AI模型和数据的可视化进行设计，为AI提供解释，促进信任，增强体验。

（4）素材创作：AI技术可以通过学习和模仿大量的创意作品来生成新的创意，AI设计师可以使用AI工具来获取灵感，并从中挑选、修改和发布具有知识产权的创意素材，包括纹样图案、图标设计、音乐作品、视频合成和3D模型生成等。

（5）可视化和模拟仿真：AI技术在可视化和模拟仿真方面具有强大的优势。AI设计师可以利用AI工具创建逼真的三维模型、渲染图和动画，以更清晰地传达设计概念和想法。此外，AI还可以模拟仿真不同参数和条件下的设计方案，帮助设计师评估和优化设计成果。

（6）自动化和优化设计：AI可以通过训练和优化算法自动生成初步的设计方

案。设计师可以将要求和限制输入到AI系统中，系统将根据这些条件生成多个可能的设计解决方案。设计师可以从中选择最佳方案并进行进一步的改进和优化，以提高设计效率和品质。

（7）用户反馈和个性化设计：AI有能力分析和理解用户的反馈和偏好，设计师可以利用AI工具收集和分析用户反馈数据，以了解他们对设计方案的评价和需求。这有助于设计师提供更加个性化和符合用户期望的设计解决方案。

4. AI设计师的能力要求

AI设计师是一种结合了人工智能技术和设计思维的职位，需要具备多方面的技能和能力。AI设计师需要具有计算思维，具备深入的人工智能技术知识，了解机器学习、数据挖掘、自然语言处理等相关领域的知识，甚至能够使用Python、R等编程语言进行开发和实现；AI设计师还需要具备出色的设计思维能力，能够对用户需求进行深入分析，提出解决方案并进行设计。此外，他们需要有良好的交互设计和用户体验设计能力，以及良好的视觉设计和动效设计能力；AI设计师需要与不同背景的人员进行合作，需要具备良好的沟通能力和团队合作精神，以便在项目中有效推进工作；AI设计师需要具备敏锐的商业意识，理解商业需求，能够在设计中考虑商业目标，为企业提供切实可行的解决方案；由于人工智能技术日新月异，AI设计师需要具有持续学习和创新意识，跟上最新技术和行业动态。AI产品设计涉及复杂的团队协同和专业知识,以下能力要求应该成为AI产品设计师持续学习成长的目标。

- 可以解释机器学习如何工作的基础知识；
- 可以解释数据工程概念（例如数据收集、数据清理、数据管理、数据建模）；
- 可以解释AI技术；
- 可以解释核心算法的工作原理；
- 可以解释AI工具链和AI DevOps流程；
- 可以解释GDPR/合规性要求以及它们如何影响可交付成果；
- 可以讲述有关AI不道德设计决策对人类影响的真实故事；
- 可以提出关键问题，为具有不同能力的人提供合适的AI解决方案；
- 可以引导有关人类多样性如何影响数据的对话；
- 可以协同跨多学科团队的共同愿景的产生；
- 可以参与端到端的AI开发过程，并且可以解释AI的开发时间表；
- 可以解释如何收集、清理数据并将其添加到模型中；
- 可以促进设计思维活动，并使用相关的设计思维练习来实现AI目标；
- 可以吸引不同能力的用户；

• 可以解释采用AI的障碍；

• 可以描述现实生活中的用例，以帮助在研讨会期间解释AI机会/功能；

• 可以解释公司的人工智能战略和差异化；

• 可以解释AI阶梯或AI成功之旅；

• 可以解释数据、人工智能工具、服务；

• 可以将AI输出转化为对人类有价值的信息；

• 可以设计从“入门”到“支持”的AI设计中的多种“通用体验”；

• 可以有效且适当地利用和重用现有的AI模式；

• 可以确定关于人工智能存在的适当沟通水平（例如频率、品牌）；

• 可以尽早并经常对AI解决方案进行原型设计和测试；

• 可以针对AI生命周期中的常见概念进行设计（例如：设置置信度阈值，建立可持续的模型维护计划和数据收集方法）。

如腾讯最新的AIGC体验设计师的职位要求（图1–42）：

高级产品体验设计师[AIGC方向]

岗位职责

1. 负责大模型C端产品全链路体验设计，包括完整项目从设计体验策略到UX/UI的关键设计方案的产出；

2. 能够独立承担团队重点项目攻坚,从体验和视觉的角度保障项目高质量落地;

3. 具备对产品理解的全局视角，能提出基于架构的体验提升建议和具备落地可行性的产品解决方案。

岗位要求

1. 全链路式的产品设计能力(UX/UI可有侧重):

2. 注重创新/创意,具备扎实的美学基础和设计功底，前瞻的审美判断力;

3. 有全局视角，对数据敏感，对用户体验和反馈敏感，有好奇心。有AIGC产品经验者优先考虑。

4. 有强烈的主人翁意识，积极主动、团队合作，沟通协调能力强，并具有高度责任感

图1–42　Ai设计师能力要求

通过合理运用AI技术，设计师可以提高工作效率、拓展创意范围、提升用户体验、实现可持续发展，进一步推动设计行业的发展和创新。AI更有可能通过简化设

计过程来辅助人类设计师的工作，使设计师腾出时间专注于更具战略性和创造性的任务。AI 不会替代设计师，相反，设计师的视觉感知能力、创造性智能、社交智能对于创造引人注目的设计体验变得更为重要。

（1）视觉感知

人类价值观随着时间变化，随着个人身份和个性的不同而变化，这就是人们对艺术、音乐和时尚的态度和偏好差异如此之大的原因。对于设计师来说，视觉感知是一项关键技能。计算机视觉和深度学习系统一直在解构 2D 图像和 3D 对象的大量数据集，努力告知算法设计师如何操纵构图、形式、纹理、空间结构组织等，并取得了重大进展。以 Prisma 应用程序为例，基于生成式对抗神经网络的风格迁移算法可以使得任意拍摄的照片看起来像梵高的杰作。AI 与简单的编纂启发式、规则、最佳实践和原则相结合，可能会将耗时的工艺加入到软件处理中，部分取代从事重复劳动的平庸的视觉设计师。但人类设计师对于视觉意义的构建与操纵等能力仍无法被人工智能系统完全取代。

随着人工智能技术的发展，设计师作为“人”的审美与设计品味将更加凸显。自 DALL-E 发布以来，许多内容创作者早早地尝试了它，并持续使用 AIGC 创作图像。但许多审美品味并不高的人，无论多么熟练地使用 AI 工具，创作出来的内容无论多么精细逼真，其中的审美品味问题是无法掩盖的，AI 也无法替代他们做出品味更高的选择，它只会给你四个不同的选项。在 AI 的帮助下，任何人都可以轻松地生成一个虚拟 IP 形象，但如何选择这个形象的外貌特征，如何赋予这个 IP 形象以更动人的人设，这就需要设计师们有更加深入的思考判断和设计品味。

虽然技术能力在不断提升，但是 AI 仍需要接受指令才能完成设计工作。就像整形医生做手术的技术再好，审美能力跟不上也不行。AI 会不断给出很多选项，设计师可以选出其中有较高审美品味、与品牌气质更符合的选项。AIGC 出现之前，好的设计师就知道如何从图库中选择合适的素材用到合适的地方，以此来完成自己的设计项目。AIGC 出现之后，同样还是需要有人来做正确以及更优的设计选择与设计决策。

（2）创造性智能

人工智能技术难以解决的第二个领域是创造性智能。这是提出有价值的想法并找出解决不同类型问题的方法的能力。在设计中，一个有价值或聪明的想法也可能是代表团队的特定见解或观点的结果。这种突破可能来自严谨的研究和理解，或者仅仅是来自社会观点、哲学偏见，或者通常被认为是个人的“天才”或“天赋”。正如许多设计思想家所反映的那样，伟大的设计既是关于寻找问题的完美框架，也是关于提出一个有价值的答案，这使得编纂有价值的构思的挑战变得更加困难。计算机可以简单地创建大量的设计变体，无限地重新混合内容、技术、原则和模式。它还可以分析该技术，并在存在足够的示例数据时对其进行模拟。然而，只专注于创造新奇事物是虚假的创意智能。虽然机器智能将是一个越来越强大的工具，但似乎很难想象计算机会自发地用创造性的问题挑战自己，产生创造性的解决方案，并评估这些解决方案的价值以找到最佳的效果。

创意和想象力是设计师最重要的能力之一，这些能力是人工智能无法替代的。设计师需要在设计中发挥想象力和创造力，提出独特的设计方案和创意，以满足客户的需求。人工智能在设计中的作用是辅助设计师进行创意和想象力的发挥，例如通过自动生成大量设计方案来激发设计师的灵感，或者使用机器学习技术来帮助设计师更好地理解用户需求。但是，真正的创意和想象力是需要人类设计师来发挥的。设计师需要不断挑战自己的思维方式，创造出独特的设计方案和创意，以满足客户的需求和创造出更好的用户体验。

（3）社交智能

社交智能是关于人类情感的实时识别，与人类社会、文化和情感行为的复杂性认知有关。从最基本的对身体互动的理解和预测到微妙的文化规范，如礼仪、礼貌、禁忌等，还涵盖了对人类意图、动机、情感和行为的理解。从工程的角度来看，这些都是离散且困难的挑战。社交智能是以人为本的设计的核心，此外，当设计师需要面对跨学科环境进行设计时，具有谈判和说服能力是另外一种重要的社交智能。

AI 设计可能在某些方面取代设计师，但不会完全取代他们。人工智能可以通过学习和模拟大量设计数据来生成设计，但它无法像人类一样具有创造力、直觉和情感。此外，设计需要考虑到用户需求、审美和文化等方面，这些都是人类的经验和价值观所决定的，而这些因素对于人工智能来说是困难的。就像 3D 建模软件的出现被视为对设计师绘画能力的威胁，AI 设计也可能会被视为对设计师创造性思考能力的威胁，但那些兼具设计思维和计算思维的人则永立潮头。

我们正在创建的工具的每一次新迭代都越来越强大，因此构建它们的设计师需要越来越深思熟虑。我们还处在人类生存的关键时刻，我们日益受到全球变暖、人口过剩和贫富差距扩大的影响。现在比以往任何时候都更重要的是审视我们正在设计和生产的每种产品，并思考我们如何帮助维持地球上的人类生活，如何使用人工智能来推动社会向前发展，以实现我们自己和地球的可持续性，并使全球社会更加公平。

第二章

AI 产品设计方法

AI产品设计是指设计和开发的具有特定功能和能力的产品、服务或解决方案，其技术核心是通过使用人工智能（AI）来塑造。这些产品可以涵盖各种领域，包括教育、政务、法律、医疗、金融、零售、制造业等。AI产品可以使企业在复杂的环境下将工作流程自动化、提高运营效率、优化用户体验、增强产品性能和可靠性。AI产品设计的主要目标是将AI技术应用到实际业务场景中，从而为用户和企业创造价值。AI产品设计师需要了解AI技术的基础知识并理解业务需求，以确保产品符合相关法规和伦理标准。此外，AI产品设计还需要考虑如何解释AI系统的决策过程和结果，以便对客户和利益相关方加强透明度和信任度。

2.1 面向AI的设计

面向AI的设计（design for AI）是指将以人为本的设计方法融入AI产品、系统和服务的开发过程，目标是创建出能够实现最优性能的AI系统，并且尽可能地满足用户需求和期望。这种方法通常用于需要大量数据处理和分析的领域，例如金融、医疗和制造业等。在这些领域中，人类专家需要处理大量的数据和信息，以作出决策和预测。但是，由于人类的认知和计算能力有限，他们很难从这些数据中发现隐藏的模式和趋势。因此，AI被用来处理这些数据并提供可靠的结果和建议。

2.1.1 设计4.0

在以人为中心的设计中，设计师将应用设计思维、设计冲刺和双钻模型与具体问题相结合，以此展开设计过程，这在工业设计界是众所周知的，这些过程也一直被用于产品设计、环境设计、服装设计、信息与交互设计等不同的设计领域。随着人工智能技术渗透到时尚、媒体、教育、医疗、司法、交通、环境保护与城市治理等行业，这就要求传统的设计师所熟悉的设计语言、设计对象、设计过程、设计工具必须适应人工智能的技术特点，将以人为本的设计方法融入设计开发过程，才能更好地为人类创造福祉 。

第一次工业革命催生了工业设计和现代意义上的设计。首先，设计行业开始从传统手工制作中分离出来。传统的劳动过程中，往往由人扮演基本工具的角色，能源、劳动力和传送力基本上是由人来完成的。而工业革命则意味着技术带来的发展已经过渡到另一个新阶段，即以机器代替手工劳动工具，从而改变了劳动的性质和社会、经济的关系，这是设计 1.0 的时代。

第二次工业革命导致了新的能源和材料的诞生及运用，为设计带来全新的发展，改变了传统设计材料的构成和结构模式，设计的内部和外部环境发生了变化。当标准化、批量化成为生产目的时，设计的内部评价标准就不再是“为艺术而艺术”。市场的概念应运而生，设计需要考虑消费者的需求，进行经济利益的追逐，实现成本的降低。此时，设计的受众、要求和目的发生了变化，传统的砖、木、石结构逐渐被钢筋水泥玻璃构架所代替，随着现代建筑设计飞速发展，各种家用电器、工具和日用产品的普及应用，成就了大量著名工业设计师，这是设计 2.0 的时代。

第三次工业革命以数字化、信息化、网络化和自动化为标志。互联网是 20 世纪重要的发明之一，通过互联网可以把各种数据联系到一起，网络使信息不再是一个孤立的节点。随着接入互联网的信息越来越多，大量冗余的信息充斥着人们的眼球。这些冗余信息严重干扰人们对有价值信息的精准分析和正确选择，消费者几乎每天面对的都是海量的信息与数据，也面对着数十万个应用可供选择，这就是互联网时代的“信息过载”问题，导致了搜索引擎技术的产生。为了更好地突破信息洪流，强化互联网产品的信息传递效率，很多产品设计理念、设计模型及产品设计过程中的方法论由此产生。以用户为中心的产品设计，突出了人、行为、情景、技术四者的关系，并通过这种关系形成了产品设计体系。设计师或产品经理们寻找各种工作和生活场景，并将互联网的特性纳入到这些场景中，尝试打破原有的信息不对称现象。例如 Uber、滴滴出行等应用软件将出租车与乘客之间的信息进行了连接，提升了信息传递效率，亚马逊、京东等应用软件聚合了无数商家信息，用户可以在平台检索、比较和购买自己喜欢的产品。随着互联网的发展，各种场景的市场也基本成为红海，因此各类型的产品满足的场景也从通用型场景变为细分领域的场景，这是设计 3.0 的时代。

第四次工业革命催生了智能化产品。互联网时代的产品以消除信息不对称、提高信息传递效率为核心目标。设计师们认识到可以通过人工智能进行用户画像，利用感知数据分析用户交互行为，实现多通道表达的语义信息和个体心智模型匹配与认知推理。用户体验过程中的行为、情绪和意图成为新的设计材料。随着越来越多的人工智能组件注入到产品中，人们与周围的智能家电、设备、机器、应用程序、服务甚至数字孪生对象和社会系统进行交互，人工智能正在从后台的运营工具转变为更简洁、更方便的用户服务工具，这是设计 4.0 的时代。表 2-1 所示为四次工业革命对设计的影响。

表 2-1　四次工业革命对设计的影响

	第一次工业革命	第二次工业革命	第三次工业革命	第四次工业革命
时间	17世纪末18世纪初（1784—1930年）	18世纪中叶到第一次世界大战	20世纪中叶到21世纪初	21世纪初至今
技术特征	蒸汽机代替人力和马力	内燃机、电机取代蒸汽机	计算机与互联网为基础的广泛自动化	AI、物联网、机器人、基因编辑、区块链
时代特征	机械时代	电气时代	信息时代	智能时代
科学进展	牛顿力学	电磁理论	信息论	基因编辑、量子理论
工具与生产形式	锤子、锉刀、刮刀、锯子和凿子；体力劳动机械化，替代与增强人力	车床、铣床、刨床、磨床，流水线、标准化，以效率为目标，规模化生产；产品具有互换性	数控中心、自动化，模拟人的思想，脑力劳动机械化，人机交互形式多样化	无人工厂、增材制造，万物互联，泛在计算，增强人脑，软件定义产品
生产方式	客户定制；手工化，小规模机器化生产（CP，craft production）	大批量制造；流水线生产（MP，mass production）	大规模定制；平台式生产（MCP，mass customization production）	大规模个性化制造；模块化生产（MPP，mass personalization production）
材料	木头、石头、羊毛、棉纱等天然材料	金属、玻璃、混凝土	广泛使用合成材料	智能材料、超材料
能源	煤炭	石油	煤炭、石油及核能	可再生能源
运输	马车、内河船舶、蒸汽机车	汽车、火车、轮船	航空、高铁、海运	自动驾驶车辆
流通形式	摊贩、百货	社区超市	大型超市、电商	智能推荐、数字资产
设计对象	装饰与功能结合	工业产品	界面与交互	信息物理社会系统
产品案例				

在人工智能的背景下，设计师不仅设计由人工智能引擎生成的解决方案，更需要设计这些问题解决的循环。对于智能产品而言，往往一个特定的解决方案（如抖音中每个用户浏览的内容其实是不同的），是由人工智能引擎在我们所说的“问题解决循环”中设计的。循环从客户交互或公司所在的生态系统中收集实时数据。这些数据可以立即通知产品中嵌入的人工智能，该人工智能具有解决问题的能力（从识别物体到

处理自然语言，从做出预测到得出结论）。AI 背景下，如果构思得当，算法可以为该用户精确自动生成新的特定解决方案，而无需人工参与。更重要的是，随着新数据的不断收集，以及人工智能引擎嵌入学习功能的协助，问题解决循环可以改进对用户需求和行为的预测，从而随着时间的推移设计出更好的解决方案。因此，在人工智能驱动的系统中，许多开发决策都是通过自主且无需人力成本的问题解决循环做出的。人类的工作是构想新产品的基础并设计这些解决问题的循环，然后，这些循环将在开发特定解决方案时用技术取代人类：它们无需重新设计即可轻松扩展，并且可以提供各种解决方案，而无需在研发方面进行大量额外投资。

因为大多数人工智能算法与人类推理不同，大多数应用程序都是弱人工智能的实例：它们专注于简单任务的组合，例如识别图像中的形状或两个图像的形状有何不同，而这些任务并不像它们所取代的人类思维过程那样复杂。然而，通过数百万次复制这些任务并通过大量数据培育它们，弱人工智能可以提供复杂的预测，甚至超越人类的能力。

随着设计对象的变化（从设计解决方案到设计问题解决循环），设计过程（即设计的“方式”）也会发生变化。在人工智能工厂的背景下，设计过程分为两部分。首先，人力密集型设计阶段，构思解决方案空间并设计解决问题的循环；其次，人工智能驱动阶段，通过算法为特定用户开发特定的解决方案。由于该过程的第二部分几乎需要零成本和时间，因此可以在每个用户提出要求的精确时刻激活解决方案的开发。这反过来又能够利用最新的可用数据并学习，从而每次都能创建更好的新颖解决方案。这意味着不再有产品或服务蓝图充当设计和使用之间的缓冲区，设计、交付和使用——它们都部分地同时发生。

尽管这种新的设计方法首先出现在基于软件的数字体验领域，但它也在基于实体产品的行业中获得了关注。以特斯拉为例，为了实现解决问题的循环，特斯拉从两个不同的方向重新构想汽车的设计。首先，它摆脱了所有物理交互元素（例如按钮），将大部分控件嵌入到大型中央触摸屏数字用户界面中。其次，它让汽车超载安装传感器来收集数据。数据来自外部源（通常是超声波设备、GPS 输入、摄像头、雷达发射器和 LIDAR）以及驾驶员个性化数据内部源。当汽车行驶时，传感器会收集数据并训练特斯拉的学习算法。其中一些传感器是“沉默的”，这意味着它们尚未用于为客户提供直接价值，而是“正确地”被放置。它们在产品发布后被远程激活，以启用新的循环并为客户提供新的服务。例如，Model 3 自 2017 年起就在后视镜中配备了面向驾驶室的摄像头。该相机最初处于休眠状态，直到 2019 年 6 月，由于新的软件更新，摄像头才被用来识别乘员并根据特定的用户配置文件调整一些硬件的可调节组件，例如座椅、车镜、音乐或驾驶模式偏好。

这种新的设计实践通过消除规模、范围和学习这三个限制，强化了以人为中心、溯因、迭代的基本设计原则。

1. 规模和以人为本

传统的设计实践具有很大的规模限制。产品是针对客户群或普通用户原型设计的（因此在经典设计思维过程中使用“人物角色”）。作为最密集的人力活动之一，设计需要投入大量的资源和时间。这些规模限制对以人为本造成了很大的限制，因此，每次用户需要时都设计一个解决方案是不合理的。

智能化产品浪潮到来之前，每一个设计项目为平均用户群体和最可能的应用场景设计，设计师制订解决方案(产品、服务、体验)，然后大规模交付。客户的体验是由设计师事先构思和开发的，细化到细节层面，这使得设计活动只能是间断的，无法连续更新，也不能将设计结果简单地推而广之，产品和服务的设计本质是一个人力密集的过程，需要耗费大量时间和资源。虽然市场上出现了很多网站数据分析系统或用户行为分析系统，分析互联网用户在使用网站或App时的行为及心理，产生用户画像，服务于设计需求定义，这些用于电商等通用型网站的功能点分析是足够的，但如果用于医院问诊、电子政务等线上线下关联度较高的特定领域，则在身份校验、信息流转、文件签批等环节就遇到了困难。

人工智能消除了设计中的重大规模限制，因为特定解决方案的开发是由机器执行的。这样才能最大限度地实现以人为中心。这种对个人的关注可以在不限制用户数量和数据复杂性的情况下进行扩展。因此，特定用户体验的解决方案（例如，用户在抖音应用程序上看到的内容）是根据用户自己的数据专门为其开发的。

2. 范围和溯因

人力密集型设计实践在范围上也有很大的局限性。产品是针对特定行业和特定目标而设计的。一旦它们被发布，就不太可能满足所有应用场景。以IDEO洲际酒店集团的设计为例，为满足短期旅行者和商务旅行者需求而开发的解决方案，需要由同一组织的不同团队，针对不同品牌采取不同的设计举措。人力密集型设计的范围构成了重大限制，设计概要标明了设计空间的范围。一旦概要被定义和冻结，创造力就只能发生在相应空间里，用户数量越大，洞察越复杂，就越难关注个体。而在人工智能工厂的背景下，用户数量越多，数据流越丰富、越复杂，机器对个体行为的预测就越好。

设计不是仅仅依靠演绎推理（即事物是怎样的）和归纳推理（即事物可能是怎样的），而是通过溯因推理（即对事物可能是怎样的做出假设）进行创造。在人工智能工厂的背景下，溯因通常会导致重新定义问题，从而为设计提供信息，设计概要是流动的，即使在产品发布后也可以重新构建。例如，推荐系统使用无监督学习来发现客户口味的新模式，而这些模式在流程开始时并未建立。Airbnb 应用程序利用了与传统人工智能酒店服务相同的人工智能工厂，Airbnb 将服务扩展到“旅行体验”，为客人提供在海滩骑马或雇用音乐演奏者的可能性。

3. 学习和迭代

传统的设计实践在学习方面存在局限性。设计—构建—测试迭代仅限于项目内。产品发布后，它们就会停产。来自实际使用观察的新知识只能为未来版本的开发提供支持。因此，这种创新是一次性的、间歇性的。随着环境的发展，新的解决方案很快就变得“过时”。

人工智能工厂本质上是迭代的，因此，极大地消除了学习的限制。正如 Netflix 的案例所示，每次客户访问该服务时，该公司都会激活一个解决问题的循环。这个循环不仅利用了最新的数据和算法，它还提供了进一步学习的新机会。特别是，该算法可以引导学习策略进行改进，即改进其参数以更好地解决问题（例如，向特定用户展示更合适的电影封面），或探索新的机会（例如，提出建议，给用户一个新的电影类别）。在强化学习和“双臂老虎机算法”的推动下，这种利用和探索的平衡行为在整个产品生命周期中持续发生。

创新方面的影响是重大的。第一，学无止境。特定用户在特定时刻体验到的解决方案与产品首次发布时体验到的解决方案并不相同。这是迄今为止最先进的设计。在某种程度上，解决方案总是“新的”。第二，学以致用。这里的学习不是来自于在简化环境中的测试原型，而是来自于在真实环境中实际使用的产品。第三，学习以人为本。现在的数据不是来自使用上一代产品（或测试原型）的其他人的见解，而是来自同一个人的早期使用情况。第四，每次用户交互都是进行新实验的机会。因此，学习循环的设计逻辑与传统产品不同。后者仅包含设计时认为有用的功能。相反，人工智能引擎因在发布时未充分利用效用的元素而浪费一些资源。换句话说，它们的设计明确地具有冗余功能，正如我们在特斯拉的例子中看到的那样，其内部指向摄像头已经两年没有提供任何功能。

人工智能工厂融入并进一步赋能了设计思维的原则：超越以人为中心，以单人为中心；促进跨部门、利益相关者和行业的创造力，从而使产品超出最初设想的范围；AI 产品本质上是迭代的，将学习和创新从开发转移到产品生命周期。

2.1.2 AI 产品的三大模式

人工智能技术被广泛应用于不同的产业和领域。人工智能产品可以采用不同的商业模式来实现盈利和成长。三种常见的人工智能商业模式为平台模式、“行业 +AI”模式和集成模式。

1. 平台模式

平台模式是一种由公司创建并运营的在线平台，用户可以通过该平台进行交易、沟通和其他活动。在这种商业模式中，人工智能技术作为平台的核心功能之一，用于提高效率、增加价值和改善用户体验。理论上，机器学习可以应用于任何类型的包含模式的信息，只要这些模式可以被一组训练数据充分地举例说明。然而，在实践中，某些形式的信息比其他形式的信息更容易访问和应用于现实设计问题。对于更常见的机器学习任务，如图像标记和语音到文本功能，设计人员可以利用各种机器学习即服务（MLaaS）平台提供的万能解决方案，在大多情况下，这些 MLaaS 平台还可以相对直接地部署在设计者提供的自定义数据集上训练的机器学习系统。对于更特殊的或领域特定的用例，设计人员可能会寻求更具可定制功能的开源机器学习工具包，甚至完全定制的软件，这往往需要对底层算法有更深入的技术理解，以及在大规模面向用户的系统中部署此类技术相关的技术问题。一些大型科技公司和初创公司提供高水平的机器学习平台，为设计师提供直接的交钥匙解决方案。MLaaS 平台的名单正在迅速增长。一些最流行的平台包括：百度智能云、IBM 沃森、亚马逊机器学习、谷歌。

尽管这些平台有许多优点，但也有几个重要的缺点可能会影响设计师决定是否使用这种平台来构建他们的系统。首先，使用这些系统会带来经常性的成本，随着用户基础的扩大，成本也会增加。尽管单个查询的成本通常很低，而且批量查询的费率也很合理，但对于足够大的用户群来说，如果没有可行的收入模式来支持产品，这些成本就会变得令人望而却步。此外，这些平台通常不提供一个 MLaaS 平台内开发的系统迁移到竞争平台的直接路径。这种平台锁定可能会导致所有权的长期成本，并可能限制设计师系统内未来的创新。最后，构建在 MLaaS 平台之上的系统往往要求用户的设备具备互联网连接，以便查询远程托管的模型。这在某些应用程序中可能会受到限制，并可能为用户带来数据使用成本。然而，与许多复杂机器学习相关的模型可能太大或计算量太大，无法在用户设备上运行，这使得基于云的部署成为唯一可行的路径，无论是否使用 MLaaS 或自定义机器学习解决方案。

在设计中提供基于机器学习的功能之一是由这些平台的交钥匙特性特别支持的，

这种方法将为可部署的面向用户的产品提供最快、最简单的途径。尽管不同平台提供的具体功能有所不同，但许多 MLaaS 平台都为包括自然语言解析、语言翻译、语音到文本、个性洞察、情感分析、图像分类和标记、人脸检测和光学字符识别在内的任务提供了交钥匙解决方案。这些系统的创建者已经投入了大量的工作来开发和测试他们的底层算法，以及收集大型和干净的数据集，以确保功能的健壮性。这种交钥匙特性可以直接 API 调用而无需特定算法语言支持。

除了上面列出的交钥匙功能之外，MLaaS 平台还可以用于广泛的机器学习问题，这些问题需要设计师提供的定制的数据集。在这种情况下，设计人员可以绕过构建、测试和部署机器学习系统本身的艰巨过程，但仍然需要投入时间和资源来确保提供给这些系统的数据集是干净的和精心策划的。这些系统的训练过程通常包括设计师将电子表格或格式化的数据上传到平台，等待模型在云中接受训练，然后在部署功能之前测试其行为。对于大多数监督学习问题，提供给 MLaaS 平台的数据电子表格至少包含两列：一列或多列表示特定示例的输入属性，另一列表示所需的输出与输入相关联。与任何训练过程一样，大量的示例（或电子表格行）可能会产生更健壮的模型。一旦训练完毕，对模型的查询将以类似于上面所示的交钥匙特性示例的方式进行。对于一些机器学习问题和面向用户的平台，特别是为离线使用而设计的本机应用程序，可能有必要在上述 MLaaS 平台之外部署技术。在这种情况下，设计人员可以通过在越来越多的开源机器学习工具包（可用于各种编程语言和平台）的基础上构建，避免冗长的开发过程以实现彻底定制。一些流行的此类工具包包括：TensorFlow、Torch、Caffe、cuDNN。使用这些较低级别的工具包通常比使用 MLaaS 平台需要更多的编程经验。此外，为了有效地使用这些算法，可能需要对特定机器学习算法及其相关训练技术有更深入的了解。虽然上面列出的 MLaaS 平台倾向于包括自动化训练过程，但这些工具包将要求设计人员调整算法超参数，如学习率，以与所选数据集的特定特征保持一致。

训练机器学习系统往往是一个高度计算密集型的过程，对于大型或复杂的数据集，在单个消费级机器上执行这个过程通常是不切实际的，甚至是不可能的。上面提到的许多工具包都是为在使用大量 CPU 或高性能 GPU 执行训练的大型硬件系统上使用而设计的。这种硬件的成本很高，可能需要与特定工具包所使用的性能增强机制相关的专业知识。训练完成后，系统仍然需要部署到所需的面向用户的平台上。在大多数情况下，面向用户的平台与训练过程中使用的大型系统几乎没有共同之处。这意味着设计人员在开发系统和向用户提供系统时，必须应对两套不同技术和基础设施的挑战。尽管存在这些挑战，但这些工具包为希望在面向用户的系统中添加定制机器学习功能的设计师提供了一条可行的途径。这些工具很多都得到了大型科技公司的支持，此类公司对这些工具的广泛采用有着既得利益，并正在努力逐步使他们的工具更容易为更广泛的设计人员和开发人员所使用。这些工具本身是免费使用和部署的，但在大型平台上训练模型可能需要设计人员或自己购买昂贵的硬件，或支付使用基于云系统的费用。使用这种工具包开发的训练过的模型可能不容易转移到不同的工具包中使用。然而，在大多数情况下，这些可定制的工具包提供了比由 MLaaS 平台支持的系统更直接的方法。

一些开源工具包致力于提供经过彻底测试和验证的机器学习算法及技术的实现，这些工具可能不包括更多来自近期研究的实验性算法，其相关研究尚未被彻底审查和现场测试。在某些情况下，这种进步可能会对现有算法进行渐进式改进，在其他情况下可能会提供革命性的新功能。将这些技术集成到面向用户的系统中几乎总是需要自定义实现工作，包括将算法从正式研究论文中的数学符号转换为工作代码。还可能需要严格的测试以及与系统性能和扩展相关的附加实施工作。这项工作通常需要一个庞大的开发团队，并拥有理论机器学习和部署技术的先进知识。由于以上原因，这种方法在大多数情况下是不可取的。对实验性机器学习技术感兴趣的设计师应该考虑加入更大的团队，这样的团队更适合完成将这些新兴技术投入生产的多方面任务。

以下是几个典型的人工智能平台：

（1）亚马逊。亚马逊是一个全球性的在线零售平台，它使用人工智能技术来帮助用户找到他们需要的产品、管理库存和发展广告业务。具体来说，亚马逊使用机器学习算法来预测消费者的购买意愿，为用户推荐更适合的产品。此外，亚马逊还使用自然语言处理技术来改善搜索结果，从而提高用户体验。

（2）谷歌。谷歌是一个全球性的搜索引擎网站，它使用人工智能技术来改善搜索结果、推送个性化广告和提高自然语言处理能力。具体来说，谷歌利用机器学习算法来分析用户的查询历史和行为模式，以提供更有针对性的搜索结果。谷歌还使用自然语言处理技术理解和处理不同语言的搜索查询。

（3）Meta。Meta 是一个全球性的社交媒体平台，它使用人工智能技术帮助用户连接和沟通。具体来说，Meta 利用机器学习算法来预测用户的兴趣和行为模式，为用户推荐更加个性化的内容和广告。此外，Meta 还使用自然语言处理技术和图像识别技术识别和过滤有害或欺诈性的内容。

总之，平台模式人工智能产品的优点在于其可扩展性和可定制性。这种商业模式可以帮助企业创建稳健的在线生态系统，并提供更加个性化和高效的服务。然而，平台模式也存在一些挑战。例如，由于数据隐私和网络安全等问题，平台模式的运作可能会面临较大的监管和合规压力。

2. “行业 +AI”模式

“行业 +AI”模式是指利用人工智能技术来改变和优化特定产业的商业模式。这种商业模式通常由一家公司创立，以提供基于人工智能技术的解决方案，如机器视觉、语音识别、自然语言处理等。以下是几个典型的“行业 +AI”模式人工智能产品：

（1）商汤科技。商汤科技是一家专注于计算机视觉领域的人工智能公司，它为不同行业提供基于计算机视觉技术的解决方案，如安防监控、无人驾驶、医疗影像等。商汤科技利用深度学习算法和图像识别技术来分析和理解图像数据，从而提供更加精确、高效的服务。

（2）讯飞。讯飞是一家全球领先的语音智能技术提供商，它为不同行业提供基于语音识别和自然语言处理技术的解决方案，如智能客服、智能教育、智能金融等。讯飞利用自然语言处理技术和机器学习算法来理解和处理语言数据，从而提供更加智能化的服务。

（3）SenseTime。SenseTime 是一家致力于人工智能算法研发的公司，它为不同行业提供基于图像识别和深度学习技术的解决方案，如智能安防、智能交通、智能医疗等。SenseTime 利用机器学习算法和深度学习技术来分析和理解图像数据，从而提供更加精确、高效的服务。

总之，“行业 +AI”模式人工智能产品的优点在于其高度可定制性和针对性。这种商业模式可以帮助企业更好地理解客户需求，并通过人工智能技术提供符合市场需求的解决方案。然而，行业 +AI 模式也存在一些挑战。例如，在不同行业中，人工智能技术的应用场景和需求可能存在差异，需要进行定制化开发和部署。

3. 集成模式

集成模式是指将人工智能技术与其他技术或产品集成到一个系统中，以创造新的价值和功能。在这种商业模式中，人工智能技术并非核心产品，但它可以帮助提高整个系统的性能和效率。以下是几个典型的集成模式人工智能产品：

（1）NEST。NEST 是一家智能家居设备公司，其产品涵盖了温度控制、安全监控、能源管理等方面，同时还使用机器学习算法来预测用户的偏好和行为模式，从而提供更加智能化的服务和体验。

（2）Tesla。Tesla 是一家致力于电动汽车和可再生能源的公司，其产品利用人工智能技术来提高驾驶安全性、增加驾驶效率和改善用户体验。例如，Tesla 的自动驾驶系统利用深度学习算法和传感器数据来分析和理解道路情况，从而帮助驾驶员更好地掌控汽车。

（3）Amazon Go。Amazon Go是一个基于人工智能技术的无人超市实体，其产品利用计算机视觉技术和传感器技术来识别消费者的购物行为，从而实现线下无人收银，提高结账效率和客户体验。

总之，集成模式人工智能产品的优点在于其整合多种技术和产品，以创建更加高效和智能的系统。这种商业模式可以帮助企业创造新的价值和功能，并提高客户满意度和忠诚度。然而，集成模式也存在一些挑战。例如，不同技术和产品之间的协调和整合可能会面临一定的技术和商业难题。

在人工智能领域，平台模式、“行业+AI”模式和集成模式是三种常见的商业模式。每种商业模式都有其独特的优点和挑战。企业应根据自身实际情况选择适合的商业模式，并注重技术创新和客户需求的不断满足，以推动人工智能产业的发展和普及。

为实现不同的商业模式，可以从产业链的多个层面评估企业的吻合度，进行产品定位。对于人工智能的产业，可以基于产业链的上下游关系，分为基础层、技术层和应用层。基础层包括芯片服务、云服务、机器学习平台和数据服务，是AI行业最底层服务提供者。比如，讯飞是开放平台，阿里云、百度云是云服务提供商。再上一层的技术层是AI技术的提供者，比如商汤、依图，针对最常见的人脸识别应用场景，主要提供计算机视觉服务。最上面的应用层是AI技术对各行业的应用服务，以抖音为例，它通过AI技术实现短视频内容的个性化分发，把用户感兴趣的内容展示出来。除此之外，在整个AI产业链中，BAT一类头部企业提供了全链条的服务，如云服务、机器学习平台，也做技术输出，如BAT会有自己的计算机视觉、语音识别等能力，同时也有对外的应用场景。

金融风控，智能支付、智能安防以及智能客服是4个应用AI技术比较早，发展也相对成熟的行业。金融风控行业主要是用机器学习技术把原本依赖人工的风险管理变为依赖机器算法的方式，通过收集借款人的相关数据（收入、年龄、购物偏好、过往平台借贷情况和还款情况等）并输入到机器学习模型中，以此预测借款人的还款意愿和还款能力，判断是否对他放款。AI技术的应用解决了原有人工信贷审核效率低下、无标准等问题。目前，市场上做金融风控的AI企业不只有老牌的百融云创、邦盛科技，还有蚂蚁集团、京东数科、度小满这样的大型互联网公司，以及冰鉴这种新型的创新型公司等。而智能支付行业主要是通过人脸识别、指纹识别、声纹识别、虹膜识别等多种生物识别技术，帮助商户提高支付效率。像蚂蚁、京东数科、商汤和云从科技这些我们比较熟悉的企业，都有智能支付功能。其中，云从科技、旷视科技、商汤科技和依图科技还被誉为 CV 界的四小龙。智能安防行业有海康威视、大华股份、汉邦高科等，它们主要是通过人脸识别、多特征识别、姿态识别、行为分析、图像分析等相关技术融合业务场景的解决方案，帮助企业、政府解决防控需求，如通过 AI 摄像头自动识别犯罪嫌疑人，通过深度学习技术检测车辆并识别出车牌号码等特征，用于停车场收费、交通执法等场景。智能客服行业主要是通过自然语言处理技术、知识图谱，对用户输入的问题进行识别分析，根据知识系统寻找答案，解决原有人工客服效率低下、成本高的问题。很多银行现在都采用智能客服，对它们的用户进行理财推荐。目前市场上比较成熟的智能客服企业主要是环信、云知声、百度等等。

在人工智能产业中，处于不同层级的企业，根据自身能力和方向的不同，都有自己的一套产品或服务。大致可以分为：数据收集和治理、计算资源服务、AI 技术服务以及产品附加 AI 这四种。数据收集和治理类型的公司大多拥有自己的数据流量入口，致力于对于数据的收集和加工。比如数据堂，它主要提供数据采集（包括从特定设备、地点采集，采集内容包括图片、文字、视频等）、数据标注（主要是对图像进行标注，如标注人脸、动作等）服务。而计算资源服务类型的公司，又可以分成两类，一类致力于底层的芯片、传感器的研发服务，如寒武纪这样的企业，它们作为人工智能芯片公司，主要的收入来自云端智能芯片加速卡业务、智能计算集群系统业务、智能处理器 IP 业务。另一类是 AI 计算服务，比如百度的 AI 开放平台，平台除了提供百度自有的 AI 计算服务之外，也为上下游合作伙伴提供了一个 AI 产品、技术展示与交易平台。AI 技术服务类公司，为自己的产品或者上游企业提供底层的 AI 技术服务，服务模式更多的是技术接口对接，比如人脸识别服务的服务模式主要就是 API 接口或者 SDK 部署的方式。产品附加 AI，即应用层的大部分产品通过 AI 技术叠加产品，赋能某个产业的模式。比如滴滴通过 AI 技术应用于自有的打车业务线，包括营销环节的智能发券、发单环节的订单预测、行车中的实时安全检测等。

处于基础层的企业主要提供算力和数据服务，这些企业的特点是偏硬件，偏底层技术，技术人员居多。AI 设计师需要了解如云计算、芯片、CPU/GPU/FPGA/ ASIC 等硬件技术，以及行业数据收集处理等底层技术和框架。而处于技术层的企业，主要的业务是为自己的业务或者上游企业提供相应的技术接口。这些企业的特点是技术能力强，大部分业务都是 ToB 服务。为这些企业提供服务的 AI 设计师必须要具备企业所在领域的技术知识，如语音识别（ASR）、语音合成（TTS）、计算机视觉（CV）、自然语言处理（NLP）等通用技术，甚至了解 TensorFlow、Caffe、SciKit-learn 这样的机器学习框架。

2.1.3 设计AI产品的挑战与机会

AI通过信息采集获取大量的数据，然后通过对数据训练得出适用性模型，将个人的信息数据作为输入并通过模型给出答案，帮助人们更为高效、快捷地处理信息，对人的感知、认知及力量进行延伸、增强与放大；通过消除过去在规模、范围和学习方面的限制，人工智能实现了以人为本的最终形式，可以为每个人设计体验，并基于个人用户数据不断改进；通过替代企业中的劳动力，提高劳动效率和延伸劳动资料，解决劳动力匮乏的问题；通过将设计空间的范围扩展到企业产品类别和行业之外来增强创造力，在企业运营模型的核心上进行迭代和实验，产品和服务更加密不可分，构建平台型企业，提升企业的生产力。

2.1.3.1 AI产品设计的挑战

1. 数据挑战

AI大模型需要高质量、大规模、多样性的数据集。①高质量：高质量数据集能够提高模型精度与可解释性，并且减少收敛到最优解的时间，即减少训练时长。②大规模：OpenAI提出LLM模型所遵循的“伸缩法则”（scaling law），即独立增加训练数据量、模型参数规模或者延长模型训练时间，预训练模型的效果会越来越好。③多样性：数据多样性能够提高模型泛化能力，过于单一的数据很容易让模型过于拟合训练数据。

（1）数据的质量：数据应该是准确、完整、干净、相关、无偏的。这就对数据的采集、清洗、标注提出了很高的要求。

（2）数据的数量：AI模型对数据的数量提出了要求，构建通用人工智能需要大量数据和计算能力。计算机需要大量数据才能正确处理和识别模式，数百万甚至数十亿个数据点可能不足以让计算机准确推断环境中所有变量之间的关系。一个大的数据集甚至能够带动AI研究的突破，例如，ImageNet数据集促进了对物体识别、图像分类AI应用的快速进步。

（3）数据偏见和歧视：如果训练数据中存在不平衡的样本或者带有特定偏见的数据，AI系统在进行决策和推荐时就可能出现错误的判断或偏见偏离。这引发了公平性的问题。

（4）数据隐私和安全问题：在使用人工智能技术进行产品设计时，需要处理大量敏感数据，例如，一些医疗设备需要收集患者的生理数据来进行诊断和治疗，这些数据必须严格保密，以免泄露或被滥用。随着大规模数据的收集和存储，个人信息的泄露和被黑客攻击的风险也日益增加。为了防止 AI 应用的滥用，需要采取一系列措施。首先，加强监管和审查机制，建立严格的监管框架和审查流程，对 AI 应用进行风险评估和审核，确保其符合道德和法律的要求。其次，教育和提高公众对 AI 安全与隐私问题的意识，培养公众对个人信息保护的重视，提供相关的教育和培训。此外，合作与伙伴关系也是防止滥用的重要手段。政府、学术界和行业应共同合作，加强研究和创新，共同应对 AI 安全与隐私泄露的挑战。

将人工智能集成到用户体验和产品设计中会引起对数据隐私被滥用的担忧。设计人员必须注意在设计过程中收集和使用个人数据的相关风险。确保以安全和合乎道德的方式收集、存储和使用用户数据是一项挑战。这需要获得用户同意后才能进行数据收集，并加密数据，以保护数据免受未经授权的访问。此外，将收集的个人数据量最小化到仅限于设计过程所需的数据量至关重要。为了应对这些挑战，设计人员可以采用数据隐私和安全的最佳实践。这包括遵守 GDPR 等数据保护法规，利用安全的数据存储和加密方法，并向用户提供有关其数据将如何被使用的透明信息。优先考虑用户数据的隐私和安全对于培养客户忠诚度以及与客户之间的信任至关重要。

2. 算法挑战

（1）AI 模型的可解释性、可信赖性和可靠性是当前人工智能领域的核心挑战之一。AI 模型的可解释性是指对于 AI 模型的结果，能够对其背后的逻辑进行解释。在许多应用场景中，AI 模型的结果需要得到解释，例如医疗诊断、金融风险评估等。目前许多深度学习模型存在着“黑箱”问题，即无法解释模型的决策过程，给解释和理解带来了困难。AI 模型的可信赖性是指对于 AI 模型的结果，能够进行可信的验证。在许多场景中，AI 模型的结果需要得到验证，例如无人驾驶、航空航天等领域。目前许多 AI 模型存在着不确定性和泛化能力差的问题，导致模型的结果难以被验证和信任。AI 模型的可靠性是指 AI 模型在特定环境下的稳定性和可用性。在许多场景中，AI 模型需要在复杂和动态的环境下进行运行，例如工业自动化、智能物流等领域。目前许多 AI 模型存在着对环境变化和数据质量的敏感性问题，导致模型的稳定性和可用性无法保障。

为了提高 AI 模型的可解释性、可信赖性和可靠性，需要进行多方面的研究和探索。在算法方面，需要设计可解释性强、可验证性好、可靠性高的 AI 模型。例如，可解释的深度学习模型、可证明的强化学习模型、具备容错能力的神经网络等。在数据方面，需要开发更加多样化、可靠性高的数据集，并对数据进行预处理和质量控制。在硬件方面，需要设计高性能、低功耗、可靠性强的芯片和系统。除此之外，人工智能技术需要快速、稳定的网络环境来支持海量数据的传输和处理。

（2）模型评估挑战。AI 模型的评估一般是通过模型的性能指标和稳定性指标来评估。AI 产品除一些文创及情感化设计相关的产品外，通常具有一定的功能。可以通过选择逻辑推理、概率模型、深度学习等算法，构建 AI 模型，进行推理、证明、分类、预测、批量生成等，应用于系统的输入输出，满足特定的功能需求。AI 模型和算法很多，比如分类问题，可以选择朴素贝叶斯、决策树、支持向量机、K 近邻、逻辑回归、神经网络、深度学习，考量这些算法的时候要采用计算思维理解这些算法的内部逻辑，分析比较算法的优点、缺点，并进行取舍，即模型评估。

首先，模型性能可以理解为模型预测的效果，包括分类模型性能评估和回归模型性能评估。分类模型解决的是将一个人或者物体进行分类的问题，例如在风控场景下，区分用户是不是“好人”，或者在图像识别场景下，识别某张图片是不是包含人脸。对于分类模型的性能评估，通常会用到包括召回率、F1、KS、AUC 这些评估指标。而回归模型解决的是预测连续值的问题，如预测房产或者股票的价格，通常会用到方差和 MSE 这些指标。这些指标值一般有一个合理的范围，不同业务的合理值范围不一样，要根据产品的应用场景来确定指标预期。比如，如果 AUC 是 0.5，说明这个模型预测的结果没有分辨能力，准确率太差，和盲猜得到的结果几乎没区别，这样的指标值就是不合理的。

其次，模型的稳定性，可以简单理解为模型性能（也就是模型的效果）可以持续多久，一般使用 PSI 指标判断模型的稳定性，如果一个模型的 PSI > 0.2，那稳定性太差了，这就说明算法交付不达标。模型的验证除了是算法工程师必须要做的事情之外，也是设计师或产品经理或者 AI 设计师要重点关注的。

此外，还需要评估算法的时间复杂度（算法是不是跑得太慢，无法满足实时推理需要）和资源复杂度（算法对内存和 GPU 资源的需求太高，特别要关注可能影响边缘计算或者移动设备应用的续航时间的情况）。

下面以分类模型应用到信用评分产品为例进行说明。利用客户提交的资料和系统中留存的客户信息，通过模型来评估用户信用情况，主要应用于信贷场景中，对中小企业等用户进行信用风险评估。分类模型的性能评估指标有混淆矩阵、KS、AUC 等。混淆矩阵是其中最基础的性能评估指标，通过它，我们可以直观地看出二分类模型预测准确和不准确的结果具体有多少，而且像 KS、AUC 这些高阶的评估指标也都来自于混淆矩阵。

假设，一个信用评分产品信用分数范围是 [0,100]，参考阈值为 60 分以下的人逾期概率远高于 60 分以上的人群。这时，便可以抽取一部分已经具有信贷表现的用户用于验证模型的效果。如果把从来没有逾期的用户定义为“好人”，逾期用户定义为“坏人”。假设抽取 100 个测试用户，向信用评分模型中输入这 100 个测试用户的信贷信息（用户身份证号 / 手机号码）以后，便可以得到 100 个模型的预测结果，以及每个用户的评分。结合参考阈值，把信用分小于等于 60 分的人定义为“坏人”，大于 60 分的人定义为“好人”，然后，便可以通过混淆矩阵，知道模型预测结果和实际结果的差距，从而判断模型性能的好坏。

表 2-2 所示的混淆矩阵中，列表示预测的分类结果，即 Positive（正例，比如规定信用评分小于 60 分的人，即需要找出的“坏人”，通常会违约）和 Negative（负例，比如规定信用评分大于 60 分的人，即“好人”，通常不会违约），行表示真实的分类结果。T 代表模型预测值和真实值一样，F 则相反。P 就是 Positive 的缩写，可以理解为“坏人”，N 就是 Negative 的缩写，可以理解为好人。

表 2-2　混淆矩阵

混淆矩阵		预测值	
		Positive（坏人）	Negative（好人）
真实值	Positive（坏人）	TP（true positive）	FN（false negative）
	Negative（好人）	FP（false positive）	TN（true negative）

由此，我们可以总结出 4 种情况：

TP 是指模型预测这个人是坏人，实际上这个人是坏人，模型预测正确；

FP 是指模型预测这个人是坏人，实际上这个人是好人，模型预测错误；

FN 是指模型预测这个人是好人，实际上这个人是坏人，模型预测错误；

TN 是指模型预测这个人是好人，实际上这个人是好人，模型预测正确。

比如，用户张三实际是一个逾期用户，即“坏人”，但模型给出的评分是 80 分。这个时候，张三在混淆矩阵中 FN=1，就代表模型预测错误（表 2-3）。

表 2-3　模型预测错误时的混淆矩阵

混淆矩阵		预测值	
		Positive（坏人）	Negative（好人）
真实值	Positive（坏人）	TP（true positive）=0	FN（false negative）=1
	Negative（好人）	FP（false positive）=0	TN（true negative）=0

再比如，用户李四也是一个逾期用户，但模型给出的评分是40分。这个时候，李四在混淆矩阵中TP=1，模型预测正确（表2–4）。

表2–4　模型预测正确时的混淆矩阵

混淆矩阵		预测值	
		Positive（坏人）	Negative（好人）
真实值	Positive（坏人）	TP（true positive）=1	FN（false negative）=0
	Negative（好人）	FP（false positive）=0	TN（true negative）=0

假设，这100个人里面实际有40个“坏人”，60个“好人”。模型一共预测出50个“坏人”，在这50个“坏人”中，有30个预测对了，20个预测错了（图2–1）。

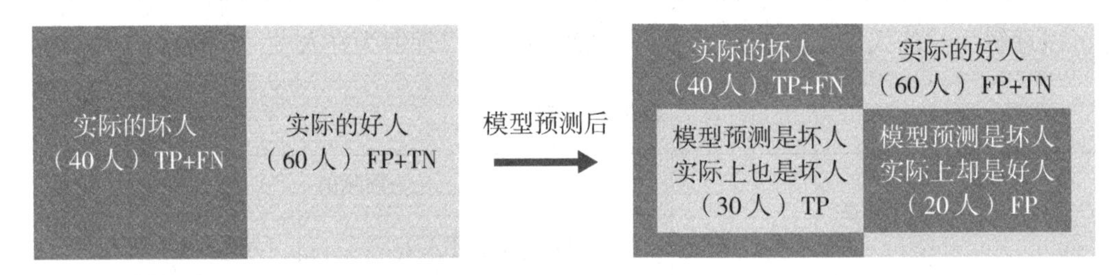

图2–1　实际值与预测值

虽然希望所有测试的结果都是TP或者TN，也就是模型预测每个人的结果都和实际结果一致，但是，现实中不太可能存在这样的情况，混淆矩阵只能知道模型预测结果中有多少个TP和FP，没办法直接告诉业务方这个模型到底好不好。因此，为了能够更全面地评估模型，在混淆矩阵的结果上，延伸出另外3个指标，分别是准确率、精确率和召回率。

准确率（accuracy）这个指标是从全局的角度判断模型正确分类的能力。对应到信用评分的产品上，就是评价模型预测对的人（TP+TN），占全部人员（TP+TN+FP+FN）的比例。极端情况下，模型所有人都预测对了，这时准确率就是100%。因此，准确率表示模型判断正确的数据占总数据的比例，准确率的计算公式为：

$$准确率=\frac{TP+TN}{TP+TN+FP+FN}=\frac{TP+TN}{All\ Data}$$

准确率虽然可以直观评价模型正确分类的能力。但是，在数据集不平衡时，准确率不能很好地表示模型的性能。可能会存在准确率很高，而少数类样本全分错的情况，此时应选择其他模型评价指标。例如，对于机场安检中恐怖分子的判断，因为恐怖分子的比例是极低的，用准确率做判断时，即使准确率高达99.999%，也不能说明这个模型是好的，因为现实生活中恐怖分子的比例极低，就算模型不能识别出一个恐怖分子，也会得到非常高的准确率，因此就不能采用准确率对模型进行评估。因为准确率的评判标准是正确分类的样本个数与总样本数之间的比例。实际上，对于分类不平衡的情况，有两个指标非常重要，就是精确率（precision）和召回率（recall）。

精确率是判断模型识别出来的结果有多精确的指标。对应到信用评分的产品上，就是模型找到的真的“坏人”（对应混淆矩阵中的 TP）占模型找到的所有“坏人”（对应混淆矩阵中的 TP+FP）的比率。精确率的计算公式为：

精确率 =TP/（FP+TP）

召回率也叫作查全率，是判断模型识别广度的指标。对应到信用评分的产品上，就是模型找到的真的“坏人”（TP）占实际“坏人”（TP+FN）的比例。也就是看模型能识别出多少真正的“坏人”，模型认为的“坏人”占实际“坏人”的比率是多少，计算公式为：

召回率 =TP/（FN+TP）

知道了模型的准确率、精确率、召回率的计算公式，就可以通过混淆矩阵把它们分别计算出来了：

准确率=（TP+TN）/（FP+FN+TP+TN）=（30+40）/（20+10+30+40）=70%

精确率=TP/（FP+TP）=30/（20+30）=60%

召回率=TP/（FN+TP）=30/（10+30）=75%

总的来说，准确率、精确率和召回率是混淆矩阵的三个基本指标。准确率可以从全局的角度描述模型预测正确的能力，精确率和召回率可以分别描述模型识别的精确度和广度。

在实际工作中，一般通过精确率、召回率就可以判断模型预测的好坏，因为通过召回率可以知道找到了多少想找到的人，通过精确率可以知道找到的人有多准。不过，精确率和召回率实际上是一对矛盾的指标，精确率提升，召回率可能会随之降低。比如说，如果想要识别出来的“坏人”都是真的“坏人”，模型就很可能会因为保守而缩小自己识别的范围，这就会导致召回率的下降。因此，不仅要同时监测这两个指标，也要同时对这两个指标提出要求。比如说，要求算法工程师在 30% 召回率下把模型的精确率提升 5 倍。除此之外，还有一个指标可以综合反映精确率和召回率，它就是 F_1 值，F_1 值越高，代表模型在精确率和召回率的综合表现越好。

F_1的计算公式：

$$F_1=\frac{2}{\frac{1}{\text{精确率}}+\frac{1}{\text{召回率}}}$$

在样本不均衡情况下，准确率容易出现较大偏差；精确率用于关注筛选结果是不是正确的场景，宁可没有预测出来，也不能预测错了。比如，在刷脸支付的场景下，模型宁可告诉用户检测不通过，也不能让另外一个人的人脸通过检测；召回率用于关注筛选结果是不是全面的场景，“宁可错杀一千，绝不放过一个”。比如，在信贷场景下，模型要控制逾期率，所以宁可把好用户拦在外面，不让他们贷款，也不能放进来一个可能逾期的用户。毕竟，用户一旦逾期，无法收回的本金所产生的损失，比多放过几个好用户带来的收益要多很多（表 2–5）。

表 2–5　各指标的作用

指标	公式	解释	注意事项
准确率 accuracy	（TP+TN）/（TP+TN+FP+FN）	模型预测正确的结果，占所有样本的比例	不适用于样本有偏的场景
精确率 precision	TP/（TP+FP）	这是判断模型识别出来的结果有多精确的指标。 用于关注筛选结果是不是正确的场景。 宁可没有预测出来，但是不能预测错了	精确率越高，召回率越低
召回率 recall	TP/（TP+FN）	判断模型识别广度的指标。用于关注筛选结果是不是全面的场景，“宁可错杀一千，绝不放过一个”	
F_1值	（2×precision×recall）/（precision+recall）	综合反映精确率和召回率	F_1值越高，代表模型在精确率和召回率的综合表现越好

在信用评分模型中，TPR（True Positive Rate）代表模型找到真“坏人”（TP）占实际“坏人”（TP+FN）的比例，它的计算公式为：

TPR=TP/（TP+FN）

一般来说，这个指标被称为真正率、真阳率，用来评估模型正确预测的能力。不过，因为它的计算公式和召回率是一样的，所以为了方便也经常称为召回率。FPR（False Positive Rate）代表模型误伤（认为是“坏人”，实际是“好人”）的人占总体好人的比例，它的计算公式为：

FPR=FP/（FP+TN）

一般来说，这个指标被称为：假正率、假阳率，它用来评估模型误判的比率或者误伤的比率，为了方便也称其为误伤率。

在实际工作中，人们期望的模型一定是找到的坏人足够多，并且误伤的好人足够少，也就是 TPR 尽量高、FPR 尽量低。为了形象地表达它们之间的关系，引入了 ROC 曲线。在上述信用评分模型中，假设把阈值分别定在 10 分、20 分、30 分这些点位上，就会得到一连串的 TPR 和 FPR 。这些 FPR 和 TPR 在坐标系中就对应了一个点。当把这些点都连起来之后，就可以得到 ROC 曲线（图 2-2）。

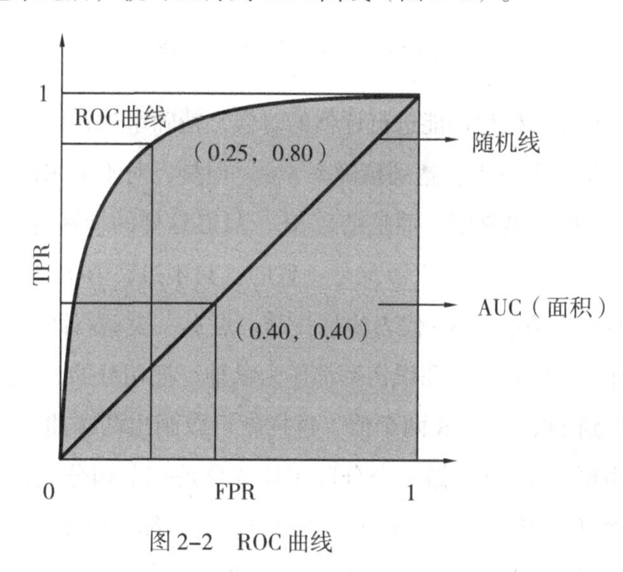

图 2-2　ROC 曲线

ROC 曲线就是在没有准确阈值的情况下，对所有分数进行分段处理，计算每一个切分点对应的 TPR 和 FPR，以 FPR 做横轴、TPR 做纵轴绘制出的一条曲线。图中随机线上的每一个切分点的 TPR 和 FPR 都是相等的。它表示模型每次切分时，找到"坏人"的概率和误伤"好人"的概率都是一样的。这和我们随机猜测的概率相同，所以模型的 ROC 曲线越贴近这条随机线，模型的分类效果就越差。如果 ROC 曲线在随机线下面，就说明模型预测结果和我们预期结果相反，而当 ROC 曲线陡峭，越快偏离随机线并且靠近左上方（0,1）点的时候，说明模型分类效果越好，因为这个时候，模型的 TPR=1，FPR=0。

阴影部分的面积称为 AUC 指标。一般来说 AUC 都在 0.5 到 1 之间，AUC 越高代表模型的区分能力越好。如果 AUC=0.5，那 ROC 曲线与图中随机线重合，表示模型没有区分能力，它的结果等于随机猜测；如果 AUC 小于 0.5，说明这个模型大概率很差。可以利用谷歌开源工具比较不同模型的分类结果，从而选择合适的阈值，如图 2-3 所示。

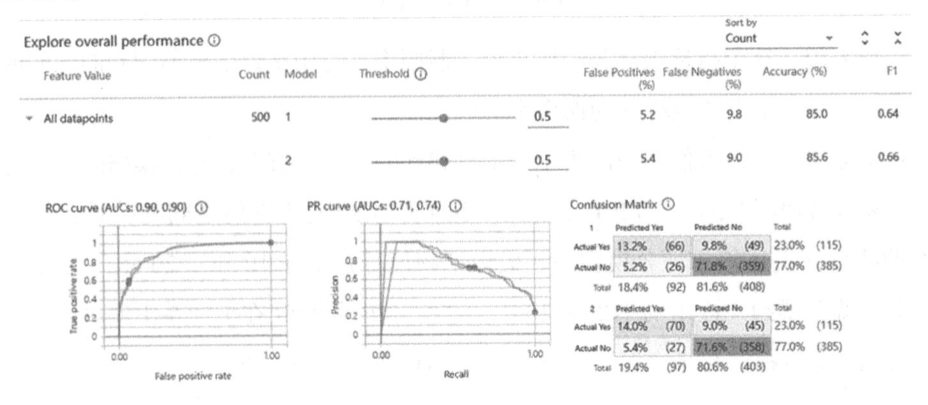

图 2-3　谷歌的 AUC 工具

在实际对分类模型性能进行评估的时候，精确率和召回率一般一起使用，比如，在召回率 20% 的基础上，达到精确率 5%。但是，对于信用评分的模型，我们很少只用召回率和精确率做判断，而是结合 KS、AUC 这样的指标进行综合判断。KS 曲线和 ROC 曲线的本质及数据的来源都是一致的。只不过，ROC 代表的是模型召回率和误伤率之间的变化关系，KS 代表的是在某一点上，模型召回率最大并且误伤率最小。如图 2-4 所示，把召回率和误伤率都作为纵轴，把切分的分数点作为横轴，一个切分点会同时得到 TPR 和 FPR 两个值，这样就可以画出两条曲线。以（0，100）的模型分数范围为例，每 10 分做一个分段（如 0 分是一个切分点，10 分是一个切分点，20 分是一个切分点……），在每一个切分点上，都可以得到一对 TPR 和 FPR。把所有切分点遍历之后，就能得到所有切分点的 TPR 和 FPR 值，把 TPR 和 FPR 的值分别连接起来，就能得到两条曲线。如图 2-4 所示，TPR 曲线与 FPR 曲线在（0，0）和（100，1）这两个点相交。

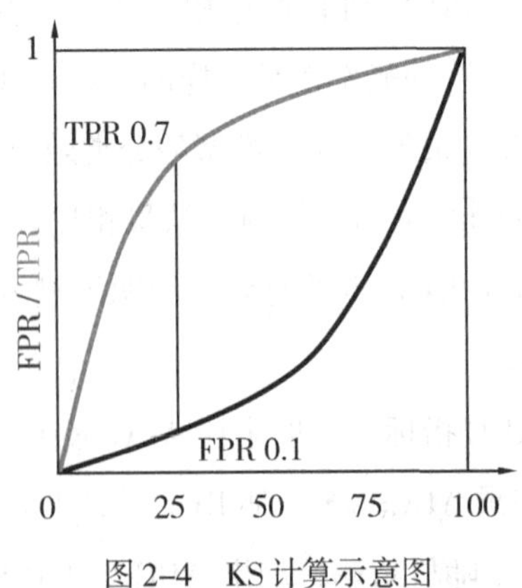

图 2-4　KS 计算示意图

由于KS代表的是在某一点上，模型召回率最大且误伤率最小，所以KS就是图中两曲线间隔最大时的距离。如图2–4，TPR和FPR在切分点为25的时候距离最大，这就意味着当我们拒绝给25分以下的人进行贷款，同时通过25分以上的人的信贷请求时，业务的收益最大。这是因为拒绝了足够多的“坏人”，同时误伤了足够少的“好人”。那么，KS就是TPR–FPR的数值了。具体到图中，KS=0.7–0.1=0.6，所以这个模型的KS就是0.6。在实际业务中，常以“KS是60（指60%）”表达同一个意思。对于用于贷前审批的信用评分（申请评分卡）模型来说，一般业内会分为4种情况：KS＜20：欠拟合，模型基本不具备可用性；KS＞20&KS＜30：模型可用；KS＞30&KS＜40：模型预测能力优秀；KS＞40：模型的区分度很高。但同时也要对这个结果持怀疑态度，进一步去分析模变量中是否有一些滞后变量，来确认结果的准确性。总的来说，如果模型的KS或者AUC值很高，不一定是好事情，这有可能是数据不准确导致的，要了解背后的原因。比如，在贷前信用评分场景下，KS值大于50或者AUC大于80时，就需要注意数据的准确性了。

表2–6列出了不同指标的基本概念以及相应场景下的评判标准。

表 2–6　不同指标的基本概念以及相应场景下的评判标准

指标	概念	评判标准	应用场景
TPR	又称为真正率、正阳率，代表模型预测正确的能力	计算公式为TP/（TP+FN），越大越好	作为KS & AUC 的基础指标使用
FPR	又称为假正率、假阳率，代表模型误判的情况	计算公式为FP/（FP+TN），越小越好	
ROC	将模型分数进行切分，计算每个切分点的 TPR 和 FPR，并以 TPR 为竖轴，FPR 为横轴绘制出的一条曲线	ROC 曲线偏离随机线并且越靠近左上方（0,1）点的时候，模型分类效果越好	不适合直接供业务判断使用，但可以用于模型迭代后的 ROC 对比
AUC	ROC 曲线包围的面积，用于评估模型整体效果	AUC正常范围在0.5～1之间，越接近 1 越好	适合于综合评判模型效果
KS	衡量模型区分能力的指标	KS 值在 0～1 之间，越接近1越好，KS = max[TPR–FPR]	适合用于需要找出模型中差异最大的一个分段，如评分卡这种场景

（3）AI算法中的偏见和歧视

用户体验和产品设计中的人工智能集成也带来了偏见和歧视的挑战。人工智能算法可以延续和放大社会中现有的偏见，导致一些用户获得不公平或歧视性的体验。例如，面部识别算法已被证明对肤色较深的人不太准确，一些招聘网站使用的简历筛选算法可能会因为性别、年龄等因素而忽略某些优秀的应聘者，聊天机器人可能会无意中强化对某些群体的刻板印象或歧视态度。这不仅可能是由于在选择正确的训练数据集时缺乏谨慎而导致的无意偏见，也可能是某些人故意造成的，所以AI算法的选择也可能会存在偏见和歧视问题，从而导致不公平的设计结果。

为了克服这些挑战，UX设计师必须注意这个问题，并采取措施削弱其影响。一种方法是使用代表广泛用户和观点的各种训练数据集，包括来自代表性不足社区的用户和观点。此外，设计人员可以测试算法的偏差，并努力纠正已识别的任何偏差。设计人员必须持续监控和评估AI算法的性能，并根据需要进行调整，以确保公平公正的用户体验。一些国际组织已经开始制定相关的法规和标准来规范人工智能算法的使用。

3. 设计哲学挑战

（1）自动驾驶中的电车难题

“无人驾驶”的双重悖论分别是其“旁观者悖论”和“行动者悖论”。

悖论一，为人们所熟知的“自动驾驶的旁观者悖论”，也就是著名的“电车难题”（trolley problem）的自动驾驶版。即自动驾驶车辆在面临紧急情况下如何回应，按照什么标准给生命和财产赋予合理价值，如何进行风险分配？例如，如果车祸的发生不可避免，无人驾驶汽车是决定撞向路旁的一名儿童呢，还是牺牲车内的五名成人呢？然而，自动驾驶技术的专门研究者常常将之视为一个“虚假悖论”，即一个对自动驾驶而言实际上并不存在的悖论。胡迪·利普森等指出，“为何人凭直觉做出的碰撞决定就可以被接受，而自动驾驶的碰撞处理由于提前被设置好，就成了道德问题？”他们的理由如下：第一，无人驾驶汽车的“驾驶”更为理性，能够快速进行风险和利益分析，这比一个自私、疲惫的醉汉（代指普通人类驾驶者）的决策要好得多；第二，无人驾驶拥有360°的感知器，掌握的信息也更全面。他们认为，“自动驾驶汽车将会挑战我们的价值观和可靠性，并把驾驶从凭直觉转换到单纯依靠数据和逻辑。”而其成为“虚假悖论”的另一个重要理由在于，在真正“无人驾驶”的世界里，并没有“碰撞”。这表现在驾驶安全性的大幅提升，以及在作为“行动者”的无人驾驶决策系统中，与其他车辆的“碰撞”几乎是一个不会发生的事件——并不是旁观者们所想象的“只差一点点”；实际上，稍微深入了解一下无人驾驶的路径规划系统就会发现，那“一点点”在路径规划里是“无穷大”，是悬崖和地狱。对无人驾驶车辆而言——“他人即地狱”，不可碰、不可近，很可怕。当然会有人反驳：“你看现在上路的无人驾驶车辆都撞了多少回了。”这很对。问题是现在上路的车辆都不是无人驾驶车辆，而是商家将L4级别以下的辅助驾驶车辆吹嘘为“无人驾驶车辆”。

真正无人驾驶车辆的碰撞必然发生在“不可控”状态——比如后车高速撞击，比如翻滚中。一个不可控的车辆是无需负责的。无人驾驶汽车的设想中的道德问题并不是基于“驾驶过程中，计算风险和价值哪个优先”的事实。所谓的道德问题实际上是因为这些计算是由人工智能得出的结果。关键的问题并不是无人驾驶车辆是否“具有道德”，而是预先设置的紧急情况下风险分配的逻辑是怎样的。《人工智能革命与人类命运》一文认为“自动驾驶的旁观者悖论”只是哲学家作为“旁观者”的一种诘问与合理关切，在实际中的确意义不大。

悖论二，“自动驾驶的行动者悖论”。我们为了“更加安全”的理由拥抱自动驾驶，但是当前的自动驾驶中，是否机器越“辅助”，人类越危险？现实的问题在于，在走向自动驾驶的过程中，机器要不要“辅助”人类？我们是选择机器间接“辅助”还是直接“替代”人类驾驶？

这一悖论的背景知识在于，机器越“辅助”人类驾驶，人类越不安全！该事实与大多数人的直觉相反。这也表明，自动驾驶的发展从 L1 到 L2、L3、L4 级的“顺序模式”其实是一种“困难模式”，自动驾驶对人类驾驶的替代很难是一种渐进式、逐步替代的“渐变”——这是我们人类以及“中层和底层控制”经验更为丰厚的传统汽车厂商所青睐的。渐进式演变策略的核心假设在于，当有突发情况出现时，应该有警示或振动提醒驾驶员必须立即回驾驶位以处理情况。然而，辅助的自动化会诱使驾驶员的注意力从道路上引开，并损害驾驶员对紧急情境中的关键因素进行迅速识别和适当处理的能力。实验研究也充分表明了这一点：美国弗吉尼亚理工大学的一项研究表明，“大多数驾驶员在有技术辅助他们驾驶的时候，都不自觉地犯下了三种以上常见的危险驾驶问题：到后座拿东西、打电话，以及收发邮件等。同时，驾驶员的视觉注意力也会下降。当车辆保持系统接管方向盘时，驾驶员的注意力就会完全游离。”胡迪·立普森指出，“人类和机器人不应轮流掌握方向盘”。突发事件发生时，车辆的驾驶权正好“交还”给“完全心不在焉或处于沉睡中的驾驶员”，这可能引发灾难性的后果。因此，将“驾驶车辆”的责任同时分散给人类和机器驾驶员是非常危险的行为。自动驾驶应该一开始就是一种机器“完全替代”的驾驶，换言之，应该直接开发 L4 及以上级别的自动驾驶车辆。无人驾驶汽车的发展没有所谓的中间地带，人和机器不应该共同掌握方向盘。直接发展 L4 级别及以上的驾驶，既能够完全解放人类的双手双脚，又能大大提高驾驶的安全性、缩短无聊的驾驶时间、节省空间以及提供便利性，成为未来无人驾驶大力发展的方向。然而，不排除人类社会的认知惯性大于自动驾驶发展的内在逻辑，也就是政府、企业和社会选择了一种从 L1 到 L5 级别的“渐进式发展”，这样的话，社会将付出更多的安全代价——有时候是生命的代价。可预测的是，这种最危险的“渐进式”恰恰是人类走向自动驾驶最有可能的技术路线图。

（2）飞行控制中的两种设计哲学

不同的设计哲学也体现在飞机的操控上，2019年埃塞俄比亚航空事故发生后，不少国家都对波音737MAX8型飞机出示“禁飞令”，似乎波音总是与空难关联。实际上，根据数据可以发现，波音和空客飞机的事故率不相上下，只是波音737MAX事故在短时间内发生空难频率较高。波音737MAX8的连续空难，引发了人们对AI产品设计哲学的讨论。

波音一直以来奉行“人定胜天”这个原则，飞行电脑将所有的数据都清晰呈现给飞行员，由飞行员来进行决策以及执行。即使在当今航空领域自动化以及飞控电脑相当先进的背景下，波音的设计也处处体现出人作为驾驶飞机的主体的重要性；737系列从OG到CL再到现在的NG以及MAX，虽然跨越了六七十年的时间，仪表座舱也变成了玻璃座舱，但驾驶舱的设计风格仍然不变，例如，粗重的操纵杆能够让飞行员在客舱失火时戴上石棉手套来操作客机完成迫降，而几乎万年不变的顶板设计也能让老飞行员更快适应新飞机的操作。

上述失事的这款波音飞机的机载AI姿态调整系统背后的逻辑相当简单。首先，机载的攻角传感器向控制系统给出数据，系统据此判断飞机飞行姿态的仰角过大还是过小；其次，如果数据表明机头过于上扬则系统自动将机头压低，反之则提高机头，直至数据显示飞机处在水平姿态为止。然而，就是这样一个看起来简洁明了的程序，却忽略了一个根本问题：如果传感器本身坏了，因此给控制系统输入了错误的数据，系统该怎么办？在2019年的空难中，恰恰是由于仰角传感器的故障，才导致系统得到的数据失真，最终酿成了惨剧。这起事故给我们的教训在于，符号AI系统只能根据一些给定的经验数据进行机械的逻辑推演，而不能灵活地根据环境中的变化自行判断到底哪些经验数据本身是不可靠的，因而不能作为推理的前提而被接受。换言之，符号AI系统一般已经预设设计者预估到了外部环境中的一切参数变化，但设计师也是人，无法真正做到完美预估所有可能的偶发状态，因此会出现系统难以在真实环境中根据变化自行给出调整的情况。符号AI所运用的哲学逻辑工具，均是弗雷格的一阶谓词逻辑的变种，关于这种逻辑的首要缺陷，就在于无法自我检查其所处理的经验性命题自身的真假，也就是波音737MAX8飞机事故所暴露出的问题。可以说，形式逻辑研究乃是一种在规则层面上有效的规范设计活动，它与事实无关，因此基于逻辑思维的符号AI研究就会面临“经验事实输入不足的麻烦”。

而空客设计师认为客机造成空难很大一部分是因为驾驶人员的失误所导致的，如果能用飞控电脑来代替飞行员的一部分操作，飞行员就能更专注地驾驶飞机，飞控电脑也能防止飞行员做出超过飞行包线范围之外的“危险动作”，从而避免事故的发生。

（3）马太效应

影响 ML 模型行为的最常见和最有效的方法是利用反馈循环，使用新数据刷新模型，然而，这些数据有时会受到模型本身的影响，有可能让对手通过向有利于自己的方向倾斜来对用户体验产生负面影响。例如，如果 ML 模型根据用户观看系列视频的频率推荐新的视频，则对手可能会通过补偿的方式制造虚假流量来使得模型偏离实际情况，强制 ML 模型进入不良行为，从而使模型对他们有利。解决“虚假流量反馈循环”问题需要更多的机器学习，从而区分欺诈性或垃圾点击和“真实”点击，并阻止它们（或者至少不要将它们包含在训练数据中）。ML 模型盲目地学习根据它们在训练期间观察到的数据来优化给定的指标，如果这些数据有缺陷，模型就会有缺陷，应该保护用户免受错误和有偏见的预测的影响，因此，识别和防止训练数据中可能的坏习惯（例如亵渎和性别代词的偏见）非常重要；此外，在模型采用用户提供的输入内容的情况下，这些输入内容的意外值可能会导致越界预测（例如，如果将卧室数量指定为零，则预测房价的模型可能会是负值），此时，可能需要验证输入是否在明确定义的预期范围内，或者限制模型的输出；如果模型返回错误或其他无用的预测，设计师需要让设计的产品仍然为用户提供价值，或者至少对用户体验的干扰最小。例如，如果提供视频推荐的模型失败，仍然可以使用启发式方法，显示最受欢迎的视频或最常共同观看的视频。在推出任何由 ML/AI 提供支持的产品之前，需要花费大量时间进行错误分析。与技术错误不同，错误分析是指模型做出错误或意外预测（如误报）的情况。简而言之，设计师应该系统地调查模型做出最差预测的情况，并采取措施改进模型，否则就只剩下失败。

4. 设计管理挑战

（1）专业能力要求

算法只是构成 AI 产品的一小部分，从算法到程序，从应用到产品，每个阶段都需要不同的团队成员协同，如数据科学家、算法工程师、开发工程师、测试工程师、交互工程师、设计师或产品经理等。

图 2–5 和图 2–6 为不同企业对 AI 设计师的职位要求描述。

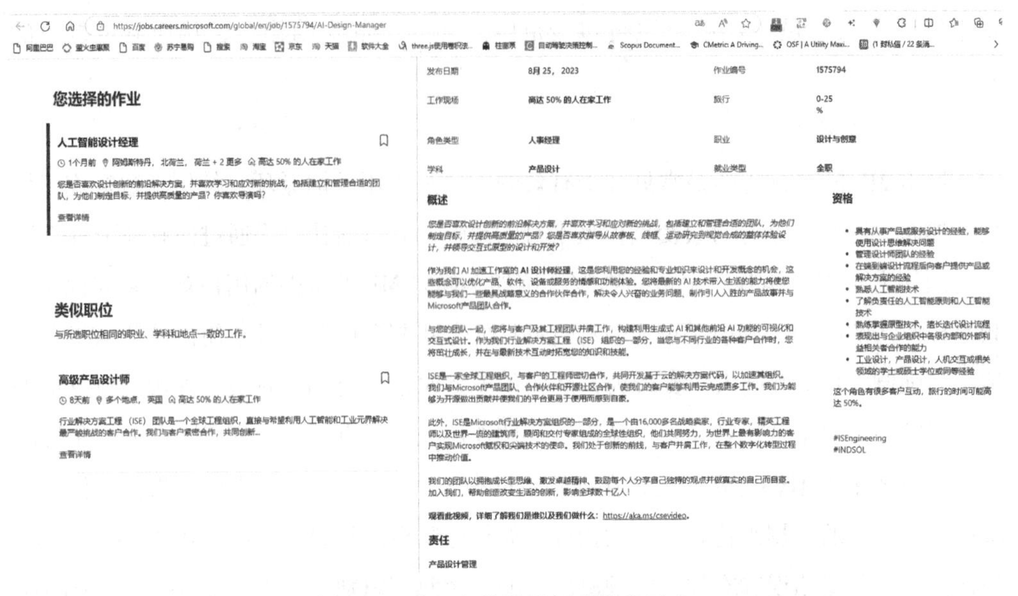

图 2-5　人工智能设计经理岗位需求

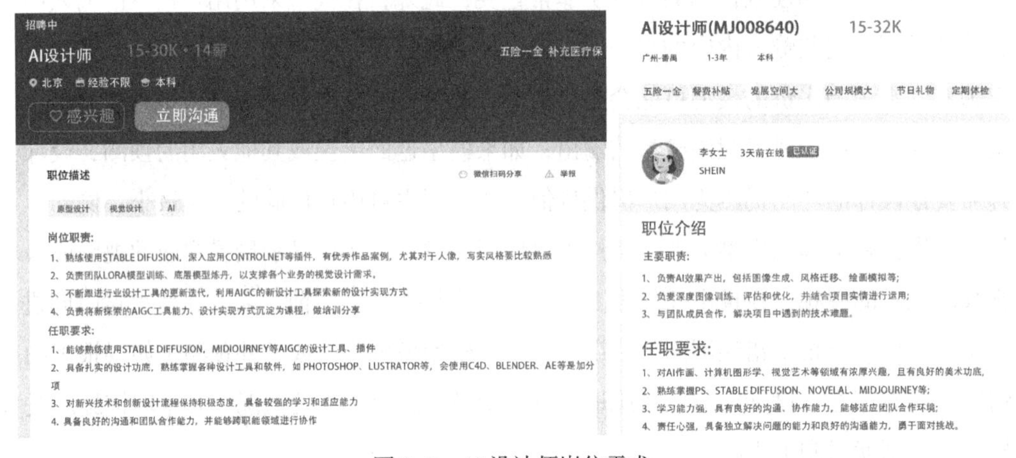

图 2-6　AI 设计师岗位需求

（2）技术路线选择

人类和自动系统的角色关系，产生了监督控制与共享控制两种协同方式。在人工监督控制方案中，人类被赋予监督者的角色，在操作之前或操作期间为自动化提供特定的目标或路径点，而自动化系统负责控制设备以实现指定的目标或路径点。与人类连续输入的共享控制方案相比，人类间歇性地干预控制过程，给出了一个新的目标。这样，人的主要任务就是监控自动化的效果，而不是直接参与控制活动。监督控制模式下，人类与被控对象无直接机械联系的控制接口，如线控转向系统、电子节气门等。一个典型的例子是“主动变道辅助”应用程序，驾驶员可以通过切换转向灯启动由驾驶自动化系统执行的变道机动，在这种形式下，人类驾驶员进行非连续的控制量输入，线控系统根据指令实现变道行为。监督控制的一个主要问题是人的环外绩效问题。

共享控制包括混合共享和触觉共享两种形式。混合共享控制模式下，人的控制以电子信号的形式存在，与自动系统进行加权混合，加权混合的形式可以表示为：

$$u_{\text{final}}=(1-\alpha)u_{\text{h}}+\alpha u_{\text{a}}$$

其中 u_{final}、u_{h} 和 u_{a} 分别表示最终控制输入、人工控制和自动化控制 。α 被称为混合策略的加权因子，决定了共享的控制权限。

混合共享控制模式下，人的意见以电信号的形式输入，可以直接在混合级别进行调整，控制器设计简单。同时，由于输入和输出之间没有机械联系，期望的设备行为和对人类用户的力反馈可以独立设计。然而，混合发生在控制器中，而不是在物理控制界面上，人类操作员可能不知道自动化的活动。为了克服这一限制，需要增加反馈通道，例如控制界面的触觉反馈、视觉反馈，以使自动化控制易于理解。

触觉共享控制模式下，人类和自动化系统在物理上相互作用。这一特性将触觉共享控制与混合共享控制区分开来。在触觉共享控制框架中，每个人都可以通过增加/减少施加在界面上的力来获得/释放控制权限，其一般模型表示为：

$$F_{\text{imp}}=K^{\text{d}}(x^{\text{d}}-x)+B^{\text{d}}(\dot{x}^{\text{d}}-\dot{x})$$

其中 F_{imp} 为阻抗； x^{d} 和 $\dot{x}^{\text{d}}$ 为期望运动（位置和速度）； x 和 $\dot{x}$ 为实际运动， K^{d} 和 B^{d} 分别为刚度和阻尼，构成所需的阻抗特性。

触觉共享控制的一个主要优点是人类可以以直接和直观的方式（通过触觉）获知自动化的活动，也就是保持人在环中。与此同时，权力的转移是无缝和平稳的。触觉共享控制模式下，当操作人员的目标与系统的目标不同时，可能会产生冲突（负干扰），从而增加操作人员的工作量，即当冲突出现时，控制器减少其控制输入。这些方法没有考虑人类操作员的意图，这可能与自动化不同，也没有考虑由于人类在动态环境中的行为所带来的风险。从人机合作的角度来看，触觉共享控制框架需要允许人类操作员和自动化共享其控制行为背后的目标/意图和态势感知。

（3）成本平衡

开发基于人工智能的产品可能很昂贵，尤其是对小公司来说。在投资人工智能技术之前，企业必须仔细评估人工智能的成本和收益。对于大型或复杂的数据集，在单个消费级机器上执行这个过程通常是不切实际的，甚至是不可能的。设计人员可以绕过构建、测试和部署机器学习系统本身的艰巨过程。许多 MLaaS 平台提供与用户行为预测、客户分析和洞察、库存趋势、推荐引擎、内容个性化、欺诈和随机检测以及任何与其他监督学习问题相关的功能。硬件的成本很高，可能需要与特定工具包所使用的性能增强机制相关的专业知识。训练完成后，系统仍然需要部署到所需的面向用户的平台上。在大多数情况下，这些工具包是适用的，面向用户的平台与训练过程中使用的大型系统几乎没有共同之处。这意味着设计人员在开发系统和向用户提供系统时，必须应对两套不同的技术和基础设施挑战。经常性成本是随用户人数扩大产生的平台迁移成本甚至是壁垒。

2.1.3.2 AI 产品设计的机会

1. 提高设计的准确性和效率

人工智能技术可以为设计师提供更多的设计方案，从而提高设计的准确性和效率。例如，基于用户偏好的 AI 设计工具可以根据用户的需求生成多种设计方案，以加快原型制作和测试，缩短上市时间。此外，AI 还可以分析历史数据，预测未来的趋势和需求，帮助企业更好地满足客户的需求。

在人工智能工厂的背景下，设计概要是流动的，甚至在产品发布后也可以重新构建。例如，针对孕前、孕中、产后女性的电商服务平台开展设计，可以受益于数据历程的变化，精准识别动态用户肖像，这种设计范围的流动性可能使探索全新的设计空间成为可能，为所有用户精准服务。同时，用户数量越多，数据流越丰富和复杂，机器对个人行为的预测就越好，不仅学习循环不会受到复杂性增加的影响，反而它们还受益于此。

2. 提升客户个性化和定制化体验

AI 技术可以通过对用户偏好和历史行为的分析来了解用户的喜好、兴趣和需求，自动筛选和推荐用户感兴趣的产品、文章或服务。通过分析用户的点击、购买和评价等行为数据，系统可以逐渐学习用户的偏好，并提供更准确和个性化的推荐结果，提升用户的满意度和购物体验。通过分析客户数据，人工智能算法可以创建量身定制的产品推荐，并提供个性化的客户支持。这有助于提升客户的满意度和忠诚度。例如，一些电商企业已经开始使用 AI 算法来推荐商品给客户，根据客户的购买历史、浏览记录等信息进行个性化推荐，从而提高客户的购买意愿和购买频率。

人工智能能够消除设计中的重大规模限制，因为具体解决方案的开发是由机器执行的。首先，这些机器嵌入了固有的以用户为中心的设计规则，对用户数据进行埋点，并通过机器学习算法利用数据对用户特征及行为意图进行准确预测。其次，这种对个人的关注可以在不限制用户数量和数据复杂性的情况下扩展，具体用户体验的详细解决方案（例如，用户在 Netflix 应用程序上看到的内容）是专门为他开发的，是基于他自己的数据。在人力密集型设计中，用户数量越多，见解越复杂，就越难以专注于个人。

3. 新的交互方式让机器更好地理解人类

AI 技术可以通过情感分析算法识别用户的情感状态和情感需求，分析用户对不同设计元素的情感偏好，并根据用户的情感需求调整界面的设计，通过学习用户行为和反馈，实现界面的自动优化，使用户能够更快捷地找到所需的功能和信息，提供更贴合用户情感的体验。通过语音识别技术，用户可以通过语音命令来操作界面，大大提升了用户的便捷性和操作效率。AI 技术中的自然语言处理和机器学习算法使得聊天机器人（Chatbot）在用户界面设计中应用得越来越广泛，聊天机器人可以与用户进行智能对话，帮助用户解决问题、提供建议和指导，通过与聊天机器人的交互，用户可以更直接获得所需的信息和服务。

4. 提高产品的安全性和可靠性

人工智能驱动的传感器和监控系统可以检测异常情况并预防事故，优化产品性能，降低维护成本，有助于提高产品的安全性和可靠性。例如，自动驾驶汽车使用大量传感器和监控系统，利用 AI 技术来检测路况和其他车辆的情况，以确保行驶的安全性和稳定性；通过语义理解和自然语言处理技术，AI 搜索引擎可以更好地理解用户的搜索意图，提供更准确的相关搜索结果，对搜索结果进行智能过滤，排除垃圾信息和低质量内容，提升用户的搜索效果和体验。

2.2 AI 产品设计流程与方法

2.2.1 AI 产品开发过程

一般来说，一个 AI 产品开发的流程大致可以分为需求定义、方案设计、算法预研、模型构建、模型评估、工程开发、测试上线等几个步骤。其中，产品设计师需要主导的节点有定义产品方向、设计产品方案、跟进产品开发和产品验收评估。

虽然 B 端和 C 端产品需求差异较大，具体应用场景也千差万别，但 AI 产品开发过程大体相似。下面以电商为例，描述 AI 产品的大致开发过程。对于任何一家互联网公司来说，新用户的增长逐年减缓，同时还伴随着老用户的不断流失。如果每个月老用户流失的数量已经远高于新用户增加的数量，用户缺口越来越大，这就需要开发一套用于预测流失用户的产品，对可能流失的用户做提前预警，同时采取一些措施来挽留这些用户。

当决定实现这个产品之后，设计师首先要做的就是定义产品需求，明确做这件事情的背景、价值以及预期目标是什么。在上述预测用户流失的项目中，业务方期望通过算法找出高流失可能性的人群，对这些人进行定向发券召回，其最终目标是通过对高流失可能性的人群进行干预，让他们和没被干预过的人群相比，流失率降低。同时，由于电商运营计划一般是按月制订，所以这个模型可以定义为离线模型，按月更新，每月月初预测一批流失人群，模型的覆盖率能够达到100%，让它可以对业务线所有用户进行预测。

需求确定之后，设计师或产品经理需要和算法工程师进行沟通，请算法工程师对需求进行预判，要判断目前积累的数据和沉淀的算法，是否可以达到业务需求。如果现有数据量和数据维度不能满足算法模型的训练要求，那还需要协助算法工程师进行数据获取。当然，即使数据达到算法的需求，设计师或产品经理也还是需要协助算法工程师做数据准备，因为垂直业务线的设计师或产品经理更了解本领域的数据。另外，在这个环节中，设计师或产品经理可能还需要根据算法的预估，对需求的内容进行调整。比如，原定覆盖率为100%，但是和算法工程师沟通后发现，有部分刚刚注册的新用户是没有任何数据的，对于这部分人，算法无法正常打分，而且新用户也不在流失用户干预范围内，所以，后面还需要根据目前新老用户比例得到新的覆盖率指标，并把它放到需求中去。

然后，就进入数据准备的环节了。这个环节中，设计师或产品经理基于对业务的理解，能判断哪些数据集更具备代表性，因此，设计师或产品经理还需要根据模型预研的结果以及公司的实际情况，帮助算法工程师准备数据。由于算法工程师只能根据现有的数据去分析这些数据对模型是否有用，有些业务数据算法工程师是想不到的，所以自然不会去申请相关数据权限，也就不会分析这部分数据存在的特征。比如，设计师或产品经理基于过往的用户调研发现，用户一旦有过投诉并且没有解决，那么大概率会流失，反之，如果出现了投诉，用户问题得到了妥善解决，他们反而可能成为高黏性的客户。这时候，就需要把客诉数据提供给算法工程师，请算法工程师申请数据表权限，评估数据是否可用。反之，如果设计师或产品经理没有把这些信息同步给算法工程师，那么很可能就缺失了一个重要的特征。

在数据准备的部分，由于数据的不同，获取方式有很大的差别。总的来说，数据可以分为三类，分别是内部业务数据、跨部门集团内数据以及外部采购的数据。

①内部数据是指部门内的业务数据，如订单数据、访问日志，这些都可以直接从数仓中获取，如果有些用户的行为数据没有留存，那就需要让工程研发工程师增加埋

点，将这些数据留存下来。

②跨部门集团内数据指的是其他部门的业务数据，或者是统一的中台数据，这些数据需要根据公司数据管理规范按流程提取。在提取数据的时候，需要注意结合业务情况判断该提取哪些数据。

③外部采购数据。在公司自己的数据不足以满足建模要求的时候，可以考虑购买外部公司数据，或者直接与其他拥有数据的公司联合建模。这个时候，我们就需要知道市场上不同的公司都能够提供什么。比如极光、友盟提供的是开发者服务，所以它们可以提供一些和 App 相关的用户画像等数据服务，再比如运营商可以提供与手机通话、上网流量、话费等相关数据等。直接采购外部数据非常方便，但一定要注意，出于对数据安全和消费者隐私保护的考虑，和第三方公司的所有合作都需要经过公司法务审核，避免采购到不合规的数据产品，对自己的业务和公司造成不好的影响。比如说，在用户流失预测模型这个项目中，可以调研自己的用户近期是否下载了竞品的 App，或者经常使用竞品 App，这都可以作为用户可能流失的一个特征，这就需要外部数据。

当然，在数据准备的环节中，设计师不仅需要根据算法的要求，做一些数据准备的协助工作，还能够根据自己的经验积累，给算法工程师一些帮助，提供可能会帮助到模型提升的特征。具体到预测用户流失的产品上，可以根据经验提出用户可能流失的常见情况，比如参考客诉表，看看有哪些用户在投诉之后，问题没有得到解决或者解决得还不满意，那这些用户大概率就流失了，或者也可以分析用户的评价数据，如果用户评价中负面信息比较多，那这些用户也可能会流失，等等。

模型的构建、宣讲及验收。完成数据准备之后，就到了模型构建的环节。这个环节会涉及整个模型的构建流程（图 2–7），包括模型设计、特征工程、模型训练、模型验证、模型融合。

图 2–7　模型构建流程

设计师虽然一般不需要进行模型构建的实际工作，但也需要知道这个流程是怎么进行的，以便对算法工程师的工作内容有所了解，从而评估整个项目的进度。这就好比互联网产品设计师不需要写代码，但也要知道研发的开发流程是怎么样的。模型构建完成之后，设计师需要组织算法工程师对模型进行宣讲，让算法工程师解释这个产品选择的算法是什么，为什么选择这个算法，都使用了哪些特征，模型的训练样本、测试样本都是什么，以及这个模型的测试结果是怎么样的。就流失预测模型而言，就需要知道它的主要特征是什么，选择了哪些样本进行建模，尤其是测试结果是否能够满足业务需求。

在模型宣讲之后，需要对模型进行评估验收，从设计师或产品经理的角度评判模型是否满足上线的标准。就流失用户预测的项目而言，需要重点关注模型的准确率，模型预测的用户是否在一定周期后确实发生了流失。如果模型准确率较低，将一些优惠券错配到了没有流失意愿的用户身上，就会造成营销预算的浪费。

模型通过了验收之后，就可以进入工程开发环节。开发工作通常会和算法构建同步进行，只要模型的输入输出确定之后，双方约定好 API 就满足了工程开发的条件。工程开发完成之后，就可以进行工程测试验收，这和传统的互联网产品上线流程区别不大，也就是测试工程师进行测试，发现 BUG 后提交给软件工程师进行修复，设计师或产品经理最后做产品上线前查验。另外，在工程上线之后，为了评估 AI 产品整体的效果，可以通过对上线后的系统做 AB 测试并对比传统方案，进而量化 AI 产品的提升效果。这时候，需要关注在产品定义阶段对于产品的指标和目标期望。相比于一般的互联网产品，AI 产品在产品上线之后，还需要持续观测数据的表现（模型效果）。因为 AI 模型效果表现会随着时间而缓慢衰减，需要监控模型表现，出现衰减后需要分析发生衰减的原因，判断是否需要对模型进行迭代。

设计师需要关注 AI 产品构建流程的三个重要节点，分别是产品定义、数据准备和模型构建，因为这三个节点和互联网产品开发流程完全不同。在产品定义的阶段，设计师需要搞清楚三个问题：这个产品背后的需求是什么，是否需要 AI 技术支持，以及通过 AI 能力可以达到什么样的业务目标？这需要和业务方深入沟通，拆解他们的真实需求。除此之外，设计师还要根据自己对 AI 技术的理解，判断这个项目的可行性，制定相应的目标。因为数据和特征决定了机器学习的上限，而模型和算法只是逼近这个上限而已，所以数据特征是否全面，数据量是否足够对于算法工程师来说是非常重要的。模型的评估验收是一个非常重要的节点，因为模型是一个偏黑盒的工作，它的输出可能只有一个指标值或者分数，这个指标具有概率特征，如果是用户侧需要感知到，就还需要负责进行可解释性设计。

2.2.1.1 产品定义

在决定做一个 AI 产品的时候，不管是处于基础层还是技术层或者是应用层的 AI 产品设计师，首要的职责都应该是定义一个 AI 产品。这包括，搞清楚这个行业的方向，这个行业通过 AI 技术可以解决的问题，这个 AI 产品具体的应用场景，需要的成本和它能产生的价值。这就要求 AI 产品设计师除了具备互联网产品设计师的基础知识之外，还需要了解 AI 技术的边界，以及通过 AI 技术能够解决的问题是什么。

2.2.1.2 设计方案

完成了产品定义之后，产品设计师需要给出产品的设计方案。产品的设计方案会因产品形态不同而不同，比如硬件和软件结合的 AI 产品，会包括外观结构的设计，机器学习平台的产品需要包括大量的交互设计，模型类的产品（推荐系统、用户画像）更多的是对于模型上线的业务指标的要求。

在这个阶段，AI 产品设计师需要了解，现在市场主流算法都有哪些，不同的算法应用场景是什么，算法的技术边界在哪里以及这些算法可以帮助我们达成什么样的产品目标。特别要注意的是，在任何情况下，设计一个完美的 AI 产品或系统都是一项艰巨的任务，一个不可靠的系统往往比没有系统更糟糕。无论这些系统能提供什么服务，它们只有在持续工作时才对我们有价值。单个故障的有害影响可能远远超过系统正常运行 1000 个实例所产生的好处，这在机器学习的背景下尤其具有挑战性。在机器学习中，系统的行为是通过机器在有限数量的离散测试组上的经验训练来概率性地定义的。机器无法知道这些训练示例是否代表了它在实际使用中可能遇到的每一种情况，遇到不熟悉的情况时，它不会宣称自己无法处理这种情况，而是会尝试将新数据纳入现有模型，并在没有任何错误提示的情况下将结果返回给用户。如果一个机器学习系统被设计为在预测的同时返回置信度分数，那么系统试图将不一致的数据纳入现有模型的尝试很可能会产生低置信度分数，让设计师有机会在错误的结果到达用户之前捕捉到它们。

2.2.1.3 产品上线

产品设计完成之后，就到了工程和算法工程师分别进行开发的环节了。在这个过程中，设计师需要承担一些项目经理的职责，去跟进项目的上线进度，协调项目资源。因此，在这个阶段产品设计师至少要知道模型的构建过程是怎样的，否则产品设计师很难评估当前进度。另外，产品设计师还需要知道模型构建过程中，每个节点的产出物，以及它的上下游关系。

2.2.1.4 产品评估

产品开发完成之后，产品设计师还需要验收产品是否满足业务需求和设计目标。在这个阶段，产品设计师的能力要求是，需要知道如何评估一个模型，评估模型的指标都有哪些，具体评估的过程是怎么样的，以及评估结果在什么范围内是合理的。比如，模型的区分度是40，设计师要知道区分度是怎么计算的，40是不是一个合理的数字。只有这样，产品设计师才算对产品有完整的了解和把控。

智能产品不仅可以像人类一样发现我们的喜好，推荐出我们喜欢的商品（精准推荐），还可以理解我们的语言（语义识别）并执行我们的命令（语音识别）。这些就是人工智能赋予它们的能力，也是人工智能应用越来越受欢迎的原因。我们在电影中看到的那些“无所不能”的AI机器人，它们属于通用人工智能领域，离我们还很遥远，作为AI产品设计师，需要认识到目前AI技术可以解决的问题，一定是在某一个明确的特定业务领域内，且有特定目的的问题，比如，搜索推荐、机器翻译、人脸识别、预测决策等。对比传统的产品设计师，AI产品设计师更加注重对于人工智能行业、场景算法，以及验收评估标准的理解。

2.2.2　设计AI产品的流程

技术在塑造设计的未来方面发挥着重要作用，并正在改变我们思考设计的方式。设计与人工智能和机器学习等领域之间的协同作用，对于确保现有设计和人工智能实施的成功至关重要。如果人工智能能够实现更先进的设计实践，那么相反的情况也可能发生：设计可以实现更有效、以人为本的人工智能实施。

AI支持下，创造性的问题解决在很大程度上是由算法进行的，人类设计越来越成为一种意义建构的活动，即理解应该或可以解决哪些问题。人工智能能够克服过去人力密集型设计流程的许多限制，提高流程的可扩展性，跨越传统界限，拓宽其范围，并增强其动态学习和适应的能力；人工智能能够创建比基于人类的方法更加以用户为中心的解决方案（即达到极端的粒度，为每个人设计），并且通过整个产品生命周期的学习迭代不断更新。人工智能虽然不会破坏设计的基本原则，但它深刻地改变了设计实践。传统上由设计师执行的解决问题的任务现在已自动进入学习循环，其运行不受数量和速度的限制。这些循环中嵌入的算法的思考方式与从系统角度整体处理复杂问题的设计师的思考方式截然不同。相反，算法通过非常简单的任务来处理复杂性，这些任务不断迭代。随着问题的解决被越来越多地委托给机器，人类将更深入地参与问题发现（即共同定义哪些问题需要解决）。

研究人员和开发人员一直专注于构建先进的人工智能算法和系统，强调机器自主性，测量算法性能。相比之下，以人为中心的人工智能产品设计将人置于中心，强调用户体验设计。为了实现社会责任，设计师必须学习如何设计人工智能驱动的服务，以解决公平、问责、可解释性和透明度的问题，未来的技术概念必须促进人类尊严、平等和安全。如果我们不将重点从算法性能和指标转移到人类需求上，就无法实现有道德的人工智能。

已经有一些 AI 产品设计工具和方法将帮助设计师和数据科学家打造有价值的、高质量的人机交互和体验。以人为中心的 AI 产品设计流程（图 2–8），经历了 4 阶段过程，第一阶段应侧重于开发产品的功能，第二阶段应侧重于提高产品的性能，第三阶段应侧重于扩展产品的功能，第四阶段应侧重于提高产品的可用性。

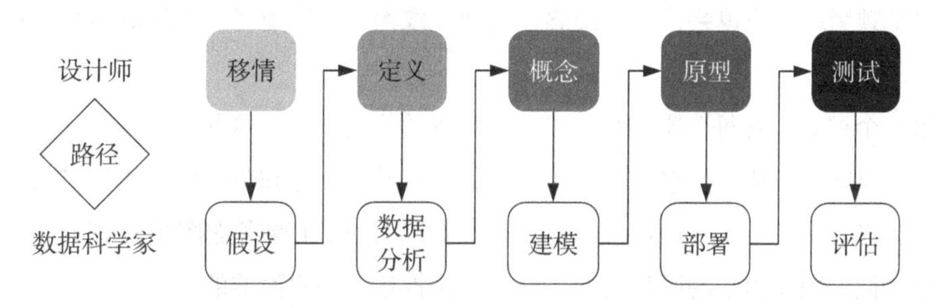

图 2–8　以人为本的人工智能产品设计流程

2.2.2.1　业务理解与提出假设

任何设计开发项目的第一阶段都是收集对业务或组织要求理解方面的信息，并识别设计机会。用户并不关心是否使用 AI，他们关心自身的痛点，以及产品是否比其他解决方案具有更多好处，即使是最好的人工智能，如果不能为用户提供独特的价值，也是失败的。因此，业务理解和机会识别阶段侧重于从业务角度理解项目目标和要求，然后将这些知识转换为 AI 和认知项目问题，设计人员了解业务并评估数据科学的概念验证，以便他们可以在更加以人为本的 AI 方法上构建他们的假设，找到用户需求与 AI 优势的交集，以解决 AI 增加独特价值的问题。

例如，在视频推荐系统中，设想为给用户推荐的每部剧集选择不同的封面图片，以提高用户的点击量和观看时长。为什么需要将展示图片做个性化呢？因为剧集的题目很多时候并不能给出足够的信息，以吸引用户的观看，而如果图片能够投其所好的话，则可以提高用户感兴趣的概率。有的用户喜欢某个演员，那么在剧集图片里展示该演员的剧照会更有效；有的用户喜欢喜剧，那么通过图片来告诉用户这是一部喜剧，则更有可能吸引用户；此外，不同用户可能有着不同的审美，那么对其展示更符合其审美的图片也会有更好的效果。但是，进行 AI 推荐时，会面临多个挑战。

第一个挑战，在于每个剧集只能展示一张图片，如果用户点击并观看了某部剧集，我们并不能确认是因为图片选得好起了作用，还是用户无论如何都会观看这部剧集。用户没有点击的情况也是类似。所以第一个要解决的问题是如何正确地对结果进行归因，这对于确定算法的好坏至关重要。

第二个挑战，在于正确理解每集视频播放切换展示图片的影响。所谓切换，指的是用户第一次看到这个剧集时使用的是图片 A，后面经过算法学习，在第二次看到时使用了图片 B。这种做法是好还是坏呢？坏的一面在于图片切换不利于用户定位剧集，下次看到时会以为是不同的剧集。而好的一面在于优化后的图片展示可能会导致对用户产生更大的吸引力。显然如果我们能找到更好的图片的话是会起到正面作用的，但是频繁地切换也会让用户困惑，还会导致无法正确地将用户的点击和观看进行归因。

第三个挑战，是每个剧集都需要一组优秀的候选图片。这些图片要有信息量和吸引力，这组图片还要有足够的差异化，能够覆盖不同喜好和审美的人，同时还要避免成为“标题党”。设计师不仅要考虑以上因素，同时还要考虑图片推荐的个性化算法，毕竟他们创作出来的图片是通过这些算法推送到用户面前的。

最后一个挑战，是大规模工程化的挑战。视频推荐通常面临的是每秒千万次级别的请求，在这个量级上图片的实时渲染非常有挑战性，也对算法的实时性提出了挑战，同时算法还需要适应用户和剧集的不断演化。

就设计过程而言，这就是设计研究阶段，通过定性和定量研究，以便在整个设计过程中为设计师和数据科学家提供信息，解决 AI 项目的三个关键需求：业务需求，满足这些业务需求的 AI 模式，以及 AI 项目的特定迭代中最重要的可交付成果。

这一阶段需要明确 AI 将在产品中扮演什么角色的战略选择，包括 AI 智能化水平的要求以及应用范围。当找到想要解决的问题并决定使用 AI 是正确的方法时，一个很大的考虑因素是应该使用人工智能完成自动化任务，还是增强一个人自己完成任务的能力。此阶段完成后，所定义的 AI 产品基本属于以下 7 种类型（图 2–9）。

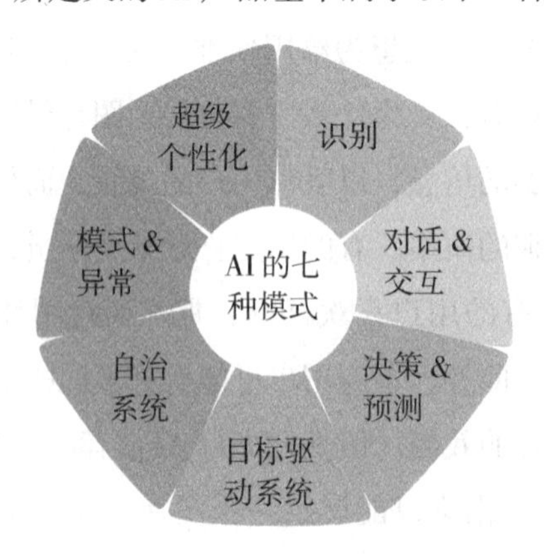

图 2–9 人工智能的七种模式

1. 超个性化模式

使用机器学习来开发每个人的独特配置文件，并让该配置文件随着时间的推移学习和适应各种目的，包括显示相关内容、推荐相关产品、提供个性化推荐和指导、提供个性化医疗保健、金融和其他一对一的见解、信息、建议和反馈。

此模式的主要目标是通过使用它来将每个用户视为一个个体，而不是作为某个分组被分配到一个广泛的类别中的成员。用例包括个性化内容、个性化建议或指导、行为分析、推荐系统以及其他专门为个人利益将信息和数据汇集在一起的方式。例如个性化的医疗保健建议和治疗，以及超个性化的健身和健康应用。

2. 自治系统

自治系统被定义为能够在最少或没有人类参与的情况下完成任务、实现目标或与周围环境交互的系统。这既适用于物理、硬件自治系统，也适用于软件或虚拟自治系统（软件“机器人”）。自治系统模式的主要目标是最大限度地减少人力，这方面的典型例子是自动驾驶汽车以及各种自主机器人。

3. 预测分析和决策支持

使用机器学习和其他认知方法来了解学习模式如何帮助预测未来结果，或者如何利用从行为、交互和数据中学到的洞察力帮助人类做出关于未来结果的决策。这种模式的目标是帮助人类做出更好的决策。

此模式中确定的示例包括预测、基于机器学习的回归和预测形式、辅助搜索和检索、数字或值预测（包括动态或预测定价）、预测行为、预测故障和预测趋势。人工智能的这种应用主要是为了帮助和增强人类，包括帮助人们找出问题的答案，识别和选择数据、优化活动、引导式协助和提供建议之间的最佳拟合或匹配。

虽然自主系统中，通常将行动和决策部署到机器一侧，在这种模式下，人类仍在作出决定，这就是我们所说的增强智能，它不会取代人类，而只是帮助人类更好地完成工作。

区别于可以只使用直接的统计数据而没有人工智能的情况下进行的预测分析，这里谈论的预测分析是自适应的，即系统随着时间的推移逐步提高预测和决策能力。

4. 对话 / 人机交互

对话 / 人机交互模式定义为机器通过自然对话（包括语音、文本、图像和书面形式）与人类交互。目的是促进机器与人类之间以及人类相互之间的通信交互。在此模式中，创建了真正供人类消费的内容，例如生成的文本、图像、视频、音频和其他供人类使用的内容。这包括机器对人，人对机器，以及来回的人与机器交互。但不包括机器对机器的通信，因为机器不使用人类形式的通信。

这种交互模式的主要目标是使机器能够以人类相互交互的方式与人类互动。此模式中的用例包括聊天机器人、语音助手、各种形式的内容生成，包括图像、文本、音频、视频、情绪和意图分析，以及机器翻译——使用机器促进人与人之间的交流。事实证明，机器学习在解释和创建语音、图像和文本方面非常出色，许多不同的项目源于这种人工智能模式。

5. 模式识别与异常检测

在异常检测模式中，机器学习和其他认知方法用于识别数据中的模式，并学习信息之间的高阶连接，可以根据这些信息判断关于给定数据片段是否符合现有模式或异常。这种模式的主要目标是找出哪一个事物与另一个事物相似，哪一个与另一个不同。

示例包括欺诈检测和风险分析、发现数据中的模式并呈现见解、自动错误检测或更正、智能监控、查找隐藏的数据组、查找与给定数据的最佳匹配项、预测文本和类似应用程序。机器擅长获取大量数据并分析以发现模式——比人类好得多，而且它们也可以做得更快。

识别模式定义为使用机器学习和其他认知方法来识别和确定在某种形式的非结构化内容中要识别的对象或其他所需事物。此内容可以是图像、视频、音频、文本或其他非结构化的数据，这些数据需要在其中的某些方面进行识别、分割或以其他方式分离成可以标记的内容。此模式的主要目标是让机器识别和理解其他非结构化数据中的内容。示例包括图像和对象识别（计算机视觉的传统空间）、面部识别、声音和音频识别、项目检测、手写和文本识别、手势检测以及识别一段内容中发生的事情。识别是一种非常发达的模式，通过机器学习，计算机已经非常擅长此项功能。识别模式是所有 AI 使用模式中最广泛采用的模式之一。

6. 目标驱动系统

AI 的最终模式是目标驱动系统，其定义为使用机器学习和其他认知方法，能够通过反复试验进行学习，此模式的主要目标是找到问题的最佳解决方案。

此模式的示例包括场景模拟、游戏玩法、资源优化、迭代问题解决、竞价和实时拍卖。这种模式的一些最著名的示例以机器学习的强化学习方法为主。特别是，DeepMind 使用 AlphaZero 的方法就是将目标驱动的系统智能化水平推到尽可能的高度。

7. 在一个项目中组合多个模式

上述模式确定了使用 AI 的不同目标，但任何项目都可以具有其中一种或多种模式。事实上，人工智能的大多数高级应用将模式组合在一起。重要的是确定正在使用哪些模式，因为这些模式将决定如何运行和管理项目以实现这些目标。

本阶段结束时，需要回答：

- 为谁解决这个问题？（目标用户与目标客户）
- 主要市场与次要市场（市场规模）
- 我们应该用人工智能解决这个问题吗？
- 项目的哪些部分需要 / 不需要 AI？
- 正在实施哪些 AI 模式？（技术适应性）
- 试图解决以数据为中心的什么问题？（产品价值）
- 想要测试的假设是什么？

2.2.2.2 产品定义与数据设计

1. 产品定义

针对 AI 产品的特征，AI 产品设计师可以参照九宫格商业模式画布（图 2–10），结合 AI 的技术扩散曲线，进行产品定义。商业模式画布和设计思维是经典的可持续创新理论，已经在各类产品研发过程中得到广泛应用。它们强调以用户为中心和快速迭代验证方案。商业模式画布从战略层面判断和定义产品 / 业务模式要关注的关键要素，而设计思维则可以确保围绕关键要素搜索问题解决机会，以人为中心展开设计过程。

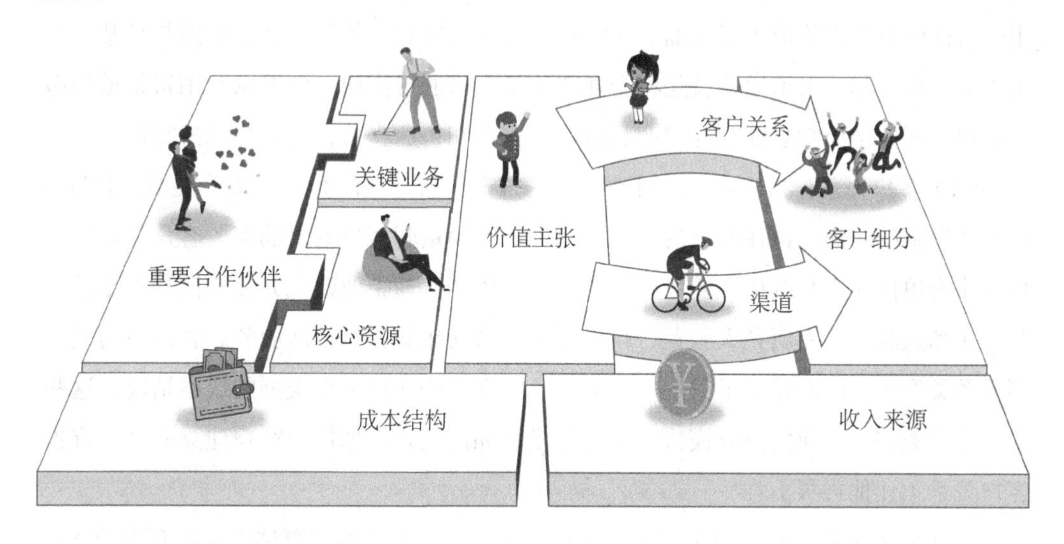

图 2–10　商业模式画布

（1）客户细分：客户是任何一个商业模式的核心，描述了一家企业想要获得和期望服务的不同目标人群和机构。细分客户可以有多个前置条件，比如客户群体需求是否催生了一项新的供给，是否需要建立一个新的渠道，是否需要建立一套新的客户关系模型，新的细分客户是否产生了显著不同的利润，细分客户是否愿意为某方面的特色改进买单，等等。划分客户群体可以瞄准大众市场、小众市场、求同存异的客户群体、多元化的客户群体或者多边市场客户群体。客户细分时重点要考虑我们为谁提供服务？为谁创造价值？谁是我们的重要客户？任何一个企业或组织都会服务于一个或多个客户群体，但没有一个产品或服务可以满足全部人群的需求，产品规划中应明确到底该服务哪些细分的客户群（用户群）。

（2）价值主张：价值主张指为某一客户群体提供能为其创造价值的产品和服务，传递公司的企业文化和使命。价值主张是客户选择一家公司而放弃另一家的原因，它解决了客户的问题或满足其需求。提出产品的价值主张，重点要考虑我们要向客户传递怎样的价值，我们需要满足的是客户的哪些需求，面对不同的客户群体，我们为客户提供什么样的产品或服务的组合？思考企业的优势与劣势，可以从创新、性能、定制化、设计、价格、成本、风控、便利性、实用性、服务等因素提炼价值主张。一个企业的价值主张在于解决客户的问题和满足客户的需求。

（3）渠道通路：渠道通路是一家企业如何同它的客户群体达成沟通并建立联系，以向对方传递自身的价值主张。分析渠道通路可以使客户更加了解企业，从而购买企业的产品和服务，同时传递价值主张和向客户提供售后支持。要考虑的问题包括以何种渠道与客户建立联系，渠道如何构成，哪些渠道最有效，哪些渠道成本更低，我们用什么样的渠道将价值主张（商品）传达（卖）给客户？如何将企业渠道与日常客户工作整合在一起？渠道通路就是将企业的价值主张通过沟通、分发以及销售渠道传递给客户，建立企业知名度，通过产品的口碑传播和售后支持，与客户保持黏性。

（4）客户关系：指一家企业针对某一客户群体所建立的客户关系的类型，其目标包括开发新的客户，留住原有的客户，增加新的销量和客户的复购率。客户关系以客户群体为单位建立和维护。要考虑每个客户群体期待与企业建立并保持何种类型的关系，在私人服务、专属私人服务、自助服务、自动化服务、社区服务、客户参与共创等关系类型中，已经建立了哪些关系类型，建立这些客户关系类型的成本情况，这些客户关系类型与企业的商业模式中的其他模块如何整合，如何与客户建立联系，维护客户关系（让他再买）？

（5）收入来源：将价值主张成功提供给客户，从每个客户群体中获取现金收入。要考虑的问题包括企业或产品的何种价值让客户真正愿意为之买单，客户的支付方式，不同收益来源与总体收益贡献的比例，客户买单的心理诉求与价值主张是否吻合。客户可能是一次性购买，也可能因为价值主张与客户诉求强相关或者因提供满意的售后服务，而使客户持续购买。创造收入来源的方式包括资产销售、使用费、会员费、租赁费、许可费、经纪人佣金及广告收入。

（6）核心资源：核心资源是保证一个商业模式顺利运行所需的最重要的资产。每一种商业模式都需要一些核心的资源。这些资源使得企业得以创造并提供价值主张，获得市场，保持与某个客户群体的客户关系并获得收益。要考虑企业或产品的价值主张需要哪些核心资源，建立分销渠道需要哪些核心资源，客户关系维系需要哪些核心资源，收入来源需要哪些核心资源，为实现以上各项元素的供给和交付，企业所拥有的核心竞争优势的资源是什么？核心资源可以是实物资源、知识产权资源、人力资源、金融资源与渠道关系资源。

（7）关键业务：关键业务指保障企业商业模式正常运行所需做的最重要的事情。主要考虑分销渠道、客户关系、收入来源需要哪些关键业务，以达成商业模式，实现供给和交付。包括生产、解决方案、平台或网络三个层面。

（8）重要合作伙伴：是保证一个商业模式顺利运行所需的供应商和合作伙伴网络，包括非竞争者之间的战略联盟，竞争者之间的战略合作，为新业务建立合资公司，为保证可靠的供应而建立的供应商和采购商关系。要考虑让商业模式有效运行所需要的重要供应商和合作伙伴是谁？从合作伙伴那里获得了哪些核心资源？合作伙伴参与了哪些关键业务？通过构建关键伙伴关系，降低风险和不确定性，获得特殊资源、参与特殊活动、优化资源及实现规模效应。

（9）成本结构：是指运营一个商业模式所发生的全部成本，要考虑固定成本、可变成本、规模化成本、周边成本。成本结构取决于经济模式中的各项元素。

九宫格商业画布具有通用性，虽然也适合设计师对产品进行定位，提出设计概要，但更适合 AI 战略官使用，用于快速聚焦到产品的商业要素。因此，建议在产品设计前期结合使用以人为中心的 AI 应用画布，以便更好地回答 AI 产品的设计挑战与机会。AI 产品画布（图 2-11）以解决方案为中心，左侧包含 AI 产品的问题、数据和假设，关注模型的技术可行性。右侧包括业务流程、用户交互和绩效指标，考虑到相关资源约束、风险与性能，强调模型应用的落地。设计师将每一个要素进行更细粒度的拆分就可以有章可循地设计人工智能产品，真正在业务上产生价值。

AI产品画布

问题:

- 这是什么问题
- 为什么会有问题
- 到底是谁的问题

人工智能如何帮助你解决你试图解决的问题？流程如何从使用 AI 中受益？哪些 AI 正在释放人类的能力？可以消除正在执行的哪些重复性任务？使用 AI 可能会为组织带来哪些好处？流程中的哪些任务最适合机器而不是人类？如何充分利用机器的精度和准确性？机器可以克服人类能力的哪些限制？人工智能的使用如何帮助您实现目标或完成任务？哪些任务必须通过ML算法解决？如何将用户问题转化为机器学习任务？每个问题表述能实现哪些精度？每个问题表述如何整合到整个系统中，其含义是什么？

假设:

- 将测试什么
- 他们每个人的预期反应是什么？
- 从每一个答案中，应该怎么做？我们应该遵循什么策略
- 特征工程

数据:

- 来源
- 质量
- 访问与可用性
- 过程/转换
- 输入/输出
- 测试/培训/验证

指对数据进行收集、整理、管理、存储、分析和维护的过程，以确保数据的可靠性、可用性、可发现性和可重复性。虽然找到可帮助解决问题的算法对于成功至关重要，但数据是真正增加基于机器学习的系统的复杂性的部分，并且可以决定成功或失败。典型的数据相关任务可能是获取足够和高质量的数据、修复数据问题、进行数据标注等。这些任务都可能跨越所有项目阶段，并与各种其他画布区域交互。哪些清洗是必要的？如何对数据进行标注？主题专家如何贡献他们的专业领域知识？如何在项目中促进数据的快速迭代？模型评估/误差分析的标准化流程是怎样的？哪些工具可以支持数据管理工作？以上几点对基础设施和项目设置有哪些影响？哪些数据格式是必不可少的？是否有只能通过某些工具访问的专有数据格式？数据是如何存储的，以及如何访问它？获取历史数据和实时数据之间有很大的区别吗？该系统是批处理系统还是“实时”/流式处理系统，这与数据源有何关系？数据如何从源头流经系统，以及可能反馈的内容？谁管理相关数据源，它们是否是项目的一部分？如何确保数据完整性？

解决方案:

- 类型(分析、ML、IA)
- 会有什么解决方案
- 预期产出

当使用机器学习解决问题时，可以将其建模为回归问题并预测质量分数，或者只是对产品是否足够好进行分类。每个变体都可能有优点和缺点，与用户视角和技术实现相关。与现有流程和基础设施的集成至关重要，否则，缺乏用户的适应性或技术障碍可能会严重危及项目。

该解决方案如何集成到当前工作流程中？解决方案如何集成到应用层？解决方案能否在现有基础结构上运行？还有其他要求吗？有哪些可用于加速部署的现有模型、数据集或研究？可以使用哪些 ML 方法？哪些 ML 方法可能最适合用例特征，数据的结构化或非结构化性质等？某些算法选择对重要因素（例如所需数据量或系统决策的可解释性）有何影响？哪些是可能的训练策略（例如，合成数据训练、预训练、自我监督）？什么是基本（最小）解决方案？哪些方法可提供最佳性能？模型运行在本地还是云端？移动应用资源约束对模型提出哪些要求？哪些指标可用于评估系统的性能？应满足哪些阈值？

Using:[data]
to:[AI capability]
we can help:[user persona]
with a better way to:[job to be done]
with/without:[gain/pain]
because/so that:[value]

价值主张:

- 你的问题有多大（行业、用户群体及规模，主要和次要市场，对业务的重要性）
- 基线是什么（受众规模、市场占比，行业位置，现有业务指标及期望改善情况）
- 什么是提升/节省（为客户带来哪些价值，或对业务带来的帮助）

用户:

- 谁是客户
- 谁将使用解决方案
- 谁来消费解决方案

用户与系统的交互方式会显著影响解决方案的实用性。因为用户可能已经使用了特定的应用程序，并且您的解决方案应该与它们顺利集成。另外，它也与您要设计的技术解决方案进行交互。例如，良好的用户交互可以显著减少模型中的缺陷，甚至带来更好的整体结果。

用户当前习惯了哪种交互？用户如何与新系统交互？哪些部分由系统自动化，哪些部分需要用户反馈，界面在哪里？如何衡量交互的性能？应满足什么性能阈值才能使解决方案可行？工作流对模型有哪些精度要求？是否有交互可以降低对ML模型的要求？如何透明设计？解释ML？增强信任的机制是什么？

业务:

- 业务员流程
- 关键节点
- 部署与集成

生产环境中长时间运行系统是一个经常被忽视的挑战，因为许多类别与不同的项目阶段相关，但风格略有不同。这可能涵盖从法规要求到基础设施要求。必须通过哪些流程才能完成系统开发，例如软件安全评估？哪些利益相关者是维护系统运作的必要条件？基础架构和应用层需要什么样的维护？必须监控哪些指标才能检测数据漂移和系统性能下降？如果系统性能下降，该怎么办？模型必须多久更新一次？需要付出多少努力？如何确保 AI 以负责任、安全和可靠的方式开发？如何解决使用人工智能的方式带来的社会问题？应该考虑哪些道德、伦理问题？

关键绩效指标:

- 如何评价模型
- 应该使用哪些指标
- 能处理多少不确定性
- AB测试怎么做

性能/影响:

- 有什么影响？如何测量？
- 在哪里可以看到这种改进/性能？

举例说明：

- 增加客户群
- 通过减少客户流失来保持客户满意度
- 储蓄损失收益+A/B测试
- 降低采购成本

风险:

- 有哪些风险
- 这些风险可能会阻碍什么
- 隐私与数据安全问题
- AI的偏见与伦理风险
- AI治理的相关法规约束
- AI产品的信任与接受度

资源:

资源可能与基础设施/技术、人力或财务资源有关。

项目成本是多少？

是否有初步的相关AI应用已经带来价值，并显示出比既有解决方案的成本优势？

设置和维护的基础架构成本是多少？

是否有关于现有基础架构的特定要求？

哪些角色可用于支持系统开发和操作？

谁是预算和技术运营的重要决策者？

图 2-11　AI 产品画布

当对 AI 产品画布进行填充后，参照示例价值主张工具（表 2–7），可较好地做出产品定义。

表 2–7　价值主张工具

价值主张		遇见更美的自己	
概念名称		小静秀秀	项目内容说明
数据	采用：	人脸识别与跟踪获得实时数据，结合在线肤质检测数据，通过创建美妆经验数据集和颜值评价模型	输入哪些数据到模型以便 AI 预测 / 跟踪 / 识别 / 检测 / 决策 / 增强 / 推荐 / 个性化 / 优化 / 推理 / 交互
AI 能力	进行：	AI 根据脸型与颜值评价数据中的人类特征匹配，实现个性化美妆，提升颜值，基于美妆经验数据，并进行化妆教学和美妆产品推荐	应用 AI 的什么能力，将数据转变为价值输出
用户	以便帮助：	初入社会的女性大学生群体	谁是最终用户，谁是购买用户
需开展的工作	更好地实现：	认识自身面部特性，选择合适的美妆产品和化妆手法，更自信地融入社会，积极社交	解决或满足用户的什么需求
痒点/痛点	通过 / 避免：	美妆后颜值分数的提高，让用户提升幸福感，呈现最美的自己	与现有方式比较，解决方案给用户带来什么收益
价值	因为 / 以便：	最美的年龄，遇见最美的自己	从更高的层面为用户带来价值

2. 数据设计

在人工智能领域，数据是推动 AI 技术发展的基础，在设计 AI 产品时，数据设计是至关重要的一环。它涉及各种问题，例如如何获得数据、选择数据、标注数据以及评估数据的质量。在人工智能应用程序的开发过程中，设计数据是开发 AI 模型的第一步。这个过程通常是一个迭代的过程，需要使用试验数据开发初始的 AI 模型，并通过收集额外数据修补模型的局限性。

获取或收集的训练数据以及这些数据的标记方式直接决定了系统的输出以及用户体验的质量。一旦确定使用 AI 确实是实现产品的正确路径，在产品定义时，需同时开始考虑数据设计问题。

（1）将用户需求转化为数据需求

假设为一些山地越野或者户外团体开发一个应用程序，该应用程序允许用户上传植物的图片，然后显示对该植物类型的预测，以及人类和宠物触摸和食用它是否安全。准备数据集来训练图像分类模型时，鉴于北美洲原产植物的图像数据集已标记且易于用于训练模型，因此作为开发此程序的首选数据。但是，一旦发布该应用程序，可以预计许多用户会在南美洲报告植物检测错误，而亚洲生长的一些热带植物因为数据根本就不存在，错误可能更多。同样，如果用于训练跑步推荐算法的示例仅来自精英跑步者，可能只有助于创建面向精英跑步者的模型，但无法创建有效的模型为更广泛的用户群进行预测。如果数据集中缺少高程增益特征，则 ML 模型会将 3 千米的上坡跑步与 3 千米的下坡跑步等同对待，即使人类对这些体验大不相同，这表明跑步者主观体验的标签有助于系统识别最有可能带来跑步趣味性的特征。因此，应该将用户需求和数据关联起来，并将用户需求转化为数据需求，从一开始就负责任地收集数据。以下问题有助于思考所收集数据是否满足用户需求和项目需求。

- 此数据是否适合您的用户和用例?
- 数据是如何收集的?
- 对其应用了哪些转换?
- 对数据源的刷新频率有什么要求?
- 数据要素的可能值、单位和数据类型是怎样的?
- 如何确保识别任何异常值，这些值是实际异常还是由于数据错误?
- 提问的方式会影响答案吗?
- 是否提供了所有必要的标签选项?
- 是否会得到不平衡采样? 如果是这样，请考虑对稀有类进行过度采样。
- 是否需要使用其他数据源来扩充它才能有用?
- 在创建它时是否进行了任何权衡和假设?
- 数据集的数据合规性标准和许可信息是什么?
- 数据集是否有任何文档，例如数据卡?
- 项目实际需要多少数据和什么类型的数据?
- 是否有任何数据需要区别对待?
- 使用此数据为用户提供了什么好处?
- 能安全地存储和使用数据吗?
- 保留数据多长时间?
- 实际需要标记多少数据?
- 数据是否代表用户?
- 如何定义用例的代表性?
- 如何收集代表性数据?

• 如何平衡欠拟合和过拟合？

（2）负责任地获取数据

可以使用现有数据集、构建自己的数据集或者合并多源数据集，以此进行 AI 模型的训练。如果无法从头开始构建数据集，一个好的 AI 项目开发起点是确定是否有任何可以重用的现有数据集。是否有权访问满足项目要求的现有数据集？是否可以通过与其他组织合作、购买数据集或使用客户数据来获取现有数据集？这些数据可能已预先标记，或者可能需要添加标签。在使用现有数据集之前，可以使用 Facets 等工具对其进行彻底探索，以更好地了解人为数据分布或偏差。询问产品所服务领域的专家使用数据的方式，是分析有用数据的重要参考，例如，观察会计师如何分析财务数据，或植物学家如何对植物进行分类，将观察结论与业务结合构造自己的数据集，这一过程虽然艰难，但有可能构成独特的技术优势。还可以研究看似相关的可用数据集，并评估这些数据集中可用的信号，合并来自多个源的数据，使模型有足够的信息可供学习。

应考虑预测能力、相关性、公平性、隐私和安全性，负责任地获取数据。

①致力于公平。

在开发的每个阶段，人类偏见都可以被引入 ML 模型。数据是从人类现实世界收集的，反映了他们的个人经历和偏见——这些模式可以通过 ML 模型隐含地识别和放大。当一个系统放大或反映对特定群体的负面刻板印象时会产生代表性伤害，当系统做出对个人获得机会、资源和整体生活质量产生现实后果和持久影响的预测和决策时，可能对个别群体产生机会否认。当产品不起作用或更频繁地为某些用户组提供倾斜的输出时，会导致不成比例的产品故障，当系统推断出某些人口统计特征与用户行为或兴趣之间的不利关联时，会造成新的刻板印象。

训练数据应反映将使用它的人员的多样性和文化背景。为此，可能需要从不同用户组中使用相同比例的数据，而这些数据在现实世界中可能不以相等的比例存在。例如，为了使语音识别软件为美国的所有用户平等地工作，训练数据集可能需要包含来自非英语母语人士的 50% 的数据，即使他们是人口的少数。考虑数据收集和评估过程中的偏见，即使在简单的图像中，所使用的设备和照明也会影响人脸识别结果。此外，人类参与数据收集和评估，他们的输出将包括人类偏见。建议使用 Facets 和 WIT 等工具探索数据集并更好地了解其偏差，定义适用于不同用户组的数据。

②管理数据隐私和安全。

与任何产品一样，保护用户隐私和安全至关重要。即使在上文与跑步相关的示例中，训练此模型所需的生理和人口统计数据也可以被认为是敏感的。隐私信息可能包括个人身份信息（PII）和可用于推断 PII 或受保护特征的变量，以及其他受保护的特性。

当个人详细信息（例如，地址）可能作为人工智能预测的一部分暴露时，应采取额外措施保护隐私（例如，匿名化姓名，即使人们同意使用他们的名字）。许多国家/地区的法律要求让用户拥有尽可能多地控制系统的权限，决定可以使用哪些数据以及如何使用数据，因此需要为用户提供选择退出或删除其账户的功能。

③准备数据维护计划。

如果要创建数据集，要考虑是否可以维护它，以及是否可以承受意外出错的风险。

预防性维护：防患于未然。将数据集存储在提供不同访问级别和稳定的存储库中。对于托管在个人和实验室网站上的数据集，这可能存在风险。

自适应维护：在现实世界发生变化时保留数据集。确定应保留数据集的哪些属性，并随着时间的推移更新此数据。

纠正性维护：修复错误。数据级联可能会出现问题，所以需要有一个 B 计划，以防出现不可预见的问题和人为错误时，仍可在数据集中保留被更改的所有内容的详细、人类可读的日志。

（3）准备并记录数据

为 AI 准备数据集，并记录其内容以及在收集和处理数据时做出的决策，将数据集拆分为训练集和测试集。模型从训练数据中学习，然后使用测试集对模型进行评估。拆分将取决于数据集中的示例数和数据分布等因素。训练集需要足够大才能成功教授模型，测试集应该足够大才能充分评估模型的性能。

所有模型训练管道中的一个重要步骤是处理“脏”或不一致的数据。为清理数据而执行的操作示例包括提取结构、处理缺失值、删除重复项、处理不正确的数据、更正数值以落在特定范围内、调整数值以映射到外部数据源中的现有值。

数据清理和分析需要迭代。分析和可视化数据可能有助于识别数据集中的问题，可能需要进一步清理。开始评估模型后，设计团队可能需要返回到此阶段，因为以前未检测到的数据问题也可能浮出水面。

（4）标签

对于监督学习，拥有准确的数据标签对于从模型中获取有用的输出至关重要。标签可以通过自动化流程或由称为贴标员的人员添加。“贴标员”是一个通用术语，涵盖了各种各样的背景、技能和专业水平的人员。为了更好地理解数据的质量和相关信息，研究人员已经开始创建各种数据营养标签（data nutrition labels）来捕获有关数据设计和注释过程的元数据（metadata）。这些元数据包括数据集中参与者的性别、年龄、种族和地理位置的统计数据，这有助于发现是否有代表性不足的亚群未被覆盖。数据来源也是一种元数据，它跟踪数据的来源和时间以及产生数据的过程和方法。元数据可以保存在一个专门的数据设计文档里，数据文档对于观察数据的生命周期和社会技术背景来说非常重要。文档可以上传到稳定且集中的数据存储库（例如 Zenodo）中。这些元数据标签和文档可以帮助研究人员、政策制定者和公众更好地理解数据，以及评估 AI 模型的性能和公平性。

考虑到贴标员队伍中的人的观点和潜在的偏见，要平衡这些多样性，就需要培训贴标员，使他们意识到无意识的偏见，并测试他们负责任地完成贴标任务的能力，这对于确保数据质量至关重要。以下是应注意的事项。

• 标签商和用户之间存在可能影响数据质量的文化差异。不同文化背景的人在标注时所采用的日期格式规则（“日 / 月 / 年”与“月 / 日 / 年”）和测量刻度（公制与英制）可能不同。

• 考虑语言差异造成的概念误解，标签工具需要考虑以注释者的母语提供。

• 由于无聊、重复或激励设计不佳等问题，贴标员有可能关注标注的数量而不是质量，因而错误地完成任务，导致数据集中的偏差。

• 标签可能很复杂，需要提供灵活的工作流程并支持编辑和乱序更改，以便贴标员有办法提供反馈和标记模糊数据，将实例标记为“不确定”或完全跳过，也可以寻求第二意见并纠正错误。

• 标签工具不要将专门的领域知识视为理所当然。贴标员可能不熟悉该领域和任务，这将留下歧义的可能。

• 应自动检测和显示错误，解释接受标准，并明确说明哪些错误可以触发任务拒绝，避免意外错误。

• 提供任务的示例以说明期望，包括“边缘”案例。

• 提供分步任务说明。

• 明确描述所需的所有工具。

• 将指令分解为可管理的块。使用项目符号表示步骤或规则。

• 在任务指令长度方面取得适当的平衡，紧凑的任务通常具有更大的接受度和周转时间。但是，当需要关键细节来准确执行任务时，较长的任务说明很有帮助。

• 在完全启动任务之前，使用一小组贴标员试用任务，以收集他们的反馈和示例结果。

• 需要直接从贴标机中识别混淆点。

• 从贴标机收集数据后，需要进行统计测试以分析贴标员间的可靠性。

目前用于开发 AI 的数据集通常覆盖范围有限或者具有偏差，不同人群和场景的数据缺乏代表性，这会对 AI 模型的性能产生负面影响。当现实世界中的代表性数据难以获得时，合成数据可以被用来填补覆盖空白。例如，在医疗保健领域，可以共享合成医疗记录来促进知识发现，而无需披露实际的患者信息。在机器人技术中，尽管真实世界的挑战是终极的测试平台，也可以用高保真模拟环境来让智能体在复杂和长期任务中实现更快、更安全地学习。当然，模拟环境生产的合成数据也存在一些问题。由于合成数据与现实数据之间总是存在差距的，因此将基于合成数据训练的 AI 模型转移到现实世界时通常会出现性能下降的问题。如果模拟器的设计不考虑少数群体，那么合成数据也会加剧数据差异。因此，在标准化和透明的报告中记录数据设计的上下文就非常重要。在未来，随着技术和数据资源的不断发展，我们相信数据设计的过程会越来越透明和标准化。这将有助于确保数据的质量和代表性，并为开发高效、平等的 AI 模型提供坚实的基础。

数据准备阶段侧重于构建将用于建模操作的数据集所需的活动。数据准备包括数据清理、数据聚合、数据增强、数据标记、数据规范化、数据转换以及结构化、非结构化和半结构化性质数据的任何其他活动。

数据准备旨在满足 AI 项目的三个关键数据准备要求：从源头整理数据并将其转换为所需状态；数据清理以消除关键数据缺陷；数据增强，包括数据标记，以添加必要的含义和上下文，以便 AI 系统能够正确地从数据中学习。

投放市场的技术产品的风险正在逐渐增加。正是出于这个原因，花时间思考产品概念的潜在负面影响很重要。在负面影响分析中需要考虑的一些问题：

• 这个想法是否符合用户的隐私期望？

• 它能保护用户数据吗？

• AI 是否足够强大，可以发布吗？技术稳定吗？

• 是否向人们提供了有关如何使用和存储其数据的明确信息？是否为人们提供了合适的机会来控制以及如何使用他们的数据？

• 该产品的设计是否考虑了包容性？它是否平等对待所有人并减少社会不平等？

• 是否有适当的机制来确保负责任地部署和使用它？

• 如果需要，有没有办法回滚产品或功能？

• 该产品如何以意外和有害的方式使用？

• 如何保护人们免受不良行为者的侵害？用户有没有办法通知开发团队？

• 产品如何增加危害？

• 该产品如何歧视受保护的阶层或历史上被边缘化的人？产品如何造成或加剧不

平等?

• 该产品如何对社会经济安全或地位低的人产生负面影响或被用来剥削?

• 使用该产品如何导致对环境产生负面影响的行为?

这些问题是一个很好的起点，虽然无法全面了解产品的未来使用方式，但可以发现许多潜在的陷阱，在投入太多时间和金钱之前，在开发过程的早期阶段考虑潜在的缺点，否则，未来发现这些潜在陷阱并调整体验将更加困难和昂贵。

设计师对所创造的产品负责，随着人工智能的出现，风险越来越高，对世界产生积极影响的潜力也越来越大。负责任地构建 AI 应用需要产品设计团队具体考虑工具中的 AI 应该如何表现、学习和成长，评估人工智能能力，特别考虑数据收集和反馈方法，以及分析产品的潜在负面影响。人类和人工智能将在几乎所有任务上合二为一，人工智能设计师正在塑造这种协作，这些设计过程中的步骤可以发挥积极作用，确保始终如一地引导以人工智能为中心的设计过程。

2.2.2.3 概念设计与模型开发

如果有一个解决方案或一组选项要测试，传统产品设计过程的下一步就是对解决方案进行原型设计，以便可以更彻底地测试和审查。原型可能看起来像一个正常运行的应用程序，或者是放在可用性测试参与者面前以验证想法的一组草图。AI 产品的设计，其重点可能不再只是一个高保真界面，而是定义一系列 API，并在合适的界面中利用 API 解决设计问题，对 AI 输出结果进行解释，透明化 AI 的决策过程，校准信任。

在这个阶段， AI 项目团队开始创建和开发机器学习模型和其他认知技术建模工件，作为 AI 开发过程的一部分。该活动包括模型技术选择与应用、模型训练、模型超参数设置与调整、模型验证、集成模型开发与测试、算法选择、模型优化等。

模型开发（也称为数据建模）中，主要专注于根据业务需求、数据可用性和性能需求，为模型选择正确的方法和算法，通过超参数调优执行调整和配置模型以获得最佳性能的操作，以及执行必要的模型训练活动。

模型开发中解决的关键问题和需求是:

- 适当的算法选择;
- 模型训练活动的表现;
- 模型优化活动的性能;
- 确定适当的算法设置和超参数;
- 创建集成模型;

• 使用第三方模型或模型扩展；
• 适合所选机器学习技术的模型开发；
• 使模型性能与业务需求相匹配；
• 为模型训练选择合适的基础设施。

模型的第一次迭代应足够快速和简短，以便在项目迭代的第一周或两周内生成模型。要构建这样一个快速模型，只需要选择准备、聚合和标记的最小数据量，以便使训练高效。AI项目所有者在进行机器学习（ML）项目管理时最容易犯的错误是使用过多数据和选择特别需要数据、需要昂贵的GPU并且需要很长时间进行训练的算法。在确定模型是否适合业务问题之前，它们会消耗大量时间和资源。

为了清晰地了解模型构建环节中算法工程师的具体工作，下面结合用户流失预测的例子，介绍AI模型构建的过程。模型构建主要包括5个阶段（图2-12），分别为模型设计、特征工程、模型训练、模型验证、模型融合。

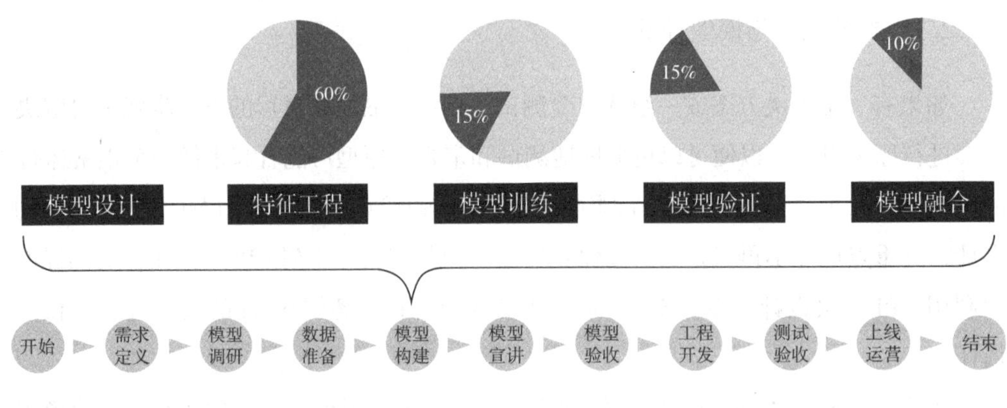

图2-12　构建AI产品的5个阶段

在模型设计环节，设计师或产品经理要考虑的问题就是，在当前业务下，这个模型该不该做，有没有能力做这个模型，目标变量应该怎么设置、数据源应该有哪些、数据样本如何获取，是随机抽取还是分层抽样。不过，对于算法工程师来说，不管要做的是用户流失预测，还是用户信用评分模型，算法选型上都没有什么不同，都是解决分类问题，通过算法和数据训练一个模型，然后根据输入得到一个预测结果。不同的设计需求，模型构建的特征以及模型的目标变量不一样。比如，对于用户流失预测模型，输入的是用户登录时间、用户账龄等特征，输出的是用户流失的可能性；对于用户信用评分模型，输入的是用户年龄、花呗额度等特征，输出的则是用户逾期概率。所以，在模型设计阶段最重要的就是定义模型目标变量（即什么样的用户是流失的用户，什么样的用户是逾期的用户），以及抽取数据样本。在用户流失预测的例子中，对模型的目标变量定义实际上就是定义什么用户是流失的用户。不同业务场景以及短期业务目标下这个定义都会不一样。如果业务考核的是日活跃用户数量，流失用户的定义就是近 30 天没有登录的用户。当用户量级稳定了，产品开始考虑盈利问题，这时流失用户定义就变成了近 30 天没有成功下单的用户。不同的目标变量，决定了这个模型应用的场景，以及能达到的业务预期。

模型是根据所选择的样本来进行训练的，所以样本的选取决定了模型的最终效果。需要根据模型的目标、业务的实际场景来选择合适的样本。比如在用户流失预测项目上，如果选择样本的时候，只选择了 6 月份的数据，但是由于受到 618 大促的影响，人们购物行为会比平时多很多，这就会导致此阶段的样本不能很好地表达用户的正常行为。所以在样本选取上，必须要考虑季节性和周期性的影响。另外，还要考虑时间跨度的问题。一般情况下，建议选择近期的数据，并结合跨时间样本的抽取，来降低抽样的样本不能描述总体的风险。

模型设计完就有了目标变量和样本，之后就到了建立特征工程的阶段。可以把整个模型的构建理解为：从样本数据中提取可以很好描述数据的特征，再利用它们建立出对未知数据有优秀预测能力的模型。

所以，在模型的构建过程中，特征工程是一个非常重要的部分。特征挑选得好，不仅可以直接提高模型的性能，还可以降低模型的实现复杂度。数据和特征决定了机器学习的上限，而模型和算法只是逼近这个上限。对一个模型来说，因为它的输入一定是数量化的信息，也就是用向量、矩阵或者张量的形式表示的信息。当要利用一些字符串或者其他非关系型的数据时，需要把它们先转换成数量化的信息。像这种把物体表示成一个向量或矩阵的过程，就叫作特征工程（feature engineering）。例如，可以通过一个人的年龄、学历、工资、信用卡个数等一系列特征，来表示这个人的信用状况，这就是建立了这个人信用状况的特征工程，可以通过这些特征来判断这个人的信用好坏。

1. 数据清洗

在建立特征工程的开始阶段，算法工程师为了更好地理解数据，通常会通过数据可视化（data visualization）的方式直观地查看到数据的特性，比如数据的分布是否满足线性特征？数据中是否包含异常值？特征是否符合高斯分布，等等。然后，才会对数据进行处理，也就是数据清洗，来解决这些数据可能存在的数据缺失、异常值、数据不均衡、量纲不一致等问题。其中，数据缺失在数据清洗阶段是最常见的问题。比如说，用户流失预测模型，需要用到客诉数据。客诉数据有电话和网页两个来源，但是电话客诉数据，并没有记录用户的客诉解决时长，也就是说数据缺失了。当算法工程师在处理电话客诉问题解决时长数据的时候，就需要对其他用户客诉的数据取平均值，来填充这部分数据。因此，在遇到数据缺失问题时，算法工程师可以通过删除缺失值或者补充缺失值的手段来解决它。至于数据异常的问题，可以选择的方法就是对数据修正或者直接丢弃，当然，如果模型的目标就是发现异常情况，那就需要保留异常值并且标注。对于数据不均衡的问题，因为数据偏差可能导致后面训练的模型过拟合或者欠拟合，所以处理数据偏差问题也是数据清洗阶段需要考虑的。一般来说，需要的都是比较均衡的样本数据，也就是量级差别不大的样本数据。在预测流失用户的项目里，绝大部分用户都是正常用户，只有极少数用户会是流失用户。这个时候，就可以选择丢弃比较多的数据或者补充比较少的数据了。最后，针对量纲不一致的问题，也就是同一种数据的单位不同，比如金额这个数据，有的是以万元为单位，有的是以元为单位，一般是通过归一化让它们的数据单位统一。

2. 特征提取

在清洗好数据之后，算法工程师就需要对数据进行特征的提取，一般提取出的特征会有 4 类常见的形式，分别是数值型特征数据、标签或者描述类数据、非结构化数据、网络关系型数据。

数值型特征数据一般包含大量的数值特征。比如，在用户流失预测问题中，它的属性就包括了用户近一年的消费金额、好友人数、浏览页面的次数等信息，这些就是数值型特征数据。这类特征可以直接从数仓中获取，操作起来非常简单。为了能更多地提取特征，一般来说，会首先提取主体特征，再提取其他维度特征。比如，浏览页面的次数，这就是业务属性相关的主体变量特征，而页面的停留时长，浏览次数排名等数据就是一些度量维度的特征。除此之外，一系列聚合函数也可以去描述特征，比如总次数、平均次数、当前次数与过去的平均次数之比等。

标签或描述类数据的特点是包含的类别相关性比较低，并且不具备大小关系。比如一个用户有房、有车、有子女，就可以对这三个属性分别打标签，再把每个标签作为一个独立的特征。这类特征的提取方法也非常简单，一般就是将这三个类别转化为特征，让每个特征值用 0、1 来表示。

非结构化数据（处理文本特征）一般存在于 UGC（user generated content，用户生成内容）内容数据中。比如用户流失预测模型用到了用户评论内容，而用户评论都是属于非结构化的文本类数据。这类数据比较繁杂，提取特征的手段比前两类数据复杂一些。在用户流失预测模型中，就是先清洗出用户评论数据，再通过自然语言处理技术，分析评论是否包含负面信息和情绪，最后再把它作为用户流失的一种维度特征。另外，在挖掘用户评论的过程中，如果遇到“这个酒店有亲子房，我家孩子很喜欢”这样的评论，还能挖掘出当前用户可能是亲子用户，这也可以作为画像标签。总的来说，提取非结构化特征的一般做法就是，对文本数据做清洗和挖掘，挖掘出在一定程度上反映用户属性的特征。

网络关系型数据和前三类数据差别非常大，前三类数据描述的都是个人，而网络关系型数据描述的是这个人和周围人的关系。比如说，在京东购物时，你和一个人在同一收货地址上，如果这个收货地址是家庭地址，那你们很可能就是家人。如果在同一单位地址上，那你们很可能就是同事，这代表着一个关系的连接。提取这类特征其实就是，根据复杂网络的关系挖掘任意两人关系之间的强弱，像是家庭关系、同行关系、好友关系等。具体来说，算法工程师可以利用通讯录、收货地址、LBS 位置信息、商品的分享和助力活动等的数据，挖掘出一个社交关系网络，这个网络中的信息就能作为特征提取的参考了。

3. 特征选择

在数据特征提取完成之后，就进入特征选择的过程。特征选择就是排除掉不重要的特征，留下重要特征。一般来说，算法工程师会对希望入模的特征设置对应的覆盖度、IV 等指标，这是特征选择的第一步。然后，再依据这些指标和按照经验定下来的阈值对特征进行筛选。最后，还要看特征的稳定性，将不稳定的特征去掉。比如说，在预测流失用户项目中，筛选出了账龄、最近一周登录次数、投诉次数和浏览时长这几个特征，它们对应的覆盖度、IV 值、稳定性的统计如表 2–8 所示。

表 2–8　特征选择指标

特征	覆盖度	IV（越高越好）	稳定性（越低越稳定）
账龄	1	0.11	0.01
近一周登录次数	1	0.001	0.24
近一周投诉次数	0.1	0.05	0.02
近一周浏览时长	0.8	0.09	0.3

在对这些特征进行筛选的时候，首先去掉覆盖度过低的投诉次数，因为这个特征覆盖的人群很少，从经验上来讲，如果特征覆盖度小于 50% 的话，就不会使用这个特征了。然后去掉信息贡献度 IV 值过低的登录次数，IV 表示了特征对这个模型有多少贡献，也就是这个特征有多重要。在用户流失项目中，如果 IV 小于 0.001 的话，就不会使用这个特征了。最后去掉稳定性过低的浏览时长，剩下的就是可以入模型的特征变量了。

4. 训练 / 测试集

特征选择完了，就进入最后的生成训练和测试的阶段。简单来说，就是算法工程师需要把数据分成训练集和测试集，使用训练集来进行模型训练，使用测试集来验证模型效果。至此，算法工程师就完成了建立模型的特征工程的工作，然后就会进入后续的模型训练阶段（表 2–9）。

表 2–9　模型阶段的工作内容

模型构建的主要阶段	核心步骤	产品经理需要知道的工作内容
模型设计	定义模型的目标变量	在用户流失预测的例子中，对模型的目标变量定义实际上就是定义什么用户是流失的用户。并且，不同业务场景以及短期业务目标下这个定义都会不一样
	抽取数据样本	根据模型的目标、业务的实际场景选择合适的样本。同时要考虑季节性和周期性的影响，以及时间跨度的问题
特征工程的建立	数据清洗	1. 数据缺失：删除缺失值或者补充缺失值 2. 数据异常：对数据修正或者直接丢弃 3. 数据不均衡：丢弃较多的数据或者补充较少的数据 4. 量纲不一致：通过归一化让它们的数据单位统一
	特征提取	1. 数值型数据：直接从数仓中获取，为更多地提取特征，先提取主体特征，再提取其他维度特征 2. 标签数据：把标签转化为特征，用 0、1 来表示每个特征值 3. 非结构化数据：对文本数据做清洗和挖掘，挖掘出在一定程度上反映用户属性的特征。 4. 网络关系型数据：利用通讯录、收货地址、LBS 位置信息、商品的分享和助力活动等的数据，挖掘出一个社交关系网络，把这个网络中的信息作为特征提取的参考
	特征选择	根据覆盖度、IV、稳定性等指标对特征进行筛选
	训练/测试集	把数据分成训练集和测试集，使用训练集来进行模型训练，使用测试集来验证模型效果

模型训练是通过不断训练、验证和调优，让模型达到最优的过程。那怎么理解这个模型最优呢？预测用户流失这个案例中，模型训练的目标就是，在已知的用户中用分类算法找到一个决策边界，然后再用决策边界把未知新用户快速划分成流失用户或者是非流失用户。不同算法的决策边界也不一样，比如线性回归和逻辑回归这样的线性算法，它们的决策边界是线性的，长得像线条或者平面，而对于决策树和随机森林这样的非线性算法，它们的决策边界是一条非线性的曲线（图 2–13）。

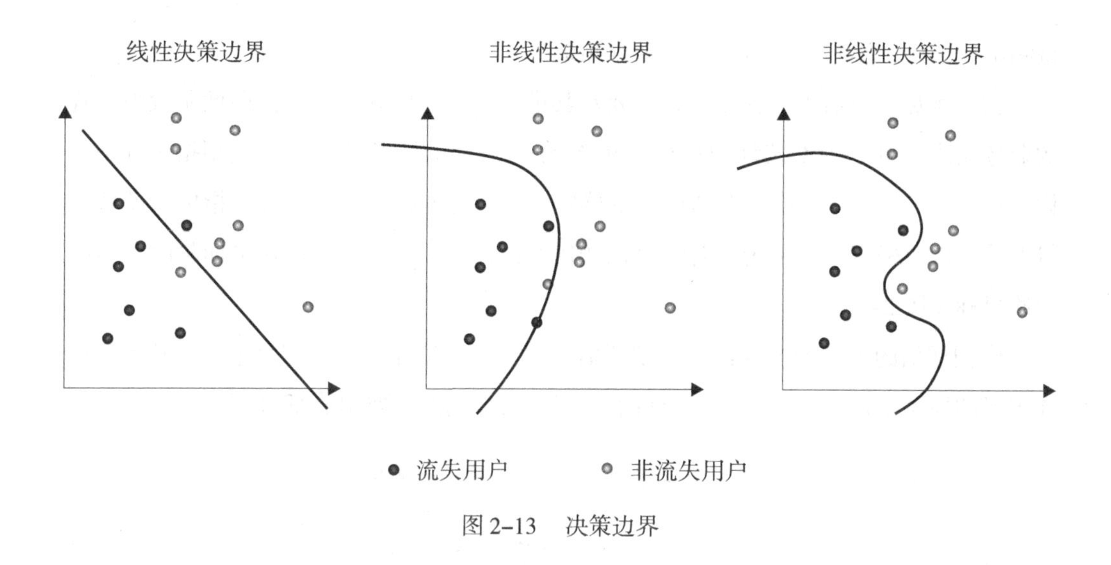

图 2-13　决策边界

图 2-13 就是不同算法的决策边界。决策边界的形式无非就是直线和曲线两种，并且这些曲线的复杂度（曲线的平滑程度）和算法训练出来的模型能力息息相关。一般来说决策边界曲线越陡峭，模型在训练集上的准确率越高，但陡峭的决策边界可能会让模型对未知数据的预测结果不稳定。这就类似于投资股票，低收益低风险，高收益高风险，所以一般都会平衡风险和收益，选择出最合适的平衡点。对于模型训练来说，这个风险和收益的平衡点，就是拟合能力与泛化能力的平衡点。拟合能力代表模型在已知数据上表现的好坏，泛化能力代表模型在未知数据上表现的好坏。它们之间的平衡点，就是通过不断地训练和验证找到的模型参数的最优解，因此，这个最优解绘制出来的决策边界就具有最好的拟合和泛化能力。这是模型训练中“最优”的意思，也是模型训练的核心目标。具体到流失用户预测的例子，模型训练的目的就是找到一个平衡点，让模型绘制出的决策边界，能够最大地区分流失用户和非流失用户，也就是使预测流失用户的准确率最高，并且还兼顾了模型的稳定性。

如果算法工程师想让拟合能力足够好，就需要构建一个复杂的模型对训练集进行训练，可越复杂的模型就会越依赖训练集的信息，就很可能出现模型在训练集上的效果足够好，但在测试集上表现比较差，产生过拟合的情况，最终导致模型泛化能力差。这个时候，如果算法工程师想要提高模型的泛化能力，就要降低模型复杂度，减少对现有样本的依赖，但如果过分地减少对训练样本的依赖，最终也可能导致模型出现欠拟合的情况。因此，算法工程师需要花费大量的时间去寻找这个平衡点。

2.2.2.4　模型评估与可用性测试

在真实场景中通过大量用户、用例和使用情境评估用户体验。先在内部测试中进行测试和迭代，然后在发布后继续进行测试。

创建满足业务需求的模型后，需要对其进行评估，以确保其根据前面阶段中设置的业务需求和其他因素按计划执行。从 AI 角度进行的模型评估包括模型指标评估、模型精度和准确性、误报率和假阴率的确定、关键性能指标、模型性能指标、模型质量度量，以及确定模型是否适合满足该迭代的目标，或者是否应迭代早期阶段以实现这些目标（图 2–14）。

模型评估的关键考虑因素是模型评估和测试、模型性能测量和改进，以及确定正在进行的模型迭代需求，这是任何机器学习项目计划的必要组成部分。

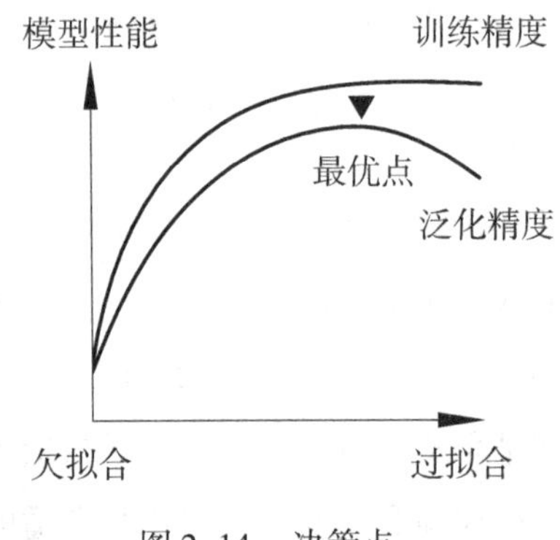

图 2–14　决策点

模型验证主要是对待验证数据上的表现效果进行验证，一般是通过模型的性能指标和稳定性指标来评估。首先是模型性能，模型性能可以理解为模型预测的效果，可以简单理解为“预测结果准不准”。它的评估方式可以分为两大类：分类模型评估和回归模型评估。分类模型解决的是将一个人或者物体进行分类，例如在风控场景下，区分用户是不是“好人”，或者在图像识别场景下，识别某张图片是不是包含人脸。对于分类模型的性能评估，一般会用到包括召回率、F1、KS、AUC 这些评估指标。而回归模型解决的是预测连续值的问题，如预测房产或者股票的价格，所以会用到方差和 MSE 这些指标对回归模型进行评估。对于设计师或产品经理来说，除了要知道可以对模型性能进行评估的指标都有什么，还要知道这些指标值到底在什么范围是合理的。虽然，不同业务的合理值范围不一样，要根据自己的业务场景来确定指标预期，但至少要知道什么情况是不合理的。比如说，如果算法工程师给出的数值为 AUC=0.5，说明这个模型预测的结果没有分辨能力，准确率太差，这和随意得到的结果几乎没区别，这样的指标值就是不合理的。模型的稳定性，可以简单理解为模型性能（也就是模型的效果）可以持续多久。我们可以使用 PSI 指标来判断模型的稳定性，如果一个模型的 PSI > 0.2，那它的稳定性就太差了，这就说明算法工程师的工作交付不达标。

在实际工作中，为了解决很多具体的细节问题，算法工程师经常需要构建多个模型才能获得最佳效果。这个时候，就要涉及多个模型集成的问题了。模型融合就是同时训练多个模型，再通过模型集成的方式把这些模型合并在一起，从而提升模型的准确率。简单来说，就是用多个模型的组合来改善整体的表现。模型融合有许多方法，比如对于回归模型的融合，最简单的方式是采用算数平均或加权平均的方法来融合；对于分类模型来说，利用投票的方法来融合最简单，就是把票数最多的模型预测的类别作为结果。另外，还有 Blending 和 Stacking，以及 Bagging 和 Boosting 这些比较复杂的模型融合方法。

除了要注意模型融合的方法，还要注意算法模型的选择，不同行业选择的算法模型一般不一样。比如，互联网行业数据和银行金融机构数据就不一样，因为银行数据大部分都是强相关性的金融性数据，所以它可能会更多考虑机器学习算法，而互联网行业的数据特征基本都是高维稀疏，会较多考虑深度学习算法。并且，由于不同行业对于算法模型的风险状况也有不同的考虑，所以对模型的选择也会有不同的限制标准，比如银行、金融行业会监管模型的特征和解释性，因此，会选择可解释性很强的算法模型，如逻辑回归。除此之外，还要考虑算法模型选择的成本。

此阶段的关键问题和需求包括：

- 模型是否满足准确性、精度和其他指标的要求？
- 确定和评估对模型过度拟合和欠拟合的关注点；
- 评估训练、验证和测试曲线的总体可接受性；
- 根据业务关键绩效指标（KPI）评估模型；
- 确定与操作化方法有关的模型适用性；
- 确定模型监测手段；
- 确定模型迭代和版本控制的方法。

就像非 AI 世界中的质量保证和测试一样，模型评估是确保 AI 解决方案满足业务需求的核心。使用训练数据训练模型后，对输出进行评估，以评估它是否根据定义的成功指标满足目标用户需求。如果没有，则需要相应地调整它。调优可能意味着调整训练过程的超参数、模型或奖励函数的参数，或对训练数据进行故障排除。

要评估模型，可执行以下操作：

• 使用谷歌假设工具（What-if-tool）和语言可解释性工具（LIT）等工具检查模型并识别盲点。

• 持续测试。

• 在开发的早期阶段，从目标受众中获取来自不同用户的深入定性反馈，以发现训练数据集或模型优化的任何“危险信号”问题。

• 作为测试的一部分，要确保已为用户反馈构建了适当且周到的机制。

• 构建自定义仪表板和数据可视化来监控系统的用户体验。

• 尝试将模型更改与主观用户体验的明确指标联系起来，例如客户满意度或用户接受模型建议的频率。

• 除了改进标准指标（例如准确性）之外，还需要一个策略来处理行为不正常的系统。

确定需要更正的问题后，需要将它们映射回特定的数据特征和标签或模型参数。解决该问题可能涉及调整训练数据分布、修复标记问题或收集更多相关数据等步骤。

2.2.2.5 模型操作化

迭代的最后阶段是将开发的模型投入运行，这可能意味着部署模型以在云环境、边缘设备中使用，以便在内部部署或封闭环境中使用，或在封闭的受控组中使用。模型操作化注意事项包括模型版本控制和迭代、模型部署、模型监视、开发和生产环境中的模型暂存，以及使模型能够提供价值以满足所述目的的其他方面。在此阶段要解决的具体问题包括：

- 该模型将如何在生产 / 操作环境中使用？
- 数据流需要满足哪些要求才能使模型有用？
- 对性能有什么要求？
- 模型在不同环境中的操作化；
- 实施模型监控；
- 实现模型版本控制和治理；
- 业务绩效评估；
- 确定正在进行的迭代需求。
- 对模型进行早期测试的计划是什么？
- 早期测试版用户是否足够多样化，可以正确测试模型？
- 将使用哪些指标来确定调优是否成功？

即使系统整体设计中的所有环节都经过精心安排，基于机器学习的模型在应用到实际的实时数据时也很少能毫无瑕疵地运行。优化是一个持续的过程，用于调整 ML 模型，以响应用户反馈和由于不可预见的情况而出现的问题。

在数据驱动项目的世界里，尤其是人工智能项目，模型的性能会随着时间的推移而不断变化。组织者在推算 AI 设计项目时，如果没有为项目维护足够的预算时间或资源，他们对模型在现实世界中的表现的期望并不符合现实世界的现实。过度承诺和交付不足是人工智能项目失败的主要原因之一，也是期望与现实不匹配的主要原因。

2.2.3 AI 产品设计工具箱

人工智能（AI）已经发展成为产品设计师的重要工具，可以提供复杂的功能和能力来简化设计过程，并可能会彻底改变产品设计。这些工具提供了各种各样的功能，从 3D 建模到原型设计和用户测试，允许设计师在不超出预算的情况下构建令人惊叹的产品。但需要注意的是，人工智能不是一个通用的解决方案，而是在正确的情况下可以通过为人们提供新的预测信息、个性化服务，甚至更深入地了解他们自己的需求来改善体验。对于设计师来说，这项技术在带来机遇的同时也提出了一系列新问题：人工智能是一种材料、一种工具，还是两者兼而有之？如何确保算法决策转化为对每个人有意义的体验？下面介绍几款 AI 设计工具包。

2.2.3.1 Google PAIR（谷歌以人为中心 AI 设计工具包）

Google PAIR 的 People + AI 指南和 ML Kit API 的 Material Design 模式提供了使用 AI 创建产品的策略和建议，重新设计人们与人工智能系统的交互方式，以更好地发挥 AI 人性化的巨大潜力。PAIR 的目标是关注人工智能的“人性化”：用户与技术之间的关系，它支持的新应用，以及如何使其具有广泛的包容性。

与个人计算、网络和移动的设计时代相比，人工智能应用还处于早期阶段，但我们仍然能看到与以前的技术浪潮相同的趋势：人们迫不及待地进行实验，所开发的产品看起来非常酷，一大批创业公司构建了各种无法满足人类真正需求或愿望的体验产品。因为人工智能摆脱了人类习惯的因果关系，采用这种超越人类规模的技术，并对其进行解释，以便人们能够真正理解它，这是一个以人为本的人工智能设计挑战。以人为本的 AI 还涉及管理 AI 和 ML 的不可预测性。作为设计师，需要灵活地准备好对新问题做出反应：如果用户遇到错误怎么办？如果用户想让人工智能的工作更透明要怎么办？如何让用户习惯于应用 AI 并理解它？人工智能可以像材料一样塑造用户，因为它可以“记住”用户的输入，但设计师也应该将人工智能作为塑造前端用户体验的工具，展示材料的局限性，以帮助人们更好地理解其功能。

PAIR 开发并推出了一些工具（图 2-15 、图 2-16），以帮助每个人都更容易使用 ML 和 AI，例如 Tensorflow.js、Facets 和 What-if 工具。通过包容性设计，更好地为更多人服务，从更多样化的群体中获得反馈，以有利于所有客户的方式改进产品。通过公平性设计，让每个人都通过 AI 应用获得公平的机会。PAIR 一直在发布专注于人工智能公平和包容性的工具和文章，鼓励从流程开始就包括各种利益相关者，以确保设计对不同的人都有用、可用和可取，并且不会因为没有被考虑到而对群体造成不必要的伤害。通过更多地与人共同创造和参与式设计，考虑多智能体系统中的所有参与者参与的生态系统循环设计，以创造一个每个人都满意的产品，满足他们的需求，并创造较高的平均幸福感，鼓励人们从关系设计的角度开始思考人工智能。

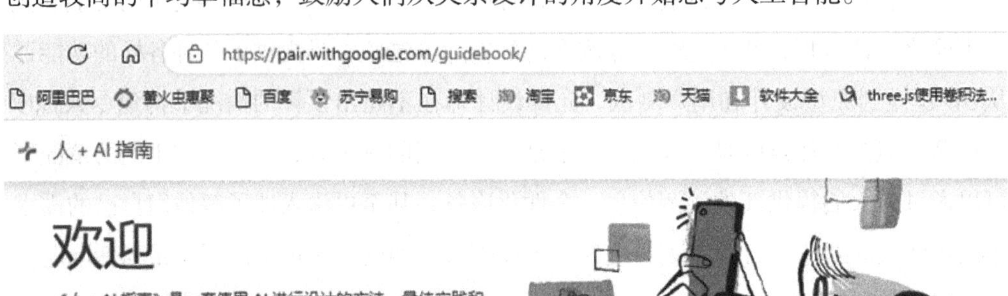

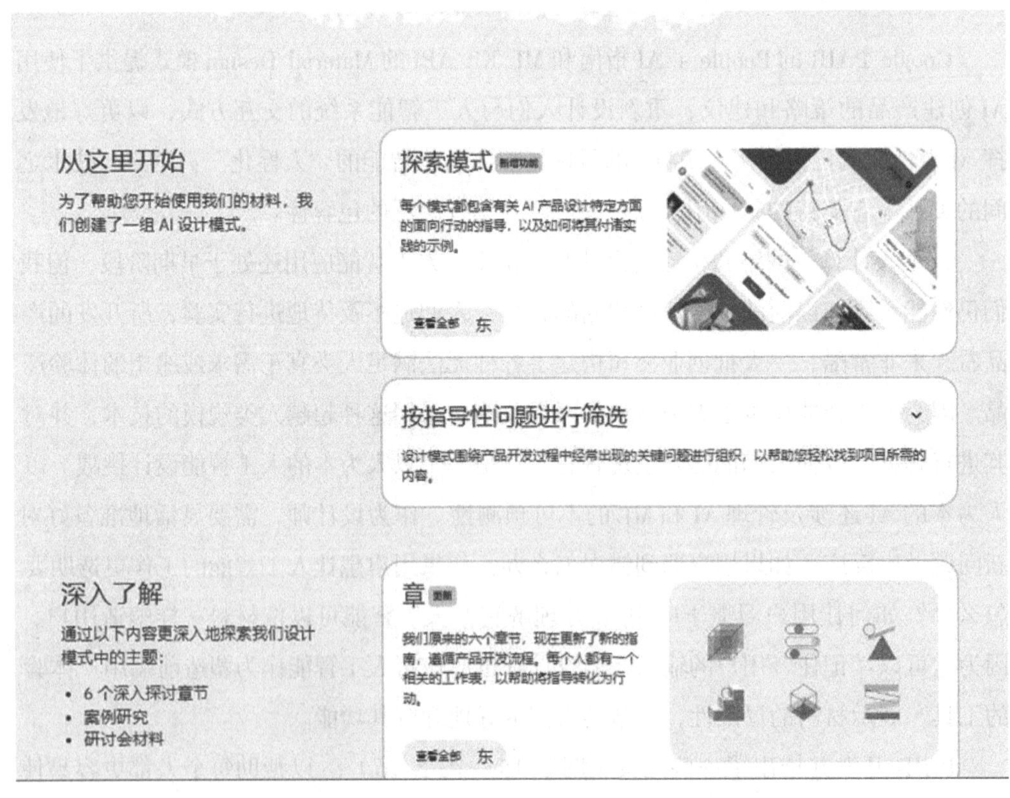

图 2-15　PAIR 以人为中心的 AI 设计模式与案例

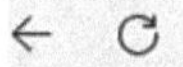

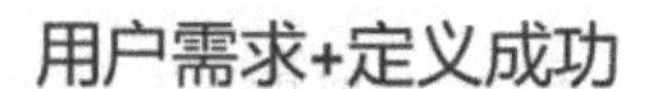

即使是最好的人工智能，如果不能为用户提供独特的价值，也会失败。
阅读更多 东

数据收集+评估
确定需要哪些数据来满足用户需求、源数据和调整 AI。
阅读更多 东

心智模型
向用户介绍 AI 系统，并设定随时间推移的系统更改的期望。
阅读更多 东

可解释性 + 信任
解释 AI 系统并确定是否、何时以及如何显示模型置信度。
阅读更多 东

反馈 + 控制
设计反馈和控制机制，以改善您的 AI 和用户体验。
阅读更多 东

错误 + 正常故障
识别和诊断 AI 和上下文错误，并传达前进的方向。
阅读更多 东

图 2–16　PAIR 设计指南

自从在 Google I/O 大会 2019 年发布以来，该工具已被全球超过 25 万人使用，包括开发人员、设计师、产品经理、学生等。现在已经发布第二版，提供了一种浏览指南并按任务查找内容的新方法，列出了在开发以用户为中心的 AI 方法的产品时可能遇到的关键问题，这些问题将帮助设计师和开发者找到所需的内容，更具可操作性。

- 应该在何时以及如何在产品中使用 AI?
- 如何负责任地构建数据集?
- 如何帮助用户建立和校准对 AI 系统的信任?
- 如何让用户加入新的 AI 功能?

- 如何向用户解释我的 AI 系统？
- 用户控制和自动化之间的正确平衡是什么？
- 出现问题时如何为用户提供支持？

2.2.3.2 AI meets Design toolkit（AI+ 设计工具包）

虽然设计师对人工智能的兴趣很高，但它的高科技属性和设计展开实用工具的缺乏，使得目前产品中只有较低的 AI 采用率，设计创新有限。AI meets Design toolkit 是一套设计工具（图 2-17），目标是帮助设计师、创意人员将 AI 转化为具有社会、用户和商业价值的产品，使用先进技术创建以人为本的应用程序和有意义的用户体验。这个工具包在设计学科和 AI 技术概念之间建立起一座桥梁，突出以用户为中心，为每一步设计（思考）过程提供指导，以便发现利用人工智能的机会，调整和应用人工智能概念的设计思维，调整用户需求和保护人的内在价值，包括练习、工作表和卡片组，协助设计师在不同阶段的设计思考过程。

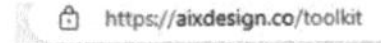

在工具包中，您会发现：

2页的AI/ML速成课程，可帮助您快速掌握不同类型的人工智能和机器学习概念

根据用户需求、AI能力和数据可用性提示，促进机会发现，以及包含30个常见AI应用程序提示的卡片在，用于构思对话

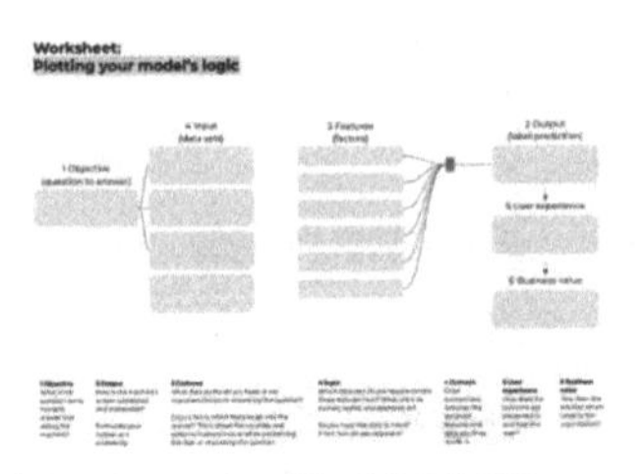

与机器学习工程师和数据科学家就模型、混淆矩阵和评估指标保持一致的练习

评估可行性、可持续性和可取性

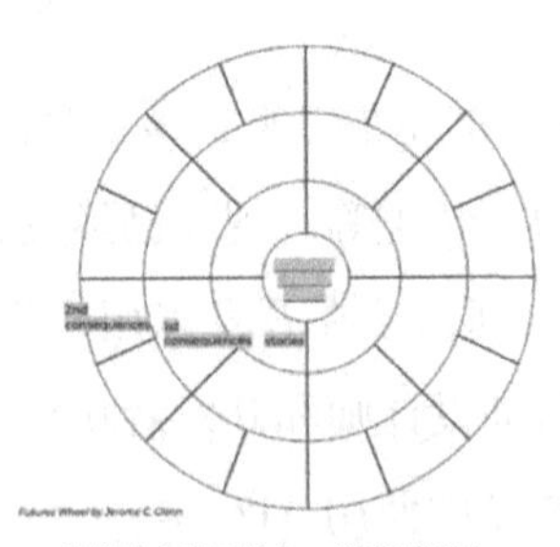

让价值主张显性化，并预测因果

Worksheet: UX of AI challenges

AI作为材料的9个用户体验设计挑战概览

图 2-17 AI meets Design toolkit 简介

2.2.3.3 The Intelligence Augmentation Design Toolkit（智能增强设计工具包）

该工具包可以与其他 Futurice 材料结合使用，例如精益服务创建画布和 IoT 服务工具包（图 2–18）。工具包的免费版本提供了工具，用于在设计包含机器学习元素的服务时构建设计思维。其核心思想是，用户首先在物理或数字空间中描述用户旅程，然后使用工具包中的材料来集思广益该空间中的服务概念。核心材料包括：一本小册子（总结了设计 IA 服务的关键概念以及常用机器学习术语的词汇表）、两张用于总结服务概念的画布（描述 IA 服务设计以及重要元素的三副卡片）、一张地图（显示服务概念的设置）。

图 2–18　IoT 服务设计工具包

在国内，上海交通大学工业设计系的一名本科生在个人项目中整理了和 AI 一起设计的系列设计工具资源（图 2–19），包括 AIx 产品造型流程、AIx 游戏资产、AIx 故事板流程，学习与 AI 一起进行设计。

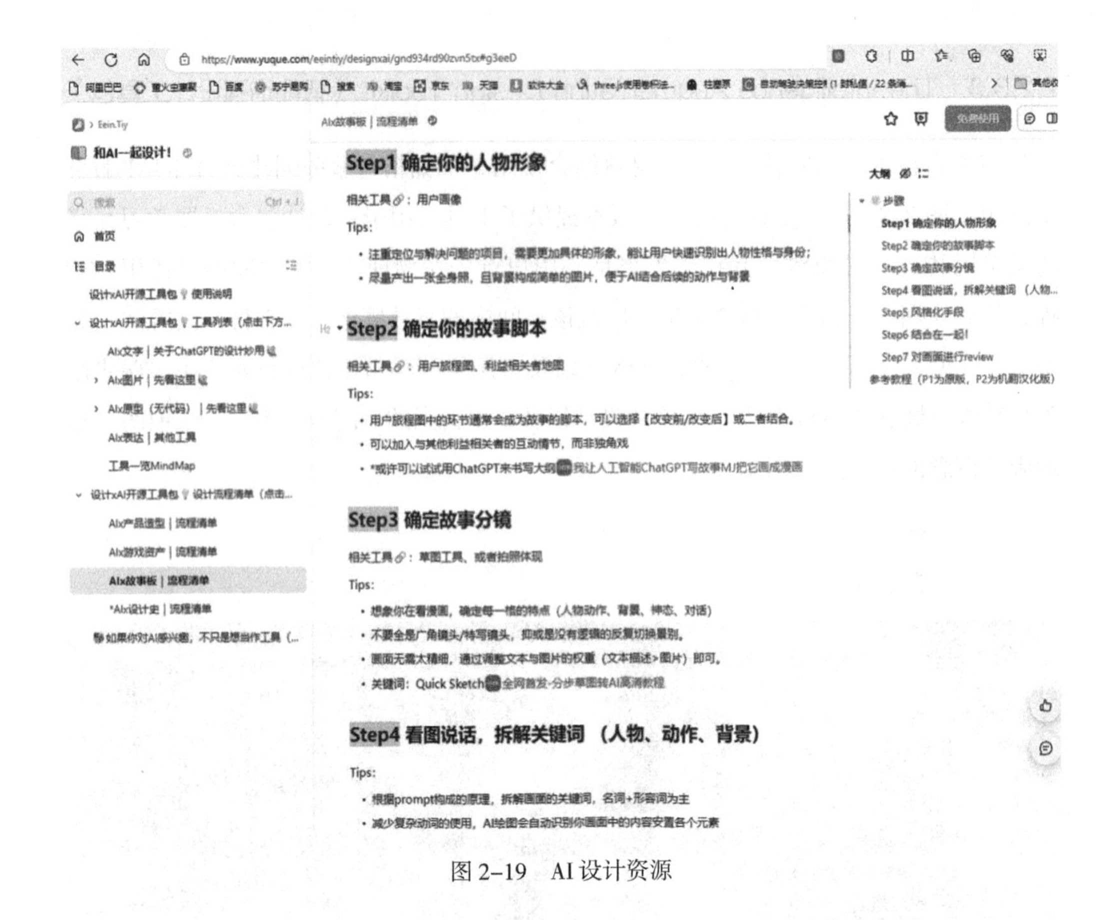

图 2-19　AI 设计资源

2.3　AI 产品设计中的人因与体验

正如工业革命那样，机器虽然代替了不少人力的使用，但是人在更需要发挥创造力的地方找到了自己的价值，以 ChatGPT 为代表的人工智能，其发展的方向一直也是这样。正如社交媒体技术革命一样，硅谷技术的发展正在提供不可抗拒的便利。硅谷的能力远远超过人们的批判性思维，人们分析事物的能力已经让位于“应用公式”。与此同时，大众即便对 AI 改变我们的生活仍然会心生恐惧，体验过被监控和数据之网牢牢困住的感觉后，惊喜于 DALL 系统的强大创造力，也早就超越了“事不关己、高高挂起”的心态。因为我们很多人都忙于生存，所以会支持这种便利，甚至没有时间来反思它的影响。在因 ChatGPT 的出现而带来对 AIGC 发展如此关注的背景下，的确也有一些问题会比担忧全人类的失业更加现实。腾讯研究院发布的 AIGC 发展趋势报告就指出，目前 AIGC 的发展面临许多科技治理问题的挑战，主要表现在知识产权、安全、伦理和环境四个方面。

首先，AIGC 引发的新型版权侵权风险已经成为整个行业发展所面临的紧迫问题。因版权争议，国外艺术作品平台 ArtStation 上的画师们掀起了抵制 AIGC 生成图像的活动。“如果你最近一直在玩 Lensa 应用程序来制作 AI 艺术‘神奇的化身’，请知道这些图像是通过稳定扩散模型用偷来的艺术品创建的。”艺术家梅根·雷·施罗德声称，Lensa 正在利用“法律漏洞将艺术家从过程中挤出”，通过“非营利手段”运营其技术，逃避许可费。尼克松·皮博迪（Nixon Peabody）的知识产权律师埃莉安娜·托雷斯（Eliana Torres）证实，围绕 Lensa 的合法性是模糊的，因为美国版权法“将人工智能视为工具或机器，而不是作者或创造者”。

其次，安全问题始终存在于科技发展应用之中。在 AIGC 中，主要表现为信息内容安全、AIGC 滥用引发的诈骗等新型违法犯罪行为，以及 AIGC 的内生安全等。较为著名的案例是，诈骗团队利用 AIGC 换脸伪造埃隆·马斯克的视频，半年诈骗价值超过 2 亿元人民币的数字货币。

再次，算法歧视等伦理问题依然存在。比如，和 ChatGPT 同样出自 OpenAI 之手、能根据文本的内容“自动”生成画像的 DALL-E 具有显著的种族和性别刻板印象。

最后则是环境影响，AIGC 模型训练消耗大量算力，碳排放量惊人。此前就有研究表明，单一机器学习模型训练所产生的碳排放，相当于普通汽车寿命期内碳排放量的 5 倍。

2.3.1 AI 治理

人工智能越来越多地决定了我们所看到的世界和我们所生活的世界。它为我们选择：决定我们应该买什么，读什么，甚至思考什么；决定面试哪一份工作；哪些学生在课堂上注意听课；逮捕哪些嫌疑人。ML 客观性的外表隐藏了人类在开发和使用 AI 时其实在不自觉地介入了预测系统，甚至被认为是调整了预测的事实，而这往往最先损害的是最弱势的群体。设计师不能冒着让人类受到歧视、监视和/或操纵的风险盲目地应用这项技术。例如，Crawford 和 Paglen 的研究发现，在 ImageNet 的顶级类别下，有 2833 个子类别“人”。经过仔细检查，这些子类别中出现了令人不安的术语，出现了种族主义和歧视女性的侮辱性词语。毫无疑问，通过这些分类，数据集背后的世界观就形成了性别歧视、种族歧视、能力歧视和年龄歧视。根据 ImageNet，有些人的标签为“放荡”，有些人的标签为“坏人”或者“混蛋”。其他研究人员在采用这种数据集以便训练自己的算法时，会盲目地传播同样的偏见。当设计师创建利用机器学习的界面或数字产品时，他们将训练数据付诸行动，这些技术可能会错误识别某些人群，甚至导致某些人群无法注册，而这些人群可能正是我们试图服务的人群。很显然，设计师需要对训练集的内容负责，需要围绕这些问题进行自我教育，以免设计产生在不知不觉中边缘化甚至压迫人群，设计师有责任创造出公平、诚实、透明且实时交互的系统，从而为开放式对话创造条件。在利用 AI 设计以及设计 AI 产品的过程中，设计人员需要了解 AI 的基本原理和技术，以便更好地利用它来辅助设计及设计以人为中心的 AI 产品。

以下是谷歌提出的 AI 治理的基本原则。

（1）对社会有益。

新技术的应用范围越来越多地触及整个社会，人工智能的进步将在广泛的领域产生变革性的影响，包括医疗保健、安全、能源、交通、制造和娱乐。当我们考虑人工智能技术的潜在开发和使用时，应考虑广泛的社会和经济因素，努力使人工智能随时提供高质量和准确的信息，同时尊重运营所在国家 / 地区的文化、社会和法律规范。

（2）避免制造或强化不公平的偏见。

人工智能算法和数据集可以反映、加强或减少不公平的偏见。区分公平和不公平的偏见并不总是那么简单，而且因文化和社会而异。应努力避免 AI 对人们产生不公正的影响，特别是与种族、民族、性别、国籍、收入、性取向、能力以及政治或宗教信仰等敏感特征有关的影响。

（3）进行安全构建和测试。

需制定和应用强有力的安全和安保实践，以避免造成伤害风险的意外结果。在设计人工智能系统时保持谨慎，并寻求根据人工智能安全研究的最佳实践进行开发。在适当的情况下，首先在受限环境中测试 AI 技术，并在部署后监控其操作。

（4）对人负责。

新设计的人工智能系统，应为反馈、相关解释和上诉提供适当的机会，人工智能技术将受到适当的人类指导和控制。

（5）纳入隐私设计原则。

在人工智能技术的开发和使用中纳入隐私原则，提供通知和同意的机会，鼓励具有隐私保护措施的架构，并提供适当的透明度和对数据使用的控制。

（6）坚持高标准的科学卓越。

人工智能工具有可能在生物学、化学、医学和环境科学等关键领域开启科学研究和知识创造的新领域，技术创新应植根于科学方法和对开放探究、知识严谨、诚信和协作的承诺。

除上述目标外，设计师应特别警惕或拒绝在以下应用领域设计或部署人工智能：

①造成或可能造成整体伤害的技术。

②主要目的或实施目的是便于造成或直接进行人身伤害的武器或其他技术。

③收集或使用信息进行监视的技术，违反了国际公认的规范。

④其目的是违反广泛接受的国际法和人权原则的技术。

2.3.2 AI 产品的偏见与隐私

随着机器学习继续深入到个人见解和客户偏好领域，将用户与他们可能感兴趣的产品联系起来的能力将带来更好的客户体验和更广阔的市场，但也可能出现许多尴尬局面。我们可以对用户可能感兴趣的东西提出建议，然而，这些建议所依据的统计基础可能会无意中反映出文化偏见或其他关于用户的错误假设。算法的性别与人种偏见问题，自诞生之日起便在欧美地区持续饱受争议多年，迄今都无法解决，甚至有愈演愈烈之势。这也是导致包括亚马逊、谷歌等公司无法大规模部署人脸识别系统的关键原因之一。正是鉴于这些顾虑， OpenAI 已经反复公开强调，这绝对不是一个产品，自己仅仅是想了解算法的能力与局限性。他们保证会严格控制其产品 DALL–E 的使用权，只会向一小部分经过严格审查的测试人员开放；未来只会在艺术家工具层面做一些有限制的尝试。比较有趣的是，他们还给 DALL–E 设定了一个“反欺凌过滤器”。比如，输入“一头长着羊头的猪”，系统就拒绝输出。因为 OpenAI 解释，“猪”和“羊”同时出现应该触犯了过滤器设定的禁令。另外，关于偏见问题，为了减少对女性的伤害， OpenAI 希望过滤掉所有训练数据中的“性别内容”。 OpenAI 的公开图片里，大部分都是动物，尽量避免男女性别带来的争议，但他们发现，当他们尝试过滤掉这些信息时， DALL–E 系统产生的女性图像变少了，这又触及了另一种现实世界中职场存在的局限性（有些产业和职位，女性就是很少），因而导致了另一种对女性的伤害：抹杀。

自 AI 应用程序在 2022 年底爆炸式流行以来， AI 应用软件 Lensa 一直遭受批评。Lensa 及其 AI 面临侵犯艺术家创作版权、性化和种族化偏见的问题。该应用程序在性化和种族化以及收集个人数据方面受到指控，有人在其对流行的人工智能生成肖像的选择上提出道德担忧。 Lensa 在其更新的政策中声称，它“不会使用您的个人数据来训练或创建我们单独的人工智能产品。请注意，我们总是默认删除可能与您的照片和（或）视频关联的所有元数据（包括例如地理标签），然后再将它们临时存储到我们的系统中”。尽管 Lensa 的规则指出“禁止裸体”和“禁止儿童，仅限成人”，但社交媒体注意到他们的几个“化身”似乎有“巨大的胸部”，《麻省理工科技评论》

（*MIT Technology Review*）的记者梅丽莎·海基拉（Melissa Heikkil）写道，她收到的100个人像中有16个是裸照，而另外14个人像只是穿上了“极其轻薄的衣服”且有“明显的性感姿势”。在一项协助心理健康和饮食失调的数字服务“健康”调查中，80%的受访者表示他们觉得Lensa将他们的图像性化了。社交媒体上的其他人也说他们的图像被“粉饰”了：他们的皮肤看起来比提交的照片更浅。奥利维亚·斯诺（Olivia Snow）在《连线》杂志的一份报告中说，作为一项实验，她上传了自己小时候的照片，结果将她的形象变成了“诱人的外表和姿势”，在其中一组中显示为“一个裸露的背部，乱蓬蓬的头发，一个头像，我那孩子般的脸在自己裸体的成年人的乳房之间，手拿着一片叶子”。

Lensa在其隐私政策（于2022年12月15日更新以回应之前的强烈反对）中表示，该公司承认有可能收到“不适当”的内容。“我们尽最大努力调整稳定扩散模型的参数，但是，您仍然有可能遇到您可能认为不适合您的内容。”该政策指出。根据Lensa在“隐私政策”中的声明来看，Lensa AI的Magic Avatars是采用了stability.ai公司提供的Stable Diffusion模型（深度学习神经网络）。该模型根据用户的图像做模型再次训练：用户上传10到20张照片，并选择性别。使用这些数据，重新训练Stable Diffusion模型的副本（个性化模型），让个性化模型学习上传照片的特定特征，比如人脸的样式。利用个性化模型结合风格的提示词（例如圣诞帽风格）便可生成“魔法头像”。

Lensa AI还面临社会偏见问题。大部分AIGC应用都依赖深度神经网络和大数据，社会偏见是该领域普遍存在的问题。主要的原因是在所处理的数据里，各种数据特征的分布是不均匀的。当数据量大到一定规模后，数据的分布不均已经成为无法解决的问题（或者需要投入无法接受的资源才能解决）。以肤色为例，如果白人肤色在数据中占大多数，那么神经网络就会学习到白色是肤色的主流。生成的人物图像也更倾向为白色人种。

Lensa生成的魔法头像同样存在社会偏见问题。已经有用户发现Lensa AI所生成的女性照片通常是身材苗条、过度性感的（over sexualised look）。一方面可能是Lensa AI为了让生成的图像符合大众审美而有意为之。另外一方面是由于Stable Diffusion模型训练用的网络数据本身就体现了对女性照片的审美偏见。这一点在Prisma中得到了验证：“Stable Diffusion模型是在未经过滤的互联网内容上训练的。所以它反映了人类在他们制作的图像中融入的偏见。Stable Diffusion创作者承认存在社会偏见的可能性。”

关于AI偏见的讨论非常棘手。《纽约邮报》用Gemini生成的美国第一任总统乔治·华盛顿和美国制宪会议的照片掀起了这次风波，在这张照片里，华盛顿是黑人。这其实也是 AI 治理的一大挑战——数据、技术人员等的固有偏见引发的 AI 偏见。在一个本就充斥着系统性歧视和偏见的社会中，AI 赖以生存的数据、AI 训练的技术人员都不同程度上反映了这样的系统性歧视和刻板印象。在 AI 偏见的治理上，多样性或者代表性问题并不能被跳过，但是可能需要认真甄别的是什么时候应当有何种比例的代表性，才能更有效地对抗社会根深蒂固的偏见和刻板印象。

在过去的几年里，机器学习系统在执行图像标记等复杂任务的能力方面取得了令人难以置信的进步。这些系统的创造者们很高兴能尽快与世界分享他们的成果，即使这些软件还处于开发的早期阶段。然而，很难防范甚至预测这些新兴技术可能出现的所有故障，因此发生了几起令人尴尬或令人不快的事件。在其中最严重的一起事件中，谷歌的照片应用程序将几个黑人用户标记为“大猩猩”。这件事引起的不安是完全可以理解的。该错误部分是由于用于训练系统的图像集不平衡造成的。

偏见是机器对某些决定的偏好。在最近的《哈佛商业评论》杂志上，温伯格（2019）指出“偏见是机器学习的原罪”。它嵌入在机器学习的本质中：系统从数据中学习，因此容易受到数据所代表的人类偏见的影响。例如，系统的偏见可能会导致自动招聘系统了解到女性可能不会经常被雇用，或者可能无法获得最高职位。虽然可以通过大量清洗输入数据来消除偏差，但这是一个极其繁琐的过程。即使有人设法这样做，偏见可能仍然存在于人眼之外的系统中。由于这个原因，解决这个领域的偏见问题是极其重要的。

有时为了得到某种结果，为了公平，也会引入偏见。虽然“偏见”的许多口语定义都涉及“公平”，但这两者之间有一个重要的区别。偏见是统计模型的一个特征，而公平是对一个群体价值观的判断。不同文化对公平的共同理解是不同的。公平需要没有偏见，但事实上，数据科学家为了实现公平，往往必须引入偏见，算法系统反映并放大了现有的社会偏见。设计师和他们所服务的社区需要了解数字权利。不受监管的个人数据流动导致了对个人的操纵。

正如机器学习专家 Andrew Ng 所说，“很明显，这是一个无辜的错误，而不是故意的错误，这只是学习算法每天无疑会犯的数百万个错误之一”。机器学习有放大和巩固偏见的能力。从特定模型的数据定义到结果的解释和建议，机器学习算法都受到其架构师有意或无意的主观性的指导和影响。尽管机器是无辜的，但这一错误暴露了一个缺陷，造成了人们的不满，我们应该尽一切努力防止类似事件在未来发生。虽然人工智能在解决包括人道主义问题在内的许多问题方面具有巨大潜力，但在使用时必须有严格的监督和透明度。

然而，机器不太可能规避所有可能的文化偏见。因此，我们必须通过设计找到防止这种错误的方法。例如，设计人员应该考虑为用户提供明确的机制来标记冒犯性的内容，为他们提供指导，或选择排除可能产生错误假设的特定特征。由于机器学习模型没有内在的方法来检测自身知识中的差距或偏见，因此设计人员应该寻找外部机制来防范潜在的冒犯或错误行为。

根据2018年颁布的欧洲《通用数据保护条例》（GDPR），欧洲人“有权要求和删除他们的数据，并要求企业在收集数据之前获得知情同意”。如何负责任地收集数据，使人类能够从机器学习系统中受益，同时保护个人隐私？当第三方悄悄地将数据藏在我们可爱的设计界面背后时，设计师如何让用户逐渐了解到隐藏在知识代理后的相关隐秘知识？设计师如何将数据控制权交还给用户？美国立法者已经提出了类似的数字权利法规。以类似于GDPR的方式合法地授予个人关于数据使用的选择权是必要的，但这还不够。

2019年，美国斯坦福大学“以人为本AI研究院”（HAI）正式成立，其使命就是关注人工智能的伦理问题，推动人工智能与人文精神的结合，使人工智能真正以人为本，向着为人类赋能的方向发展。虽然人工智能具有使社会受益的潜力，但重要的是，它的开发和使用必须以道德考虑和负责任的监管为指导，以确保它被用于改善人类，协助和增强人类的能力，人工智能只是提高生产力和效率的工具，而不是人类专业知识的完全替代品。

虽然监管机构如数据保护机构和隐私审查委员会的监管是一个方面，还需要探索基于技术的解决方案，如数据加密、匿名化、差分隐私、多方计算等，以强调隐私保护技术的重要性。人机交互设计原则需强调如数据最小化隐私原则，以及用户控制和透明度的重要性，为用户提供明确的隐私选择和设置，并在设计要素中考虑用户教育，使用户了解隐私保护的重要性和自己的权利，提高公众的数字素养和隐私意识。

2.3.3 AI产品的解释与信任

与人工智能系统的最终用户不同，设计师构成了一个独特的用户群体，他们消费人工智能系统的结果，并与它们共同创造。在某些用例中，理解机器如何以及为什么提供某种结果是极其重要的。可解释的AI，也称为XAI，旨在理解AI背后的决策过程，让用户更加信任机器，从而在机器学习功能和人类之间建立透明度和信心。Ehsan和Riedl（2020）还提出了一个名为“以人为本的可解释人工智能”（HCXAI）的概念，这种方法将人置于技术设计的中心，并对“人是谁”有全面的理解。设计师需要了解人工智能组件的工作方式，以便为最终用户设计出与系统交互的理想方式。

机器学习的不确定性是人机交互设计研究的一个问题，因为该领域还没有将其作为一种设计材料来评估、设计和反映基于机器学习的新应用程序、对象和服务。相反，以前的工作，例如在 XAI 领域，通常关注的是使用设计方法来解释，而不是利用 ML 的不确定性。技术既不是完全决定论（技术决定论），但也不是中立工具（技术工具主义）。相反，人类与技术的关系是共同构成的，人工制品塑造了作为特定主体性的人类与世界的关系。机器学习的不确定性成为人机交互设计研究人员的有形设计材料。不确定性是 ML 决策的物质表达。虽然在许多用例中有合理的工程激励来最小化不确定性，但不确定性构成了任何 ML 驱动系统的基本属性。不确定性不仅是解决方案的负面属性，而且是机器学习技术的组成部分。因此，不确定性为设计师提供了一个机会来设计工件和场景，这些工件和场景可以更充分地利用 ML 决策的特征。设计师不要将 ML 的不确定性视为“可以被解释的”，而是应将其视为可以设计的特定关系的生成。

每天在我们正常生活中，我们可能与数十甚至数百个机器学习模型进行互动。其中一些是明显的，它们对我们来说是可见的，我们知道自己正在与它们互动，但其他一些是背后隐藏的，对我们来说并不立即可见。我们甚至可能没有意识到我们正在与一个机器学习模型互动。例如，当我们在智能手机上输入电子邮件时，这可能是在和多个机器学习模型进行互动，这些模型帮助我们输入文本、自动更正并给出文本建议，其中一些我们可能意识到，有一些可能不知道。在设计用户界面时，设计师需要考虑提供给用户的模型透明度的级别，这有一些关键的考虑因素。第一个问题是，人工智能存在于哪里，我们如何告知用户他们正在与一个机器学习模型进行互动，并解释这个机器学习模型为他们做了什么。其次，我们如何传达机器学习模型使用了哪些数据以及它是如何得出输出结果的。最后，我们需要思考如何向用户传达正在与之互动的模型的局限性。向用户解释预测、建议和其他 AI 输出对于建立信任至关重要。用户应该在多大程度上信任人工智能系统？我们什么时候应该提供解释？如果我们不能证明为什么人工智能做出给定的预测，我们应该怎么做？我们应该如何向用户展示与 AI 预测相关的信心？

由于人工智能驱动的系统基于概率和不确定性，因此正确级别的解释是帮助用户了解系统工作原理的关键。一旦用户对系统的功能和限制有了清晰的心智模型，他们就可以了解如何以及何时信任它来帮助实现他们的目标。简而言之，可解释性和信任是内在相关的。

1. 帮助用户校准他们的信任

由于AI产品是基于统计数据和概率生成的，因此用户不应完全信任系统。相反，基于系统解释，用户应该知道何时信任系统的预测以及何时应用自己的判断。用户不应该在所有情况下都默认信任人工智能系统，而应该正确校准信任。研究人员还发现了人们过度信任人工智能系统做一些事实上它不能做的事情的案例。理想情况下，根据系统可以做什么和不能做什么，用户具有适当的信任级别。例如，指示预测可能是错误的，可能会导致用户对该特定预测的信任度降低。

有时，当用户在新生成的上下文中看到自己的信息时，他们会对自己的信息感到惊讶。当有人看到他们的数据以看起来非私密的方式被使用时，或者当他们看到他们不知道系统可以访问的数据时，通常这两者都会侵蚀信任。为避免这种情况，服务提供者必须向用户解释他们的数据来自哪里以及人工智能系统如何使用这些数据。同样重要的是，告诉用户模型正在使用哪些数据可以帮助他们知道何时拥有系统没有的关键信息。这些知识可以帮助用户避免在某些情况下过度信任系统。

比如，显示正在收集的有关单个用户的数据的概述，以及其数据的哪些方面用于什么目的。说明系统是针对一个用户或设备进行个性化设置，还是在所有用户中使用聚合数据。告诉用户是否可以删除或重置正在使用的某些数据，并说明与用户操作相关联。当人们能够立即看到对自己行为的反馈时，他们会学得更快，因为这样更容易识别因果关系。这意味着显示说明的最佳时间是响应用户的操作。如果用户采取了行动，而人工智能系统没有响应，或者以意想不到的方式响应，那么解释就大大有助于建立或恢复用户的信任。

当很难将说明直接与用户操作相关联时，可以使用多模式设计来显示说明。例如，如果有人同时使用具有视觉和语音界面的助理应用，则可以省略语音输出中的说明，但将其包含在可视界面中，以便用户在有时间时查看。

2. 在整个产品体验中规划信任校准

建立适当的信任水平需要时间。人工智能可以随着时间的推移而变化和适应，用户与产品的关系也会随之改变和适应。与用户建立适当信任的过程是缓慢而深思熟虑的，甚至在用户首次与产品交互之前就开始了。在考虑使用依赖于他们新技术的产品时，用户可能会有某些顾虑。他们可能想知道系统能做什么，不能做什么，它是如何工作的，以及他们应该如何与之交互。他们可能还想知道是否可以信任它，特别是在他们过去对其他产品有不太好的体验时。

（1）在用户指导下逐步提高自动化程度。允许用户习惯从人控制到机器控制的转变，并确保他们可以提供反馈来指导此过程。关键是要采取小步骤，并确保它们顺利落地并增加价值。当信任度高或错误风险较低时，实现更多自动化。

（2）继续清楚地传达有关权限和设置的信息。考虑用户何时可能想要查看他们过去设置的首选项，并考虑在他们切换到不同的上下文并且可能有不同的需求时提醒他们这些设置。他们也可能忘记自己在分享什么以及为什么，所以需要解释原因和好处。

（3）重新获得或防止失去信任。因为人工智能是基于概率和不确定性的，所以它有时会出错，在产品体验过程中，用户可能会遇到各种错误，在这样的关键点，用户通常会担心他们向系统发出错误信号，以及一旦错误发生后他们能否有安全继续的能力。错误的性质以及产品从中恢复的能力将影响用户的信任。要在用户使用产品遇到错误时保持其信任，以适当的响应进行沟通。以防出现问题，当事情没有按预期进行时，让用户提前知道有一个恢复计划，提前了解系统在这种情况下的行为方式可以帮助用户做出更明智的决策，让他们感觉更舒服。例如，如果用户通过在线航班预订服务购买了符合条件的行程，而同一预订合作伙伴的同一行程的价格后来低于其购买价格，则预订服务可能会通知用户他们有资格获得等于最低价格与他们支付的价格之间的差额的补偿。

（4）根据可能结果的严重性为用户提供前进的方向。响应方式应该提供一种处理现有错误的方法，并学会防止它在产品中再次发生，让用户有机会引导系统生成他们预期的预测，或者在高风险结果的情况下，完全从自动化转向手动控制。

3. 优化理解

由于人工智能本质上是概率性的，极其复杂，并且基于多个信号做出决策，因此它可以限制可能的解释类型。在某些情况下，对于复杂算法的输出可能没有明确、全面的解释。即使是人工智能的开发人员也可能不知道它是如何工作的。在其他情况下，预测背后的推理可能是可知的，但很难用用户能够理解的语言向用户解释。然而，提供人工智能系统的解释本身就是一个挑战。

（1）解释什么是重要的。部分解释阐明了系统如何工作的关键元素，或公开了用于某些预测的部分数据源。有些解释故意省略了系统功能中未知、高度复杂或根本没有用的部分。渐进式披露也可以与部分解释一起使用，以便为好奇的用户提供更多细节。

（2）描述系统或解释输出。一般的系统解释谈论整个系统的行为方式，而不考虑特定的输入。他们可以解释使用的数据类型，系统正在优化的内容以及系统是如何训练的。特定的输出解释应该解释特定用户的特定输出背后的基本原理，例如，为什么它预测特定的植物图片是毒橡树。输出说明非常有用，因为它们将说明直接连接到操作，并有助于解决用户任务上下文中的混淆。

（3）数据来源。回归等简单模型通常可以显示哪些数据源对系统输出的影响最大。为复杂模型确定数据源的影响力仍然是一个不断增长的活跃研究领域。在可能的情况下，可以用简单的句子或插图为用户描述有影响力的功能。解释数据源的另一种方法是反事实，它告诉用户为什么人工智能没有做出某个决定或预测。

（4）UX 人员帮助收集训练数据，并定义人们希望从 AI 产品中看到的预期结果。收集初始数据集后，工程师可以训练算法，设计师开始使用早期原型进行用户测试。通过这些测试，可以仔细检查第一个训练的模型，看看它们在真实用户中的表现如何。AI 项目设计需要开发人员和设计人员之间更紧密的协作。

（5）模型置信度显示。模型置信度显示不是说明 AI 为什么或如何做出某个决定，而是解释 AI 在其预测中的确定性以及它考虑的替代方案。由于大多数模型可以输出最佳分类和置信度分数，因此模型置信度显示通常是一种现成的解释。置信度显示可帮助用户衡量对 AI 输出的信任程度。但是，置信度可以以许多不同的方式显示，并且置信度分数等统计信息对于用户来说可能难以理解。AI 应用程序中的一种常见方法是使用百分比值来指示预测的质量。但是，此方法存在可用性问题。用户对信心百分比的解释不同，这取决于他们的性格、情绪和上下文。一些用户可能会拒绝置信度相对较高（如 84%）的预测。而其他人可能会接受提案，尽管信心评级要低得多（如 64%）。置信水平的百分比值与实际输出无关。对于利用反馈数据改进模型的应用，糟糕的用户选择会对学习算法产生不利影响。在这种情况下，机器会从低效或误导性的反馈中学习。由于不同的用户组可能或多或少熟悉置信度和概率的含义，因此最好在产品开发过程的早期测试不同类型的显示器。

传统上，计算机程序的设计遵循二进制逻辑，将一组明确的、有限的、具体的和可预测的状态转换为工作流。机器学习算法以其固有的模糊逻辑改变了这一点。它们旨在查找一组示例行为中的模式，以概率方式近似这些行为的规则。这种方法带有一定程度的不精确性和不可预测的行为。

如图 2-20，预订平台 Kayak 根据对历史价格变化的分析来预测价格的演变。它的“票价投放”算法旨在让人们对现在是否是购买机票的有利时机充满信心。数据专家自然倾向于衡量算法预测值的准确性：“我们预测这个票价将是 × ”。这种“预测”实际上是基于历史趋势的信息做出的。然而，预测并不等同于通知，设计师必须考虑这种预测在多大程度上支持用户的购买行为，并承担这个票价可能会上涨的结果。

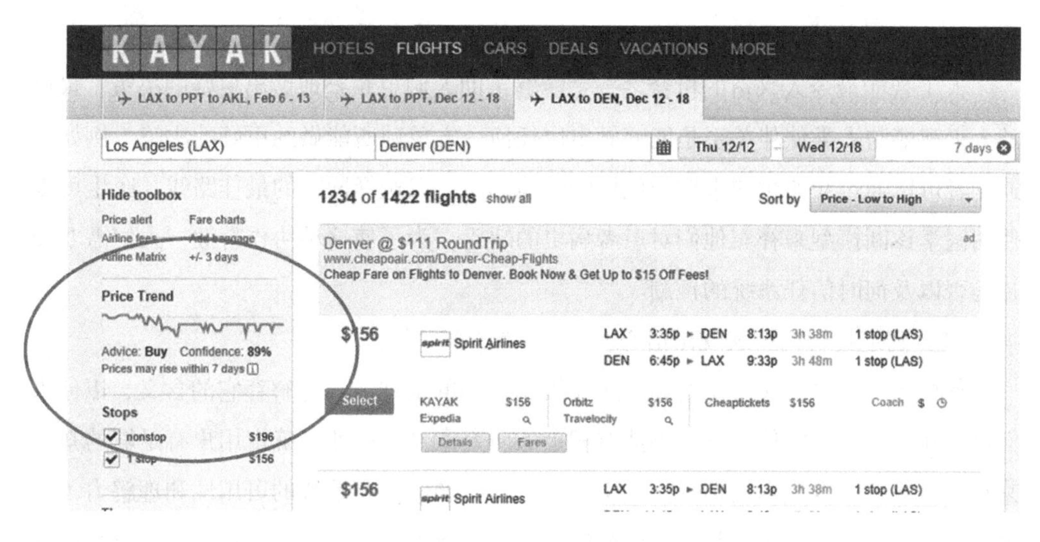

图 2-20　AI 解释设计

（6）基于示例的解释。在解释 AI 预测背后的原因很棘手的情况下，基于示例的解释很有用。此方法为用户提供了模型训练集中与所做决策相关的示例。示例可以帮助用户理解令人惊讶的 AI 结果，或者直观地了解 AI 可能以这种方式行事的原因。这些解释依赖于人类智能来分析示例并决定对分类的信任程度。

（7）通过互动解释。解释人工智能并帮助用户建立心智模型的另一种方法是让用户即时试验人工智能，作为一种询问“如果”的方式。人们通常会测试为什么算法会以这种方式运行并找到系统的局限性，例如通过向 AI 语音助手提出不可能的问题。有意识地让用户按照自己的方式与 AI 互动，以提高可用性并建立信任。这种类型的说明通常不能用于整个应用。它需要特定的输出才能使用。

（8）在某些情况下，在用户界面中包含所有何类型的说明并没有任何好处。如果人工智能的工作方式符合一个共同的心智模型，并且符合用户对功能和可靠性的期望，那么在交互中可能没有什么可以解释的。例如，如果手机摄像头自动适应照明，那么描述何时以及如何在使用它时发生这种情况会分散注意力。避免泄露专有技术或私人数据的解释也是明智的。但是，在出于这些原因而放弃解释之前，请考虑使用部分解释并权衡对用户信任的影响。

在其他情况下，给出完整的解释是有意义的，或者法律要求的解释——一个如此详细的解释，以至于第三方可以复制结果。例如，在政府用来给罪犯判刑的软件中，期望完全披露系统的每一个细节是合理的。

4. 管理对用户决策的影响

人工智能系统通常会生成用户需要采取行动的输出。系统是否、何时以及如何计算和显示置信度对于通知用户的决策和校准其信任度至关重要。

人工智能最令人兴奋的机会之一是能够帮助人们更频繁地做出更好的决策。最好的人工智能与人类伙伴关系是能够做出比任何一方单独所能做的更好的决策。例如，通勤者可以通过交通预测来增强他们的本地知识，以选择回家的最佳路线。医生可以使用医学诊断模型来补充他们对患者病史的缺乏。为了使这种协作有效，人们需要知道是否以及何时信任系统的预测。

（1）确定是否应该表现出信心。

使模型置信度直观并不容易。关于展示信心的最佳方式并解释它的含义，以便人们可以在决策中实际使用它，仍然有积极的研究意义。即使在确定用户有足够的知识来正确理解置信度显示的情况下，也要考虑它将如何提高系统的可用性和理解力（如果有的话）。信心显示总是有可能分散注意力，或者被误解。要注意的是，每个产品都必须留出大量时间来测试显示模型置信度是否对用户和产品、功能有益。在以下情况中，可以选不指示模型置信度：

①置信度没有影响。如果它对用户决策没有影响，可不用显示。与一般人的直觉相反，如果影响不明确，显示出更精细的置信度可能会令人困惑。

②表现出信心可能会误导用户。如果置信度可能会误导不太精通的用户，就要重新考虑其显示方式，或者是否显示它。例如，误导性的高置信度可能会导致用户盲目接受结果。

（2）确定如何最好地显示模型置信度

如果用户研究证实显示模型置信度可以改善决策，则下一步是选择合适的可视化效果。若要提出显示模型置信度的最佳方法，就要考虑此信息应告知哪些用户操作。可视化类型包括：

①分类。这些可视化将置信度值分类为：高、中、低，并显示类别而不是数值。仔细考虑截止点的含义以及应该有多少个类别，明确指出用户在每个置信度类别下应采取的操作。

②最佳备选。系统可以显示 N 个最佳备选结果，而不是提供明确的置信度指标。例如：“这张照片可能是纽约、东京或洛杉矶的照片。”此方法在低置信度情况下特别有用。显示多个选项会提示用户依赖自己的判断，可以帮助人们建立一个系统如何关联不同选项的心智模型。确定显示多少个备选方案将需要用户测试和迭代。

③数值。一种常见的形式是简单百分比。数值置信度指标存在风险，因为它们假定用户对概率有很好的基线了解。确保为用户提供足够的上下文，以便用户了解百分比的含义。新手用户可能不知道像 80% 这样的值对于某个上下文是低还是高，或者

这对他们意味着什么。由于大多数 AI 模型永远不会以 100% 的置信度进行预测，因此显示数值模型置信度可能会使用户对他们认为是确定的输出感到困惑。例如，如果用户多次收听歌曲，系统可能仍将其显示为 97% 匹配，而不是 100% 匹配。

④数据可视化。这是基于图形的确定性指示。例如，财务预测可能包括误差线或阴影区域，指示基于系统置信水平的替代结果的范围。某些常见的数据可视化最好由特定领域的专家用户理解。

Firebase 是面向移动开发人员的工具，它使用魔杖图标标记预测数据（图 2–21）。在这里，它们还提供有关预测准确性的信息，用户还可以设置风险承受能力。当然，该工具为更了解机器学习的工程师提供服务。普通人不一定理解“高风险承受能力”。但魔杖仍然很容易突出 AI 内容。

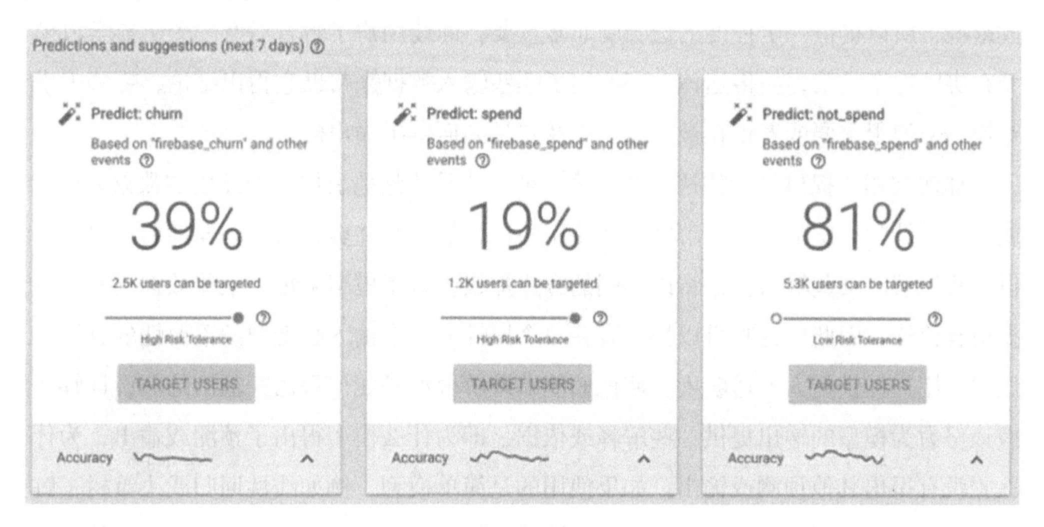

图 2–21　预测控制

自动驾驶汽车提供了 AI UX 的另一个很好的例子（图 2–22）。为了建立对乘客的信任，建议在车内安装一个屏幕，每个人都可以查看汽车周围的街景，提供透明化设计。

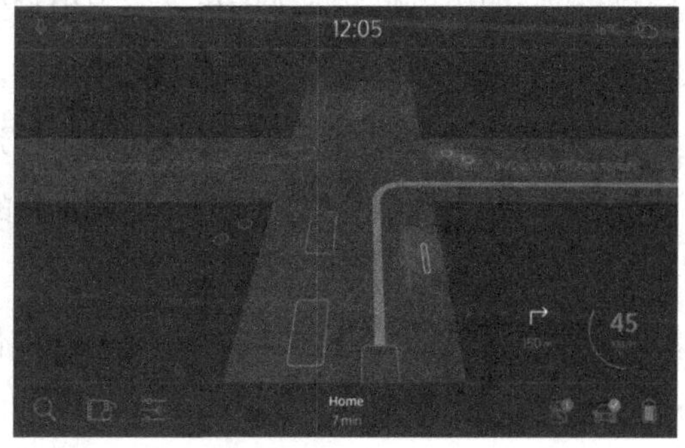

图 2–22　透明设计

5. 权衡透明度

一般应该提供多少关于模型如何工作的透明度？原则上可以提供尽可能多的透明度，但提供透明度的重要性实际上会根据机器学习模型的用例而有所不同。让我们考虑几种情况。

情况 A 是一个自动纠正电子邮件文本的模型。它可能从用户过去写过的电子邮件中收集的历史数据来理解用户常用的短语和单词，并提供智能自动纠正服务。在这种情况下，让用户了解背后有一个机器学习模型帮助他们撰写电子邮件可能是很好的，但用户了解该模型的所有细节可能并不必要。

另一方面，考虑情况 B，假设要构建一个计算用户风险水平的模型，以便决定是否批准他们的抵押贷款申请。在这种情况下，因为这个决定和模型对用户的输出有重大影响，所以提供一定程度的透明度非常重要，即让用户了解背后有一个机器学习模型在协助这个决策，并传达该模型使用了哪些输入数据来帮助它得出结论，哪些因素对模型来说很重要或者正在被考虑，以及它是如何得出输出的。

如何向用户提供模型的透明度？第一种方式是清楚地引用模型使用的数据来源或属性。设计师清楚地向用户解释正在使用的输入数据，并努力为不同属性的重要性提供一些见解。某些输入数据将以不同的方式加权。对于模型来说，某些数据比其他数据更有价值，因此设计师可以提供有关每个属性或每个输入数据源的重要性的见解，以便向用户提供更大的透明度，使他们能够理解模型是如何得出并输出的。设计师还应该努力为模型的输出提供一些解释或依据，即为什么模型得出了预测或输出，为什么它没有得出其他预测或输出。如果使用的是简单模型，例如线性回归或决策树，解释可能很容易，因为可以使用模型本身清楚地解释输出是如何得出的。对于其他类型的算法，例如神经网络，从模型本身获取解释可能很困难，但是仍然可以提供其他方法，向用户解释模型输出是如何得出的。例如，如果在谷歌搜索餐厅，通常会看到屏幕上显示该餐厅在某些时间繁忙程度的预测，以及每周每天的预测。这里的输出很可能是通过使用关于该餐厅随时间的历史数据训练的机器学习模型生成的。谷歌提供了一个非常简单的解释，说明该模型是如何工作或如何得出预测的。在这种情况下预测是基于对该地点的历史访问次数。同样地，可以在屏幕底部看到一个推荐系统的例子，它提供了来自对某个零售商的可能感兴趣的不同类别产品的推荐。在这种情况下，这些推荐是基于浏览历史以及在这家零售商的购买历史。

机器学习的输出本质上是概率性的。模型的输出不是一个离散的数字或类别，而是围绕特定数字或类别的概率分布。在设计机器学习系统的界面时，必须选择是否将模型的概率性输出转换为用户的确定性输出，或者选择以多种方式向用户呈现不确定性或置信度。提供模型的确定性输出还是一些关于概率分布的信息的选择，实际上取决于这些概率信息对用户决策的价值。

例如，构建一个模型用于使用胸部 X 射线检测肺部的肺炎存在。在这个例子中，医生了解肺部存在肺炎的概率可能是有价值的，而不仅仅是接收到模型输出的肺炎或非肺炎。由于医生可能将其作为进一步分析 X 射线的初步检查系统，向医生提供一些关于概率的信息对于协助他们的决策是重要的。

相反，假设为智能手机构建一个基于面部识别的模型，在用户看到图像时解锁手机。在这种情况下，模型需要确定是否为本人，模型可能达到 99.97% 的概率。但用户实际上并不关心这种概率信息。用户只想解锁他们的手机。用户希望输出要么是“是”，解锁；要么是“否”，不解锁。

假设开发一个能够预测该城市受到热带风暴或飓风风险的模型，并以 1 ～ 5 的等级进行评估，其中 1 表示对城市基础设施的重大损害风险非常低，而 5 表示对城市基础设施的重大损害风险非常高。可以通过用户界面向城市管理者提供离散的输出，模型可能会接收有关即将到来的飓风的信息，并生成一个预测，如即将到来的风暴的等级为 3 级。然而，与其只提供这种离散的预测，即将到来的风暴是 3 级风暴，对于城市管理者来说，看到每个类别的概率信息可能更有价值。例如，不仅仅说这次风暴是 3 级风暴，而是向用户提供类似于以下的概率信息：这次风暴是 3 级的可能性为 55%，但它也有 24% 的可能性是 4 级，还有 8% 的可能性是 5 级。看到这种关于风暴落入每个等级的概率的信息可能会导致城市管理者在做出决策时采取不同的行动，与他们只看到风暴是 3 级的信息相比，例如，考虑到有 24% 的可能性是 4 级风暴，相对于一个非常高的 3 级风暴的可能性，这可能会引发城市管理者在风暴到来之前采取不同的准备措施，也可能会引发严重洪水的情况。可以进一步提供一些解释，为什么它达到了预测结果，比如 3 级。可以提供预测的依据，例如，提供当前风速和风暴高度，以及相对于正常情况下该特定城市周围的局部海表温度升高，并且预测到由于冷锋的到来，风暴将快速经过该城市，而不是停留在城市上方并造成严重洪涝。为达到的预测提供一些依据以及推动预测的关键特征的洞察力，也将帮助用户获得有价值的信息，尤其是在模型所做的预测后果非常严重的情况下。

以回归任务为例。假设为公交系统构建一个模型，预测公交车按照正常路线行驶时的到达时间。可以构建一个向公交系统的用户或旅客提供简单离散输出的系统。例如，模型可能输出公交车 A 将在 12 分钟内到达第 3 站。这些信息对旅客来说是有用的，但对他们来说更有用的可能是进一步了解概率分布。例如，旅客看到公交车将在 12 分钟后到达，他可能会在 12 分钟时准时到达，但有很大的可能性，公交车已经在

11 分钟 45 秒到达，这样他刚好错过了公交车。在类似这样的情况下可能会传达一种错误的精确感，通过向用户传达不确定性或置信度，可以帮助他们更明智地决定他们的行为或选择何时到达公交站。向用户提供置信区间或者预测区间，预计到达时间为 12 分钟，但是有 95% 的置信度，或者公交车将在 6 分钟到 22 分钟之间的某个时间到达，并向他们返回一个概率值。例如，公交车有 65% 的可能性在 10 ～ 15 分钟内到达。在通过界面向用户呈现多少概率信息的选择时，需要记住精确性和易于解释性之间存在权衡。提供简单的离散输出，例如公交车将在 12 分钟内到达，易于解释，用户可以快速了解并从中获得一些价值。但在另一方面，它也不精确，如果模型预测公交车将在 12 分钟内到达，这就向用户分享了一种错误的精确感。通过图表或统计数据，可以提供更高的精确度给用户。但是这样做会失去一些易于解释性。用户可能更难理解这些信息，并基于此做出决策。

6. 可解释的设计指南

为了帮助在人与机器之间建立信任，我们需要提供有关底层模型和算法结果背后的推理的足够信息。这在业务应用程序中更为重要，因为用户要对他们做出的决策负责。“可解释的人工智能”是指在上下文和正确的时间解释智能系统提案背后的原因。

（1）关键性。做出正确决定是很关键的，一旦采取行动，就很难逆转。相反，如果风险较低且操作可以轻松回滚，则用户可能不需要系统建议的解释。

（2）复杂性。用户很难评估其决策的影响和质量，这可能是由于缺乏流程洞察力，因为此任务通过机器学习实现自动化。相比之下，如果用户可以很容易地判断出提案何时适合（无需培训），他们可能不需要额外的输入。

（3）透明度。应用需要满足广泛的审计要求，审计人员必须能够追溯交易，并查看每个执行步骤的基本原因。审核员可能比最终用户需要更多的信息。相反，如果没有审核要求，则可能不需要解释（假设最终用户也不需要解释）。

（4）波动性。为了使机器学习模型适应不断变化的条件或要求，AI 应用程序依赖于持续的反馈。相反，如果反馈对算法的输出或用户体验影响很小或没有影响，那么提供额外的解释可能会分散注意力而不是帮助。

SAP 用户界面设计指南网站 https://experience.sap.com/fiori-design-web/explainable-ai/ 给出了详细的可解释性设计指南（图 2-23），区分三个解释级别：最低限度、简单和专家级别，同时提出了渐进式披露的框架。采用表 2-10 所示的渐进式披露级别可避免用户一次获得过多的信息。最初，用户只能看到一个解释指示器，然后可以深入另外两个细节层。此方法的优点是说明不会使现有 UI 混乱，用户只有在真正需要细节时才需要关注细节。

Level 1 WHAT　　Level 2 WHY　　Level 3 HOW

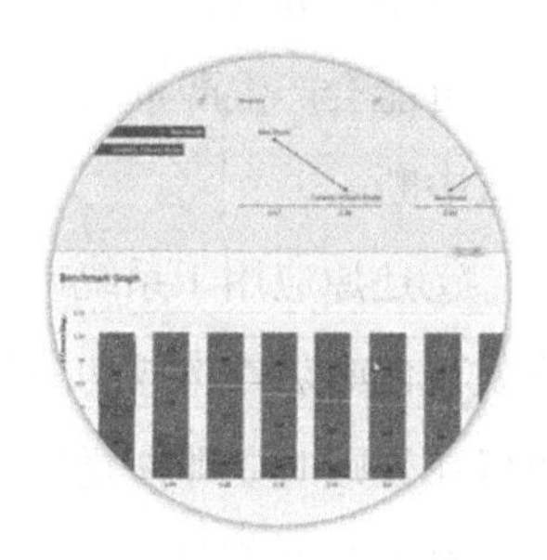

Minimum（最低限度）　　Simple（简单）　　Expert（专家）

图 2-23　解释级别

表 2-10　渐进式披露级别

级别	信息类型
0级	没有其他解释元素。对于用户不希望或不需要系统解释的情况
1级	简要说明上下文，有或没有获取更详细信息的选项 在简单的情况下，一个简短的解释可以澄清问题，一个 1 级的解释可能就足够了
2级	提供简明的信息，包括表格、图表或任何其他UI元素，以便更深入地了解问题。用户通过单击级别 1 中作为链接提供的说明来访问此级别
3级	显示详细信息，包括表格、图表或任何其他 UI 元素，以便深入地了解问题。 用户通过单击级别 2 中作为链接提供的说明来访问此级别

如果无法进行广泛的研究，使用启发式评估方法进行用户研究与测试，以下是可采用的参考问题列表。

①用户是否期望得到解释？如果与操作相关的风险非常低，并且结果可以很容易地回滚，则用户通常对系统建议的解释不感兴趣。

②自动化目标是什么？根据自动化级别，用例和目标用户角色和应用功能可能会发生巨大变化。

③除了目标业务用户之外，体验中还涉及哪些其他角色？与人工智能系统的交互还涉及技术、非业务角色。此外，还要考虑开发、支持或维护中涉及的角色。

④机器学习服务的透明度或可追溯性如何？有些用例比其他用例更关键。由于法律和法规规定，企业应用程序通常比消费类软件受到更严格的审计要求。

⑤用户通常是否能够与显示的信息和数据相关联，他们能否推断出后续操作和影响（详细信息和明确性）？尽管 AI 可以帮助优化任务使之更简单，但当用户完全理

解结果和含义时，提供 AI 解释可能会过度设计。

⑥错误处理的数据对客户的业务有多大危害？流程中的某些操作在设计上至关重要，可能会产生严重的副作用。人工智能解释必须保护此类场景，并帮助防止任何损害或中断。

⑦还原应用于系统或流程的更改的难易程度如何？在用户面临最后期限、期末结算或其他必须首次成功的操作的情况下，提供信息以支持用户至关重要。但是，如果可以在失败时立即恢复所有内容，则可能不需要解释。

⑧业务案例是否需要持续调整？随着用户获得更多经验，对模型的重复（静态）解释的需求会随着时间的推移而减少甚至消失。但是，如果 AI 是动态学习的，则必须始终通知用户不断变化的条件（动态解释）。

2.3.4 AI 产品的反馈与控制

许多生产中的机器学习系统都使用员工反馈循环，其中用户与模型的交互会作为新数据点反馈到模型中，进而影响用户在下一次看到的模型输出。当用户与机器学习系统进行更多交互时，系统会收集这些交互的数据，改变或微调其行为，以便在未来向用户提供更好的输出。反馈循环有两种类型：它可以是显式的，意味着用户直接向系统提供反馈来用于训练模型；也可以是隐式的，意味着用户没有直接提供反馈。一旦收集到用户因与模型互动而采取的行动的数据，就可以将收集到的数据作为直接反馈的替代品，并用它来训练和更新模型。

用户反馈是用户、产品和团队之间的沟通渠道。利用反馈是改进技术、提供个性化内容和增强用户体验的一种强大且可扩展的方式。

对于 AI 产品，用户反馈和控制对于改善底层 AI 模型的输出和用户体验至关重要。当用户有机会提供反馈时，他们可以在个性化他们的体验和最大化 AI 产品给他们带来的好处方面发挥直接作用。当用户对系统具有适当级别的控制时，会增强他们对产品的信任度。

反馈和控制机制的关键考虑因素如下：

（1）使反馈与模型改进保持一致。

理解隐式反馈和显式反馈之间的差异，并在适当的详细级别提出有用的问题。

尽可能找到使用反馈来改进 AI 的方法。通常，用于收集反馈的类型有隐式机制和显式机制。对于这两种类型的反馈，让用户知道正在收集哪些信息、信息的用途以及这些信息的使用如何使他们受益，这一点很重要。

隐式反馈是产品日志中有关用户行为和交互的数据。此反馈可能包括有价值的信息，例如用户打开应用的时间，接受或拒绝系统推荐的次数。通常，这是常规产品使用的一部分——不必明确询问此类信息，但应该让用户知道系统正在收集这些信息，并预先获得他们的许可。

用户并不总是知道他们的操作何时被用作输入或反馈，因此在解释如何使用这些数据时，应该允许用户选择退出共享隐式反馈的某些方面（例如记录他们的行为），这应该包含在服务条款中。让用户知道他们可以在哪里查看其数据以及在哪里可以更改数据收集设置。理想情况下，在上下文中执行此操作。

显式反馈是指用户有意对 AI 的输出提供评论。通常，这是定性的，例如建议是否有帮助，或者分类（例如照片标签）是否错误以及错在哪里。这可以采用多种形式，例如调查、评级、点赞或文字反馈。

显式反馈中提供的问题和答案选项应容易被理解，措辞选择应符合请求的反馈类型如适当的声音和语气，并避免可能被解释为冒犯性的词语或参考资料。在询问严肃的事情时，笑话很可能是不合适的。通过查看用户对主题的反馈，并相应地对产品进行更改，或者作为信号直接反馈到 AI 模型中，这时要确保收到的反馈数据实际上可用于改进模型。

有时，一条反馈同时包含隐式和显式信号。例如，公开的“喜欢”既是一种与他人沟通的方式（明确地），也是调整推荐模型的有用数据（隐式）。像这样的反馈可能会令人困惑，因为用户所做的事情和用户想要从 AI 模型中得到的东西之间并不总是有明确的联系。例如，仅仅与一段内容互动并不意味着他们希望看到更多相同的内容。他们可能试图忽视它，或者仅仅出于暂时的好奇心。在这些情况下，务必考虑如何使用隐式信号进行模型优化。并非每个动作都可以以相同的方式解释。同样，如果明确的反馈可以有广泛的解释，就要考虑减少它对模型调整的影响。

尽量通过应用商店的评论、微博、电子邮件、呼叫中心、推送通知等不同形式的渠道获得反馈信息，这些事件和反馈机会可以提供数据来改进产品中的 AI。

（2）传达价值和影响时间。

选择提供有关产品或体验的反馈的原因有很多。表 2–11 是一些用户愿意参与反馈的原因以及每种原因的优缺点。

表 2-11　不同反馈动机的优缺点

反馈动机	动机说明	优势	劣势
物质奖励	现金支付具有很高的激励性。Mechanical Turk是这种大规模反馈奖励的一个例子	增加反馈的直接解决方案，可能会增加反馈量	随着时间的推移，运行成本变得高昂，可能贬低内在动机；对一部分用户的偏见，可能会降低反馈质量
象征性奖励	这些可以包括地位成就，例如虚拟徽章，社会证明和通过将自我形象投射到社区的群体地位，以及社会资本，例如作为专家的声誉	低成本或零成本	依赖于用户关心他们如何被感知；在社区中造成权力失衡，可能抑制内在动机
个性化体验	个性化用户体验，利用跟踪用户使用产品的进度，是否添加书签，及其他点赞等评论行为，训练个性化的AI模型——如推荐引擎，以便以后进行更相关的输出	无需网络效应或社区互动即可开始	对隐私的关注会影响社区互动；可能抑制内在动机
利他行为	一些用户会主动参与社区建设，例如对某个产品进行评论，帮助其他人作出决定，或发表相反的意见，不同意特定的产品评论，增进社区多样性和公平性	基于用户利他行为，主动参与，能够提供更诚实的反馈信息	社会期望偏差可能导致反馈内容的极端。利他行为水平可能因文化或群体而异
内在动机	内在动机是人们从表达自己的行为中获得的内在成就感。这包括通过提供反馈直接享受，发泄和表达意见的能力，以及社区参与的享受	无需网络效应或社区即可启动；人们喜欢做自己喜欢的事情，动机明确	社会期望偏差可能导致反馈内容的极端

协调感知价值和实际用户价值。如果好处不明确和具体，用户可能不明白他们为什么要提供反馈。他们可能会避免提供反馈，或者如果他们无法避免，他们可能会给出毫无意义的回应，甚至有害的反馈。如果用户认为他们的反馈只对产品开发人员有价值，有些人可能会故意给出不好的反馈。例如，如果用户认为系统“免费”应用背后的意图实际上是收集数据以出售给广告商而不告诉他们，这可能会影响他们在调查中给出的反馈。

理想情况下，用户将了解其反馈的价值，并会看到它以可识别的方式在产品中体现出来。设计师需要将用户为他们获得的价值与AI实际可以提供的价值联系起来，将反馈与用户体验提升联系起来。让用户明白他们的反馈可以建立信任，认识系统下一步会做什么，或者告诉用户输入将如何影响人工智能。

设定对 AI 改进的期望。对于许多系统，即使有用户反馈，大部分 AI 输出也可能与以前相同。随着用户提供越来越多的反馈，每个部分对 AI 模型的影响可能会减少。有时，反馈与改进 AI 模型完全无关。例如，产品可能包含“显示更多 / 更少此内容”反馈按钮作为建议的一部分，但该反馈可能不会用于调整 AI 模型。它可能只是对显示的内容的过滤器，对未来的建议没有任何影响。如果是这种情况，并且用户有即时调优的心理模型，这可能会产生不匹配的期望，用户可能会感到困惑、失望和沮丧。若要避免这种情况，可以使用上面的消息传递示例来确保反馈范围和影响时间明确。如果用户知道模型需要多长时间才能适应他们的需求，则用户的体验会更好。

即使有最好的数据和反馈，人工智能模型改进也几乎不可能立即实施，需要等待实施模型更新，直到他们获得来自个人的其他信号、来自组的更多数据或版本发布。这些延迟的现实意味着设计师需要通过清晰的设计和消息传递，为人们何时期望模型性能的改进或人工智能驱动的产品更好地输出相关性设定明确的预期。

在考虑寻求用户反馈的机会时，要考虑如何以及何时改善他们对 AI 的体验。所有用户组是否都从此反馈中受益？用户对 AI 的控制水平如何影响他们提供反馈的意愿？根据这些反馈，人工智能将如何变化？ AI 何时会根据此反馈进行更改？

（3）平衡控制和自动化。

对于人工智能驱动的产品，自动化和用户控制之间有一个基本的平衡。应允许用户根据自己的需求调整输出、编辑输出或关闭输出。他们在现实世界中的背景，以及他们与手头任务的关系决定了他们如何使用 AI 产品。

设计师应了解人们何时想要保持控制。在构建人工智能驱动的产品时，很容易假设最有价值的产品是自动实现人们目前手动完成的任务的产品。例如，假设一个音乐应用程序可以生成主题歌曲集，使用户不必花时间了解艺术家、听曲目、做决定，然后编辑歌曲列表。此类产品中的用户体验是显而易见的，在一些可预测的情况下，人们更喜欢保持对任务或流程的控制。设计师应基于自身的经验，以及通过观察访谈等方式获得关于用户对自动化和控制的看法的宝贵经验。

首次引入 AI 时，要考虑允许用户测试或关闭它。一旦清楚地解释了好处，就要尊重用户不使用该功能的决定。即使用户决定不使用，也可能会决定稍后使用它。

为了使 AI 产品增强人工任务和流程，人们需要能够根据自己的情况控制它的功能。允许这样做的一种方法是为用户提供一种以常规、非自动化方式完成其任务的方法。手动方法是一种安全且有用的回退。

提供可编辑性。用户的首选项可能会随时间而变化，因此要考虑如何让用户控制 ML 模型交互的首选项，并能够对其进行调整。应允许用户删除或更新他们以前的选择，或将ML模型重置为默认的非个性化版本，调整其先前的反馈并重置系统。

现有设备并没有真正意识到上下文，也就是说，设备外部发生了什么，设备并未感知或理解到。了解上下文将使设备能够更主动地帮助人们，提供相关信息，使人们“在当下，更专注于当前的任务”，而不是手动响应不断中断的设备。AI产品需要利用传感器将外部数据与用户的内部生理及心理状态数据结合起来，以增强和扩大个人的认知。通过ML技术，人类和机器从环境中吸取经验，共同工作，从而在两个实体中建立洞察力，可减少认知负荷、实现无摩擦的即时响应。

自动化可能导致技能退化，例如，飞行员因为自动驾驶仪而忘记了如何飞行，医生忘记了基本的操作技能，司机因为GPS系统而失去了辨别方向的技能。每当一个设计团队选择添加一项AI技能，将其从人类转移到设备的功能时，他们都面临着一个具有广泛社会影响的决定，这种功能被称为“去技能化”。当然，该产品可能会减少认知负荷，提高任务完成效率，设计师可以创建剥夺技能的界面，但他们也可以设计有目的地保存甚至培养技能的系统。它可以被设计为强迫这个人在内部思考和发展这个任务。一个智能系统不仅可以使现有的技能自动化，还可以加强或提高技能。

2.3.5 容错处理

当人工智能犯错误或失败时，事情可能会变得复杂。用户何时将低置信度预测视为“错误”？如何可靠地识别复杂AI中的错误来源？AI是否允许用户在AI失败后继续前进？当用户与产品交互时，他们将以开发过程中无法预见的方式对其进行测试。误解、错误的开始和不当行为都会发生，因此针对这些情况进行设计是任何以用户为中心的产品的核心组成部分。错误也是机会。他们可以通过实验支持更快地学习，帮助建立正确的心智模型，并鼓励用户提供反馈。处理AI驱动系统中错误的关键考虑因素如下。

2.3.5.1 定义“错误”和“失败”

用户认为的错误与他们对AI系统的期望密切相关。例如，一个在60%的时间内有用的推荐系统可以被视为失败或成功，这取决于用户和系统的目的。如何处理这些交互可以建立或纠正心智模型并校准用户信任度。

将AI集成在产品中意味着建立一种关系，该关系会随着用户与AI系统的交互而变化。用户可能会期望交互是根据他们的品味和行为策划的，并且体验因用户而异的不同结果。因此，定义错误的内容也可能因用户而异，具体取决于他们的专业知识、目标、心智模型和过去使用产品的经验。

例如，如果有人假设人工智能驱动的音乐推荐系统仅使用标记为“收藏夹”的歌曲来提供推荐，那么如果系统推荐的流派超出了用户的收藏夹列表，用户可能会认为这是一个错误。如果 AI 使用包括收藏夹在内的多种标签则可能不会认为这是一个错误。

识别用户、系统和上下文错误。在非人工智能系统中，“用户错误”通常是从系统设计者的角度定义的，用户被指责为导致错误的“误用”。另一方面，“系统错误”通常是从用户的角度定义的：用户将产品不够灵活而无法满足他们的需求归咎于系统设计人员。在人工智能系统中，根据系统对用户的假设，用户可能会遇到上下文错误。

（1）上下文错误。

上下文错误是指 AI 系统通过对用户在特定时间或地点想要做什么而做出不正确的假设，变得不那么有用的实例。因此，用户可能会感到困惑，或会因任务失败而完全放弃产品。这可能与个人生活方式或偏好有关，或者模式可以与更广泛的文化价值观相关联。

例如，如果使用食谱建议应用产品的人经常在晚上拒绝推荐，则此模式应向产品团队发出信号，表明可能存在上述的原因。如果用户上夜班，他们可能只是喜欢在上班前推荐早餐。然而，如果某个群体中的所有用户在一年中的某个时间一直拒绝基于肉类的建议，这可能与没有考虑到的文化价值观或偏好有关。

为了防止或纠正上下文错误，需要查看 AI 用于对用户上下文做出假设的信号，并评估它们是否不正确、被忽视、被低估或高估。

当 AI 对用户的上下文具有高度信心时，可提供主动建议。不要根据假设行事。这样做可能会导致上下文错误。上下文错误和其他错误可以被认为是用户期望和系统假设之间的交互。

上下文错误通常是积极因素，因为用户根据上下文能察觉到错误。这类错误只是因为系统的行为没有得到很好的解释，破坏了用户的心智模型，或者基于糟糕的假设而未按预期工作。

是否解决这些错误取决于错误出现的频率和严重性。可以更改系统的运行方式，以更好地满足用户的需求和期望。或者，调整产品的入门设置以建立更好的心智模型，并将用户对这些情况的看法从错误转变为预期行为。

（2）失败状态。

由于系统的固有限制，系统无法提供正确的答案或无任何答案。例如，如果图像识别应用可以识别许多不同种类的动物，但用户向应用展示了一张不在训练数据集中的动物照片，因此无法识别，这时模型就处于失败状态。

对于可感知到的错误，应尽可能具体地告知用户系统的限制，使用错误状态告诉用户 AI 需要哪些输入或 AI 如何工作。

有些失败状态是用户无法察觉的错误，这些错误对用户是不可见的，因此设计师无需考虑如何在用户界面中解释它们，但了解它们可以帮助设计师改进 AI。

（3）快乐的意外。

系统可能无法识别，会将某些内容标记为糟糕的预测、限制或错误，设计师可以利用这种意外进行有趣的设计。例如，一个用户要求智能扬声器把垃圾倒掉，作为一个玩笑，用户知道这是不可能的，他和他的家人就会对扬声器设计的反应感到有趣。

（4）后台错误。

系统无法正常工作，但用户和系统都没有意识到错误的情况，可能是后台错误。例如，如果搜索引擎返回不正确的结果，并且用户无法将其识别为不正确的结果。

如果长时间未检测到这些类型的错误，可能会产生重大后果。它们还会对系统如何测量故障和错误率具有重要影响。由于系统不太可能从用户反馈中检测到这些错误，因此需要一个专门的质量保证流程来对系统进行压力测试并识别“未知的未知数”。

（5）考虑用户旅程中的计时。

用户对在使用产品的早期遇到的错误和长期使用后的可能会有不同的反应，一段时间使用后，用户就会对产品能做什么和不能做什么有更根深蒂固的期望。用户使用该产品的时间应该会影响 AI 传达错误并帮助用户回到正轨的方式。

例如，当用户第一次与音乐推荐系统交互时，若初始推荐与他们无关，他们可能不会将其视为错误。但是，经过一年的收听，并将收藏夹添加到播放列表后，用户可能对系统建议的相关性有更高的期望，因此认为不相关的建议是错误的。

（6）权衡情境风险和错误风险。

在某些情况下，AI 错误和故障只会给使用带来不便，但在其他情况下，它们可能会产生严重的后果。例如，人工智能建议的电子邮件回复中的错误与自动驾驶汽车处理相关的错误具有非常不同的利害关系。对于非 AI 系统也是如此，但是 AI 系统的复杂性和上下文错误的可能性要求设计师额外考虑 AI 做出决策的每种情况的风险。

2.3.5.2 识别错误来源

AI 使用奖励函数来优化其输出。系统中可能出现的错误的范围和类型将取决于此奖励函数，但一般来说，人工智能特有的错误来源有以下几个。

（1）预测和训练数据错误。这些错误来自训练数据和机器学习模型优化方式的问题。例如，导航应用可能没有特定地理区域中道路的训练数据，从而限制了其功能。

（2）结果标记错误或分类错误。当系统的输出由于训练数据不佳而被错误标记或分类时。例如，植物分类应用的训练数据中标记的浆果不一致会导致草莓被错误分类为覆盆子。其对策可以是允许用户提供指导或更正数据或标签，这些数据或标签会反馈到模型中以改进数据集或提醒团队需要额外的训练数据。

（3）推理不佳或模型不正确。尽管有足够的训练数据，但机器学习模型不够精确。例如，植物分类应用具有包含浆果的标记良好的数据集，但在识别草莓时，模型优化不佳会返回大量误报。应允许用户提供指导，或更正数据或标签，这些数据或标签会反馈到 AI 模型并进行优化。

（4）数据缺失或不完整。当用户根据训练的数据达到模型可以执行的操作的边缘时。例如，如果用户尝试在狗身上使用植物分类应用。此时，应传达系统应该做什么以及它是如何工作的。然后，解释它缺少什么或它的局限性。允许用户提供有关系统未满足的需求的反馈。

（5）预测或规划输入错误。这些错误来自用户的期望，即系统将“理解”它们的真正含义，并给出纠正输入。例如，用户输入拼写错误，系统可以识别其预期的拼写。这时的设计策略可以是检查用户的输入与一系列“预期”答案，以查看他们是否打算输入这些预期输入之一。例如，“你的意思是搜索XYZ吗？

（6）打破习惯。当用户与系统的 UI 建立了习惯性的交互，但更改导致其操作导向不同的、不希望的结果时。例如，在文件存储系统中，用户总是通过单击界面的右上角区域来访问文件夹，但由于新实现的 AI 驱动的动态设计，文件夹位置经常变化。由于肌肉记忆而单击该区域现在却会打开错误的文件夹。这时，界面设计应考虑以不打破习惯的方式实现 AI，例如为不太可预测的 AI 输出指定接口的特定区域。或者，允许用户还原、选择或重新训练特定的交互模式。

（7）错误校准。当系统不正确地对操作或选择进行加权时，需要考虑马太效应。例如，如果在音乐应用程序中搜索艺术家会导致对该艺术家的音乐进行无穷无尽的推荐。这时应解释系统如何匹配输入和输出，并允许用户通过反馈更正系统。

（8）检查输出质量是否存在相关性错误。AI 驱动系统并不总是能够在正确的时间提供适当的信息。不相关性通常是上下文错误的根源——按预期工作的系统与用户的实际需求之间的冲突。与用户输入错误和数据错误不同，这些不是信息准确性或系统如何做出决策的问题。这些错误是关于如何以及何时交付（或不交付）这些结果的问题。

（9）置信度低。当模型由于不确定性约束而无法完成给定任务时：缺乏可用数据、对预测准确性的要求或信息不稳定。例如，如果航班价格预测算法由于条件变化而无法准确预测明年的价格。这时可解释为什么无法给出某个结果，并提供替代的前进路径。例如“没有足够的数据来预测明年飞往巴黎的航班价格。尝试在一个月内再次检查”。

（10）无关。当系统输出具有高置信度，但以与用户需求无关的方式呈现给用户时。例如，用户预订了前往休斯敦参加家庭葬礼的旅行，他们的旅行应用程序却推荐了一些“有趣的度假活动”。这时，应允许用户提供反馈以改进系统功能。

（11）消除系统层次结构错误的歧义。这些错误源于使用多个可能无法相互通信的 AI 系统。这些重叠可能会导致情境控制或用户注意力方面的冲突。提前规划 AI 系统如何与其他系统交互，并为用户提供多级别的控制，以管理输出和避免冲突。

（12）多个系统。当用户将产品连接到另一个系统时，不清楚在给定时间哪个系统负责。例如，用户将“智能恒温器”连接到“智能电表”，但这两个系统具有不同的能效优化方法。系统之间发送相互冲突的信号并停止正常工作。可以解释连接的多个系统，并允许用户确定优先级。考虑以可视化方式表示产品界面中多个AI系统之间的关系，也许可以将它们映射到不同的位置。

（13）信号崩溃。当多个系统监视单个（或类似）输出并且事件导致同时警报时。信号崩溃会增加用户的精神负担，因为用户必须解析多个信息源来弄清楚发生了什么，以及他们需要采取什么行动。例如，想象一下，如果用户的语音输入被多个语音激活系统识别，这些系统同时以不同的方式响应。这时用户可能不知道下一步该做什么。应允许用户为 AI 设置不与其他信号重叠的独立控件。例如，智能扬声器开始收听的接口号可能是唯一的，则系统可能会尝试推断哪个系统是用户打算设为首要地位的系统。

2.3.5.3 提供从失败中前进的路径

对技术的局限性设定合理的期望有助于建立良好的错误体验，但用户如何前进同样重要。专注于用户在系统故障后可以执行的操作，可以增强用户的能力，同时保持产品的实用性。

如果你是一家餐馆的服务员，而一位顾客想点吃的东西，但厨房存货用完了，你会想出一个替代选择，考虑到他们隐含的偏好。例如，我们没有可口可乐，但百事可乐好吗？在情境风险较高的情况下，应该进行额外的检查，以确保替代方案确实是一个安全的选择。例如，如果用户想要一道餐厅没有的菜，但最接近的替代品含有常见的过敏原，那么服务员在提出建议之前会三思而后行。在这些失败状态下，主要目标应该是防止对用户造成不必要的伤害，并帮助他们继续下面的工作。

（1）创造反馈机会。如上述各节所述，用户遇到的许多错误都需要他们的反馈才能改进系统。特别是，系统本身不容易识别的错误类型（例如标记错误的数据）依靠外部反馈来修复。包括用户在出现错误消息时以及在“正确”系统输出界面提供反馈的机会。例如，询问用户在系统故障后他们希望怎样进入下一步，并提供报告不当建议的选项。如果用户反复拒绝AI输出，请用户提供反馈。

（2）将控制权归还给用户。当人工智能系统出现故障时，最简单的途径通常是让用户接管。是否可能为用户提供完全的“覆盖”权力以及它的外观将因系统而异。在某些情况下，恢复为手动控制可能会有风险或危险。例如，在交通高峰时段如果导航系统完全停止向需要导航的用户提供方向。当这种从AI到手动控制的转换发生时，设计师有责任让用户轻松、直观、快速地从系统中断的地方继续。这意味着用户必须拥有他们掌握控制权所需的所有信息：了解情况，他们下一步需要做什么以及如何做。

（3）假设破坏性使用。尽管编写信息丰富且可操作的错误消息很重要，但应该在设计产品时知道有些人会故意滥用它。这意味着，除了预估产品的潜在负面影响之外，应该尝试使失败变得安全且无聊，避免使危险的故障变得有趣，或过度解释系统漏洞——这可能会激励用户重现它们。例如，如果每次用户将收件箱中的电子邮件标记为垃圾邮件时，电子邮件应用程序都会解释为什么系统未将该邮件归类为垃圾邮件，这可以为垃圾邮件发送者提供有关如何避免被过滤器捕获的有用提示。

无论是机器还是其他，都不可能不犯错。在设计和构建系统时，要知道错误是不可或缺的，这将有助于创造与用户对话的机会。反过来这又为错误的解决和用户完成目标创造了更有效的途径。

人工智能可以生成内容并采取以前没有人想到的行动。对于这种不可预测的情况，必须花更多的时间测试产品，发现奇怪、有趣，甚至令人不安或不愉快的边缘情况。许多有趣和粗鲁的聊天机器人示例比比皆是，机器人不理解上下文，或者人们给了他们简单但出乎意料的命令。

在现场进行广泛的测试可以帮助最大限度地减少这些错误。关于产品功能的清晰沟通可以帮助人们理解这些意外情况。设计人员还必须向开发人员提供有关用户期望的信息，以便微调算法以防止不良响应。在许多情况下，这需要在精度和召回率之间进行权衡。

2.3.6 价值敏感设计

人工智能在应用过程中存在着“不确定性”，这种“不确定性”不仅来自于人工智能自身的技术黑箱，也来自于人们对法律和伦理道德的忽视，这引发了如隐私保护、信息安全、公平正义、人类健康、责任区分等方面的伦理问题。为解决上述问题，在研发人工智能应用设计及使用过程中，人们逐渐开始探索并使用技术方法来嵌入人类价值，如参与式设计、以用户为中心的设计、通用设计、包容性设计、价值敏感设计（value sensitive design，VSD）等。但是，前4种方法倾向于重视工具性和功能性价值，如用户友好性和可用性，在设计符合伦理的人工智能应用方面的使用范围有限；相比之下，价值敏感设计不仅关注工具性和功能性价值，而且着重强调设计中的伦理价值，如知情同意、信任、公平性等。同时，价值敏感设计还将人类价值放在科技产品所处的具体环境中进行考量，并关注现有技术是如何支持或阻碍人类价值的，以便能在设计过程中系统地、彻底地考虑人类价值和社会影响。鉴于拥有以上优势特征，价值敏感设计在人工智能应用的设计中具有独特的优势，受到更多研究者和设计师的青睐。

价值敏感设计被定义为“一种以价值理论为基础的设计方法，强调在整个设计过程中以一种有原则的、全面的方式考虑人类价值”。符合伦理的技术设计不仅仅应是一种前瞻性行为，而且应该贯穿于设计的整个过程，以有效嵌入人类的道德价值。

价值敏感设计认为技术不是价值中立的，技术体现着开发人员的价值观，而且技术人工物会对人类生活的环境产生影响，包括道德、政治等多个层面。也就是说，研究人员在设计过程做出的决策具有价值含义。因此，在设计前充分考虑人类价值极其重要。这里的“价值”是一个广泛的术语，指的是一个人或一群人认为在生活中重要的东西。就价值敏感设计关注的具体伦理价值而言，它涵盖了人类福利、所有权和财产、隐私、无偏见、普遍可用性、信任、自主性、知情同意和问责制等；也涉及在使用过程中侧重用户使用体验的实用性价值（如系统操作的简易化）、公约（如标准化协议）和个人品味（如图形化用户界面中的颜色偏好）等。

价值敏感设计为研究者们提供了一套独特的三方方法论，即概念调查、实证调查和技术调查。这3个阶段之间的相互作用是动态的，某一阶段中进行的设计更改会影响其他两个阶段。例如，技术解决方案的变更可能会导致新的社会风险出现，或者利益相关方的新的经验和价值输入可能需要技术设计做出相应的调整。因此，为实现产品的优化设计，概念调查、实证调查和技术调查的执行过程需要不断重复和迭代，如

图 2–24 所示。

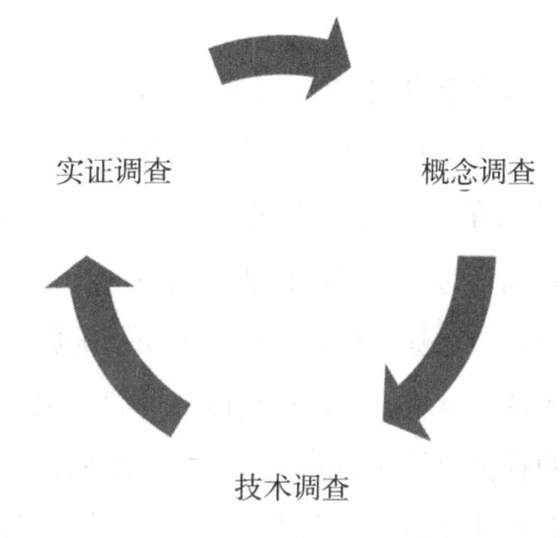

图 2–24　三方方法论及其迭代

1. 概念调查

概念调查是价值敏感设计中价值的概念化过程，这一阶段包含对所调查的问题和结构进行分析性和哲学性的探索，主要回答以下关键问题：

①谁是受其影响的直接和间接利益相关者？

②利益相关者与系统的关系如何？

③所研究的问题和结构中包含哪些价值？

④哲学类文献是如何定义某些特定的价值（如信任、知情同意、隐私）的？

⑤价值之间有无优劣之分？

⑥如何处理价值之间的冲突（如控制与自主，隐私与获取）？

其中，识别间接利益相关者的难度较大，需要设计者做好充分的调研。概念调查将可能的价值定义为适合目标环境的新概念，并纳入了一系列标准的社会科学研究方法，如半结构化访谈、调查、观察、实验设计、探索性调查和纵向案例研究。

2. 实证调查

实证调查通常在概念调查之后进行，以概念调查的研究结果为基础，主要考察技术产品所处的人类环境，并将其量化，为概念调查提供相应的数据支持。实证调查需要借助社会科学研究中使用的定量和定性方法，如：观察、访谈、调查、实验操作、文件收集、用户行为和人体生理特征的测量等。这一阶段主要关注以下两方面内容：

①利益相关者在互动环境中对价值观的理解和权衡；

②设计过程中考虑的伦理价值与人们实际使用中需求的伦理价值之间是否有差距。

实证调查的结果不仅可以被用来改进新技术的设计，使之更符合利益相关者的价值观，此外，实证调查还可以放在概念调查之前进行，以帮助研究者在概念调查阶段明确价值的具体定义。

3. 技术调查

与概念调查和实证调查将重点放在利益相关者以及他们所关注的价值上不同，技术调查更具体地指向所讨论技术的设计，通过对现有技术的回顾性分析以及对新技术的前瞻性分析来权衡多个价值，以提供不同的价值适应性。技术调查主要有两种形式，第一种形式侧重于对现有的技术属性和基本机制进行调查，关注技术是如何支持或阻碍人类价值的。例如，一些基于视频的协同工作系统提供模糊的办公室视图，另一些系统则提供清晰的图像，显示关于谁在场以及他们在做什么的详细信息。这两种系统的不同源于它们对两种价值的权衡差异：①个人隐私；②群体中成员的存在与活动。第二种形式的技术调查涉及系统的主动设计，以支持概念调查和实证调查中所发现的价值。例如，通过概念调查发现采用隐私保护机制有助于保护用户的在线隐私，因此在技术调查阶段为浏览器设计了 3 种隐私增强工具，使用户能对其个人信息进行控制。

价值敏感设计的三方方法论（表 2–12）为研究人员和设计者进行人工智能伦理研究提供了针对性的指导，也降低了新手使用价值敏感设计的难度。

表 2–12　三方方法对比分析

三方方法	主要任务	主要特征	不足之处
概念调查	①设定研究问题的背景 ②识别价值及价值冲突 ③识别直接和间接利益相关者	①对价值进行哲学性探索 ②重视间接利益相关者的价值 ③关注潜在的价值冲突	①缺乏识别利益相关者的明确方法 ②由谁来制定价值列表备受争议 ③无法判断价值列表的合理性
实证调查	①识别利益相关者对互动语境下个人价值的认知 ②识别预期和实际操作的差异	①关注实际场景 ②关注利益相关者的认知	①对于价值权重缺乏统一的衡量标准 ②尚未明确利益相关者意见分歧时的解决办法
技术调查	①对现有技术进行回顾性分析 ②对新技术进行前瞻性分析 ③识别技术如何阻碍或支持某些价值	①关注技术本身 ②将价值映射到技术中	①尚未明确需评估的具体技术 ②尚未关联到具体的技术执行环节

三方方法论为研究者们提供了一定的指导，但研究者面临的设计挑战还需要更明确的实践方法和前进道路。价值敏感设计为解决人工智能应用中可能存在的保密性、隐私性、安全性和可信度等伦理问题提供了一种有效的解决方式，能够在人工智能应用的各个设计阶段融入人类价值，使人工智能应用更符合人类伦理。目前，价值敏感设计在人工智能的应用主要涉及智能机器人、智能运载工具等方面。

2.3.6.1 智能机器人价值敏感设计

随着“机器人口爆炸”时代的到来，智能机器人在人们的生活中扮演着越来越重要的角色，如情感陪护、聊天、送药等。但智能机器人在决策、行动方面被赋予一定的自主性，这可能会导致大量的伦理问题出现，例如：聊天机器人可能会在言语中透露种族歧视、看护机器人可能会减少人与人之间的亲密接触、军事机器人可能会误伤平民等，如何设计出符合伦理的智能机器人成为了学者们的研究热点。Cheon 等利用价值敏感设计方法，研究了机器人和自动化协会网站对人形机器人专家的采访，选择了其中 27 个访谈来定性分析机器人专家的价值观。研究表明，机器人专家所关心的伦理价值包括安全、可靠、透明和人类尊严。基于此，该研究提出了一个将伦理价值融入人形机器人设计的议程：

①调查开发者的价值观；

②调查在机器人的定义中应该接受的伦理价值；

③邀请非传统利益相关者参加机器人设计研讨会。

但该研究仅仅是对二次数据的加工，未来还需对机器人专家进行有针对性的伦理访谈。

在医疗方面，护理机器人可用于临床诊断、病患护理、病房清理等，成为了有效缓解人工护理压力的新手段。由于护理机器人的服务对象为患者群体，尤其是老龄人等弱势人群，护理机器人所面临的伦理问题具有特殊性。因此，如何设计出符合伦理的护理机器人显得尤为重要。Wynsberghe 基于价值敏感设计方法，提出了一个以关怀为中心的护理机器人伦理评估框架，以识别在机器人设计过程中需关注的伦理价值。该框架由 5 个部分组成：①语境；②实践；③相关行动者；④机器人类型；⑤道德因素的体现。使用上述框架的方法被称为以护理为导向的价值敏感设计（care centered value sensitive design，CCVSD）方法，该方法能帮助设计师和伦理学家对护理机器人进行回顾性伦理评估，并对护理机器人进行符合伦理的前瞻性设计。在后续研究中，Wynsberghe 指出，当服务机器人被集成到护理实践中时，也可以使用 CCVSD 方法对其进行评估与设计，并提出了识别护理实践的两个必要条件：①该实践必须是对另一个实践的需求的响应；②通过护理者和护理接受者之间的相互作用来满足他人的需求。此后，Wynsberghe 等以举重和尿检机器人为例，将活动本质方法用于护理机器人的研究，结果显示，活动本质方法能推动 CCVSD 进一步发展：①为 CCVSD 提供更坚实的哲学基础；②为机器人的护理活动提供更精细的描述，以扩展护理伦理；③提供概念工具来缓解不同伦理价值之间的冲突。

Poulsen 等基于机器伦理和 CCVSD 方法，提出了运动设计中的价值（values in motion design, VMD）方法，用于设计符合伦理的护理机器人。在使用 VMD 方法时，首先需要进行价值敏感设计的概念调查，以建立用户价值模型和机器人设计的初始框架；随后进行经验和技术调查，以区分患者的外在价值和内在价值，其中，当护理机器人尊重患者的外在价值时，即可做出符合护理伦理的决策；而当护理机器人确保为患者提供内在价值时，即可做出符合职业伦理的决策。结果显示，使用 VMD 方法后，研究者可以通过提供良好的护理伦理决策和职业伦理决策，设计出符合伦理的护理机器人。此后，Poulsen 等提出了一个 Attento 模型来补充 VMD 方法，该模型可以为特定的患者制定外在价值的优先级列表，并在实践中动态地调整列表，提供定制的患者服务。基于上述研究，Poulsen 等提出了一种注意框架，该框架建议在护理机器人的设计过程中联合使用 CCVSD 方法和有“计算意识”的信息系统，并在运行时根据外在护理价值的优先级作出设计决策。其中，信息系统包含 3 个关键的过程和元素：①计算意识过程；②价值优先级列表；③价值确认过程。

从上述研究来看，近几年智能机器人的伦理设计研究取得了不错的成就，其中，CCVSD 方法成为了护理机器人伦理研究的奠基之作，具有重大的探索价值。但目前仍存在着一些挑战和不足。首先，护理机器人在护理过程中会采集许多患者的隐私数据，如何确保众多隐私数据不被泄露，是否需要针对不同的弱势群体采取不同的隐私保护强度，其他家庭成员是否有权获取关于患者的全方位隐私数据。其次，患者在使用护理机器人的过程中，智能护理与患者的自主性之间常常产生冲突，如何对两种价值进行权衡，如何准确评估患者的实时状况，以决定护理机器人应在何种程度上保障患者的自主意愿。同时，我国属于多民族国家，如何避免护理机器人在外观设计和交互过程中暗含民族歧视和性别歧视，如何在设计中考虑各民族的风俗和宗教信仰。最后，目前对于智能机器人的价值敏感设计研究仅限于人形和护理机器人，如何对送药机器人、移动病人机器人、工业机器人、物流机器人等进行价值敏感设计评估，是否可以简单套用护理机器人的设计方法，还值得探索。

2.3.6.2 智能运载工具价值敏感设计

自动驾驶汽车和无人机能参与组建更为高效的交通运输系统，帮助减轻交通压力，但在研发、应用和推广中产生的一系列伦理问题使其发展遇到了阻力，如隐私泄露、责任分配、非法监控。为解决上述问题，科研工作者们进行了一系列的研究。

Flipse 等基于价值敏感设计和中游调节方法，建立了一种合作创新开发方法，方法分为两步：①为共同参与设计过程者建立价值档案；②组织研讨会来讨论前述价值，并将它们转化为规范和设计要求。

在自动驾驶汽车的案例研究中，建立的价值档案包括 6 个伦理价值和 2 个非伦理价值：①道路安全；②负责制；③群体平等；④自主；⑤隐私和财产安全；⑥平等受益；⑦高交通流量；⑧以不同方式打发时间。

上述价值可以转化为具体的设计规范，例如，道路安全可被转化为减少交通事故的设计规范，高交通流量可被转化为减少拥堵的设计规范。该方法为设计师开发符合伦理的自动驾驶汽车提供了有益的参考，但在建立价值档案时，对于样本中具有技术背景和受过高等教育的人，可能存在偏见，后续研究可纳入更广泛的参与者。Thornton 等使用价值敏感设计方法，开发了自动驾驶汽车的速度控制器，以解决人行横道阻塞的情况。在概念调查阶段，确定了利益相关者和相关伦理价值，其中，伦理价值包括关心和尊重他人、公平和互惠、尊重权威、信任和透明度、个人自主权。并将这些价值与当前算法中已考虑的价值联系起来，包括安全性和合法性、移动性和效率、平滑性。在技术调查阶段，通过构建马尔科夫决策过程来设计速度控制器，以支持概念调查确定的伦理价值。在实证调查阶段，将确定性比例速度控制器作为基线，与价值敏感设计速度控制器进行比较，结果显示，价值敏感设计速度控制器能有效控制车辆的纵向加速度，让车辆安全地通过堵塞的人行横道。但控制速度时，乘客舒适度将会受到影响，关心和尊重他人这一伦理价值未得到保障，这为下一步的研究提供了方向。

Cawthorne 等首次将价值敏感设计应用于无人机平台的技术开发，在回顾性分析中，以技术调查为重点，分析了现有货运无人机原型是如何支持伦理价值的，并探讨了当前无人机的局限性，比如：①可能存在安全风险；②人们担心无人机会携带摄像头而侵犯他们的隐私；③可能会损害租船运营商的经济利益，从而违背“有益”这一伦理原则。

在前瞻性分析中，开发了一种新型伦理无人机，这种新型无人机由内燃机驱动，且采用模块化组件，能大幅度提高医疗服务能力和安全性。同时，通过在机身上贴上未携带摄像机的标志，能降低人们对无人机的不信任感。

此外，无人机可以为租船运营商完成设计、制造和维护等工作，保障当地居民的物质福利。研究显示，新型无人机能更好地提升人类福利（身体、心理和物质福利）。

随后，Cawthorne 等引入价值层次方法，在原有的 3 个层次的基础上新增了一个伦理原则层次。并构建了无人机伦理框架，包括：①有益；②无害；③自主；④公正；⑤可解释性。以促进公共医疗保健中使用的无人机的设计、开发、实施和评估。使用该伦理框架时，伦理原则需要被转化为具体的人类价值，比如，有益的伦理原则可转化为人类福利（身体、心理和物质福利）、工作 / 人类技能和环境可持续性的价值，无害的伦理原则可转化为隐私、安全等价值。上述伦理框架被用于 Cawthorne 等的另一个研究中，该研究首先评估了丹麦一架商用无人机所面临的伦理挑战，随后使用该伦理框架重新设计了一架“节俭无人机”，以提供价格低廉的血液运输方式。这种新型无人机在设计中支持了 5 项伦理原则及其相应的价值观和相关规范，比如：无人机使用小型固定翼，以降低成本；无人机行驶较为缓慢，而且重量轻，能尽量减少伤害等。下一步可以分析更全面的数据，以提供更完整的无人机分析。

综上所述，价值敏感设计为智能运载工具的伦理设计提供了一套系统的指导方法，但目前仍存在以下挑战：

①对于自动驾驶汽车来说，由于其本身存在着诸多伦理困境，如著名的“电车难题”，那么是否可以引入价值敏感设计的方法为解决这一难题提供新的思路。为了实现车辆分流，自动驾驶汽车可能会选择一条更远的路（而非乘客选择的路线），在这种情况下，如何保障乘客的自主性。为了保障车内乘客的安全，自动驾驶汽车可能会收集间接利益相关方（如其他车内的乘客、行人以及车辆）的信息，那么哪些信息是自动驾驶汽车能够收集的，谁有权获取这些信息，如何保护间接利益相关者的隐私。

②对于无人机来说，由于其在飞行过程中可能会惊扰鸟类，如何保障非人类利益相关者的权益。如何避免军用无人机误伤平民。商业航空飞机能让乘客在登机时主动接受风险，无人机要如何才能保障地面人员的知情同意权。无人机在飞行过程中可能会干扰其他航班，致使其他航班备降、返航或延误，如何避免这些问题的发生？民用无人机越来越多，如何保障人们的隐私权不受侵害。

2.3.6.3　其他人工智能技术价值敏感设计

除上述研究外，价值敏感设计还被应用于可穿戴技术、学习分析技术、身份识别技术等人工智能技术的设计中。Christodoulidou 等以谷歌眼镜为研究对象，采用价值敏感设计和手段—目的链方法，探讨了高等教育背景下可穿戴眼镜的 6 个用户价值：保证、自主、交流、效率、学习能力、技术功能。为可穿戴眼镜提供了设计启示。研究显示，充分考虑大学生价值的谷歌眼镜能有效提高课堂上的小组讨论与互动效率。

Chen 等展示了将价值敏感设计用于学习分析设计的两项研究，第一项研究是对一种学习分析工具的概念调查，通过利益相关者分析和价值分析，揭示了对该工具未来的改进设计有影响的价值（包括伦理价值和非伦理价值）和价值冲突，如：①学生自主性和工具评估效用；②隐私；③学生成功；④责任；⑤可用性；⑥社会福祉；⑦无偏见等。

第二项研究涉及维基百科项目中推荐算法的设计，包含 5 个步骤：①文献分析和实证调查；②原型开发；③社区参与；④迭代测试和改进；⑤评估算法。

以上两项研究显示，价值敏感设计方法可用来支持学习分析系统中的伦理考虑和人类价值观，未来还需探索算法审计、设计优先权、道德设计批判和价值敏感设计之间的协同作用，以全面考虑学习分析中的人类价值。

Briggs 等从包容型设计和价值敏感设计的视角出发，探讨了身份识别技术在设计过程中需要考虑的价值。该研究包含两个阶段：①收集身份管理场景，如智能手机人脸识别系统、智能纹身、指纹识别系统等；②与 6 个边缘化人群共同举办研讨会，包括年轻人、老年人、难民、黑人少数民族妇女、残疾人和心理健康服务使用者，以识别他们的价值。该研究呼应了赫茨伯格的双因素理论，其中，卫生因素中包含的伦理价值：数据隔离、数据完整性、数据访问、信任、可靠性、安全性、知情同意、多样性和排斥性。激励因素中包含的价值：方便、个性化、美学。未来可以纳入更多边缘化群体的价值观，以便更细致地考虑不同群体的价值需求。

Bastian 等将价值敏感设计应用于新闻推荐系统算法（algorithmic news recommenders, ANRs），通过对来自荷兰和瑞士两家优质报纸的 17 名媒体从业者的半结构化采访，探讨了以组织为中心和以受众为中心的新闻价值观与 ANRs 之间的相互作用。研究表明，受访从业者认为新闻价值观在设计和实施 ANRs 过程中非常重要，这些价值观包括透明度、多样性、编辑自主权、广泛的信息提供、个人相关性、可用性和惊喜。此外，受访者对特定价值观的评估因环境而异，需要结合特定的新闻渠道来考虑。未来可以寻找新的算法设计操作方法，对不同价值之间复杂的相互关系进行审查，并观察价值观在不同类型媒体（如公共服务媒体）和背景中的感知作用。

Helbing 等指出，在智慧城市的设计和发展过程中，需要“为价值而设计”，并主张使用价值敏感设计方法，以分布式和参与式的方式来组织数字世界，设计价值敏感型智慧城市。这要求设计师们关注除效率和经济增长之外的多种价值观，如环境条件与健康、安全与保障、人的尊严、福祉与幸福、隐私与自决，并赋予公民数据主权，以保证“设计民主”。

从上述研究来看，对于可穿戴眼镜和学习分析系统这类应用于教育领域的人工智能来说，目前还存在如下挑战：

①在人工智能教育应用的过程中，隐私泄露所导致的网络诈骗、恶意推送等现象颇为常见，如何保护用户的隐私，哪些数据是用户可以自己保有而不会被迫公开让他人知晓的。

②人工智能技术有利于捕捉用户行为和偏好，能对用户的需求进行精准推荐，这可能会使用户在一定程度上对智能技术过度依赖，使学生的视野受到限制，使教师丧失对教学的独特思考，如何解决这一冲突。

③如果人工智能出现违反道德规范的行为，应该由谁来负责。如何在教育人工智能技术中体现“透明性”这一伦理原则。

对于身份识别技术来说，现在人们的智能手机大多采用指纹识别技术，但指纹信息能使用胶带等工具恶意获取，如何提高身份识别技术的可靠性和安全性。如今人脸识别技术泛滥，大多数人未被征求许可即被收集人脸图像，如何保障用户的隐私权和知情同意权。相对于有色人种和女性，目前大多数人脸识别技术对于白人男性面孔的识别准确率更高，如何在人脸识别技术中避免性别和种族歧视？

对于新闻算法来说，除了在具体的推荐算法层面考虑和整合价值观外，还需要在组织层面对其予以考虑，但组织层面需要收集什么数据？如何使用收集的数据？如何向用户传达新闻机构应意识到收集和处理个人数据的具体责任？此外，由于 ANRs 的新闻价值很难脱离某一特定新闻渠道单独讨论，那么如何识别出一般化的价值概念，从而为更一般的推荐设计提供信息？另外，来自不同背景的从业者往往致力于不同的概念化和客观价值，如何处理不同从业者之间的价值冲突？对于智慧城市来说，由于城市的建设涵盖面较广，如何确定智慧城市先进与否的衡量标准？我国属于多民族国家，如何在智慧城市的建设中体现出对不同民族的关怀？在这个经济快速发展的时代，如何避免经济原则主导城市伦理原则的情况出现？大多数智慧城市通常是由少数几个规划设计人员和技术精英负责设计，如何真正做到让普通民众参与到城市管理中来？未来可考虑研究上述人工智能伦理问题的解决方案。

人工智能在促进社会进步的同时，也带来了诸多伦理问题，如制造过程中产生的废料造成环境污染、医疗成本昂贵拉大贫富差距、信息收集造成隐私泄露、机器人陪护造成孩童出现情感偏差和认知障碍等。然而，在符合伦理的人工智能的设计过程中，不论是采取“自上而下”的方法，还是“自下而上”的方法，抑或是混合方法都存在着或多或少的弊端和缺陷，无法使人工智能产品完全遵守伦理规范。价值敏感设计为解决人工智能伦理问题提供了一种新的思路，通过使用三方方法论及其迭代，能够彻底地调查出人工智能产品设计过程中需要考虑的伦理价值，并将其嵌入到产品的设计过程中去。但目前的研究还处于起步阶段，研究成果也较少，仍难以完全解决人工智能快速发展所带来的一系列问题，还有许多问题尚待解决。现列举未来可能的研究重点与方向，以期推动本领域研究的发展。

在确定伦理价值之后，就需要将其转化为设计规范，而这一过程的难点在于价值冲突的处理，由于价值是模糊且无法量化的，因此如何考虑不同伦理价值之间的复杂权衡至关重要。需要注意的是，伦理的构建条件是当下社会普遍接受的思想和行为，可见伦理价值冲突的解决应该跟随时代的变化而动态地调整。在不同的人工智能应用领域，设计规范的构建可能会出现不一致的现象，这就需要对设计规范进行普适性研究，以节约时间成本和减少资源消耗。另一个重要的问题就是描述粒度，若能用更精准的术语和概念描述设计规范，则能让设计师更容易地将伦理价值嵌入人工智能的设计中。

为了使人工智能遵从人类道德主体的道德规范和价值体系，并在法律和道德的规范下充分发挥其特定的功能，学界一直致力于人工智能伦理研究，避免设计出不符合人类价值的人工智能产品。价值敏感设计作为一种考虑人类价值的前摄性方法，能够帮助人工智能工程师将伦理道德嵌入人工智能产品中，具有广阔的应用前景。未来这方面的工作应该聚焦于如何将伦理价值转化为设计规范，进而将价值和规范嵌入具体的人工智能产品设计环节，以设计出符合伦理的人工智能应用。

第三章

设计 AI 产品

3.1 集群智能产品

尽管进行了多年的研究和开发，但机器仍无法完全独立地处理所有计算问题，尤其是在涉及认知和智力密集型任务时，仅依靠机器来执行计算任务和解决问题的日子已经一去不复返了。随着物联网、云计算、大数据、人工智能等新一代信息技术的突破和不断发展，未来社会正在成为一个开放、生态、大规模、自组织、智能和互联的系统，称为“人群网络”。人群网络是由物理空间、信息空间和意识空间组成的融合系统。由于这些组成部分之间的相互作用符合不同的运动规律，人群网络的行为结果表现出以下特征：稳定性和可变性的统一、秩序与无序的统一、决定性和随机性的统一、异质组织与自组织的统一、可知与不可知的统一、可控与不可控的统一等。人群网络将人类作为合作者、协作者甚至协调者置于循环中，其可以被认为是解决不同领域各种问题的灵丹妙药。维基百科、reCHAPTHA、Imagenet 数据标注可以作为用户协作参与的 Web 2.0 标志性例子。

正如中国古语所云“三个臭皮匠，胜过一个诸葛亮”，群体的智能很早就被认识，人们通过群体行为的研究可以揭示群体智能的产生。皮埃尔·莱维将群体智能定义为：“它是一种普遍分布的智慧形式，不断得到增强，实时协调，并导致技能的有效动员。”关于群体智能的研究多种多样，跨越许多学科，包括心理学、复杂性和自组织系统、计算机科学、社会科学、艺术。群体智能被认为是一种特定的计算过程，最近有许多应用，包括众包、公民科学和预测市场等领域。最新的大模型 ChatGPT，当模型参数急剧增加后，系统的自然语言生成能力得到显著增强，便是很好的集群智能涌现的例子。

从抽象的角度来看，群体行为是大量自驱动粒子系统的集体运动。从数学模型的角度来看，它是一种突现（emergence）行为，即个体遵循简单的运动和逻辑规则，不需要任何有中心的中央协调，而又能自然而然地呈现群体特征。集群行为最早被物理学家当作一种非热力学平衡现象加以研究，他们需要研究新的统计物理学工具来对付这种非热力学平衡系统。20 世纪 80 年代开始，数值计算科学家就开始在计算机上模拟群体行为，该程序根据一组基本规则来模拟一组简单智能体的运动，这个程序首先用来模拟鸟类的集群行为，后来也被用于研究鱼类和其他集群动物。

群体智能指的是无智能或者仅具有相对简单智能的主体通过合作涌现出更高智能行为的特性。单个复杂个体可以实现的功能，同样可以由大量简单的个体通过群体合作实现，后者的优势在于它更健壮、灵活和经济。群体智能应用通常可以分为集群智能、众包和博弈三种。下面针对集群智能产品和众包产品进行简要介绍。

3.1.1 集群智能产品

众多无智能的或简单的智能个体，通过相互之间的简单合作所表现出来的智能行为（个体智能比较低）称为集群智能。集群智能的一个例子是蚂蚁找食物的过程。蚂蚁在寻找食物时会沿着最短路径前进，同时释放一种化学物质（信息素），以便其他蚂蚁跟随。这种分布式的通信和协作使整个蚂蚁群体能够高效地找到食物，并且即使有一些蚂蚁离开了最佳路径也能及时纠正。类似的集群智能还可以应用于优化问题、路径规划和数据挖掘等任务。

3.1.1.1 集群智能产品的特点

（1）控制是分布式的，不存在中心控制。因而它更能够适应当前网络环境下的工作状态，并且具有较强的鲁棒性，即不会由于某一个或几个个体出现故障而影响群体对整个问题的求解。

（2）共识主动性（stigmergy）。Stigmergy 指智能体或行为之间的间接协调机制，是一种自组织的、有系统的活动，它产生复杂的、看似智能的结构，不需要任何集中规划、控制或甚至也不需要个体之间的直接通信。因此，它支持极简单的个体之间的高效协作，确保简单生物体在缺乏任何记忆、智力、沟通甚至彼此不能互相意识到的情况下，也能完成复杂的集体协调任务。由于集群智能可以通过非直接通信的方式进行信息的传输与合作，因而随着个体数目的增加，通信开销的增幅较小，因此具有较好的可扩充性。

（3）群体中每个个体的能力或遵循的行为规则非常简单，根据环境进行策略调整，个体行为具有一定的随机性和自适应，因而集群智能的实现比较方便，具有简单性的特点。

（4）群体表现出来的复杂行为是通过简单个体的交互过程在群体层面涌现出来的智能（emergent intelligence），因此，群体具有自组织性。正如生物群体中的个体只是局部地、间接地受到其他个体或者环境的影响。因此，个体能够快速地、灵活地响应动态变化的环境，而不需要等待中心控制单元的命令和信息。虽然这种个体行为看似没有全局目的性，但是众多个体的行为在同一环境中交互协调却能够涌现出一种期望的群体协作行为。

具有诱人前景的集群智能应用当属机器人规划。机器人集群包括地面机器人集群、空中机器人也就是无人机集群、水面和水下机器人集群等多种形式。2011 年，奥地利 Ganz 人工生命实验室的研究人员发布了当时世界上最大的水下无人机群 CoCoRo。该项目由 Thomas Schmickl 领导，由 41 个水下机器人（AUV）组成，可以协同完成任务。到目前为止，最大的机器人集群是由 1024 个机器人组成的 Kilobot。其他有代表性的集群项目包括 iRobot 群、ActivMedia 的 Centibots 项目和开源的 Micro-robotic 项目。机器人集群能够提高故障冗余度，单一的大型机器人可能会因故障失效而影响任务执行，但是集群中即使有几个机器人失效，集群整体也能继续工作不影响工效，这一特点对于执行空间探索任务特别有吸引力，因为高昂的成本带来的单节点失效常常导致昂贵的损失。2016 年，在珠海航展上，中国电科 CETC 披露了我国第一个固定翼无人机集群试验原型系统，实现了 67 架规模的集群原理验证，打破之前由美国海军保持的 50 架固定翼无人机集群的世界纪录。在群体无人机系统中，一架无人机就是一个具有完全自主能力的智能体，不需要任何中心控制单元来协调众多自治个体的群体运动，协调行为主要包括集结（aggregating）、聚集（rendezvous）、一致性运动（consensus）、群集（flocking）和编队（formation）等。

3.1.1.2 群体无人机协同控制优势

（1）解决有限空间内多无人机之间的冲突。以无人机快递技术为例，如何让未来漫天的快递无人机像人类快递员一样协同作业，也就是一定区域内的无人机避开同类障碍保持良好有序的空中交通，就需要相互协作，本质上相当于运作一个协调的集群系统。

（2）以低成本、高度分散的形式满足功能需求。无人系统集群可由不同的平台实现高低混搭，采取一系列由大量分散的低成本系统协同工作机制以完成任务，这与投资开发造价昂贵、技术复杂的多任务系统策略完全不同。针对不同类型的工作目标，无人系统集群可利用混合搭配的异构优势低成本、高效率地完成工作。

（3）动态自愈合网络。无人机与自主系统可协同形成具备自愈合功能的、执行信息搜集和通信中继等行动的主动响应网络。无人与自主系统组成的集群网络相互协同，可分别采集信息，还能依据需要调整搭载通信载荷的无人系统数量，形成具有一定冗余的通信中继站。

（4）分布式集群智慧。大量的平台可实现分布式投票以解决问题，例如集群作业中目标确定问题，通过大量平台各自发送对同一目标地理位置信息的判断信号，这种分布式投票得出的结果往往正确率很高。

（5）分布式探测。广泛分布传感器的能力对于主动与被动探测以及定位精度而言有着明显帮助。多平台可以相互协作完成目标精度定位，当需要主动探测时，平台间还可采用频率、波段不同的雷达进行全频谱探测，将极大提高探测能力。

（6）可靠性。无人机集群数据链网络能够支持冗余备份机制和具有一定的自愈能力以提供可用性保证，集群网络能够监控已建立的连接，具备应对意外中断的自动恢复能力，集群应具备一定的拥塞处理和冲突应对能力。

（7）去中心化自组网提升抗故障能力、自愈性和高效信息共享能力。目前无人机的通信模式仍然以单机与地面站通信方式为主，信息传输仍是集中式的，去中心化的无人机集群利用自组网技术可以实现无人机之间信息的高速共享，同时提高集群的抗故障与自愈能力。

3.1.2　众包产品

虽然技术在不断进步，但仍然有许多工作是计算机无法替代的，有一些工作人类会比计算机更加有效地完成，有些工作需要依赖众人的智力协作才能完成，例如问卷调查、图像标注、文本分类、情感标注、内容审核、文本翻译、语音转文本、图片转文本、数据收集、市场研究、用户体验测试、问卷调查等。传统上，这些工作往往是通过雇用大量的全职或兼职劳动力来完成，这既耗时又昂贵，且难以规模化。众包是一种通过网络连接大量人员来完成任务的方式。这些任务可以是简单的数据输入、翻译、图片标注或复杂的科学实验等。通过网络平台，众包可以吸引来自全球的工作者，使其能够在几秒钟内完成需要数周时间才能完成的任务。研究证明众包可以产生集体智慧，即一种通过协作产生的智慧，这种通过群体协作产生的智慧可以产生更好的结果。

创意众包广泛应用于游戏、竞赛和网络。众包游戏可以通过使用游戏机制（如测验）吸引人类并汇总最佳解决方案来解决计算问题。在众包竞赛中，参与者根据“公开征集”并行生成解决方案。最后在网络众包中，问题被分成几个部分，由各个部分代理解决，然后合并到一个解决方案中。上述三种众包系统通过并行探索生成多种解决方案。然而，游戏和网络方法更具挑战性，因为它们既需要将手头的任务分解为较小任务的方法，也需要将各个部分进一步整合为更大产品的方法。

为了应对基于游戏和网络的众包系统的这一挑战，研究人员已经开发了几种分解任务和重新组装结果的方法。第一，顺序工作流将任务划分为子任务，然后按顺序求解。在此工作流中，每个任务都取决于上一个任务的输出。第二，并行工作流将流程划分为可由多个工作人员独立执行的子任务。第三，递归众包工作流基于这样一种思想，即任务很复杂，可以递归细分，直到制定出简单的子任务。这些子任务可以通过执行微任务，然后聚合结果来轻松执行。第四，迭代众包工作流程基于这样一种概念，即通过重复的微任务来改善复杂的工作。每个微任务的输入都是之前创建的工作，直到工作完成或预算用尽。第五，混合工作流程是几种工作流程方法的组合，可以从仔细优化的一些优势中受益。第六，宏任务工作流是针对不可分解任务的众包过程，这些任务需要专业知识并且在很大程度上是相互依赖的。

除了众包工作流程和任务外，众包的其他关键方面是众包选择和贡献者所需的专业知识水平。一般来说，众包的贡献者来自以下两个主要群体：外行和专家。外行人是大型非专家人群，通常通过执行简单的任务来做出贡献。相比之下，专家是拥有解决复杂问题所需的独特领域知识和经验的个人。例如，在建筑项目中，专家是可以设计和传达其解决方案的架构师。另一方面，建筑项目中的利益相关者是外行人，不能指望他们生产设计人工制品。然而，项目利益相关者对地点、环境和文化有着深入的了解，所有这些都对评估设计解决方案至关重要。因此，他们参与设计过程亦至关重要。

激励措施在众包中至关重要，对产出质量有巨大影响。没有激励措施，人们大多不会积极工作。激励通常分为外在和内在。虽然外在激励是执行工作所产生的好处，例如金钱、评级或对项目结果的既得利益，但内在动机包括任务本身产生的享受或兴趣。有证据表明，虽然外在激励有时更容易提供，但内在激励和动机对于实现良好结果至关重要。

众包在消费品设计中变得越来越流行。牛津英语词典、丰田标志和悉尼歌剧院是较早期的众包创作的一些例子。超过 80% 的全球品牌，包括麦当劳、可口可乐和戴尔等巨头，在过去几十年里都使用众包。从徽标和平面设计到食谱和常见问题解答，众包几乎可用于业务的任何类型和方面。亚马逊的 Mechanical Turk（MTurk 或 AMT）是一个众包市场，从数据验证到寻找调查受访者再到内容审核，企业或研究人员可以使用它来外包部分工作，任何人都可以通过他们的亚马逊账户注册成为“机械土耳其工人”。

3.1.2.1 设计竞赛

众包设计是个人或公司通常通过在线平台或竞赛向一大群人征求设计想法的过程。这种模式允许产生和考虑各种想法，而不是依赖单个内部设计团队或机构。最终设计通常是根据多种因素的组合来选择的，例如创造力、可行性以及与组织目标和价值观的一致性。通过众包模式，项目需求方（任务主）可以将耗时费力的规模化项目分解为若干个更小、更易于管理的子任务，从而可以由全国甚至全球的网民（任务客）通过互联网协作完成。开放式创新使人们能够大规模协作，并正在改变世界解决问题的方式。IDEO 作为一家全球设计和创新咨询公司，以为苹果设计第一款鼠标和第一台笔记本电脑而闻名于世。OpenIDEO 于 2010 年推出，是 IDEO 的衍生众包平台，其使命是在全球范围内聚集参与者，共同为应对社会挑战提出想法。OpenIDEO 通过设计思维过程将其 700 名内部设计师的想法、生成能力扩展到更广泛的网络，平台上超过 100 000 名成员参与。使用众包设计有几个优点：

（1）增加创造力和想法的多样性：由于来自世界各地的人们可以参与众包设计活动，而不仅限于内部设计师团队，因此可以获得更具创新性和独特的设计。这对于希望在竞争中脱颖而出的组织或寻找没有明确期望和想法的组织尤其有益。

（2）降低成本和加快开发速度：众包设计比传统设计流程更具成本效益，因为无需支付大型设计团队或代理机构的费用即可向许多人征求设计。此外，众包设计通常可以比传统的设计流程更快地完成，因为更多的人正在从事该项目，从而相互竞争。

（3）灵活性和可扩展性：众包设计可以轻松适应组织的需求，无论是一次性项目还是正在进行的计划。它还允许组织根据其设计需求扩大或减少贡献者的数量。

迄今为止，已经提出了将众包方法应用于建筑和设计的各种方法。例如，众包方法应用于参与式设计，以提取设计特征和个人偏好。使用参数化设计技术，可以创建交互式设计工具，让人群探索城市设计和建筑设计中的设计可能性。数字草图绘制软件还通过使用各种工作流程生成设计理念。设计竞赛的众包形式通常采用以下三种机制：在线设计讨论，例如可以产生集体智慧的问答；顺序设计改进，可以产生协同设计；对设计进行投票和评级，可以激发群众的智慧。

这些观察结果得到了经验证据的支持，表明众包过程比单个设计师表现得更好。但众包设计也面临质量控制和知识产权挑战。由于提交大量设计，审查所有设计并要求修改非常耗时。当个人提交设计时，对于谁拥有设计的权利可能会产生混淆或争议。

3.1.2.2 验证码应用

CAPTCHA 一词是由卡内基梅隆大学的计算机科学研究小组成员于 2003 年创造的。该团队之所以开始研究这项技术，是受到一位雅虎高管的启发，他在演讲中提到该公司面临的问题，那就是垃圾邮件机器人注册了数百万个虚假电子邮件账户。为了解决雅虎面临的这个问题，Luis von Ahn 和 Blum 创建了一个计算机程序，该程序会执行以下操作：①生成一个随机的文本字符串；②生成该文本的失真图像（称为“CAPTCHA 代码”）；③将该图像呈现给用户；④要求用户将该文本输入到表单字段中，然后通过单击“我不是机器人”旁边的复选框来提交输入。由于当时的光学字符识别（OCR）技术难以解密这种失真文本，因此机器人无法回答 CAPTCHA 问题。如果用户输入了正确的字符串，则可以可靠地认为他们是人类，并允许他们完成账户注册或 Web 表单提交。雅虎实施了卡内基梅隆大学研发的技术，要求所有用户在注册电子邮件地址之前通过 CAPTCHA 测试。这显著减少了垃圾邮件机器人的活动，随后其他公司也开始采用 CAPTCHA 来保护他们的 Web 表单。然而，随着时间的推移，黑客使用已回答的 CAPTCHA 问题的数据，并开发能够稳定通过 CAPTCHA 测试的算法。这标志着 CAPTCHA 开发人员和网络犯罪分子之间的拉锯战的开始，并推动了 CAPTCHA 功能的演进。

reCAPTCHA v1（图 3–1）由 Luis von Ahn 于 2007 年推出，它具有双重目标：确定难以被机器人破解的基于文本的 CAPTCHA 问题，以及提高当时用于数字化印刷文本的光学字符识别（OCR）的准确性。reCAPTCHA 实现第一个目标的方法是：增加向用户显示的文本的失真度并最终添加横穿文本的线条。它实现第二个目标的方法是：将随机生成的失真文本的单张图像替换为从实际文本扫描的文字的两张失真文本图像（由两个不同的 OCR 程序扫描）。第一个词（也称为控制词）是两个 OCR 程序都能正确识别的词；第二个词是两个 OCR 程序都无法识别的词。当时有很多文献和图书都想做数字化（也就是我们现在看到的电子图书），但很多古书褪色严重，计算机无法识别，于是 Luis von Ahn 想到了一个办法：把一个验证码分为两部分，用户需要输入两个验证信息，前面的验证码，用来区别真人与机器；后面的验证码是古书上机器无法识别的内容，用户提交的结果会发送到数据库，Google 会将难以识别的图像发送给其众包平台上的工作者，这些工作者会尝试识别图像中的文本，并将结果传递回 Google。通过这种方式，reCAPTCHA 不仅提高了反机器人安全性，还提高了互联网档案馆和纽约时报数字化文本的准确性。到 2014 年，他们识别出最失真的文本 CAPTCHA 的概率为 99.8%。

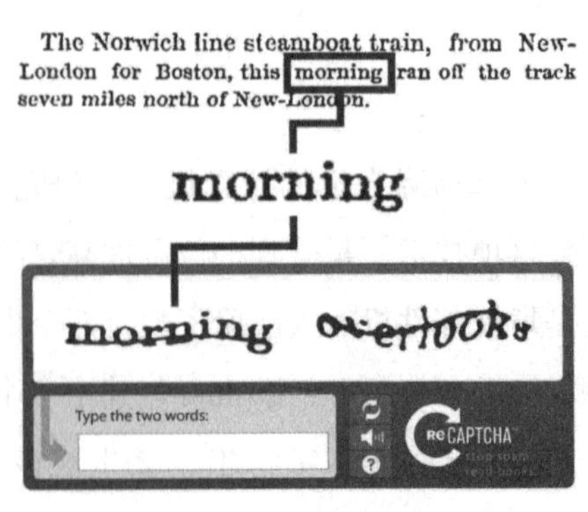

图 3–1　reCAPTCHA 验证码

即便放到现在来看，这也仍然是一个聪明绝顶的想法。群众的力量是强大的，有数据统计，通过这种方式，验证码系统每天能够数字化两亿个字符，到今天为止，已经数字化 2500 万本书。当时纽约时报一整年的所有内容，只需要 4 天就能实现全部数字化。

色情等不良信息夹杂在社交网络，让用户产生反感，从而降低产品使用频率，最终远离产品。网络空间生态治理一直是维持社会稳定和长治久安的重要议题，因此一个稳定可靠并且准确的网络关键词屏蔽系统一直都是各大社交媒体平台所必需的。但是部分社交平台的关键词屏蔽系统较为古老并且无法识别上下文语境，大量亚文化群体存在的行话、黑话不断衍生，既有系统无法识别，又有多种规避审核的方法，这会带来大量关于误封错封以及漏封的问题，社交媒体审核问题日渐严重，验证码可能是一种解决途径。

3.1.2.3 基于地理位置信息的众包

空间众包，有时也被称为基于地理位置信息的众包，是一个总称，用于描述利用外行人大规模收集地理信息的方法。作为一种特殊的众包形式，它可以包括各种任务，例如拍摄现实世界的物体照片、查看空间数据、记录野生动物的运动或记录野外路径通向哪里、收集噪声数据、收集天气信息。通过空间众包构建的应用程序的流行示例包括 OpenStreetMap（OSM）、实时交通服务 Waze 和 Niantic 的兴趣点（PoI）数据库 。

空间众包方法之所以特别适用于当今的社会数字环境，是因为无处不在的互联网连接和最终用户移动设备的高质量。因此，可以利用外行人来协助收集现实世界的数据，然后可以进一步处理和组织这些数据，为各种利益相关者提供价值空间。众包平台创建者面临四类技术挑战，分别是质量控制、任务分配、隐私保护和激励机制。这四个类别中的每一个都有需要考虑的各种细节和细微差别，这些维度内的相对重要性和具体问题也因正在解决的具体众包任务而异。

关于游戏化空间众包的研究已经调查了各种应用目的，例如检测和记录免费停车位、收集土地覆盖数据、在时间和空间维度上映射参与者的情绪，以及从线下杂货零售商那里获取价格以支持在线空间中运营。由于一些空间众包任务的复杂性，有时甚至可以围绕众包问题创建整个基于位置的 AR 游戏来激励参与，或者利用这些游戏作为空间众包的平台。越来越多的高质量空间信息开源数据库（如 OSM）的出现，使学术研究者可以探索使用这些数据库在协助或支持众包任务方面的可行性。

游戏化直接解决了空间众包的两个关键挑战，即可扩展性和激励机制。游戏化激励机制最近在学术研究和商业应用中获得了很大的关注，其中一个原因是，虽然游戏和游戏化系统的制作成本很高，但它们在全球范围内复制和分发的成本相对较低，这使得游戏化成为激励参与众包的可扩展解决方案。游戏化激励参与，而无需向贡献者付费，并且在某些情况下可以产生更高质量的数据，而不是基于金钱的激励机制。将空间众包集成到完整游戏中的一个流行例子是 Niantic Wayfarer 系统，它将有趣的现实世界对象的提交和审查过程外部化给主要由基于位置的 AR 游戏玩家组成的一群外行人，为全球大热游戏 Pokémon GO 和其他流行的基于位置的 AR 游戏（如 Pikmin Bloom、Ingress Prime 和 Harry Potter：Wizards Unite）提供了支柱。

从广义上讲，激励因素（也称为激励机制）可以分为两类：外在的和内在的。外在动机包括金钱补偿和将众包作为强制性作业的一部分，而内在动机包括为公民科学和游戏化做出贡献而产生的满足感等方面。多种激励机制可以同时运作，参与的动机可以是多层次的。例如，玩家可能受到帮助他人的利他主义愿望的激励，但同时也会通过收集完成了多少众包任务的统计数据获得激励。

无论是在 PoI 提交还是玩家对游戏的评论，以及要求玩家拍摄真实世界物体的视频来收集点云数据，都是基于位置的 AR 游戏在现实世界之上叠加了一个数字层，将虚拟游戏世界与物理环境连接起来。基于位置的 AR 游戏的市场领导者 Niantic 广泛利用了空间众包。基于位置的 AR 游戏中的合作机制可以产生利他主义倾向，因此，这也可能导致通过众包参与为共同利益做出贡献的愿望增加。社交游戏在众包动机中也很重要，因为有各种在线小组和论坛，玩家可以在其中集体讨论、辩论并就如何在游戏环境中完成给定的众包任务达成一致。

基于地理位置的众包应用可以充分利用众包的特点，比如交通拥堵，车道裂缝检测，地图数据采集。一直以来，大范围的精度控制难、制作和更新成本高以及近乎实时性等要求，都是高精度地图面临的重大挑战。采用专业采集和制作的方式来完成一张全域的高精度地图底图以保障大范围的精度控制，是当前主流图商的基本做法。而通过众包采集，主要依赖算力、AI 及计算机视觉技术，实现无人干预的全自动化实时云端制图和发布，则是未来的低成本快速更新高精度地图的主流趋势。

关于众包式地图数据的采集，目前暂无明确的定义，基本上可以理解为用户通过自动驾驶车辆自身的传感器，或其他低成本的传感器硬件，收集的道路数据传到云端进行数据融合，并通过数据聚合的方式提高数据精度，以此完成高精地图的制作，再下发更新给其他车辆，从而实现地图数据的快速更新。以下是空间众包优势、劣势的分析。

1. 优势

（1）相对成本较低：与昂贵的专业的激光雷达测量车相比，成本较低，普通车辆经过简易改造即可执行任务。

（2）数据来源非常丰富、实时性好：大量非专业采集车辆在行驶中可即时获取道路状况发生的变化，这种 UGC 的数据产生方式可以及时完成路况数据快速检阅与更新的问题。

（3）是实现实时更新的低成本和可量产化的方案：众包采集具有一些非常显著的优势，中国有大概 600 多万公里的道路数据，如果按照专业测绘的方式采集，成本与时耗都将是个天文数字。

2. 劣势

（1）传感器数据来源和标准不一：由于各家众包方案使用的传感器不一样，导致数据来源、精度、格式标准都不统一，各种传感器采集的数据在融合时会出现一定难度。

（2）精度不够：众包方案产生的数据大多是视频数据，精度较低。图像包含的信息量非常大且大部分为非结构化的数据。实际上，这些非结构化数据要处理成结构化数据，是要通过标定和 AI 算法把图像数据变成矢量化数据。精度比较低的话，后续处理会更加复杂。为了提高精度达到高精地图的要求，需要海量的数据做数据聚合后才行，也造成了很难通过众包的方式做成第一张高精地图，而这种方式更加适合于数据更新。

（3）政策门槛：对于众包数据采集的行政许可目前是没有的，根据测绘法对测绘行为的定义，企业性质的大范围的带 GPS 或不带 GPS 的地理数据搜集行为属于测绘行为，这些数据需要由有甲级导航电子地图资质的图商收集处理。

（4）技术门槛高：众包制图整个过程涉及计算机视觉技术、AI 技术、数据融合技术等目前业界的一些尖端技术，有些技术目前还相对不成熟。

3.1.2.4 算力众包

PC 机的计算能力众包是很早就应用的一种分布式计算模式。由于每个人的 PC 计算能力都相当强大，大多数用户只需要基本计算能力就能满足其使用要求，且每台电脑大部分时间处于闲置状态，不都充分发挥了其计算能力，因此，可以将分布式 PC 机的计算能力用于需要大型计算能力的应用。

最新 AI 应用 Stable Horde 允许个人用户捐赠 PC 的额外 GPU 周期用来供社区其他用户创建 AI 艺术作品，同时，捐赠者可以利用捐赠的时间进行支付（或者说是一种排队优先机制），使得捐赠者即使 PC 能力有限，也可以在很短的时间内创建自己的 AI 艺术作品，使用 AI 模型的巨型众包分布式集群。该软件可以支持图像和文本生成，允许没有强大 GPU 的人依靠社区提供的备用 / 空闲资源来使用稳定扩散或文本生成模型，如 GPT/OPT，它还允许非 python 客户端（如游戏和应用程序）使用 AI 生成的内容。

Stable Horde 本质上是 Stable Diffusion 的分布式版本，它使用用户自己的 PC 的 GPU 来创建 AI 生成的艺术。加入 Stable Horde 有两个选项，即作为 AI 艺术的使用者使用分布式 GPU，或者将 PC 加入 Stable Horde 本身，即使用户的计算机 GPU 不是特别强大，仍可以使用积累的“荣誉”来优先考虑 GPU 请求。由于 Stable Horde 是免费的，为了防止滥用系统，开发人员实施了一个系统，其中每个请求都“花费”了一些荣誉，使用户陷入“债务”，负债最多的人在队列中排名最低。但是，如果有很多客户贡献人工智能艺术，那真的无关紧要，因为即使是拥有巨额荣誉债务的用户也会看到他们的请求在几秒钟内得到满足。他们可以断开连接或将系统置于“维护模式”，该模式实际上告诉 Stable Horde 此 PC 当前不可用。Stable Horde 为注册用户提供 API 密钥和用户名，而匿名使用该服务将被置于队列的底部。使用 Stable Horde 的客户端界面与使用任何 AI 艺术生成器大致相同，有许多 AI 模型可供选择，包括艺术风格迁移、图像修复、图像到图像生成等。

3.2 智能信息产品

智能信息产品是一种基于大数据分析的智能化服务，在这种服务中，通过收集、存储和分析用户产生的数据，从而提供更加个性化、精准的智能化服务。区分于智能硬件产品，智能信息产品主要是 App 类，包括各种移动端和 PC 端的智能应用产品，如搜索引擎、移动支付、智能客服。这类产品利用专家知识库和推理引擎，帮助用户分析和解决复杂问题；也可以根据用户需求，在互联网上检索信息并提供结果；还可以根据给定的规则和约束，协调资源和时间，为用户制订计划和调度方案；有些信息产品则代表用户在电子商务平台上搜索、比较商品，或根据用户偏好，为用户提供娱乐活动和内容。区别于通过分布式个体自组织涌现出的集群智能，智能信息产品是具有自主性和自适应性的计算机程序，它们可以在用户授权下代表用户执行特定任务，可以根据特定的规则、知识、经验或学习，成为具有自主推理、决策和行动的个体，因此也称为智能代理。

智能代理通过传感器观察其环境，进行决策，采取行动，然后再观察并从结果中学习。例如，Siri 或 Alexa 将以语音命令（使用传感器）的形式观察感官输入，在互联网上搜索所需的结果，决定选择哪些结果，并通过扬声器（“效果器”）将信息呈现给用户。用户还可以发出诸如“播放音乐”或“预订旅行”之类的命令，从而启动类似的过程，同时，Siri 和 Alexa 还被设计为在遇到新信息并了解用户的偏好时学习和适应。在业务上下文中使用的智能代理也会发生相同的循环。例如，可能有一个代理通过基于云的事件等刺激来观察项目的预算变化。然后，代理能够根据预设的规则以及先前决策的强化模型就如何采取行动做出适当的决定。在这种情况下，代理的规则引擎或以前的经验可能会指定预算更改并需要获得进一步批准，从而提示代理向相关人员发送批准电子邮件。随着时间的推移，代理可能会通过反馈了解到，对于低于一定金额的预算更改，不需要进一步批准，因此将停止为符合此条件的案例发送电子邮件。另一个示例可能发生在更物理的环境中——客户到达物理位置，例如机场或商店。智能代理可以通过设备更改（例如手机距离）观察他们的到来，并决定通过移动通知或文本通知客户报价。

在移动支付领域，智能信息产品可以通过大数据分析技术，对用户的消费行为进行分析，从而提供更加个性化的支付服务。比如，微信支付和支付宝等移动支付平台可以根据用户的购买记录和消费偏好，向用户推荐优惠活动、限时折扣等，以提升用户的消费体验。此外，智能支付产品还实现了智能化安全控制，如支付密码管理、风险评估等。

在智能客服领域，智能信息产品可以帮助企业提供更加高效、精准的客户服务。例如，智能客服机器人可以通过自然语言处理和语音识别技术，实现智能语音问答和问题解决；智能客服平台可以通过大数据分析技术，对用户的留言、投诉等信息进行分析，提供更加个性化、精准的服务。

在搜索引擎领域，智能信息产品可以通过大数据分析技术，将用户的搜索历史、兴趣爱好等信息进行分析，从而提供更加个性化、精准的搜索结果。例如，谷歌搜索引擎可以根据用户的搜索习惯和历史记录，推荐相似搜索词汇，提高搜索效率；百度搜索引擎可以通过人工智能技术，实现图像搜索和语音搜索等功能，提供更加便捷的搜索体验。

商品推荐、信用评级、增长策略、客户留存、自动比价等都是智能信息产品的商业应用场景，其设计流程和方法大体相似。下面通过选择差异较大的两类语音和推荐产品的设计，介绍智能信息产品的设计方法。

3.2.1 语音交互类产品

语音用户界面（voice user interface，VUI），是允许用户通过语音命令与系统交互的界面，其核心是自然语音处理技术。最流行和顶级的语音用户界面示例是亚马逊的Alexa，它使用自然语言处理和机器学习算法来执行播放音乐、设置闹钟、提供信息和控制智能家居设备等任务。其他类似的应用还包括Siri、Google Assistant、Cortana以及小度、小爱同学、小艺等智能音箱产品。自然语言处理的应用场景非常广泛：电商平台中的评论情感分析，通过NLP技术分析用户购买商品后的态度；商场的导购机器人通过NLP技术理解用户的语义；呼叫中心、聊天机器人、客服中心等在文本分析、智能问诊、搜索应用中也都有自然语言处理技术的应用。今天，许多交互式呼叫响应系统（IVR）被用作电话呼叫和客户服务的"第一响应"部分，即使呼叫者最终与座席通话，基本信息也已被收集（如信用卡号码）。对于像预订航班这样复杂的任务，IVR系统也可以完成。

3.2.1.1 语音交互适合什么场景和设备

1. 家居场景

家庭环境比较封闭和私密，并且噪声少，是实现语音交互的很好环境，很多设备都具有语音交互的潜质。电视的普及率及使用频次高，生态内容丰富而其操作相对复杂，但又受限于遥控器这种低效的输入方式，使得电视成为最适合进行语音改造的设备。然而由于价格昂贵，尝鲜门槛高，所以对其改造的节奏相对较慢，但是新一代的电视机顶盒声控化肯定是不可阻挡的趋势。灯具虽然操控方式简单，但是因对其操作频繁且需要起身走到开关面前操作，跨空间成本高，使得灯具声控化的诉求也较高。灯具最适合的声控化是本地离线指令，即通过"开灯""关灯"本地直接识别并控制灯具，无需加唤醒词，也无需先传到云端，经云端处理完再传到本地，更简洁更快速。空调因相对高频的使用和较为复杂的指令，和灯具类似具备一定的语音化必要。

2. 车载场景

随着车联网和智能汽车的兴起，越来越多的功能被搭载在车身上。层出不穷的功能和日趋复杂的界面形成了对驾驶者注意力的争夺。如图3-2所示，车载语音技术具有独特优势——帮助驾驶者降低对车内设备的操作依赖，增加驾驶安全系数。车载场景相对比较私密，但是噪声相比家庭场景较高，尤其是在开窗时风噪更大。但是因为开车时手和眼睛都被占用，语音成为交互的最佳选择，如接听电话、开关车窗、广播音乐、路线导航等语音指令，这会使驾驶更加安全，可以更专注于路况。

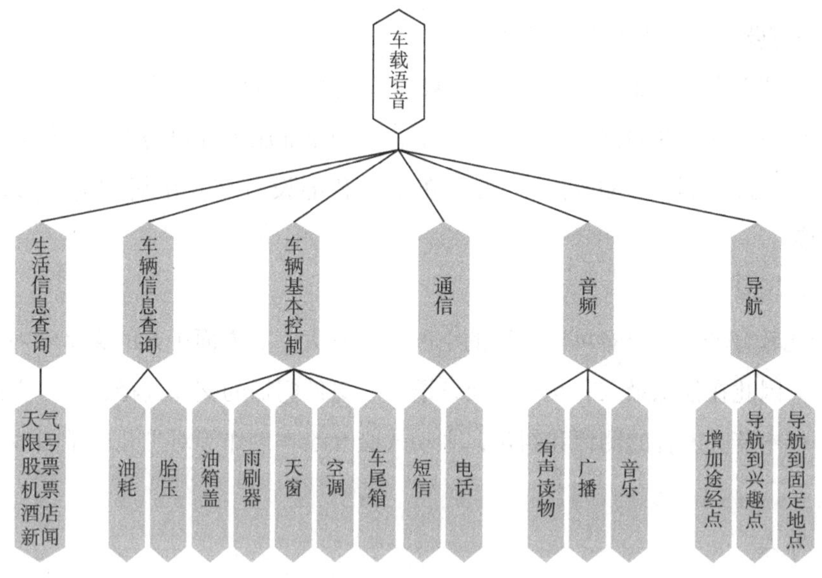

图 3–2　车载语音应用

3. 医疗场景

语音识别在医疗中的应用主要集中在直接将语音转成结构化电子病历，方便医生随时查阅，大大减轻了工作量。可以为医生节省手写病历的时间，同时也可以为医患纠纷提供材料佐证。语音识别技术已经在以美国为首的西方国家成功应用到医院放射科、病理科、急诊室等部门，临床中使用语音识别录入的比例已达到 20% 以上，并能够明显降低医生工作强度，提高工作效率，降低了医院日常运作成本。医疗业务营收占全球最大的语音技术公司 Nuance 全部营收的 50%。

4. 企业场景

智能客服分为语音呼叫中心和在线客服。在客户服务行业，当用户请求接入后，先由智能客服机器人解答 80% 的常见问题，剩下 20% 复杂问题再由真人专家客服来回答解决。智能客服机器人创造的整套流程已经完全改变了整个客服行业的劳动力结构和工作方式。

目前，中国大约有 500 万全职客服，以年平均工资 6 万计算，再加上硬件设备和基础设施，整体规模约 4000 亿元人民币。按照 40% ～50% 的替代比例，并排除场地、设备等基础设施以及甲方预算缩减等因素，大概会有 200 亿～ 300 亿规模留给智能客服公司。

AI 对企业服务市场的变革并不仅限于客服场景，以企业和用户沟通为桥梁和入口，智能客服公司可以延伸到营销、销售等重要的企业服务外部场景，从交互方式、流程优化、数据分析等角度推动企业外部服务的全面智能化，从而释放100亿～200亿的原有营销、销售等市场规模。

除了取代部分人工的客服机器人，AI也在变革企业传统的线下客服交互方式。随着智能设备、物联网的普及，各种设备也将成为企业服务客户的入口和新兴场景，智能客服公司，尤其是AI公司有机会在千亿智能设备交互市场中分得200亿～300亿规模。

5. 教育场景

在少儿教育场景，语音可以发挥的空间会非常大，一方面少儿的文字学习还没有非常完善，因此在信息录入和互动方面，语言是更低门槛的交互选择，另一方面，语音可以进行中英文发音的测评和纠正，主动式交互绘本创作等对少儿的学习成长价值更大。

6. 机器人

语言交互是人类日常最常用的交互方式，机器人自然要集成语音交互的功能。机器人分为消费级机器人和商户级机器人，消费级机器人使用语音传递情感和提升交互效率，商户级机器人使用语音传递品牌感和提升服务效率。

3.2.1.2 语音交互的优势和劣势

1. 优势

（1）输入更高效。

百度语音开放平台的研究结果显示，相比于传统的键盘输入，语音输入方式在速度及准确率方面更具优势。利用语音输入英语和普通话的速度分别是传统输入方式的3.24倍和3.21倍。传统方式如果从解锁手机到设置闹钟需要两分钟，直接说一句话设置闹钟，可能只需要10秒钟；针对复杂的输入词，尤其是在输入方式不便的场景下，语音交互更高效，例如电视场景下进行电影搜索。

跨空间便捷：远场语音交互可以跨3～5米进行交流，针对需要跨空间的操作，语音交互更高效，例如：智能家居控制。

跨场景便捷：语音交互的潜在好处是可以根据说话内容自动判断意图场景，在需要频繁跨场景交互的场景下语音交互更高效。

（2）表达更自然。

人类是先有语音再有文字，每个人都会说话但有一部分人不会写字。例如不识字的老人、小孩、失明的人群无法使用文字交互，语音交互会为其带来极大的便利。在非复杂场景下，语音交互比界面交互更自然，上手成本更低。

（3）感官占用更少。

通过语言交互可以将手和眼睛腾出来处理其他事情，在需要多感官协同的场景下效率更高。例如：车载场景通过语音点播音乐，医疗场景医生在沟通病情的同时记录病历，工业场景在双手占用的同时下达指令。腾出来的感官，意味着可以并行处理其他任务，理论上更高效，更安全。

（4）信息丰富，传输效率高。

VUI 不再依赖固定的路径完成操作指令，语音中包含了语气、音量、语调和语速这些特征，交流的双方可以传达大量的信息，特别是情绪的表达，其表达的方式也更带有个人特色和场景特色。当见不着面，听不到声音的时候，人与人之间的真实感就会下降很多。

支持组合指令：语音交互可以一次性下达多条指令，然后分别执行，在需要支持多意图同时传递的场景下语音交互更高效。假设你今晚想要看电影，你可以选择说："播放刘德华的电影，要四星以上并且是免费观看的。"

声纹识人：可以在下达指令的同时进行身份判断，效率更高。同时通过声音还可以判断性别、年龄层等信息。

声音传递情感：声音交互可以传递情感，因此在有情感诉求的场景下，声音是一个很好的选择。

2. 劣势

语音交互是非可视化的，带来的问题就是增加人的记忆负担。例如，银行的客户电话必须集中精力听完语音播报之后才能做下一步动作，如果用户比较着急的话，就会感觉非常难受。事实上，人在获取信息的时候，视觉要优于听觉，现实生活中，人与人的交流，甚至一个眼神一个动作就可以引起对方的注意和反馈。语言对话时可能要等到说完才能理解，而看文字的时候，甚至可以直接跳过部分文字也能理解，特别是中文。对于语音的效率问题，可以说是单方面的输入更高效，而双向互动反而效率不高。或者说，获取信息的时候，视觉有很大的优势，而声音的效率并不高（现实中为什么总会出现"打断"对话的现象，就是因为语音的表达效率不高，听者等不及）。语音交互也会增加用户的记忆负担，尤其是面临多项选择并且选项内容较长时，它无法同时输出很多内容，在接受信息和多选择交互时，视觉具有更大的优势。

公开环境下语音交互具有心理负担。语音交互的心理障碍是用户不能预设和预先判断的。在同一情况下，不同的人可能会产生完全不同的行为和期望。这给设计者带来了很大的麻烦，设计者和使用者互相难以领会彼此的意图，给用户带来了不确定性，就会形成一种博弈消耗。为了应对这种不确定性，可能导致系统必须通过更多的场景理解上下文关系，进而解析用户的意图来做出可能合理的信息反馈，这将进一步带来技术的复杂度。从心理体验来看，没有多少人愿意对着机器说话，因为有可能会得到毫无感情甚至是错误的反应，莫名其妙的语音会让人感到一丝不自在。

3. 技术障碍

实际上，语音交互的技术依然存在巨大挑战，在复杂的环境和不确定的情景下，准确地理解用户的行为和意图，想要给出用户在不同场景下的期望值，软硬件技术都还有漫长的路要走。语音识别需要清晰地识别出人声，包括将人声和环境声进行分离，将人声和人声进行分离。嘈杂环境下语音识别精度降低，嘈杂环境使得人声的提取变得非常困难，尤其是针对远场语音交互，噪声的问题更加突出。目前业内普遍使用麦克风阵列硬件和相关算法来优化该问题，但是无法完全解决，例如远场安静环境下语音识别准确率能达到95%，但是在嘈杂环境下仅能达到80%。但是随着技术的进步，嘈杂环境下的远场语音识别准确度也肯定会逐步提升。

3.2.1.3　语音交互基本流程

一次完整的语音交互需要经历“唤醒→ASR→NLP→Skill→TTS”的流程（图 3–3）。

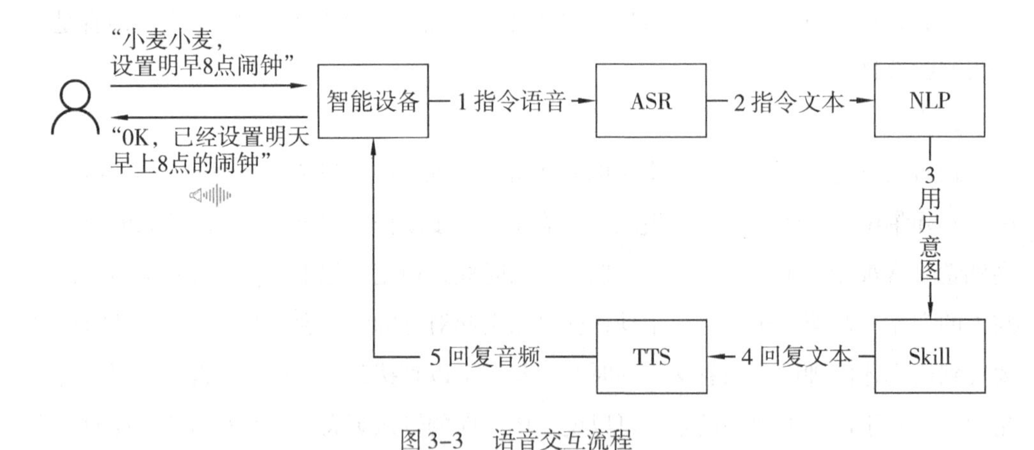

图 3–3　语音交互流程

1. 唤醒

智能音箱通常需要定义一个将助手从待机状态切换到工作状态的词语，即所谓的“唤醒词”。尽管“小明小明”，这种叠词的对话方式特别让人反感，但这也是一个不得已而为之的蹩脚设计。唤醒的办法有两类：通过按键唤醒和通过设置激活词来唤醒音箱，例如：“天猫精灵”“小爱同学”“若琪”，等等。音节越短，误唤醒的问题就会越严重，因此唤醒词普遍是 4 音节，而不是中国人更习惯的 3 音节或者 2 音节。误唤醒是指：设备被环境音错误激活。误唤醒的压制是行业难题，除了模型优化，还有以下几种普遍的做法：

（1）云端 2 次校验。将用户的语音上传到云端进行 2 次确认，再决定本地是否响应，但是这样做的弊端就是唤醒响应时间被拉长。一般设备的唤醒检测模块都是放在本地的，这是为了可以快速响应，本地响应可以将响应时间控制在 300～700ms 之间。如果进行云端 2 次确认，会使得唤醒的响应时长延长到 900～1200ms 之间，如果网络环境差，这个时间可能更久。

（2）从产品策略入手，一般白天偶尔的误唤醒对用户来说是可以理解的，或者说习以为常了。但是，如果在晚上睡觉时发生误唤醒，则是零容忍。因此，一种做法是压制晚上的误唤醒，带来的问题是晚上唤醒的敏感度也同步降低，但是整体来看还是可以接受的。

唤醒词还承载了另外一个功能，即声纹检测。业内的普遍做法是基于唤醒词的校对来判断用户身份，当然也有基于用户指令语句来识别的。但是，目前业内普遍声纹识别的准确率不是特别高，当用户感冒、变音调，声纹识别就会失效，因此声纹在智能音箱的应用就非常受限。除了声纹支付，只能应用于对召回率要求不高的应用场景。

唤醒的衡量指标主要包括唤醒率、误唤醒率、唤醒响应时长。产品测试时，3 个指标还会被进一步拆分为不同环境测试，包括安静环境下、噪声环境下、AEC 环境下、用户端正常唤醒、快读唤醒、One-shot 唤醒。

2. ASR

用于对声学语音进行分析，并得到对应的文字或拼音信息，事实上语音唤醒也首先需要将语音转换为唤醒词。声学模型把语音输入转换成声学表示的输入，更准确地说是给出语音属于某个声学符号的概率。语言模型的作用可以简单理解为消解多音字问题，在声学模型给出发音序列之后，从候选的文字序列中找出概率最大的字符串序列。

为了提高特定内容的识别率，一般都会提供热词服务，配置的热词内容实时生效，并且会提升 ASR 结果的识别权重，在一定程度上提高 ASR 识别的准确率。当有环境音时，需要对环境音进行消除，提高算法识别准确率。如果当前设备既在使用 Player 进行播放，同时又使用 Mic 进行拾音，那 Mic 就会将自己播放出去的声音重拾回来。这时为了避免影响算法识别结果，需要对回音进行消除（AEC）。此外，还需要使用音频特征等进行分析，确定人声的开始和结束时间点（VAD）。词错误率（word error rate，WER）一般作为语音识别系统中常用的评估指标。

3. NLP

自然语言处理（natural language processing，NLP）用于将用户的指令转换为结构化的、机器可以理解的语言，是当今人工智能最活跃的垂直领域，它是一种通过机器学习方法对自然语言进行分析和发掘的处理技术。

下面以一款智能客服产品为例，讲解自然语言处理技术的应用场景、处理流程和基本的技术原理。某公司为了减轻客服的回复压力，需要通过AI辅助客服回复客户提出的问题，具体的方案是通过自然语言处理技术对客户的问题做语义分析和理解，然后找到问题库中最相近的问题，再把预设的答案回复给客户。这个过程一共需要4个步骤才能完成，分别是语料获取、语料预处理、文本表示和文本计算。NLP的工作逻辑是：将用户的指令进行Domain（领域）→Intent（意图）→Slot（词槽）三级拆分。以“帮我设置一个明天早上8点的闹钟”为例：该指令中的领域是“闹钟”，意图是“新建闹钟”，词槽是“明天8点”。这样，就将用户的意图拆分成机器可以处理的语言。

（1）语料获取。

想要打造一款智能客服产品，第一步就是获取语料，形成语料库。所谓的语料就是模型的训练数据集，在客服系统中，语料就是客户的提问与客服人员的问答数据，以及用户对电商网站中某个商品的评价信息等。获取语料的途径有很多，一般来说可以分成三种，分别是业务积累、网络收集，以及外部采购。最准确和方便的方式，就是从业务积累的历史语料中直接获取存储在数据库中的语料，它处理起来最为方便，可以通过脚本直接从数据库中提取。而对于没有进行过电子化，以纸质文件档案的方式存储的语料，它处理起来会复杂很多，需要通过人工录入或者扫描识别等方式进行电子化。为了丰富语料库，一般还会补充一些如新闻资讯、维基百科等语料，这些内容都可以从网络上获取。网络上有很多开放的数据集，比如 Wiki 百科数据集、中文汉语搜狗语料、人民日报语料等，都可以直接从网上下载。除此之外，我们也可以通过爬虫程序快速抓取网络上的公开语料信息。

（2）语料预处理。

语料预处理的一项重要工作是进行中文分词（Chinese word segmentation）。指的是将一个汉字序列切分成一个一个单独的词，将连续的字序列按照一定的规范重新组合成词序列的过程。现有的分词方法可分为三大类：基于字符串匹配的分词方法、基于理解的分词方法和基于统计的分词方法。

基于字符串匹配的分词方法又称机械分词方法，它是按照一定的策略将待分析的汉字串成一个“充分大的”机器词典中的词条进行匹配，若在词典中找到某个字符串，则匹配成功（识别出一个词）。按照扫描方向的不同，字符串匹配分词方法可以分为正向匹配和逆向匹配；按照不同长度优先匹配的情况，可以分为最大（最长）匹配和最小（最短）匹配；按照是否与词性标注过程相结合，可以分为单纯分词方法和分词与词性标注相结合的一体化方法。这类算法的优点是速度快，时间复杂度可以保持在 O（n）,实现简单，效果尚可；但对歧义和未登录词处理效果不佳。

基于理解的分词方法是通过让计算机模拟人对句子的理解，达到识别词的效果。其基本思想就是在分词的同时进行句法、语义分析，利用句法信息和语义信息来处理歧义现象。它通常包括三个部分：分词子系统、句法语义子系统、总控部分。在总控部分的协调下，分词子系统可以获得有关词、句子等的句法和语义信息来对分词歧义进行判断，即它模拟了人对句子的理解过程。这种分词方法需要使用大量的语言知识和信息。由于汉语语言知识的笼统性、复杂性，难以将各种语言信息组织成机器可直接读取的形式，因此目前基于理解的分词系统还处在试验阶段。

基于统计的分词方法是在给定大量已经分词的文本的前提下，利用统计机器学习模型学习词语切分的规律（称为训练），从而实现对未知文本的切分。例如最大概率分词方法和最大熵分词方法等。在大规模语料库建立后，随着统计机器学习方法的研究和发展，基于统计的中文分词方法渐渐成为了主流方法。

目前中文分词算法的主要技术难点在于“歧义识别”和“新词识别”。比如“武汉市长江大桥”，这个词可以切分成“武汉市”“长江大桥”，也可切分成“武汉”“市长”“江大桥”，如果不依赖上下文其他句子，可能无法准确理解。分词完成后，要对分词后的词性进行标注。词性标注就是给每个字或者词语打标签，主要方式包括普通词性标注和专业标注：①普通词性标注，将句子中的词标记为名词、动词或者形容词等专业词性标注；②针对特定行业领域的词性标注，如医疗行业、教育行业等。常见的文本分类并不用关心词性的问题，但如果涉及情感分析、知识推理等和上下文相关的处理，就需要考虑词性标注的问题了。比如原始句子：“教授正在教授人工智能课程”。规则匹配词性标注后的分词：“教授”/nnt，“正在”/d，“教授”/v，“人工智能”/gm，“课程”/n。语义理解词性标注后的分词为：“教授”/nnt，“正在”/d，“教授”/v，“人工智能”/gm，“课程”/n。

（3）文本表示。语料预处理完成后，就需要将分好词的语料转化为计算机可以处理的类型。由于模型只能处理数量化的信息，因此需要将已分词的字符转化成编码或向量矩阵的形式。假设，针对手机待机时长这个问题，在语料库中预设了三条标准语料（按照常识来说，待机时长这个问题的正确回答中应该有数字。事实上，每条语料都会对应一套回复，比如针对表 3-1 中语料 2 会存在类似“手机的电池待机时长是 ×

小时”这样的回复。这样设置语料是为了更准确地比较它和用户问题的相似度，所以像数值化的信息会被事先清洗掉）。正好，有一位客户咨询了这个问题：“我咨询一下手机的待机时长。”那么，我们需要做的就是比较客户问题与知识库中哪条语料最相似：语料 1：“手机是今天快递过来的。”语料 2：“手机的电池待机时长。”语料 3：“手机是双卡双待的。”首先，我们通过分词工具，对用户咨询的问题和语料进行分词。分词后，我们可以得到如下语句（表 3–1）：

客户咨询：“我 / 咨询 / 一下 / 手机 / 的 / 待机 / 时长。”

语料 1：“手机 / 是 / 今天 / 快递 / 过来 / 的。”

语料 2：“手机 / 的 / 电池 / 待机 / 时长。”

语料 3：“手机 / 是 / 双卡双待 / 的。”

为了计算相似度，我们需要将每一个已分词的语料通过词频表示为一个个向量，如表 3–1 所示。例如“电池”这个词，只在“语料 2”中出现了 1 次，我们就标注为“1”，在其他语料中没有出现，则标注为“0”。

表 3–1　语料标注

语料	我	咨询	一下	手机	的	待机	时长	是	今天	快递	过来	电池	双卡双待
咨询	1	1	1	1	1	1	1	0	0	0	0	0	0
语料 1	0	0	0	1	1	0	0	1	1	1	1	0	0
语料 2	0	0	0	1	1	1	1	0	0	0	0	1	0
语料 3	0	0	0	1	1	0	0	1	0	0	0	0	1

根据词表，我们可以得到如下 4 个向量：

咨询：（1, 1, 1, 1, 1, 1, 1, 0, 0, 0, 0, 0, 0）

语料 1：（0, 0, 0, 1, 1, 0, 0, 1, 1, 1, 1, 0, 0）

语料 2：（0, 0, 0, 1, 1, 1, 1, 0, 0, 0, 0, 1, 0）

语料 3：（0, 0, 0, 1, 1, 0, 0, 1, 0, 0, 0, 0, 1）

就这样，每一段语料都可以被表示成一个相对较长的向量，并且向量的维度代表词的个数，频次代表这个词在语料中的出现的次数。然后通过 TF–IDF 算法来计算每个词的权重，TF–IDF 算法原理就是看某个词在文章中出现的次数来评估这个词的重要程度。比如一个词在这篇文章中出现的次数很多，但在其他文章中出现的次数很少，就认为这个词对这篇文章比较重要。

TF-IDF 的计算公式如下：

$$TF\text{-}IDF=TF（t,d）\times IDF（t）IDF（t）=lg（nm）$$

式中，t 为关键词；d 为语料；TF（t,d）为关键词 t 在语料 d 中出现的频率；IDF（t）为逆文档频率；m 为语料的总数；n 为包含关键词 t 的语料数量。最终的计算结果如表 3–2 所示。

表 3–2　权重计算

语料	我	咨询	一下	手机	的	待机	时长	是	今天	快递	过来	电池	双卡双待
TF–IDF 咨询	0.2	0.2	0.2	0	0.1	0.1	0.1	0	0	0	0	0	0
TF–IDF 语料 1	0	0	0	0	0.1	0	0	0.1	0.2	0.2	0.2	0	0
TF–IDF 语料 2	0	0	0	0	0.1	0.1	0.1	0	0	0	0	0.3	0
TF–IDF 语料 3	0	0	0	0	0.2	0	0	0.2	0	0	0	0	0.3

从表中我们可以看出，每个词在每段语料中的权重，于是我们得到了每段语料经过 TF–IDF 计算后的新向量形式：

咨询：（ 0.2, 0.2, 0.2, 0.0, 0.1, 0.1, 0.1, 0.0, 0.0, 0.0, 0.0, 0.0, 0.0 ）

语料 1：（ 0.0, 0.0, 0.0, 0.0, 0.1, 0.0, 0.0, 0.1, 0.2, 0.2, 0.2, 0.0, 0.0 ）

语料 2：（ 0.0, 0.0, 0.0, 0.0, 0.1, 0.1, 0.1, 0.0, 0.0, 0.0, 0.0, 0.3, 0.0 ）

语料 3：（ 0.0, 0.0, 0.0, 0.0, 0.2, 0.0, 0.0, 0.2, 0.0, 0.0, 0.0, 0.0, 0.3 ）

（4）文本计算。已经有了文本向量就可以计算四个文本之间的相似度，可以利用余弦距离、欧氏距离、皮尔逊相关度来计算相似度。表 3–3 使用余弦距离来计算它们的相似度。

表 3–3　相似度计算

语料	向量													和“咨询”相似度
咨询	[0.2	0.2	0.2	0.0	0.1	0.1	0.1	0.0	0.0	0.0	0.0	0.0	0.0]	—
语料 1	[0.0	0.0	0.0	0.0	0.1	0.0	0.0	0.1	0.2	0.2	0.2	0.0	0.0]	0.53
语料 2	[0.0	0.0	0.0	0.0	0.1	0.1	0.1	0.0	0.0	0.0	0.0	0.3	0.0]	0.61
语料 3	[0.0	0.0	0.0	0.0	0.2	0.0	0.0	0.2	0.0	0.0	0.0	0.0	0.3]	0.56

因此，这三个语料和用户咨询问题的相似度的排序就是“语料 2” > “语料 3” > “语料 1”。根据这个方法，就能获取和用户咨询问题最相似的语料，然后将语料对应的标准回答反馈给用户。当然，这只是一个“雏形”，实际场景中智能客服还有很多功能，如意图识别、多轮对话、情感分析、信息提取等。不过，它们的核心构建原理都离不开自然语言处理领域的知识。

图 3-4 梳理了应用自然语言处理的流程和场景。

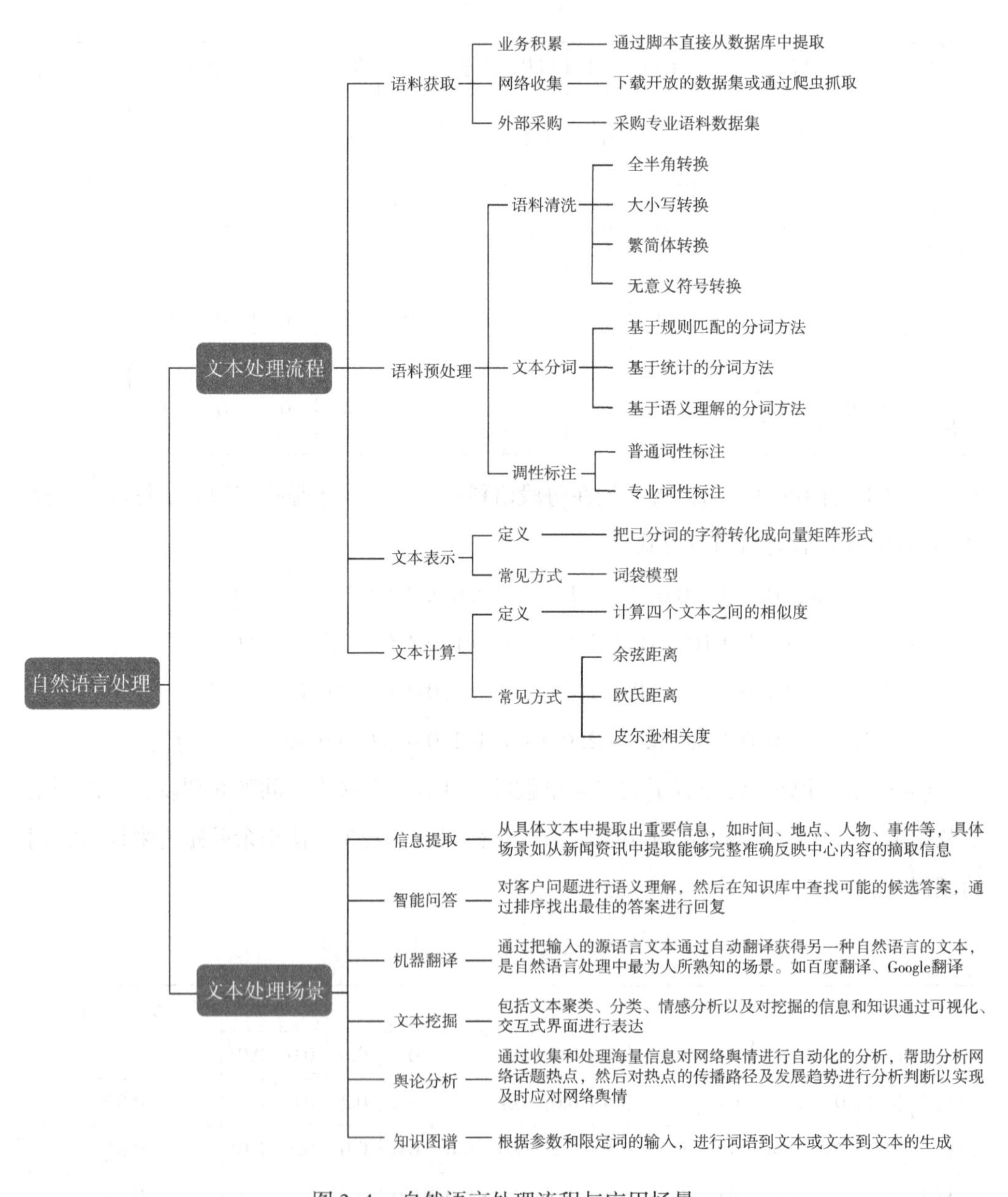

图 3-4　自然语言处理流程与应用场景

4. Skill

Skill 的作用是处理 NLP 界定的用户意图，做出符合用户预期的反馈。语音 Skill 就是 AI 时代的 App，但是语音 Skill 的设计与产品 App 差别很大。

不同类型的技能面向不同的用户群体和用户场景，在设计前明确要求设计的技能是什么。2019 年亚马逊 Alexa 的技能总数已经超过 100 000 项，技能类型包括娱乐游戏、新闻、教育、生活、趣味搞笑、效率、天气、音乐视频、智能家居、运动、饮食、财经、当地、旅行交通、电影电视、公共服务、社交、购物、车联网等 19 种分类，而音乐视频、游戏娱乐、生活和智能家居技能占绝大多数。所有的技能都可以分为播报型、指令型和互动型三类。播报型：为用户提供内容服务，例如音乐、新闻、百科、食谱、故事等。指令型：为用户和生活服务建立一座工具桥梁，帮助用户解放双手，通过语音就能控制家居、发送短信、订外卖等。互动型：用户通过多轮对话的方式与设备交互。主要用于在娱乐领域，如问答测试、情景探险、识图对话、听音唱歌等功能。2019 年亚马逊 Alexa 团队针对用户评论、评分、参与度、用户体验和创新性 5 个维度公布了 Alexa 十大技能，这些技能都属于播报型和互动型技能，其中七项是游戏和问答测试类型，另外三项分别是 Spotify 音乐，导游冥想和 TED 演讲。

从应用场景的覆盖面看，对话类型可以分为开放域（open-domain）和封闭域（closed-domain）两大类。开放域对话类型没有太多限定的主题或明确的目标，用户和语音助手之间可以进行各种话题的自由对话，需要大量的知识库和复杂的模型，一般用于闲聊场景，自从大语音模型 ChatGPT4 推出应用以来，开放型对话的技术尤其是多轮对话能力取得了极大的发展。封闭域对话类型通常会限定在一定场景之下，有若干明确的目标和限定的知识范围，目标也更加清晰明确，例如正常人不会和电商导购交流情感问题。正因如此，封闭域对话类型对对话的质量要求更高，错误的容忍度更低，它需要一个垂直领域建立的模型和知识图谱。封闭域对话类型一般用于任务、问答或者娱乐场景。

任务型的对话指在特定条件下为带有明确目的的用户提供信息或者服务。在智能家居场景下，一般可以通过单轮对话实现设备的操控。如果用户的需求需要多轮互动，那么任务类型的对话需要通过询问、澄清和确认来帮助用户明确目的。任务型的对话主要用于智能助手应用上，例如 Siri、小爱同学和天猫精灵。任务型产品用最短的对话轮次来完成用户的任务，通过对话所获取的信息转换成需要的参数，设计非常依赖意图识别技术，通常使用“意图识别 + 多轮对话 + 对接内容提供商的 API 和知识图谱”。

问答型的对话需要回答“怎么设定闹钟”“什么是巡航系统”等问题，而这些问题也是一种任务，所以问答类型和任务类型的对话有一定的相似性。问答类型的对话一般用于客服机器人上，例如京东的JM客服机器人和阿里的云小蜜客服机器人。它们能和用户进行基本沟通并自动回复用户有关产品或服务相关的问题，当问题回答不了时可以转向人工客服，在降低企业客服运营成本的同时兼顾用户体验。问答型产品用最短的对话轮次来回答用户的问题，意图设计简单，一般抓住关键词“为什么”和“是什么”即可，然后通过FAQ+对接内容提供商的API和知识图谱回答用户的问题。

闲聊型的对话属于开放域类型，因此它是一种没有明确目的的对话，语音助手不知道用户下一句话会说什么，主要根据用户对话中出现的关键词进行回复。闲聊类型的对话一般用于智能助手应用上。闲聊型产品对话轮次越多越好，在大语音模型出现之前通常不精准、不可控，机器的回复会在闲聊库当中，通过检索给出相应的回复。大语言模型出现后，闲聊型产品设计变得简单很多。

游戏/娱乐型的对话结合了任务和闲聊类型的特点，还要结合游戏类型、趣味性等因素进行设计，脚本分支多，设计复杂，一般用于智能助手应用上。

5. TTS

TTS即语音合成，从文本转换成语音，让机器说话。TTS在业内普遍使用两种做法：一种是拼接法，一种是参数法。拼接法即从事先录制的大量语音中，选择所需的基本发音单位拼接而成。优点是语音的自然度很好，缺点是成本太高，费用成本要上百万。参数法指使用统计模型来产生语音参数并转化成波形。优点是成本低，一般价格在20万～60万不等，缺点是发音的自然度没有拼接法好。但是随着模型的不断优化，现在参数法的效果已经非常好了，因此业内使用参数法的越来越多。

6. 语音交互与其他交互方式的融合

语音交互有着信息接收效率低、嘈杂环境识别精度低、公共环境心理负担的劣势，因此在很多场景下纯语音交互很受限，但是这些交互方式是可以通过其他交互进行弥补的。比如用户用语音输入，而设备用界面显示输出的信息。语音智能电视就是一个很好的例子。它们没有能够支持复杂输入的硬件设备，而本身又有足够多的功能以支撑自然语义查询。比如通过语音直接说“播放《流浪地球》”，要比用遥控器上的十字箭头方便多了。实际上，对于一些复杂功能或需要复杂输入的场景，可以用语音命令代替，对返回结果不适合机读出来的系统，则适合使用语音作为输入方式，屏幕作为输出方式。

许多设备都在朝着混合模式的方向发展，它们会将语音、物理输入和屏幕、语音输出结合。导航App就是一个将这些交互手段结合的典型例子，用户能够触控拖动地图来查看，用物理按键或虚拟键盘输入。当驾车时，可以通过直接说出目的地名称来开启导航，采用这种方式用户可以不用将目光移向屏幕或用手来操作，语音输出可以对导航进行命令指示，例如周围道路拥堵状况等较为难以描述的信息可以使用屏幕显示，整个导航系统会根据用户需求和信息的复杂程度来选择信息的呈现方式。不是所有的产品都有一个明确的使用环境，所以判断什么情况下使用语音交互是比较困难的。

3.2.1.4 设计展开方法

从项目的概念阶段一直到发布阶段，VUI 设计师都扮演着重要的角色。他们进行用户研究（或与用户研究团队协调），努力了解用户是谁，考虑用户需要什么来实现目标；他们了解底层技术及其优缺点，创建原型和产品描述，将系统和用户之间的交互描述（有时在文案的帮助下）写下来，分析数据（或咨询数据分析团队），以了解系统在哪里出错，以及如何改进。如果 VUI 必须与后端系统交互，或者存在人工组件，例如向代理移交，VUI 设计师还要考虑不同界面的交互方式，如何训练代理，以及该移交应该如何工作。

与在任何操作系统和设备上运行的移动应用程序类似，VUI 包含三层，即应用层、平台层和设备层，三个图层中的每一个都使用它下面的图层，同时支持上面的图层，三层需要协同工作以实现高效的语音交互。

1. 研究受众

在设计 VUI 的过程中，就像设计其他数字产品一样，需要采用用户至上的设计理念，进行全面的用户研究并深入了解目标受众的特征、行为和期望，这些信息是产品需求的基础。

首先通过客户旅程图了解用户角色和助理角色在各个参与阶段之间的交互。确定用户的痛点以及他们的体验，分析用户可以在哪些方面受益。收集有关用户语言的信息——他们如何说话以及他们在说话时使用的短语。专注于观察和理解用户的需求、动机和行为。将语音作为一个渠道包含在客户旅程地图中，以确定如何以及在何处使用语音作为交互方法。

上下文：考虑用户与语音界面交互的特定上下文，例如环境、设备，或场景。例如，与安静环境中的用户相比，嘈杂环境中的用户可能有不同的需求。

目标和任务：了解用户想要实现的主要目标以及他们可能使用语音执行的具体操作命令。例如，如果为杂货店设计语音助手，一个共同的目标可能是将商品添加到购物清单或查询产品可用性。但是，查看付款流程可能不是最合适的用例，因为它通常涉及提供需要额外安全性和确认的敏感信息。

用户期望和先前的经验：熟悉用户过去使用语音界面时可能遇到的约定、模式以及任何挑战或挫折。这种理解能帮助设计师设计出符合用户心理模型并解决他们的痛点的语音界面。

2. 产品定义

在这个阶段，需要定义功能并塑造产品，设计对用户具有高价值的方案。有时，对于哪些方案是重要的，哪些方案可以忽略，可能会令人困惑，为此，可以使用用例矩阵来评估 。以智能音箱为例，在用例矩阵中（图 3–5），右上角的高频需求必须满足，而左下角的几乎可以不满足。

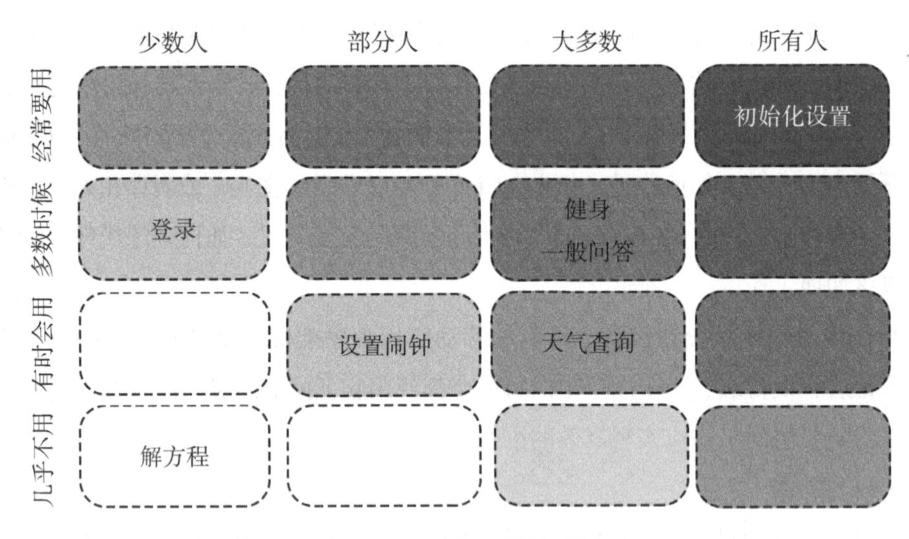

图 3–5　语音界面设计用例

（1）语音定义。

在设计语音产品时，应该定义产品交互使用的声音和语气。VUI 的语音和语气应与品牌的身份和价值观吻合。VUI 和品牌之间的一致性有助于建立用户的信任和熟悉度。例如，如果该品牌以友好和平易近人而闻名，则 VUI 的声音和语气应该通过使用温暖和缓的语言来反映这一点。

①品牌的个性特征、价值观和目标受众。用户如何感知品牌及其想要唤起的情感。确定用户喜欢友好、休闲的语气还是更专业、正式的语气，寻找模式并确定哪些内容能引起市场用户的共鸣，开发独特的声音和语气来使品牌脱颖而出，既要与众不同，又要适合并吸引目标受众。

②制定清晰的 VUI 语音和语气指南。文档化特定语言风格、首选词汇以及针对不同场景的指南，确保 VUI 的语音和语气适应不同的环境并富有同理心，这有助于确保一致性并为 VUI 设计提供指导内容和创作过程。

（2）优化语言和提示。

语音用户界面（VUI）中的提示应有效地传达和指导用户。目标是创建自然直观的对话，让用户感觉他们正在与一个有用的助手或顾问而不是机器进行交互。要优化VUI设计中的提示，请考虑以下做法：

①使用简单的语言。避免使用技术术语和复杂的句子结构，以确保提示易于被用户理解，选择更简单、清晰、直接的语言。不要让这个过程变得乏味冗长，将步数保持在最低限度。

②采用对话式的语气。使用对话语气让提示像在自然对话，不应向用户传达命令。使用缩写、适当的措辞以及与预期内容一致的语气。

③提供明确的提示。确保提示清楚地传达可用选项并指导用户如何与系统交互。避免模糊或笼统的提示。相反，应提供具体且可操作的指示，不留任何含糊之处。

④考虑上下文和流程。设计提示时要考虑对话的上下文和流程。预测用户的需求并在必要时提供主动指导。提供建议或示例以帮助用户理解可用的命令或选项。

通过遵循这些实践，可以创建用户友好的提示、增强对话体验并有效引导用户完成整个过程。

（3）管理长对话。

管理VUI中的长对话需要确保系统能够在用户进行长时间对话时有效记住并参考对话历史记录。要设计长对话，请考虑以下关键实践：

①记住以前的互动。VUI应该能够召回用户输入、响应以及对话早期部分的上下文。这允许连续性和上下文感知响应。例如，如果用户询问纽约市的天气，然后跟进“明天怎么样？”VUI可以识别上下文并响应纽约市第二天的天气预报。

②提供导航和回顾选项。为了帮助用户浏览较长的对话，请提供“重复”“返回”或“重述”等机制。这些选项允许用户访问或总结对话的先前部分，帮助他们查看信息或澄清他们的理解，而无需重新启动对话。

③提供上下文帮助和建议。在复杂或冗长的对话中，提供上下文帮助和建议来指导用户。如果用户不确定可用的操作，VUI可以说：“您可以询问天气预报、设置提醒或获取新闻更新。今天需要什么帮助吗？”这些提示提供指导并提醒用户可用的选项。

④提供可视化或文字记录（如果适用）。当可视化界面可用时，可考虑提供对话历史记录的可视化或文字记录。这可以包括显示对话时间线、显示用户输入和系统响应或提供对话的书面摘要。可视化或文字记录可以增强理解，并在对话期间和对话后为用户提供参考。

（4）情境意识。

利用位置、时间和用户偏好等上下文信息，设计师可以创建个性化且相关的互动，满足用户的特定需求和偏好。

①基于位置的信息：利用位置数据为用户提供上下文相关信息。例如，如果用户询问附近的餐馆，VUI 可以利用他们的位置来提供附近餐饮选择的列表。

②基于时间的上下文：考虑一天中的时间或一周中的某一天，以提供更相关和及时的信息。例如，如果用户询问天气预报，VUI 不仅可以提供当前的天气状况，还可以提供有关天气在一天或一周中可能如何变化的见解。

③用户偏好和历史记录：利用用户偏好和历史数据来创建个性化体验。例如，如果用户经常点素食餐，VUI 在提供餐厅推荐或膳食建议时可以优先考虑素食选项。

④与其他服务集成：将 VUI 与其他服务和平台集成以访问其他上下文信息。例如，通过与日历应用程序集成，VUI 可以提供个性化提醒、日程更新和事件通知。

（5）辅助功能注意事项。

无障碍考虑因素在语音用户界面（VUI）设计中起着至关重要的作用。确保所有用户（包括有语言障碍或听力困难等问题的用户）都可以使用 VUI 非常重要。以下是 VUI 设计访问时需要遵循的关键考虑因素：

①替代输入法：提供替代选项输入适应有言语障碍或不喜欢使用语音的用户的方法命令。这可以包括基于文本的输入选项，例如通过可视界面键入或选择选项。

②视觉字幕：包括音频响应的视觉字幕，以适应有听力困难的用户。显示语音响应的文本标题允许用户阅读信息，而不仅仅是依赖音频。

③清晰简洁的语言：在提示和回复中使用清晰简洁的语言，以增强有认知障碍或语言障碍的用户的理解能力。避免使用可能使用户感到困惑或疏远的复杂行话或含糊不清的术语。

④与不同参与者进行的用户测试：进行用户测试，与各种残疾人士合作，深入了解他们的具体需求和挑战。这有助于识别任何可用性问题并提供宝贵的反馈以优化可访问性。

（6）隐私和安全

在语音界面中，与用户建立信任至关重要。为了解决隐私问题并确保安全，需遵循以下主要做法：

①清晰地沟通：用简单的术语向用户解释他们的数据是被如何收集、使用和保护的。

②同意和控制：要求明确允许在收集个人或敏感数据之前。让用户能够管理自己

的数据偏好并选择是否共享。

③用户控制和数据管理：让用户根据自己的喜好访问、修改或删除其个人数据。

④监控和合规性：定期检查语音界面中的隐私和安全风险。及时了解当地数据保护法律和准则，以确保合规性，例如 GDPR 或者 CCPA。

3. 创建原型

对话流（图 3–6）是在用户和技术之间创建语言交互的流程图，为产品针对的每个需求创建对话流程。包括交互的主要关键字、对话可能走向的分支，以及用户和助手的示例对话。

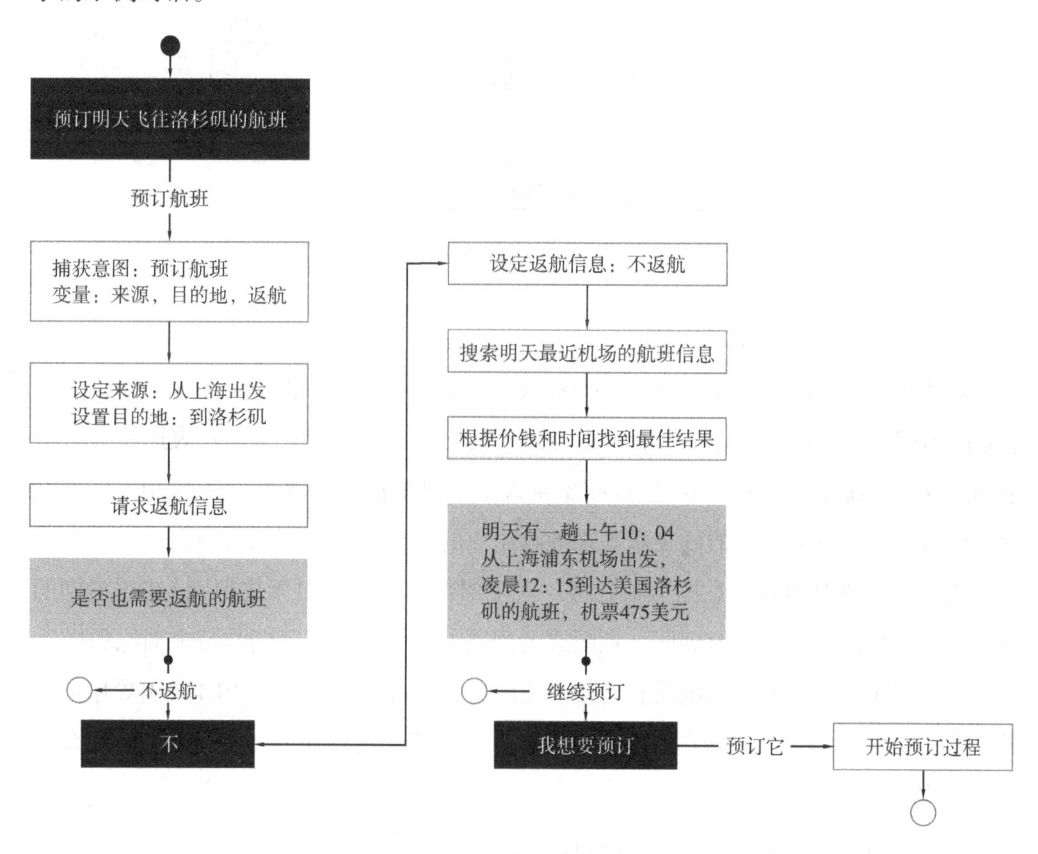

图 3–6　语音助手对话流程

此步骤的目的是确定边界范围之后找到用户将从中受益的常见和特定案例，为用户设计完成任务所能使用到的不同的路径，也就是需要尽可能地把各种正常的、异常的状况，正向和反向的各种应对措施完整地把设计表达出来。

（1）描绘品牌形象。即使在人类对话中，声音的语气也很重要，因为它具有情感价值，这将成为产品的个性，以便始终在用户的脑海中留下积极的印象。设计师需要创造的不仅仅是“对话”，而是满足用户情感需求的对话。

根据用户对产品的熟悉程度，应该提供不同的问候语。对于新用户要用简单的话语让用户知道能提供什么服务，并引导用户操作。对于专家用户，不需要冗长的指令或者教学细节，可以缩短解释性的提示语（图 3–7）。

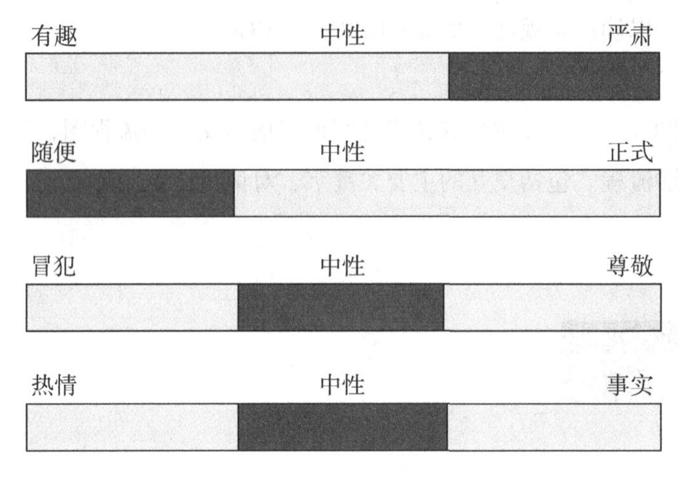

图 3–7　语音调性

（2）引导用户提供正确的信息。

对话界面的挑战之一是处理用户的输入。识别到了语音，但系统无法处理，这可能是因为用户可以使用许多不尽相同的方式来传达同一个意思，且这种表达是不能穷举的。这种情况下，可以使用“AI 技术 + 人工语料维护”来解决。使用 NLP 的同义词、词向量和计算文本相似度技术等来理解用户的语义表述，可以将用户相同意思不同表述的语句映射到同一意图上来处理。人工语料维护，即对无法识别 / 错误识别的数据重新打标签，将其映射到同一意图或者词条上，并让机器不断学习来训练和优化模型。用户输入的请求是系统没有的技能或服务。这种情况可以在 VUI 中引导用户提供正确的信息。VUI 设计存在“无边界”的特点，即让用户知道“能让产品做什么”是设计的难点。

以下是引导用户输入正确信息的方法：

①设定用户的期望。可以在用户首次使用时为用户提供新手引导，或者在使用过程中提供帮助。机器人能否得到想要的正确答案，取决于怎么提问题。要把用户的问题引导到产品能提供的服务上。例如产品不应该问：“请问能为你做什么？”而应该问：“我可以为您预订航班，请问您想去哪里？”

②限制用户的选择范围，提高系统理解用户意图的概率。例如使用手机语音助手发送短信，语音助手：“给小 jo 发送短信为‘好的，一会见’，请问发送还是取消？”这样用户的选择就限定在发送和取消上。

③用预设回复的快捷回复按钮引导用户正常对话。例如辅助心理辅导机器人 Woebot，用按钮预设回复，限制了对话只能向“我需要帮助解决一个问题”和“记录情绪”两个流程上。用户只能二选一。将对话严格地限制在流程内，从而完成任务，这是个典型使用预设回复的例子。

④使用示例而不是说明。当向用户询问信息时，可以给出示例。让用户参照示例写入信息比理解通用指令更加容易。

（3）确认与反馈。

在决定 VUI 的确认策略时，要考虑错误的后果是什么，采用何种确认策略（隐性确认或显性确认），并以什么形式进行反馈（语音确认或非语言形式确认）。不同场景使用不同的策略。

显性确认与隐性确认。高风险的请求（例如消费付款的确认）或者难以撤销操作时适合使用显性确认，通常要与用户核实其需提供的输入是否被正确地处理或者请求用户允许操作，机器人在得到确认之前将不会执行操作。而系统对获取信息的识别准确度较高，出错可能性较低的场景，或在不请求用户批准的情况下进行操作时采用隐性确认，可以将答案连同原始问题的一部分，一同回复给用户。让用户知道系统识别到了他的问题。如果置信度很高，为了看起来更自然流畅，也可以直接简单地回答。还有一种根据信息的识别率来选择确认策略的方法，称为“三级置信度法”，在 45%～80% 置信度区间时，使用明确的形式确认信息。置信度 80% 以上时，使用隐性确认来确认信息。置信度 45% 以下的，走修复流程，可以回复“对不起，没有听清您讲的话”。

一些能感知到结果的操作，只需要执行，而不需要口头响应。比如“开灯”，执行结果是可以直接“看”到的。如果无法通过“看”来确认，可以使用一个“声音标识”来确认，比如 Siri 会用一个声音来表示结束聆听。如果语音产品是有屏幕的设备、移动应用 App 或者电脑程序，通过屏幕确认信息或者向用户显示结果更为有效。屏幕可以显示一些结果为列表类的信息，还可以通过屏幕让用户来确认选项。

系统后端在确认与响应用户的请求时，可能存在响应时间长而造成延迟现象。响应延迟产生的原因一般是系统连接性能差、系统正在处理进程、数据库访问以及处理语音识别响应时间长。如果用户的请求需要很长的时间来处理，那么机器人应该告知用户它正在处理请求。如“正在处理”“请稍等，正在查询相关记录”等消息，或者告诉用户何时能得到结果，也可以用非语音的方式提示用户。例如一段短的提示音，或者“加载中”的动态可视化效果。但有些情况，系统没有延迟，也最好插入一两秒延迟。因为机器人太快回复会给用户带来不安，适当延迟才是自然的对话方式。

要能理解用户回复的各种确认信息。确保机器人能理解用户表示确认的所有形式，比如：是、已确认、OK、对、没错。这通过对词条维护或用 NLP 技术都可以实现。

理解歧义。单词本质上是模棱两可的。意思是，如果一个人说“好”，可能意味着“好的”或象征着他在听。因此，让 AI 了解所有常见的歧义，以获得最佳性能。

理解拼写错误 / 发音错误。一个单词可能有多个发音，这可能会阻碍用户和自然语言处理系统之间的对话流程。

（4）吸引用户与机器人互动。

目前多数语音产品缺乏用户与机器人互动性，使产品被弃用或者少用，无法为用户创造价值。无论新手还是专家用户，都要采取“对话式标识”来提示，让用户知道他们的答案已被系统接收，以及当前提问的进度，这使 VUI 更人性化。

提供相关选项。始终确保用户从对话中获得有价值和相关的东西。即使查询没有正面结果，机器人助手也应该始终回复，不要让用户挂断电话。也就是说，如果用户请求“预订周二从达拉斯飞往洛杉矶的航班”，那么接下来应该回复——“我找不到周二的任何航班”。更好的是——“我找不到周二的任何航班。你想让我检查星期三吗？”

提供确定性。一个能给用户提供确定性的产品，是可以让人留恋和持续依赖的，而所有的“铁粉”都是对产品的确定性有依赖。比如一台 ATM 机，给用户的确定性是稳定地出钞。比如地图 App，当用户查询路线时，能高效地给用户提供最优导航方案。再有一个例子是荷包金融 App（虽然因为 P2P 行业问题，它现在已经不能正常兑付了，但不能否认它是个非常优秀的产品），这也许是业内第一家每日收益到账时，打开 App 后会有金币的声音，点击金币即可将收益直接复投的产品。无论是从操作上、视觉上还是听觉上都给用户带来愉悦感，且让用户知道自己的资金每天都获得收益，其实这就是一种确定性。

采用习惯形成模型——Hook 模型，增加黏性。Hook 模型也称上瘾模型，模型中描述了习惯形成的四个步骤：

①触发：这是一个内部触发器，由外部触发器引发，并驱使用户使用该产品采取行动。

②行动：一个能产生奖励的简单行动。

③奖励：实现价值。即找到痛点或者实现用户意图。

④投资：一种行为，通过机器人使服务更好，而且产生未来触发的机会。

4. 测试产品

在一切都接近完成阶段之后，需要测试设计的 VUI，以确保它满足清单上的每个基准。语音产品的不同阶段，有不同的测试指标。

（1）语音唤醒阶段相关的指标。

①唤醒率。呼叫 AI 的时候，产品被成功被唤醒的比率。

②误唤醒率。没呼叫 AI 的时候，产品自己跳出来讲话的比率。如果误唤醒比较多，特别是半夜时，智能音箱突然开始唱歌或讲故事，会是非常糟糕的体验。

③唤醒词的音节长度。一般技术上要求，最少 3 个音节，比如“OK Google”和“Alexa”有四个音节，“Hey Siri”有三个音节；国内的智能音箱，比如小雅，唤醒词是“小雅小雅”，而不能用“小雅”——如果音节太短，一般误唤醒率会比较高。

④唤醒响应时间。音箱产品中，除了 Echo 和小雅智能音箱唤醒响应时间能达到 1.5 秒，其他的都在 3 秒以上。

（2）语音识别阶段指标。

实际工作中，一般识别率的直接指标是词错误率（word error rate，WER），其定义是：为了使识别出来的词序列和标准的词序列之间保持一致，需要进行替换、删除或者插入某些词，这些插入、替换或删除的词的总个数，除以标准的词序列中词的总个数的百分比。根据需要，可以测试纯引擎的识别率，以及不同信噪比状态下的识别率（信噪比模拟不同车速、车窗、空调状态等），还有在线 / 离线识别的区别。涉及语音自适应回声消除（automatic echo cancellation，AEC）的，还要考察 WER 相对改善情况。

（3）语言理解阶段指标。

①用户任务达成率：表征产品功能是否有用以及功能覆盖度。

②对话交互效率。比如用户完成一个任务的耗时、回复语对信息传递和动作引导的效率、用户进行语音输入的效率等。

③平均单次对话轮数（conversations per session，CPS）。这是微软小冰最早期提出的指标，并且是小冰内部的（唯一）最重要指标。实际工作中，可能 CPS 更多是面向闲聊型对话系统，而其他的场景可能更应该从“效果”出发。比如，如果小孩子哭了，机器人能够“哭声安慰”，没必要对话那么多轮次，反而应该越少越好。

④相关性和新颖性。与原话题要有一定的相关性，但又不能是非常相似的话。

⑤最终求助人工的比例（即前文提过的“用户任务达成率”）；重复问同样问题的比例；“没答案”之类的比例。

⑥语料自然度和人性化的程度。目前对于这类问题，一般是使用人工评估的方式进行。这里的语料通常不是单个句子，而是分为单轮的问答对或多轮问答对的一部分。为了消除主观偏差，采用多人标注、去掉极端值的方式，是当前普遍的做法。

（4）整体用户数据指标。

常规互联网产品，都会有整体的用户指标，AI 产品一般也会有这个角度的考量。

①日活跃用户数（daily active user，DAU），简称“日活”，在特殊场景会有变化，比如在车载场景，会统计“DAU 占比（占车机 DAU 的比例）”。

②被使用的意图丰富度（使用率的意图个数）。

③可尝试通过用户语音的情绪信息和语义的情绪分类评估满意度。

尤其对于生气的情绪检测，这些对话样本是可以挑选出来分析的。比如，有公司会统计语音中有多少是骂人的，以此大概了解用户情绪。还比如，在同花顺手机客户端中，有个一站式问答功能，用户对它说“怎么登录不上去”和说“怎么老是登录不上去”，返回结果是不一样的——后者，系统检测到负面情绪，会提示转接人工。

④留存率。虽然是传统的指标，但是能够发现用户有没有形成使用习惯；留存的计算甚至可以精确到每个功能，然后进一步根据功能区做归类，看看用户对哪类任务的接受程度较高，还可以从用户的问句之中分析发出指令的习惯以针对性地优化解析和对话过程；到后面积累的特征多了，评价机制建立起来了，就可以进行强化学习。

⑤完成度（即前文提过的“用户任务达成率”）。由于任务型反馈最后总要去调一个接口或者触发什么东西来完成任务，所以可以计算多少人进入了这个对话单元，其中有多少人最后调用了接口；相关的，还有（每个任务）平均 slot 填入轮数或填充完整度，即完成一个任务，平均需要多少轮，平均填写了百分之多少的槽位 slot。

设计人员面临的一个挑战是语音 UI 原型设计和测试。用户可以用不同的风格表达，但很难列举或者跟踪，当原型尚未完全使用语音搜索技术开发时，在此类查询上测试原型变得更加困难。此外，由于语音技术的主要原则是语言，因此对于口语和方言的理解都变得至关重要。遗憾的是，到目前为止，语音模型还只适应少数几种方言。

3.2.2 推荐类产品

1998 年，Amazon 推出了基于 Item 的协同过滤算法，使得系统能够以一种前所未见的规模处理数百万商品并为数百万的顾客提供推荐服务。2003 年，Amazon 在 IEEE Internet Computing 上公布了自己的算法，并且在之后的近二十年里，不断地优化算法，让每个顾客在登录后都能看到个性化的页面。今天，Amazon 上 35% 的购买行为都来自推荐系统的推荐；在经过推荐系统推荐后，用户的购买率和转化率可以达到 60% 。

Amazon 推荐产品，TikTok 推荐视频，Facebook 推荐朋友，Stitch Fix 推荐套装，Linkedin 推荐专业或者职业，网易云推荐音乐，我们可以看到推荐在各个行业中发挥作用：零售、娱乐、军事、金融、体育和医疗保健等。虽然推荐系统目前有很多不同的应用场景，比如，社交场景的内容信息流推荐，电商场景的个性化商品推荐，还有地图场景的路径推荐等，但是它们的底层逻辑是类似的。

推荐系统需要在业务发展现阶段满足三个必要条件，分别是有货、有人、有场景。有货就是要保证业务发展的现阶段供应链齐全，有足够的商品用于推荐，可以让用户“逛”起来，而有人是指做推荐系统的用户量要足够多，足够多的用户会带来足够多的用户行为，这些是推荐系统的数据和特征的来源。有场景指做推荐系统要立足于业务的发展阶段。因为业务在发展初期阶段正忙于系统功能的建设，所以推荐系统这类偏前端流量玩法的工作的价值凸显不出来。也就是说，我们需要有合适的产品场景以及完善的系统，才能“接住”这样的需求。因此，在推荐系统的建设上，要考虑到人、货、场这三个因素，提高长尾商品的曝光率、挖掘用户潜在意图、优化用户体验，以达到提高购买转化率的目的。

举个例子，如果你是一个女生，你在浏览京东商城的时候，可能会关注一些美妆品牌，收藏一些饰品、包，或者加购一些零食。这一系列行为反映了你对某些商品的偏好，此时推荐系统就会根据你的操作行为大致勾勒出你的兴趣偏好。与此同时，推荐系统发现京东网站上还有很多与你兴趣偏好相似的用户，你们有着类似的喜好，她们喜欢的东西大概率你也会觉得不错。因此，推荐系统就会统计你们在京东商城的操作行为（如浏览、收藏、加购、下单），计算出你们之间的相似度，这样推荐系统就筛选出那些同类用户喜欢而你还没有接触过的商品。

推荐系统要经历召回、排序和调整三个阶段。推荐系统根据算法帮用户初步筛选出可能喜欢的商品的过程，称为推荐系统的召回，也可以把召回简单理解为商品的粗筛过程。在召回的阶段中，有很多成熟的策略和算法供选择，比如基于用户行为的协同过滤召回算法，基于内容标签的召回算法，以及基于深度学习的召回算法。但是，不管选择哪一种召回算法，它们最终返回的结果都是一个商品列表。一般来说，采用一个召回算法，只能得到一个商品列表，这对于一个个性化的推荐系统来说远远不够。因此在实际工作中，为了提高召回商品的覆盖率和多样性，往往会应用多种召回算法进行商品召回，这也称为多路召回。采用多路召回得到多个商品列表之后，就进入了推荐系统的排序阶段。具体来说就是将召回阶段获取到的多个商品列表，结合多种因素进行考量（比如业务指标 CTR、CVR、GMV、UV，以及商品的多样性、覆盖率等），融合成一个列表，并精细筛选出 Top100 甚至更少的商品列表。最后，商品列表在被展示给用户之前，还需要经过一道调整的工序，也就是对排序后的商品列表做运营策略上的调整，这部分和实际业务策略息息相关，如广告坑位填充、特定商品置顶。在经过这三个步骤之后，推荐系统才能将最终的商品列表展示到用户页面。

推荐系统的建设（图 3-8）可以分为 4 个重要的阶段，分别是需求定义、数据准备、技术实现和评价标准。

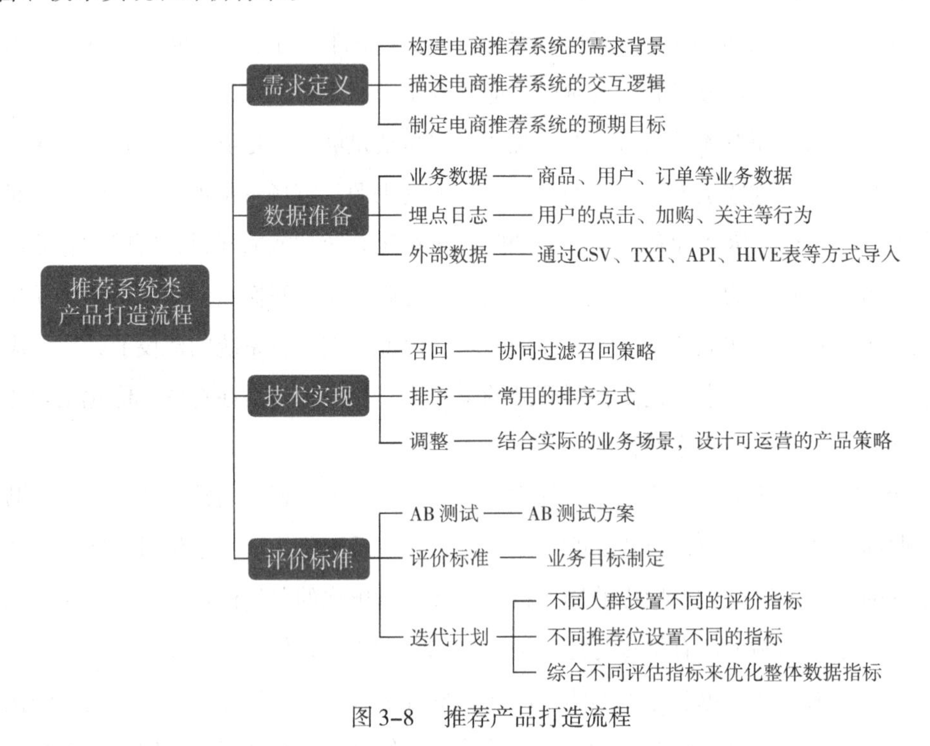

图 3-8　推荐产品打造流程

1. 需求定义

需求定义环节最重要的工作就是产出需求文档，即交代需求背景、描述交互逻辑，以及明确预期目标。

需求部分要重点交代清楚为什么要建设推荐系统，让协同部门能够理解项目背景和这个项目的价值。比如，对于一个刚刚拥有自己电商渠道的企业，其 App 首页如果是人工配置选品的，每个用户在浏览 App 的时候，看到的都是千篇一律的商品，无法体现用户对于商品的兴趣偏好，不但削减了用户的体验，也没法让供应商满意，因为随着接入的供应链多了起来，供应商也希望自己的商品能有更多的曝光。因此，推荐系统要考虑不同用户对商品的偏好，在 App “猜你喜欢”的页面中展现推荐，避免“千人一面”。

接下来，要对推荐系统的交互逻辑进行描述，主要包括描述用户的动线流程、模型诉求和产品功能上的逻辑。如果构建的是 MVP 推荐系统，就不需要通过算法模型来实现所有的推荐逻辑，而是分成两部分，一部分通过算法进行推荐，另一部分通过运营系统配置进行推荐。当用户进入商品主页的时候，推荐系统会检查是否已存在当前用户的画像信息。如果存在就获取用户的商品偏好标签，执行商品召回的算法逻辑，如果不存在就把运营系统配置的商品数据展示给用户。

最后就是制定电商推荐系统的预期目标了，这个目标是根据业务的实际情况而设定的（表 3-4）。推荐系统的需求定义内容如图 3-9 所示。

表 3-4　不同业务阶段的衡量指标

阶段	预期目标衡量指标
业务建设阶段	从流量的增长入手，比如以 DAU 、MAU 为核心指标衡量业务的增长
业务发展阶段	从流量的转换入手，比如以 CTR 、CVR 为核心指标衡量流量的转换率
业务成熟阶段	从 GMV 入手，比如以 UV 价值、RPM 等为核心指标衡量用户价值

交代需求背景

- 说明建设推荐系统的原因，与协同部门对齐项目价值

描述交互逻辑

- 应用渠道，如小程序、App 、H5 等
- 前端场景，如大促会场，会场入口根据用户偏好类目推荐大促会场商品
- 业务流程，通过流程图描述推荐系统详细的交互流程
- 推荐策略，如增加用户偏好类目推荐策略，把用户偏好类目作为入参，返回推荐商品，如果类目返回的商品量级过少，就不展示会场入口

明确预期目标

- 业务指标：例如提升智能卖场覆盖场景的整体产出，以及用户个性化体验
  以 CTR 为核心推荐指标

其他要求

- 流量预估：定义日常调用量 QPM （queries per minute ，每分钟查询率）和大促调用 QPM ，例如 1w/min 、10 w/min
  时间预期：规定联调时间和项目上线时间
  性能要求：例如 TP99<400ms

图 3-9　推荐产品的需求定义

2. 数据准备

在推荐系统中，如果用户在某个环境下对某个商品做了某种操作，则这个操作表

达了用户对这个商品的兴趣偏好。推荐系统要做的就是挖掘这个偏好，然后给这个用户推荐相同偏好的其他商品。因此，数据对于推荐系统是非常重要的。在搭建推荐系统之前，需要完成大量数据的收集和整理工作。这些数据的来源一般包含三类：业务数据、埋点日志和外部数据（表 3-5）。并且每个来源的数据都有着详细的数据分类，这些数据会应用于机器学习的离线预估模型训练和实时模型预估计算。

表 3-5　推荐产品的数据类型

<table>
<tr><th>来源</th><th>来源描述</th><th>数据分类</th><th>数据描述</th></tr>
<tr><td rowspan="2">业务数据</td><td rowspan="2">商品、用户、订单等业务数据，一般储存在 MySQL 数据库</td><td>用户数据</td><td>自然属性：性别、年龄、学历、职业、收入水平、消费水平等
统计属性：最近 N 天最喜欢的商品列表、标签价格区间等</td></tr>
<tr><td>商品数据</td><td>基本属性：标题、分类、标签、评分、价格、发布时间等
统计属性：最近 N 天热度、点击 / 收藏 / 加购 / 下单次数等</td></tr>
<tr><td rowspan="2">埋点日志</td><td rowspan="2">用户的点击、加购、关注等行为，一般通过 Kafka 消息异步存储到 HDFS</td><td>行为数据</td><td>点击、收藏、加购、下单、探索、讨论、分享、关注等</td></tr>
<tr><td>上下文环境</td><td>时间、地点、天气、节假日、手机型号、网络环境等</td></tr>
<tr><td>外部数据</td><td>通过 CSV 、TXT 、API 、Hive 表等方式导入进来的其他业务数据</td><td colspan="2">—</td></tr>
</table>

像“用户数据”“商品数据”和“上下文环境数据”本来就是存在于数据库中的，设计师或产品经理只需告诉算法工程师数据源在哪里即可。如果系统之前没有做过埋点，那么势必会影响推荐系统的准确性。因此，在搭建推荐系统之前，要通过埋点尽可能地收集用户的前端行为日志。需要埋哪些数据，在哪些页面设置埋点，需要设计师根据自己对业务的理解，整理出一套页面埋点文档，为算法工程师提供数据支持。例如，用户行为数据埋点字段和商品信息数据埋点字段（表 3-6 、表 3-7）。

表 3-6　用户行为数据埋点字段

字段名	字段类型	字段含义	字段值枚举	是否必读
user_id	string	用户标识	用户自填	否
device_id	string	设备 ID	用户自填	否

续表

字段名	字段类型	字段含义	字段值枚举	是否必读
sku_id	long	商品 ID	用户自填	是
type	string	行为类型	clk : 点击 cart : 加购 ord : 订单	是
source	int	来源	0 : pc 1 : phone 2 : m 3 : wx 4 : qq	否
site	string	站点标识	0 : 主站 1 : 子站点 1 2 : 子站点 2	是
time_stamp	long	unix 时间戳	用户自填	是

表 3–7　商品信息数据埋点字段

字段名	字段类型	是否必读	字段含义	字段值枚举
sku_id	long	是	商品 ID	用户自填
title	string	否	商品标题	用户自填
image	string	否	商品图片地址	用户自填
cl1	int	否	一级分类	用户自填
cl2	int	否	二级分类	用户自填
cl3	int	否	三级分类	用户自填
unlimit_cid	int	否	末级类	用户自填
store_id	string	否	店铺 ID	用户自填
shop_name	string	否	店铺名称	用户自填
brand_id	string	否	品牌 ID	用户自填
brand_name	string	否	品牌名称	用户自填
status	int	是	上下架	0 : 下架 1 : 上架
site	string	是	商品所在站点标识	0 : 主站 1 : 子站点 1 2 : 子站点 2
time_stamp	long	是	unix 时间戳	

3. 技术实现

推荐系统将一个物品 / 内容推荐给用户主要会经历三个步骤，即商品召回、商品排序和综合调整。

（1）召回。

由于只需要打造一个 MVP 的推荐系统，因此只设计一种召回策略就可以了，如“基于协同过滤的召回策略”。这样，推荐系统就不涉及多路召回融合的问题，在产品需求中也就不用涉及“排序阶段”的需求直接进入“调整阶段”。这一阶段，推荐系统需要通过规则，将算法召回的商品列表和运营系统配置的商品列表进行融合。常见的运营配置有，商品在第一周上新期内需要在展示列表中置顶等。最终，推荐系统会将融合后的商品列表展示给用户。

召回就是对商品进行初步筛选，过滤出用户可能感兴趣的商品列表。之所以说“可能”，是因为在召回这一步，为了提高覆盖率，通常会使用多个算法进行召回。在这些召回算法中，基础的召回算法有基于用户行为的协同过滤召回算法和基于内容标签的召回算法。基于用户行为的协同过滤召回算法（user-based collaborative filtering）基本思想很简单，就是基于用户对商品的偏好找到和用户最相近的一批人，然后把这批人喜欢的商品推荐给当前用户。比如说，现在有三个用户，分别是用户 A、用户 B 和用户 C，以及四个商品，分别是商品 a、商品 b、商品 c 和商品 d。对三个用户的行为进行分析，发现用户 A 喜欢商品 a 和 c，用户 B 喜欢商品 b，用户 C 喜欢商品 a、c 和 d（表 3–8）。

表 3–8　不同用户喜好

用户/商品	商品 a	商品 b	商品 c	商品 d
用户 A	√		√	待办
用户 B		√		
用户 C	√		√	√

通过这个表格可以很直观地看到，用户 A 和用户 C 都喜欢商品 a 和商品 c。由此，可以猜测用户 A 和用户 C 的兴趣偏好可能相同。这个时候，就可以把商品 d 推荐给用户 A。这就是协同过滤策略的基本原理，在算法的实现上就是将用户对商品的操作行为，如浏览、收藏、加购和下单，变成向量形式的数学表达方式，然后通过相似度算法，如余弦相似度算法，计算这些行为的相似度，最后得出一个相似度分数的排序。这样，就能找到最相近的其他用户，并过滤出他们喜欢而目标用户没有接触过的商品。通过相似度计算，可以得到和某个用户最相似的其他用户的一个列表。举一反

三，就能得出和某个商品最相似的一个商品列表。

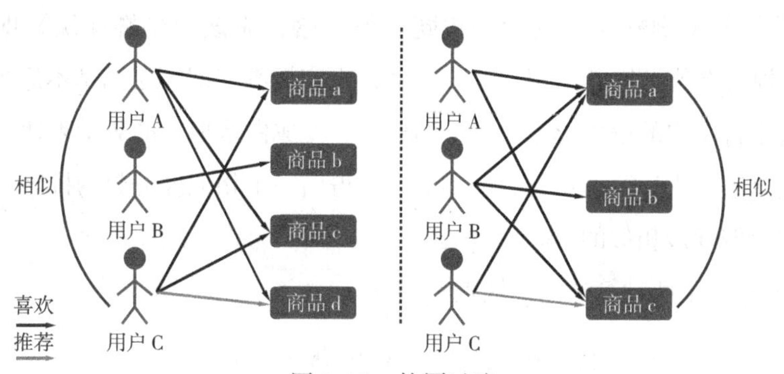

图 3-10　协同过滤

图 3-10 所示，协同过滤算法需要有用户行为数据作为基础，才能根据行为计算用户之间的相似度以及商品之间的相似度，在系统冷启动阶段很难实施，所以在冷启动阶段，还需要考虑其他召回策略，比如基于内容标签的召回策略。基于内容标签的召回算法（content-based recommendations，CB）是最早被使用的召回算法，在现在的工业界中仍然被广泛使用，因为它的效果很好。它的基本思想就是给用户和商品分别打标签，然后召回同类标签的商品，最终把它们推荐给用户。比如说，现在有两个用户，分别是用户 A 和用户 B，还有四部电影，分别是《钢铁侠》《蜘蛛侠》《蝙蝠侠》和《神奇女侠》。我们给每部电影打上标签，《钢铁侠》是“科幻片”和“漫威”，《蜘蛛侠》是“科幻”和“漫威”，《蝙蝠侠》是“科幻片”和“DC”，《神奇女侠》是“科幻片”和“DC”。为了方便理解，此处简化了标签的数量，在实际工作中，我们可能会给每一部电影打上几十甚至是几百个标签。给电影打完标签之后，还要给每一个用户打上兴趣偏好标签，如用户 A 刚看完《钢铁侠》，就给用户 A 打上“科幻片”和“漫威”的标签，用户 B 看过《蝙蝠侠》，就给用户 B 打上“科幻片”和“DC”的标签（表 3-9）。

表 3-9　用户标签

	科幻片	漫威	DC
钢铁侠	√	√	
蜘蛛侠	√	√	
蝙蝠侠	√		√
神奇女侠	√		√
用户 A	√	√	
用户 B	√		√

通过这个表格可以很直观地看到，用户 A 的偏好标签为“科幻片”“漫威”，正好和《钢铁侠》《蜘蛛侠》的标签相同。很显然，应该把《蜘蛛侠》推荐给用户 A，再把《神奇女侠》推荐给用户 B。这就是内容标签召回算法的基本原理，具体的算法实现就是将用户的偏好标签和电影的标签，变成向量形式的数学表达方式，然后通过相似度算法，去计算这些行为的相似度，得出一个相似度分数的排序。这样，就能找到和用户偏好最相似的 TopN 部电影了。

表 3-10 整理了两种算法的优缺点。

表 3-10　协同过滤算法和内容标签算法的优缺点

召回算法	优点	缺点
协同过滤	1.不需要业务领域知识，只通过算法学习用户行为 2.基于相似用户的推荐，可以挖掘用户潜在兴趣	需要用户行为数据的积累，冷启动阶段效果不好
内容标签	1.不依赖其他用户的数据，只需要用户自己的标签偏好 2.可解释性很强，在业务初期很容易汇报和量化效果	1.构建标签比较困难，需要业务领域知识，有时候需要人工打标签 2.较难挖掘用户潜在的兴趣，过于局限于自己的标签偏好

（2）排序。

在推荐系统的排序环节中，要以目标为导向来确定排序的目标。如果产品是以提高点击率（Click-Through Rate，CTR）为目标，那么推荐系统可以使用 CTR 预估的方式来构建排序模型，根据用户历史浏览记录，来预测用户的点击行为。但在电商场景中，还存在 CVR（转化率）、GMV（成交额）、UV（独立访客）等多个核心指标，所以产品规则并不是一个指标所能决定的，要根据业务目标来优化排序模型。也就是说，如果公司追求的是 GMV，那么单纯提升 CTR 在一定程度上只能代表着用户体验的提升。当然，设计师可以把这些指标的诉求抛给算法工程师，让他们给出 CTR 或 CVR 预估的方案，评估算法模型的性能和稳定性。

（3）调整。

作为一个完整的推荐系统，还包括最后的调整的步骤，结合实际的业务场景，把如广告商品、流量坑位、特殊扶持等相关的运营策略结合到推荐系统中。

（4）模型构建。

有了数据之后，就可以根据数据建立特征工程，进入模型构建的环节。在推荐系统的项目建设过程中会涉及两组技术团队，分别是算法团队和工程团队，他们是并行的。算法工程师在构建模型的同时，研发工程师也在进行系统功能的开发，最终系统工程与算法模型会通过 API 接口进行通信，这需要双方提前约定好接口协议。因此，除了要关注模型构建，同时也要关注推荐系统工程的整体设计，例如，进行一次完整推荐会涉及哪些系统模块，这些模块和算法模型是怎么交互的，数据流向怎样，产品的关键逻辑是在哪个模块中实现。

4. 评估

可以通过 AB 测试的方式进行评估。推荐系统要想做 AB 测试，有以下 3 点必须要注意：

（1）推荐系统的工程代码要提前准备两套实现方案，一套千人一面，一套千人千面；

（2）推荐系统要能进行 AB 测试的切量配置，也就是多少流量流向改造前的系统，多少流量流向改造后的系统，当然这个功能要让系统工程研发人员给予支持；

（3）为了查看 AB 测试的效果，对比 CTR、转化率等指标，要生成最终的效果统计报表。

在 AB 测试切量的时候，要注意打上流量标志位，标识是哪种方案。这样在统计报表的时候，才能分别计算指标，进而比较推荐系统在原有系统之上做到了多少提升。

评估一个推荐系统有很多指标，比如准确率、召回率、覆盖率、多样性、体验度等。这些指标看起来多，但是常用的只有以下 4 个。

①准确率，用来判断模型预测的商品列表有多少是用户感兴趣的。举个例子，我们认为用户点击该商品，就表示用户对其感兴趣。通过推荐系统，我们给用户推荐了 10 个商品，其中用户点击了 5 个商品，那么，推荐系统的准确率就是 5/10=50%。

②召回率，即用户感兴趣的商品有多少是模型预测出来的商品。比如，用户一共点击了 10 个商品，其中有 8 个是通过推荐系统推送给用户的，那么推荐系统的召回率就是 8/10=80%。

③覆盖率，是指推荐系统可以覆盖到多少用户，或者说推荐系统可以给多少用户进行商品推荐。假设我们有 1000 万的旅行用户，推荐系统可以为其中 900 万用户进行推荐，那么覆盖率就是 900/1000=90%。

④多样性，推荐系统为用户推荐商品的类型应该保持多样性，避免长尾商品沉底，防止水军对数据的干扰，在保证短期收益的同时考虑长期的用户体验。

3.3 智能硬件产品

智能硬件产品是一种依托于硬件设备的智能化服务，在这种服务中，通过嵌入人工智能技术的芯片和传感器，让设备具有自主运行和智能控制的能力。智能硬件产品的应用范围非常广泛，如智能家居、智能出行、智能医疗等领域。在智能家居领域，智能硬件产品可以帮助用户实现更加便捷、高效的生活体验。比如，智能门锁可以实现远程开锁和密码管理；智能照明可根据用户的习惯自动调整灯光亮度和色温；智能家电可以通过语音指令实现智能化控制；智能家居产品还可以实现智能环境监测和安防功能，比如智能烟雾报警器、智能摄像头等；在智能出行领域，智能手表可以实现身体健康监测和运动记录，智能手机可以通过 GPS 定位和地图导航功能，实现智能化路线规划和交通指引，智能汽车可以通过自动驾驶技术实现智能化驾驶和停车，提高行车安全性和便捷性；在智能医疗领域，智能硬件产品可以帮助医疗机构提供更加高效、精准的诊疗服务，例如，智能医疗设备可以实现自动化体征监测和健康状况评估，智能手环可以通过心率监测和睡眠分析，提供个性化的身体健康建议和指导，智能眼镜可以通过人工智能技术，实现视力检测和护眼功能，预防近视等视觉健康问题。未来，随着人工智能技术的不断发展和应用，智能硬件产品有望得到广泛的推广和普及。

3.3.1 智能硬件产品开发总体流程

由于硬件部分研发周期长、成本高，不太可能进行快速的迭代更新，也无法忍受需求的反复变更，所以基本还是采用传统的瀑布式流程，大多数企业的智能硬件整体流程如图 3-11 所示。从管理层面，其开发过程呈现阶段性，分别是市场阶段、立项阶段、EVT 阶段、DVT 阶段、PVT 阶段、MP 阶段、销售阶段和产品维护阶段。

1. 市场阶段

智能硬件产品和智能信息产品一样，需要进行市场研究，判断是否具有良好的潜在市场需求。软件产品可以用极小的成本做一个 MVP 进行市场验证，半个月甚至更短的时间就能调整方向直到获得成功。而硬件产品需要投入更多的人力、物力、财力和时间，如果产品不被市场认可，不仅打击团队的信心，也容易错失市场机会，所以做智能硬件时更需要做好市场调研。

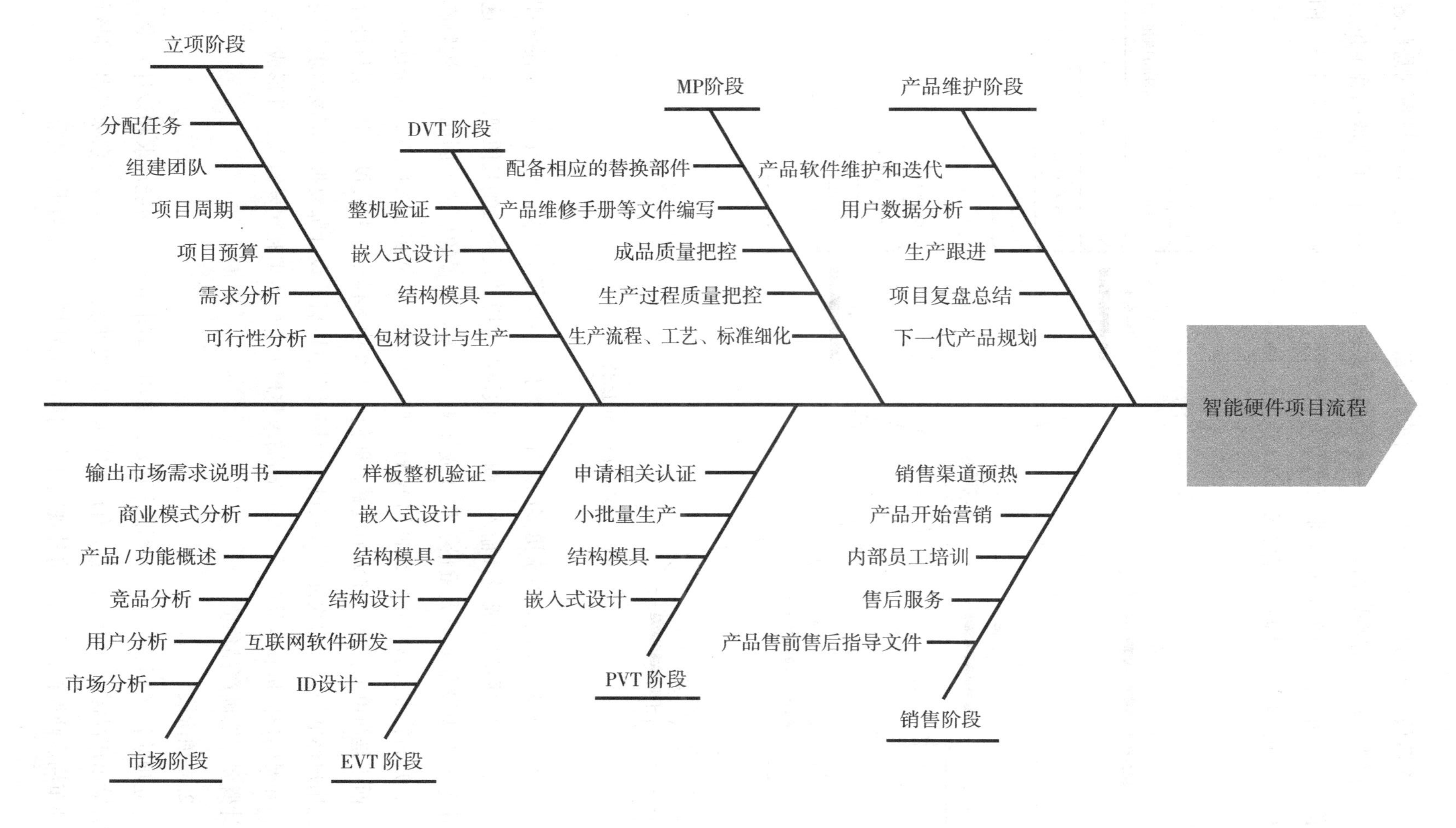
立项阶段
分配任务
组建团队
项目周期
项目预算
需求分析
可行性分析
DVT 阶段
整机验证
嵌入式设计
结构模具
包材设计与生产
MP阶段
配备相应的替换部件
产品维修手册等文件编写
成品质量把控
生产过程质量把控
生产流程、工艺、标准细化
产品维护阶段
产品软件维护和迭代
用户数据分析
生产跟进
项目复盘总结
下一代产品规划
智能硬件项目流程
输出市场需求说明书
商业模式分析
产品 / 功能概述
竞品分析
用户分析
市场分析
市场阶段
样板整机验证
嵌入式设计
结构模具
结构设计
互联网软件研发
ID设计
EVT 阶段
申请相关认证
小批量生产
结构模具
嵌入式设计
PVT 阶段
销售渠道预热
产品开始营销
内部员工培训
售后服务
产品售前售后指导文件
销售阶段

图 3-11　总体流程图

这个阶段主要回答：产品提供什么价值？它解决了哪个问题？这个问题对您的客户有多严重？产品有哪些独特之处？哪些特性对客户至关重要？除了完成品牌定位、定价政策、市场份额等战略商业模式画布要素外，需要输出市场需求说明书（图3-12），此阶段设计师开始着手参与用户分析、竞品分析和产品需求分析。

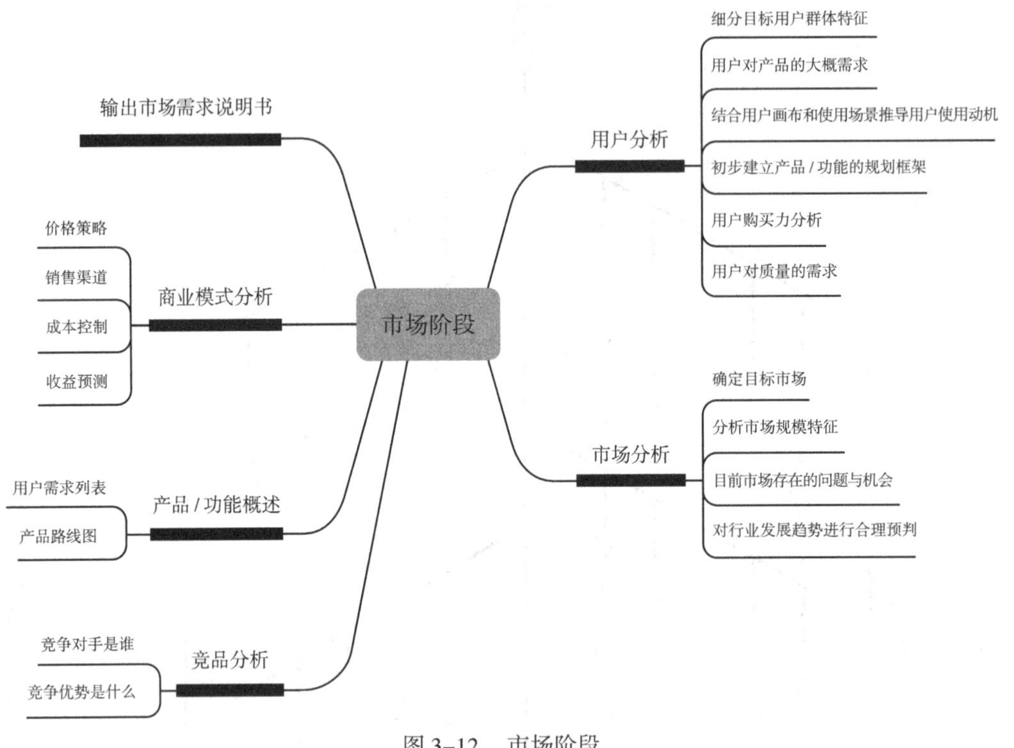

图 3-12 市场阶段

在市场阶段，得到的需求更多的是用户需求，需要将用户需求转化为产品需求和设计要素，将它们翻译成设计输入。例如，假设医生说"设备必须是便携式的"，这意味着要考虑设备的最大重量、尺寸或体积以及需要放置的位置（例如，在购物车上），是否需要连接到电源或使用 WiFi。此阶段要确保从实际用户那里获得这些需求，而不是简单地依靠内部头脑风暴，即使可以在内部做出一些假设，也必须与符合理想用户标准的人一起验证这些假设。市场研究阶段后，设计师要根据市场需求说明书，开展用户分析和竞品分析，将产品需求整理为主要需求和次要需求，并形成产品设计概要，明确产品价值。

2. 立项阶段

立项阶段（图 3-13）围绕设计概要，将用户需求转化为功能需求和设计要素，配合输出产品需求文档，它是所有产品需求的完整列表。这个阶段还意味着提早进行专利布局。硬件初创公司应将外观设计专利和实用新型专利作为重中之重。

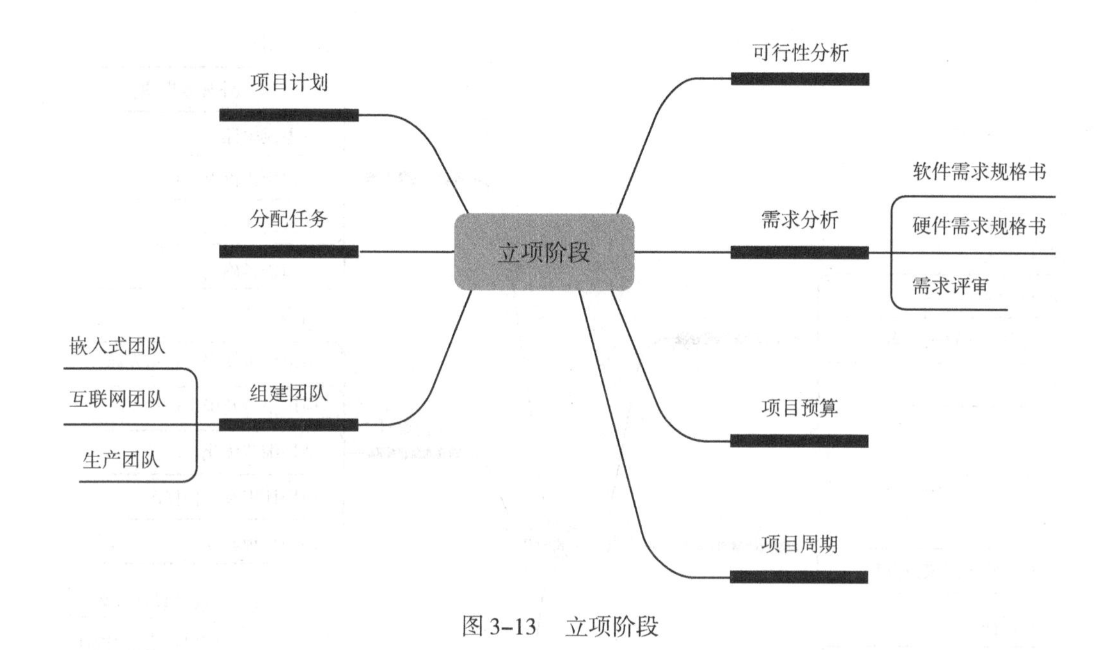

图 3-13　立项阶段

3. 工程验证（engineering verification test，EVT）阶段

EVT 指工程验证，EVT 阶段是研发人员最初验证设计方案可行性的阶段，此阶段主要验证产品功能实现方式的可行性，对于 AI 相关的产品，此阶段设计师还参与数据准备、分析和假设验证，提出评价指标。这个阶段中针对硬件部分，研究人员可能在万能板上焊接相关元器件，从而验证设计可行性及发现相关问题，通过购买一些成品开发板和相关传感器、执行器，进行模块结构验证，以及设计思路的验证。例如，Arduino\ 树莓派就是最广泛被采用的开发板，当然由于需求不同，用于测试验证的开发板也是不同的。这个阶段很重要的任务就是把所有的设计问题都找出来，验证设计方案的可行性、稳定性、安全性。

实际上在智能产品设计开发时，硬件部分和软件部分是同时进行的，嵌入式软件可以在开发平台的虚拟硬件环境中进行应用开发，再基于真实的板子调试，实现一些虚拟环境中没有的功能，互联网软件研发会同步进行，如图 3-14 所示。

在 EVT 阶段，前期的硬件设计方案非常重要，不仅关系到项目的成本、周期，甚至是成败，所以在设计时很有必要注意以下几点：

（1）正确、完整地实现《产品需求规格说明书》中各项功能需求的硬件开发平台，充分考虑项目要求、性能指标及其他需求；

（2）方案设计过程中需要对《产品需求规格说明书》中的规格要求进行补充完善，如果尝试各种方法仍有无法实现的地方或指标相差很多时，要及时反馈给产品项目方，对产品需求进行调整；

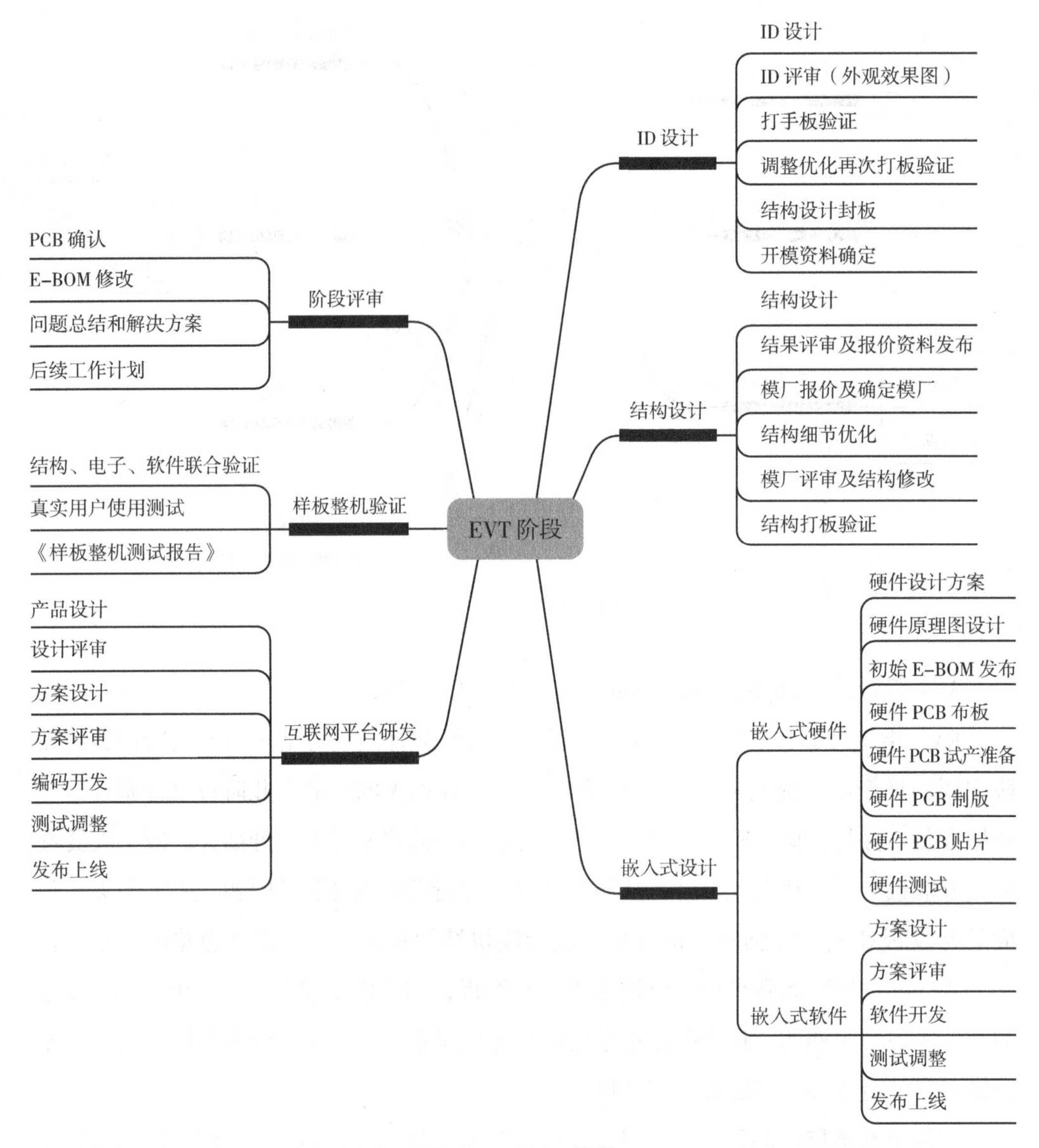

图 3-14　EVT 阶段

（3）综合对比多种实现方案，选择适合本项目的设计方法，若系统使用了新技术，为了确认该新技术，可以采用搭建实验板或购买开发板进行技术预研；

（4）考虑从成熟产品中进行借鉴，吸取以往设计的经验教训，避免再次出现同样或类似的问题；

（5）对于重要的和复杂度较高的部分要参考其他同类产品的实现方法或要求有相当经验的设计人员担任；

（6）进行对外接口的设计时，需考虑运行的安全性、用户使用的方便性与合理性；

（7）保证设计的易理解性、可追踪性、可测试性、接口的开放性和兼容性，考虑健壮性（易修改、可扩充、可移植）、重用性；

（8）采用适合本项目的设计方法，若系统使用了新工具和新技术，需提前进行准备，考虑选用合适的编程语言和开发工具。

这一阶段的重点是尽可能多地发现设计问题，以便及早修正，或者说设计可行性的验证。同时检查是否有规格被遗漏。这一阶段设计师会完成外观设计，制作手模进行初步验证，但一般不会开模。

如果顺利的话，整机的测试效果理想，结构上、硬件性能上、固件功能逻辑上可能还有一些小问题，但是方向上是对的。最后需要进行阶段性评审，总结外观结构、硬件 PCB、BOM 表、固件和互联网平台发现的问题以及后续优化的建议，并开始进入下一阶段；如果不顺利的话，可能发现结构上的大问题需要改结构设计，或硬件需要重新打板验证，固件和互联网平台存在较大的“bug”，则需要再次进行 EVT 阶段的各项工作，直到通过样机的整机验证确认无方向性问题和重大问题为止。

4. 设计验证（design verification test，DVT）阶段

在经过 EVT 阶段的测试验证后，产品的设计方案便会确定下来，电路板等元器件的选型和大小也基本确定了，这是研发过程中的第二个里程碑的阶段，在电子电路、ID 设计、MD 设计都完成后会通过打样的方式输出电路板和壳体的样品，此时会将壳体、电路板等元器件组装在一起，互联网平台也完成了对应的 1.0 版本，便需要开展设计验证（DVT）测试。DVT 是硬件生产中不可缺少的检测环节，包括模具测试、电子性能、外观测试等（图 3–15）。

设计验证测试的目的是验证样品在产品设计和制造方面是否存在问题，样品的所有功能是否均可正常使用且符合安全方面的要求。这个阶段的验证通过后便不会对产品设计方案再做改动，所以此阶段需要对产品功能、性能、可行性、可量产性等做全面的测试验证，并保证其符合产品需求和产品标准才能进入下一个流程。例如，进行极端使用环境、复杂网络、高性能要求的场景及极端的使用时长等方面的测试，这种测试是检验产品稳定性和发现潜在问题的有效方式。如果发现问题需要继续对相关方案和元器件进行修改，直至产品设计方案不再需要改动。

这个阶段可开始进行包材的设计与生产，包括外包装、内托和说明书，如果离真正出货时间还较远的话可以先完成设计验证，等到量产时再进行生产。

整机验证时需要按照生产标准进行组装和测试，并产生全面的测试报告，当然也要找真实用户使用产品，了解用户对产品外观结构、品质、功能上有什么感受和意见。如果经过测试发现产品有问题，则需要优化完成后再次进行整机验证，直到能够达到生产要求，同时要输出生产指导书给代工厂参考。

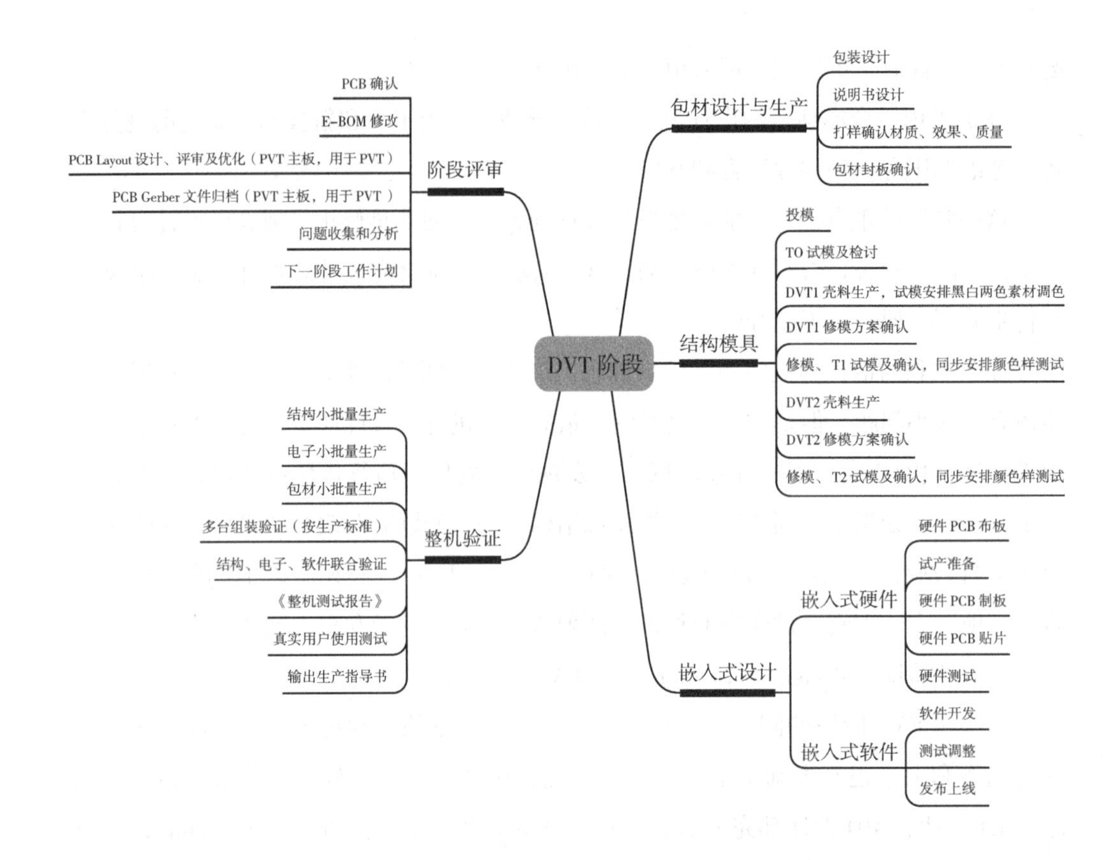

图 3-15　DVT 阶段

5. 生产过程验证（pilot-run verification test， PVT）阶段

生产过程验证测试（PVT）阶段对生产流程、工厂工艺、工厂能力、元器件稳定性、性能稳定性及产品质量方面进行检验（图 3-16）。在这个阶段中，将所有壳体、电路板、固件、包材、生产流程、品质检验流程等全部按照设计好的量产标准进行检验，主要验证新机型的各功能实现状况并进行稳定性及可靠性测试。

经过 DVT 阶段，产品硬件需求设计便确定下来了，进而开始模具的开模步骤，同时软件部分及全部功能在此阶段也将开发完毕，此时也将制造出小批量的电路板样品。待模具进行到 T1、T2 阶段的试模时便会制造出小批量的壳体，此时便可以开始 PVT 阶段了。PVT 阶段主要是针对产品量产可行性的测试。测试内容主要包括壳体方面的批量制造的良品率、段差、间距、变形、披风、毛边、杂质等；电路板方面的功能稳定性、电磁干扰、耐久寿命、环境影响；软件方面的功能、性能压力、使用流程、判断逻辑等。通过此次测试需要从壳体、电路板、软件三个方面判断产品是否具备量产可行性，假如存在壳体良品率低、产出不稳定或电路板的运行不稳定、发热、干扰等问题则不能进入量产环节，需要彻底解决相关问题后才能进入量产。

在 DVT 阶段，通常制造流程并没有按照大批量方式运行，且产出数量一般是十几台到几十台不等，侧重发现产品在设计、开发中存在的问题。而在 PVT 阶段中则完全是按照量产标准运行的，一般产出数量是几十台到几百台不等。PVT 阶段主要是由品控部门的相关人员和产品经理一同进行把控，设计师、工程师也会给予协助，此阶段主要是对“物”和“人”两个方面的测试验证。

（1）对物的验证主要包括以下几个方面。

①壳体部件的质量和良品率。

②电子元器件的质量和良品率。

③固件、软件的稳定性。

④包材的质量和良品率。

⑤成品的稳定性、质量和良品率。

（2）对人的验证主要包括以下几个方面。

①工厂工作人员的专业能力，尤其是管理人员的能力。

②产品组装流程的合理性及工人的工作效率。

③产品质检流程是否合理及其执行力度如何。

④工厂人员管理规章制度。

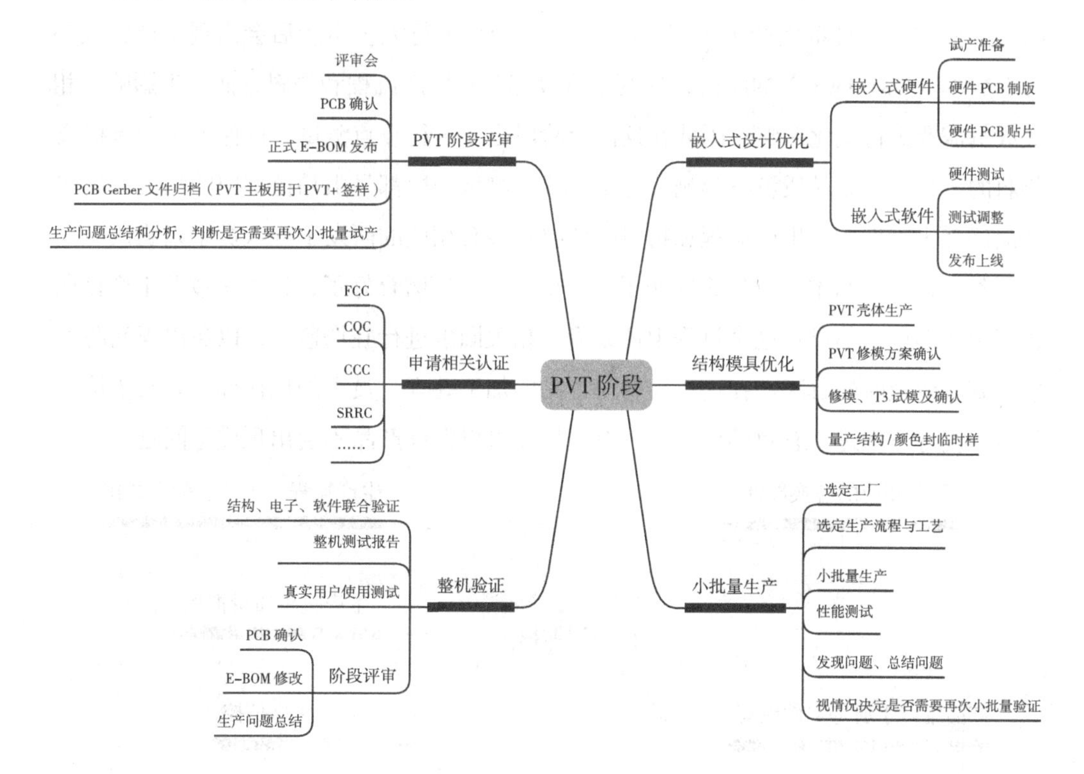

图 3-16　PVT 阶段

DVT 阶段中的产品数量太少，能收到的测试样本也很少，有些问题并不一定能被发现。而到了 PVT 阶段，生产了一定数量的产品，足够支持进行一次稍大规模的实际场景的用户测试，这样能收集到更多的用户反馈，让用户在实际的使用场景中测试产品各方面的稳定性，毕竟用户的使用场景有很多是设计阶段想象不到的，可以借助真实用户丰富的测试环境和数据，发现产品在产品需求和产品设计方面存在的问题。如果有可能，用户实测的这个阶段越早进行越好。

理想情况下，在 PVT 阶段时嵌入式、结构模具和互联网平台已经完成了，不需要任何调整，但也可能在小批量之前或过程中发现一些小问题，比如结构接合处不平整，按键手感不佳，硬件板框调整，某些元器件位置调整或替换等，需要重新进行小批量生产验证，直到达到量产要求为止。

小批量完成后，已经有了一小批可量产的产品了，这时候就可以进行相关的认证了，一般认证时间都比较长，可能需要 3 ～ 8 周，所以能够越早进行越好。PVT 阶段完成后需要对这一阶段进行总结评审，确认量产需要的模具、PCB、BOM 表、生产作业指导书、零部件签样等。

6. 大批量生产（mass-production，MP）阶段

在 PVT 测试通过后产品的整个生产流程便得以确认，接下来就会根据预期的销售量开始进行大批量生产了（图 3-17）。在产品进行大量生产后会出现量产爬坡和降低成本（cost down）的阶段，这两个阶段都会对生产流程和物料方面产生影响，相关人员需要进行优化调整，因此在这两个阶段也要进行重点测试，以保证生产流程或物料的变化对产品品质没有影响。这个阶段的测试一般都是由品控部门的相关人员和产品经理进行把控，生产流程和物料的调整则会有相应的研发工程人员予以确认。

经过试产，基本没有什么问题了，一般都与工厂磨合好了，接下来按照生产排期进行生产即可。不过在这个过程中还是需要相关同事进行驻场监督，以免出现问题不能得到有效及时的解决。在这里需要对产品的加工处理、员工的操作标准以及质检的规范程度等方面进行有效的监督，只有这样才可以保证产品不会出现质量问题。

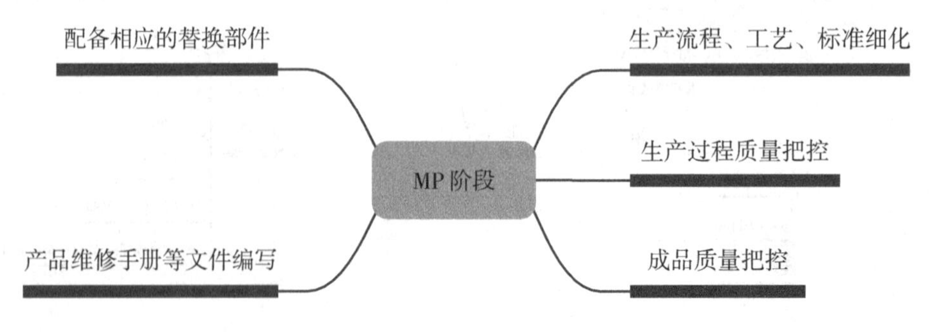

图 3-17 MP 阶段

7. 销售阶段

产品销售阶段（图 3–18）相关的工作，主要包括产品销售材料的制作，比如宣传文件或宣传视频等资料，同时对销售同事进行培训，帮助他们理解产品在市场的定位以及自家产品的优劣势，便于他们进行宣传和销售，配合市场部门和销售部门对产品进行营销推广活动。还要对售后同事、技术支持同事等进行培训，告诉他们产品使用方法和可能出现的问题以及应对的方法和话术，并对技术支持同事进行维修和故障诊断培训。

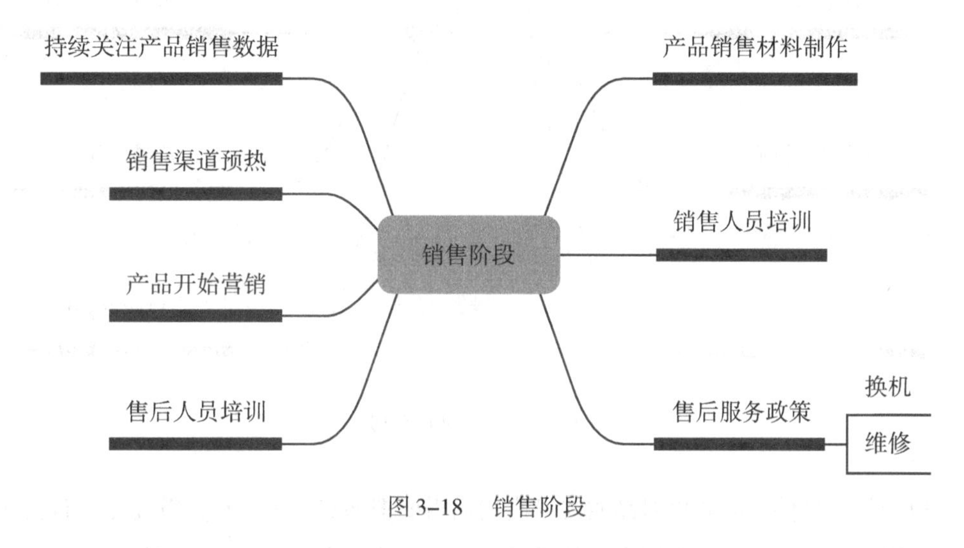

图 3–18　销售阶段

8. 产品维护阶段

在产品完成生产和销售后，这个产品基本上进入了稳定的产品维护阶段（图 3–19），此时，只需要跟进相关问题即可。

智能硬件区别于传统硬件的地方是“智能”两个字，所谓智能就是让机器具有一定的理解能力，知道用户想要如何使用它。这离不开对设备运行数据和环境数据的收集与分析，设计更好的算法，对嵌入式软件部分进行更新。所以产品维护阶段需要保持对产品使用数据的关注，不断优化用户体验，迭代产品，提高 App 的使用率等。

做互联网软件讲究敏捷，小步快跑，效率至上。做硬件虽然也讲究效率，但必须踏踏实实一步一步做好，解决好当前问题再开始下一步，不然很有可能会全部推倒重来，得不偿失。项目进行过程要遵循前期的外观结构设计和软硬件方案设计，不要轻易改动，否则一个小的改动可能会引起连锁反应，拉长项目周期。在寻找供应商的时候，要找已经有做过类似产品的供应商合作，供应商能够帮助提供很多建议，可以少走很多弯路。在互联网行业，如果需要寻找一些系统和服务的供应商，需要对方有一定的规模，但是在硬件领域，提供方案的公司规模并不那么重要，只要方案稳定可靠

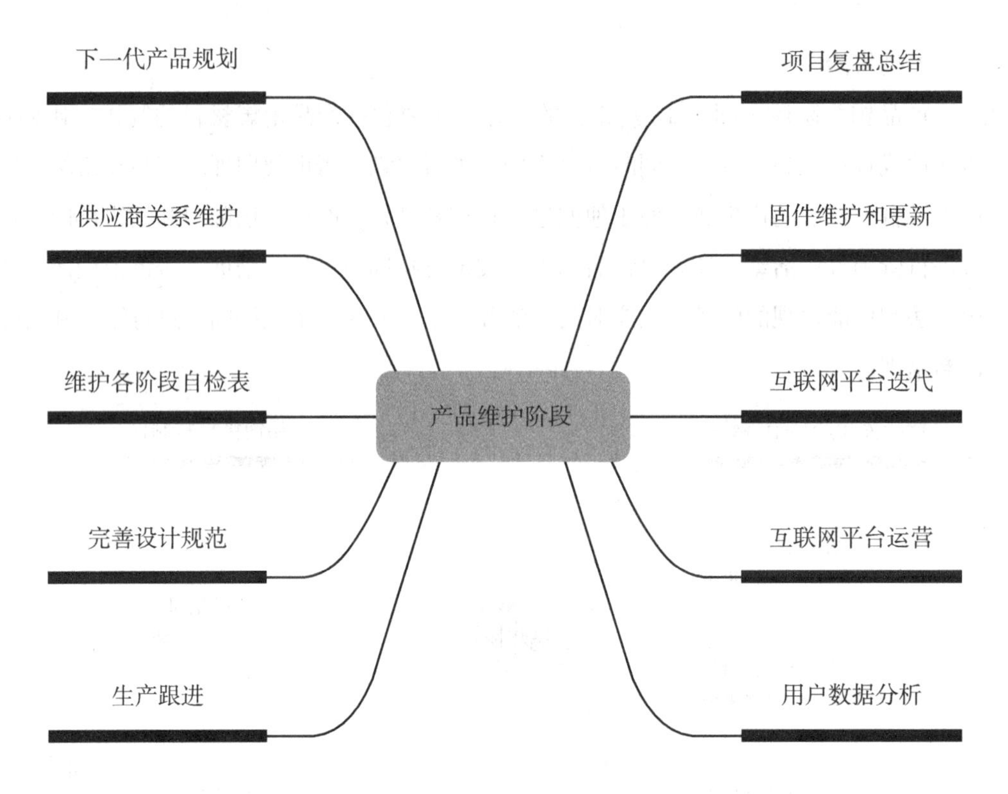

图 3-19　产品维护阶段

就可以合作。硬件产品如果对品质要求高的话需要把握三个关键点，首先是设计公司的工业设计水平，然后是选择靠谱的模具厂，最后找一家品控做得很好的组装工厂，任何一个环节出现问题对产品的影响都非常大。不管是硬件产品还是互联网产品，都是一个妥协的过程，高标准肯定会带来高成本、长周期，面对市场的压力有时候需要做一下妥协。做硬件不像软件那样，硬件的利润很薄，市场越成熟，价格降得越快，这也是为什么硬件对成本特别敏感，所以要选择出货量比较大的产品，同时想各种办法降低整体成本。在硬件的定价上，可以像效率至上的小米公司那样永远只保持 5% 的利润率，但是小公司最好在推出新产品的时候选择合理偏上的价格，等市场铺开、同类产品涌入后再不断降低售价，降无可降的时候再推出第二代产品，这样既能保持充足的利润，也能保持一定的市场占有率。

3.3.2　智能硬件产品设计阶段

3.3.2.1　产品定义

所有的产品设计都是从发现产品机会开始，设计师最先需要知道的就是产品 / 市场机会的来源，判断这个机会的真实性、可行性，然后进行用户研究并确定典型人物角色，锁定目标用户与需求，结合市场现有产品和可行性技术解决方案，进行产品硬件和交互方案的设计，最后通过手板模型验证设计，并提出系统的产品解决方案，核心环节如图 3–20 所示。

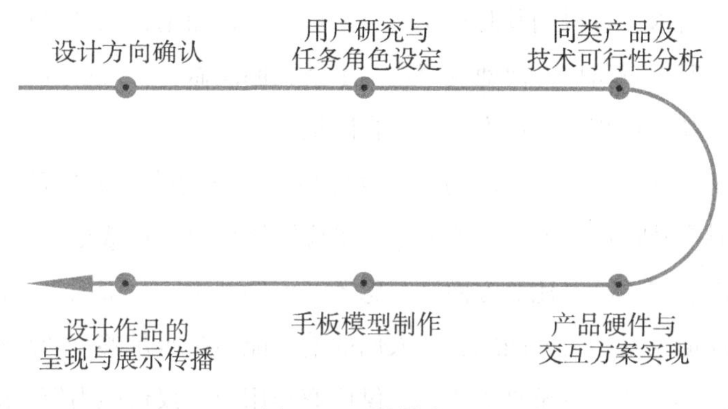

图 3–20　设计流程

1. 产品需求类型

产品需求通常来源于不同渠道，设计师需要满足不同渠道的设计需求。

一类产品设计需求为老板型。作为一个公司的领导者和拥有者，通常老板提出的产品机会是经过多方面考虑的，所以相对靠谱。但老板大多是从市场、用户、成本收益比、战略等方面进行考虑的，比如从技术先进性考虑，执着于拥有核心技术优势开发新的产品，或者从产品矩阵角度考虑，先做出覆盖不同层次用户的产品族，而不在乎某个产品的成本市场优势，也可能是为了吸引投资人，突然被某个市场概念所吸引而尝试开发新的品类。这些老板拍板型的产品，一般在具体实现方案和可行性方面不会做太细的考虑。所以这类产品机会需要着重挖掘产品需求、验证产品需求的细节，以及从技术、资源、成本和收益等方面评估这个产品机会的价值和可行性，如果发现问题则需要和老板进行深入沟通，告知其风险点。

另一类产品需求为基于业务部门型。在 B 端公司中，与客户接触最多的人就是销售人员，因此很多需求都来源于销售部门，这种需求可能由 B 端业务方提出，也可能由销售部门综合后提出。这种情况下需要设计师能进行需求真伪的分辨。因为销售人员都担负着销售额指标，销售额指标的压力会导致销售人员对于 B 端需求不论是否能够实现都悉数答应，所以就可能出现“谎报军情”、轻重不分甚至“挖坑”等情况。“谎报军情”是指销售人员将某个客户的个性化需求说成是很多客户的共性需求。销售人员为了拿下一个订单，便会说某种需求有很多客户都反馈了，所以这个需求很重要，一定要做。因此，在遇到销售人员提出的需求后，设计师要辨别该需求到底是共性的还是个性的、是否值得做及这个需求是当产品做还是当项目做。“轻重不分”是指为了尽快获得资源，满足客户的需求，销售人员将一些不重要或不紧急的事情说得非常重要和紧急，催着提高优先级，尽快完成。但是当设计师加急完成后却没有了下文，不仅没有因为快速响应而使项目的进展加快，反而会打乱原有的其他安排，导致应该及时响应的需求没有得到及时响应。“挖坑”是指当销售人员遇到客户询问而自己都不确定的情况下就信口开河地说“这个事情我们能做！”“这个需求简单，××时间就能做好！”甚至把相关事项直接签在合同里。

还有一类需求为基于用户 / 市场型，设计师自己发现的产品 / 市场机会。在考虑一个产品机会时会从市场因素、政策因素、供应链体系、公司战略、产品矩阵、技术水平、用户需求、成本收益比等方面进行思考。市场因素、政策因素、供应链体系等主要是与外部环境因素相关的问题，如人们的消费能力是否足够，产品在政府政策方面是否被鼓励，供应链上下游是否成熟，供应商与用户的议价能力等。通过对这些问题进行思考来确定一个产品机会的可行性。此外，还应思考产品矩阵方面是否符合公司战略，是独立的产品线还是产品矩阵中的一员。一个产品的研发可能在外部环境中具有可行性，但是在公司内部环境中却不一定是可行的。在用户需求、技术水平、成本收益方面主要考虑用户的需求是什么，目前的技术是否能实现，有没有更好的解决方案，做这个产品需要投入多少资金，能有多少回报等底层因素及价值因素。需求价值的大小决定产品价值的大小，在用户需求方面，产品经理需要分析他们的需求有哪些，价值有多大，付费意愿和能力有多大等问题。在技术水平方面，产品设计师需要分析解决用户需求的技术是否成熟，技术手段有哪些，技术手段的优势和劣势是什么，是否有其他技术可以对目前的解决方案进行颠覆性的革新，并给用户带来哪些更优的用户体验。当分析完用户需求和技术方案，剩下的就是需要分析产品的投入和产出的利润比了。以宠物行业为例，在供需端以及资本的共同推动下，中国宠物经济产业增长迅速。全球新经济产业第三方数据挖掘和分析机构 iiMedia Research（艾媒咨询）最新发布的《2023—2024 年中国宠物行业运行状况及消费市场监测报告》数据显示，2022 年中国宠物经济产业规模达 4936 亿元，到 2025 年，中国宠物经济产业规模有望达到 8114 亿元。宠物市场规模巨大，因此，除了宠物对宠物喂养本身的需求，还会衍生各种与宠物相关的产品需求。大学生群体由于在外求学，其喂养宠物需求无法得到满足。此外，大学宿舍中，学生们来自不同的背景和家庭，他们可能有不同的作息时间、卫生习惯和生活方式。这些差异可能导致室友之间的摩擦和冲突，影响彼此的生活品质和室友关系，而且社交焦虑和沟通障碍可能导致关系紧张和疏远。因此，开发虚拟宠物智能产品，模拟真实动物的行为，让大学生通过共同抚养一个虚拟宠物，在日常生活中感受到温馨和喜悦，获得虚幻又真实的感觉，借此产品可以共同成长和互相激励。这种情感连接可以缓解社交焦虑和沟通障碍，让独生子女在群集环境中缓解孤独感，由此，就诞生了新的产品机会。

2. 设计概要与设计策略

设计概要是一份文档，用于定义产品的价值主张、目标、范围和策略，以便明确作为设计师需要做什么，以及在什么约束范围内。在许多方面，它就像路线图或蓝图一样，为设计决策提供信息，并指导项目从概念到完成的整体工作流程。设计概要可以很简单，其核心是明确受众、目标、问题、产品价值和设计产出物。比较完整的设计概要包括：

①项目概述。总结要创建或修改的设计，并提供项目范围。

②目标和目的。详细说明要实现的目标，并列出实现目标的步骤。

③问题陈述。定义要在最终设计中解决的用户挑战。

④品牌竞争对手。捕获见解，帮助设计团队了解市场，包括成功率和失败率。

⑤品牌指南。分享徽标、颜色、字体、样式和图像的品牌标识指南和规范，包括指向相关设计文件的链接，例如线框图、模型和原型。

⑥品牌信息和语气。提供指导以表达品牌的口头身份。

⑦目标受众。共享人口统计、心理统计学和其他关键受众数据，以告知用户体验。

⑧项目预算。项目经理和设计师需要知道他们应该在哪些护栏内工作。

⑨项目时间表。在项目路线图和里程碑上协调关键参与者。

⑩项目可交付成果。将最终输出明确为所需的文件格式。

人物画像、用户旅程图或故事板是这个环节的主要设计研究方法，旨在提炼设计目标，对用户需求进行分类整理，凝练主要需求与次要需求，并进行需求—功能转化，制定基本的设计策略。下面以大学宿舍情境下的电子宠物设计为例，给出用户画像、用户旅程、需求—功能转化及设计策略和设计概要模板。项目背景源于大学宿舍中，学生们来自不同的背景和家庭，他们可能有不同的作息时间、卫生习惯和生活方式。这些差异可能导致室友之间的摩擦和冲突，影响彼此的生活品质和室友关系。同时，有些学生可能面临社交焦虑，不擅长主动交流或表达自己的需求。此外，语言障碍、沟通风格差异等问题也可能妨碍室友之间的有效沟通。室友们都面对学业压力、个人发展和未来规划等挑战，缺乏互相激励和共同回忆的交流，可能导致室友之间的疏离。因此，大学宿舍情境下的电子宠物设计概念为解决这些问题提供了设计机会。

（1）用户画像

用户角色对于产品的创建和成功至关重要，有助于为产品提供用例，提供有关使用产品体验的反馈，并且应该有一个特定的目标或挑战来实现该目标。用户画像需要回答以下问题：他们是谁？他们的年龄是多少？他们以什么为生？产品具体要满足哪些特殊需求？如图 3–21 所示。

用户画像

安娜

年龄：19
职业：大一学生
地址：广州
收入：生活费1500/月

安娜是一名大一新生，来自中国南方的一个小城市。她刚进入大学，与三个室友共同住在一个宿舍里。由于来自不同地区和文化背景，安娜在宿舍生活中面临一些情感培养方面的挑战。

目标
- 了解舍友，与舍友和睦相处
- 宿舍的作息、活动等能达成一致
- 与舍友共同建设好宿舍文明

需求点
- 可社交
- 互动性
- 可监督

痛点
- 和室友生活习惯不一致，经常出现小冲突，如卫生问题或使用共享空间的纠纷，不知道如何妥善处理这些问题，导致紧张和不愉快的氛围。
- 在与室友的交流中感到紧张和不自信，担心自己的语言表达能力和沟通技巧不足，导致沟通障碍和不适感。
- 缺少共同记录宿舍美好回忆的载体。

首选因素
- 用户体验
- 功能完整性
- 个性化定制

图 3–21　用户画像

（2）用户旅程图

旅程图是一个 UX 可视化文档，是讲故事、视觉设计和同理心的结合，展示了用户在完成目标的过程中所采取的步骤，利用从用户和利益相关者访谈中收集的用户信息创建，通过一系列互动发现挫折和喜悦的时刻，提供客户体验的整体视图，确定受众需要的最重要的功能。如图 3–22 所示。

用户旅程图

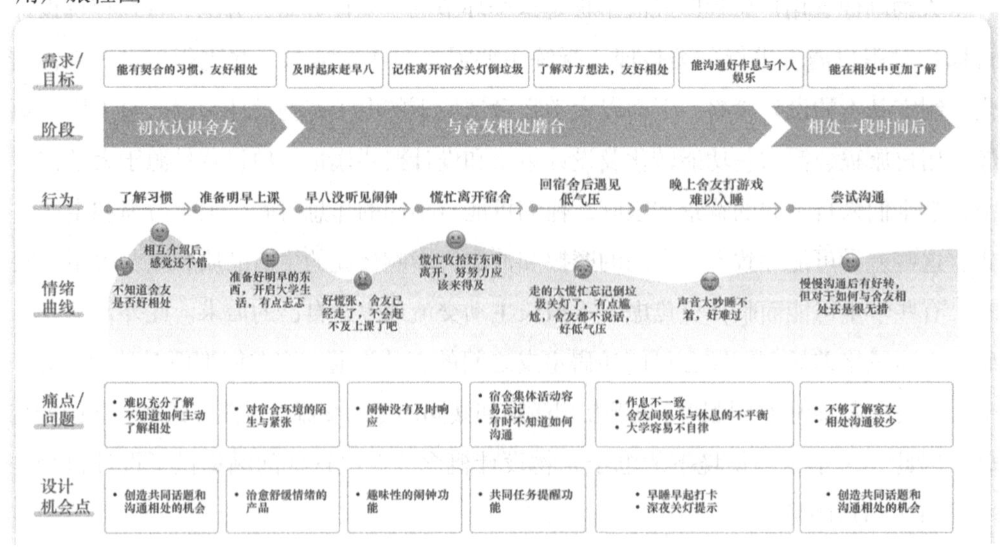

图 3–22　用户旅程

（3）主要需求与次要需求

①主要需求

保持作息生活同步：在宿舍中，宿舍成员的作息时间常常不一致，导致一些成员在休息时受到干扰，影响了他们的睡眠质量和生活规律。这种作息不一致可能是因为个人习惯、课程安排或生活方式的差异所致，如何将作息时间不同的宿舍成员协调一致成为主要需求之一。

增加室友彼此间的感情：在宿舍中，宿舍成员之间可能并不熟悉彼此的背景、兴趣和个人偏好。缺乏了解可能导致互相间的误解和冲突，阻碍了宿舍成员之间的良好沟通和友好关系。

②次要需求

互相激励：在宿舍中，宿舍成员可能缺乏相互激励和支持，导致个人动力不足和学习效果下降。宿舍成员之间的互动和鼓励可以促进个人成长和发展。

宿舍活动记录和回顾：室友们希望能够轻松地回顾宿舍生活中的活动。然而，缺乏一个便捷的方式来整理和保存照片、视频和文字记录，使得回顾过去的宿舍生活变得困难。

室友间相互心情关怀：室友们可能面临理解和解读舍友情绪的困难。他们可能不清楚舍友当前的情感状态，无法提供适当的支持和帮助。

（4）需求—功能转化（表3-11）

表 3-11　需求—功能转化

需求	功能
有共同话题增进与室友之间的感情	电子宠物的共同培养与陪伴
尽量规律和统一作息	早睡早起打卡，深夜关灯提示
室友们都记得宿舍卫生打扫任务	宿舍卫生值日表提醒
室友相互激励，共同奋斗	学习（运动）打卡挑战
室友之间的心情关怀	用不同颜色（标记）展示心情，了解彼此今日心情
宿舍美好回忆记录	拍照记录生成电子相册
要上课能及时叫醒大家	定时闹钟功能
离开宿舍要记得锁门，带钥匙，关灯，关水	检测到要离开宿舍的提醒功能

（5）设计概要

价值主张与设计概要见表 3-12 。

表 3-12　价值主张与设计概要

概念名称：小静秀秀	
AI产品要素	关键业务
数据	采用：以人性化电子宠物为载体，通过树莓派的语音识别、拍照存储，课表计划和作息规划
AI能力	进行：语音对话留言、日程表上课信息与值日提醒，创建值得回忆的生活瞬间相册，实现自然生活化的交流，同时记录宿舍生活
用户	以便帮助：大学生的宿舍成员
需开展的工作	更好地实现：智能、自然的方式，通过产品作为情感纽带，促进宿舍成员之间的情感培养，创造和谐的宿舍环境，帮助宿舍成员建立深厚的友谊和亲密关系，提高宿舍生活的幸福指数
痒点/痛点	通过/避免：旨在通过情感培养促进宿舍成员之间的互动和友谊，为他们提供情感支持和交流的平台，让他们在宿舍中感受到温暖和幸福，并共同度过美好的大学时光

（6）设计策略

设计策略通常在此阶段提出，以指导之后的系统设计。以宿舍电子宠物为例，主要考虑了安全性和隐私保护、匿名性和自由表达、情感识别和理解、社交互动和支持、数据可视化和回顾以及易于使用等方面。

安全性和隐私保护方面：提供一个安全的平台，确保舍友们可以放心地分享他们的心情和情感，而不必担心信息泄露或被他人滥用；同时实施严格的隐私保护措施，确保只有授权的舍友可以访问和参与心情分享的内容。

匿名性和自由表达方面：提供匿名选项，让舍友们可以选择是否以匿名方式分享心情，以减少被他人识别或评判的压力；同时支持自由表达，让舍友们可以真实地表达他们的情感和心情，无论是积极的还是负面的。

情感识别和理解方面：利用语音识别技术，能够准确地识别和理解舍友们分享的心情，以提供更准确的支持和建议；同时提供情感智能分析，能够解读和解释不同情绪的含义和影响，帮助舍友们更好地理解彼此的情感状态。

社交互动和支持方面：提供舍友之间的互动功能，让他们可以回复、评论和表达对舍友心情的支持和关心；同时舍友们可以互相分享经验、提供建议和共享情感支持资源。

数据可视化和回顾方面：提供数据可视化工具，让他们可以更好地理解自己的情绪变化和趋势，同时提供回顾功能，让舍友们可以随时回顾自己以及其他舍友的心情分享，以追溯和回忆过去的情感状态。

易于使用方面：设计简洁直观的外观，使舍友们可以轻松地浏览、发布和参与舍友心情分享的活动。

3.3.2.2 系统设计

产品定义完成后，就进入系统设计阶段，需提出设计规范，明确产品架构、制定技术路线并完成工业设计。

1. 提出设计规范

相比设计概要，设计规范是产品需要满足的标准列表，因此更为详细和具体，会对产品的各种设备、软硬件功能、技术特性、材料、成本、安全性、外观结构、认证要求等做出明确的要求。通过对嵌入式软硬件和互联网平台（App 和 Web 后台）的需求分析，形成一份产品需求规格说明书（PRD），一般 PRD 文档应该包括以下组件。

（1）目标和目的

揭示为什么要创建产品。它解释了产品如何符合组织的总体目标和愿景，并描述了其生命周期上下文。重点概述本产品旨在解决的问题。它将保证开发团队设计的产品符合其目标，并为用户带来快乐。比如第二代 AirPods 的设计目标描述：

This project aims to investigate and develop smart adaptive technologies, an improved user experience, better fit, improved product design, and product customization options for the next-generation AirPods. The target is to maintain global dominance in the wireless earphone market, drive up AirPod sales to 100 million+ units sold with a 60% global market share in 2021 and expand the user base more towards the luxury, professional, and fitness segments. We believe that adding smart interactions and adaptive audio filters alone will already expand our user base by 15%. With the new generation AirPods we aim to match at least the sound quality of our main competitor, the Sony WF-1000XM3, and include Active Noise Canceling that is also featured in Mifo, House of Marley, Bose, and Amazon Echo products. We will also obtain IPX4 sweat-resistant rating equal to Bose, House of Marley, and Amazon Echo earbuds, and aim to extend our range of colors, as seen in Urbanista and Jabra's lifestyle products.

（2）主要利益相关者

确定产品路线图过程中的重要参与者是一个简单但经常被忽视的 PRD 组成部分。应包括产品经理、内部或外部设计师、产品开发人员、文档所有者以及所涉及的任何直接下属或领导职位。比如 AirPods 的利益相关者描述：

Target group. High-income upper-class professionals between the age of 20 and 45. Their personalities are determined and ambitious. The main benefits sought are recreation and self-expression.

Target purchaser. Target group profile with special attention to Full Nest I and Full Nest II mothers.

Customer service. Prefers easy-to-repair, recyclable product, and easy-to-fix complaints to fit with Apple's intuitive user experience.

Marketing & Sales division. Looks for unique selling points around the Apple Aspirer-Explorer lifestyle and user experience.

Senior Management. Ensures compliance to Apple Brand Identity, determines operational constraints, and sets research and development budgets.

Retailers. Prefer products that can withstand a wide range of storage conditions including variations in temperature, vibration, humidity, and atmospheric pressure, and have a strong and compact, theft, and vandalism-proof packaging.

Regulatory instances. The product needs to comply with CE guidelines in Europe, including 2014/53/EU, 2011/65/EU, and 2009/125/EC as well as RoHS: EN50581:2012, FCC Rules part 15 ID BCG-A2083 and BCG-A2084 for the United States, Canada IC numbers 579C-A2083 and 579C-A2084, TP TC 020/2011 for Russia, Mexico NOM conformity to A2083, A2084, and A2083, Turkey's AEEE compliance, Japan VCCI codes 003-190159, D190123003, 003-190158, and D190122003, Singapore IMDA DB00063, and Malaysia MCMC-CIDF15000007.

（3）产品规格。

描述产品设计语言、系统架构，软硬件关系，交互流程、输入输出定义，以及其他支持用户需求和预期用途的特性和功能，例如与其他设备的兼容性（系统配置和子系统配置、支持的版本数量），产品还需要哪些接口及标准，产品在可能遇到的每种特定情况下的行为方式，确保最终产品不会遗漏以前版本可能包含的任何重要功能，并与新的和即将发布的产品或外围设备兼容，此外，用户与机器交互需求，可用性要求和访问级别、异常处理、操作模式、日志文件生成，信息保留时间以及如何访问该信息等。比如，AirPods 提出的产品规格：

1 Product Design

The new product design will be based on that of the AirPods with improvements based on the following requirements:

1.1 The product shall be visually easy to distinguish from existing AirPods as well as main competitors Sony WF-1000XM3, Jabra Elite, Amazon Echo Buds, Samsung Galaxy Buds, and Bose SoundSport Free, and Urbanista Stockholm.

1.2 The product shall be easy to recognize as an Apple product without needing a logo on its exterior.

1.3 The product shall avoid styling elements from our Powerbeats over-ear wireless headphones since those address a different market segment.

1.4 The product shall incorporate one or more physical features to improve grip to facilitate inserting and removing the earbuds.

1.5 The product shall have an easy-to-clean outer surface consisting of at least 80% glossy white plastic.

1.6 The product shall be as small as possible.

1.7 The two earbuds shall be an exact mirror image of one another.

1.8 Cutouts, details, indents, and holes shall be oval or circular wherever possible.

1.9 The product's rod extensions that house microphone and antenna shall be shorter by >4mm.

1.10 The product shall have at least one dimension <16mm to fit inside the packaging box.

1.11 The product shall incorporate the Apple aesthetic also on the interior wherever possible.

1.12 The product's shape will facilitate better bass response.

2 Functionality

2.1 The product shall incorporate one or more optical proximity sensors to detect the user wearing it.

2.2 The product shall offer a dual microphone in each earbud.

2.3 The product shall incorporate one or more accelerometers for head tracking.

2.4 The product shall have connectivity to a tracker app that lets the user find lost earphones.

2.5 The product shall offer a "Fast Fuel" quick-charge mode for charging up to one hour in under five minutes.

2.6 The accompanying charger shall provide a total listening time of > 20 hours.

2.7 The product shall function based on the latest Bluetooth 5.2 standard.

2.8 The product shall incorporate a vent for pressure equalization.

2.9 The product shall incorporate some form of fitness or activity tracking.

2.10 Sound leakage shall be under 10 dB at all times.

2.11 Sound quality must be perceived by our users as equal or better to the main competitor Sony WF-1000XM3.

3 Interactivity

3.1 The product shall function and pair to an Apple device right out of the box with at most three actions needed on behalf of the user.

3.2 The product shall offer at least four different touch actions that can be custom-mapped to different functionalities.

3.3 The product shall offer at least one non-binary gradual input action such as a stroke, slide, twist, rotate, or squeeze interaction.

3.4 The product shall auto-pause the track played upon removal of earbuds, and resume where it left off until re-insertion.

3.5 The user interface shall be intuitive for all users after a single moment of learning how it works.

3.6 The product shall seamlessly connect to Apple Music.

3.7 The product shall offer a shortcut to Siri voice assistant using voice command or a single user action.

3.8 The product shall be designed so as to prevent accidental use.

4 Adaptive Intelligence

4.1 The product shall incorporate Active Noise Cancellation technology.

4.2 The product shall offer a mode where the environment can be heard along with the audio played by the earbuds.

4.3 The product shall adapt the audio experience when the user is wearing only one of the earbuds.

4.4 Upon detecting the user switching their attention to a different device, the product shall automatically switch to that device's audio output.

4.5 The product shall tune the audio experience to the shape of the wearer's ear.

4.6 The product shall be compatible with spatial audio systems where sound becomes tuned to head orientation for a directional experience while watching a movie.

5 Customization

5.1 The product shall offer multiple custom fit options that provide an ideal fit to at least 98% of the general population.

5.2 The product shall offer customization so that it does not fall out of the ear once during running a 10-kilometer route by runners of different heights, ethnicities, and sexes.

5.3 The product shall be offered with an additional engraving service for texts or icons onto the product.

5.4 The product shall be offered in at least five colorways, including black, white, gold, and a selection of our successful colorways that include Pine Green, Khaki, Cactus, Seafoam, Coastal Grey, Alaskan blue, and Stone for our wearables.

6 Manufacturing

6.1 The total FOB cost price of the product shall be <$75.

6.2 Parts must be mass-producible in batches of 100,000 parts.

6.3 The product shall be designed to assemble in under 60 seconds.

6.4 The position of any component cannot change during assembly.

6.5 Functioning of the device shall be easy to check by the manufacturer.

6.6 The product shall be designed to consist of the minimum possible amount of parts.

6.7 Metals, plastics, and small toxic waste shall be easy to separate out at the product's end-of-life.

（4）合规与认证。

产品要符合相关安全要求、法规和标准。有哪些潜在的安全隐患和相关规定，设计将如何防止这些隐患？需要满足哪些法规？确定产品将如何符合 ISO、RoHS、IEC 和其他法规，确定适用于设备将销售地区的法规要求和标准。例如电源插座因国家（地区）而异。有些有 50 Hz 频率的插座，有些有 60 Hz 的插座；美国标准是 110 V 电源插座，欧盟标准为 220 V；电信标准和无线协议因国家（地区）而异，认证和标准也因国家而异。这必须从设计之初就理解。以 AirPods 为例：

7.1 The product shall meet Ingress Protection rating IP-X4 for water and sweat resistance under IEC standard 60529.

7.2 The product shall pass a guided drop test based on IEC 60068 guidelines. The product will be dropped from a height of 1.22m onto lauan plywood from 26 different directions.

7.3 The product shall pass vibration testing. It will be tested in 3 directions for one hour each, subjected to frequencies from 20 to 2,000 Hz.

7.4 The product shall pass hammer impact testing based on IEC 60068-2-75 guidelines.

7.5 The product shall have a 100% pass rate in an ALT, including swinging temperatures, stress, strain, and corrosion.

7.6 The product shall survive a soft pressure test with 1,000 cycles of 1,000N.

7.7 The product shall pass EMI testing according to IEC 61000-4-2, 61000-4-6, and 61000-4-11 standards.

7.8 The product shall incorporate measures to ensure hearing health protection, informing the user when he/she exceeds the World Health Organization's advised weekly listening dose and the prescribed limit of 85 dB.

7.9 The product shall not discolor by more than 2% saturation after 2,000 hours of exposure to direct sunlight. For an estimate, it will be tested in continuous UV-light for 10 days totaling 1,120 W/m^2.

7.10 The product shall pass humidity resistance tests and will be subjected to high humidity conditions for 10 days, of which 16 hours a day at 45% and 8 hours at 95% humidity.

7.11 The product shall pass temperature endurance tests and will be subjected to temperatures between −21 ℃ and 50 ℃ for three straight hours per degree.

7.12 The product shall pass low-pressure testing where an environment of 4,572 meters altitude is simulated (57.11 kPa) for two hours straight.

7.13 The product shall pass salt fog resistance testing where it is subjected to 5% salt fog for 24 hours straight, then dried for 24 hours.

（5）发行说明。

发行说明是产品的关键里程碑的时间线描述，使产品计划保持在正轨上。它将帮助人们组织他们的工作流程，以便他们可以根据需要提供产品支持。产品的发行说明应列出里程碑、功能、修复和即将进行的升级，考虑要为 MVP 开发哪些功能，哪些功能可以等到第二次或第三次迭代。为了帮助设计和工程团队立即了解如何使这些版本可行，需勾勒出产品的未来路线图。例如 AirPods 的里程碑计划：

8.1 Concept presentation: 10/12/2017

8.2 Design presentation: 11/08/2018

8.3 Design freeze: 04/18/2019

8.4 Planned release: 10/28/2019

（6）风险。

开发团队无法预测产品的成功或失败，更不用说在产品开发过程中可能面临的每一个障碍了。设计师能做的就是努力尽可能多地识别可能出现的危险。风险可以是任何事情，例如不确定的时间框架、新的代码或人才、特定的集成或对外部资源的需求。通过在产品文档的早期识别风险，团队可以更好地解决任何紧迫的问题，并为任何可能发生的情况制订 B 计划。以 AirPods 为例：

9.1 Can we move towards a recyclable and repairable product, for example, with ZIF connectors and glue-free assembly ?

9.2 Can we improve on failing or self-igniting batteries ?

9.3 Can we improve Android connectivity ?

9.4 Is there a soft-touch coating available that is durable and easy-to-clean or self-cleaning (nanocoatings) ?

9.5 What kind of pivots can we make in case early user evaluations prove the product undesirable ?

（7）环境要求。

环境可以是室内、室外或水环境。清洁产品需要什么？流体将储存在哪里，它们将以什么速度通过产品的不同部分？因此，在产品设计规范中应适当地规定 IP 等级，考虑设备的入侵防护、防尘和防水性。在原型设计和生产验证测试中实现特定的 IP 保护时，防水性是外壳的一项重要功能，设计防水外壳总是很昂贵，因为它需要特定的方法。

运输、处理和储存：记录为保护仪器完整性而需要满足的任何运输、处理和储存条件。如果是一次性使用，确保无菌的储存和处理要求是什么？

环境要求：如何证明成品符合设备制造和销售所在国家（地区）的环境要求？如何证明设备符合与环境影响相关的组织业务规则和原则？如何负责任地处置设备？

温度和湿度：影响设计的另外两个重要因素是温度和湿度。湿度会影响产品的使用寿命，温度会影响电子设备和电池性能。例如，如果工作温度低于 0°C，设计人员应采取特定措施来防止机械部件冻结，要考虑为电池增加永久加热，甚至考虑更换某些物理特性在低温下会发生变化的材料。此外，还需要明确安全使用的操作条件，可接受的公差，实际使用的可能环境和用例。

（8）可靠性和安全性。

可靠性：设备必须在什么条件下连续运行，运行多长时间？使用寿命是多少？如果需要 99.9% 的正常运行时间，那么在进行维护、升级或更换时，有哪些与维护功能相关的程序？

电力：设备在不同模式下会消耗多少功率？峰值功率是多少？对于便携式设备，不同模式和条件下的最低电池寿命要求是什么？

振动：包括设备可能产生振动的公差，以及它必须承受的环境振动（如果适用）。

噪声：设备可以发出的可接受噪声水平是多少？其中一些是用户要求，以确保舒适的环境，另一些可能与可接受的要求有关，以防止工作环境中人与人之间的沟通不畅，或确保产品不会干扰其他设备。这些值还应反映在没有个人防护设备的情况下操作设备所需的条件。设备在嘈杂的环境下使用是否有任何要求？如果用户有身体限制或处于嘈杂的环境中，是否有其他方式与设备通信？

校准：设备需要多久校准一次，在什么情况下需要校准？谁能够进行校准？谁负责确保正确和按计划校准？在流程的早期考虑这些要求，可以扩大研发团队的选择范围，以便将解决方案设计到产品本身中。

维护、服务和安装：维修仪器需要什么？安装是否需要特殊工具？安装需要多少个服务人员？如何记录维修？仪器应该多久接受一次维护以及需要多长时间。

（9）礼品盒和包装

包装：发送、保护、保持无菌和向客户展示产品需要什么样的包装？是否有其他专门用于保持产品完整性、形状等的附件组件（例如，用于保持亮度或保持组件笔直的心轴或探针）需要包含在包装中？

标签和产品文档：产品信息需要在哪里可见，当存储在货架上时如何读取？标签需要使用哪种语言，将包含哪些用户文档？

无菌、非无菌、清洁：产品需要提供无菌环境吗？如果是这样，需要什么灭菌方法？或者相反，该产品在使用前需要消毒吗？如果是多用途的，必须如何以及使用什么清洁剂进行清洁和储存？

2. 产品架构

犹如盖房子时的地基和框架结构，整个结构决定了将来房子的形状，及房子是否稳固。而产品架构设计则决定了产品未来的硬件实体的构成与软件功能导航结构，以及软硬件之间的逻辑关系。一般来讲，在做需求分析的时候，就要把几个主要的功能点抓出来，这几个功能点就可以浓缩形成产品的初步产品结构。简单的产品架构可以用思维导图方式描述，仍然以宿舍电子宠物产品为例，功能模块构成如图 3–23 所示。

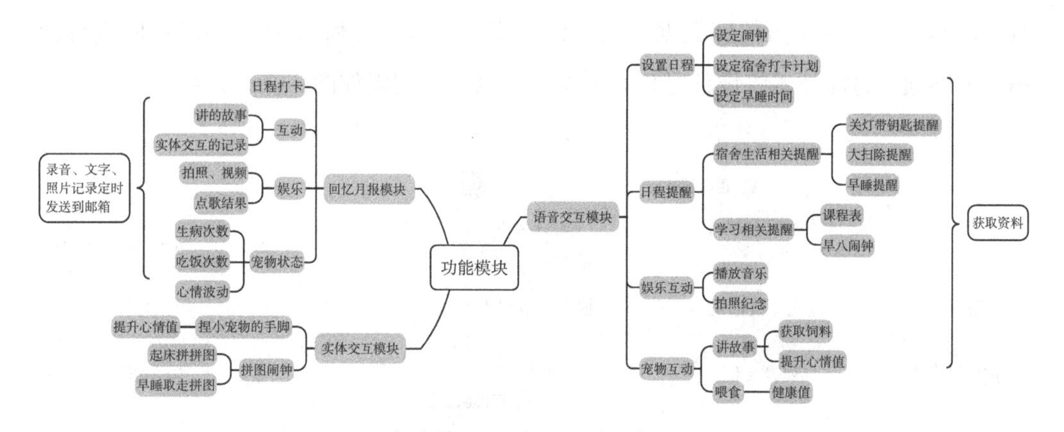

图 3–23　功能模块

3. 制定技术路线

产品架构主要描述了产品的功能模块，而技术路线则表达了实现这些功能模块的技术途径，对输入输出进行了更详细的系统思考，包括软件平台、硬件资源、核心技术、信息流转等多个方面。通过对技术路线的绘制，可以促进对产品系统的进一步思考。对于 AI 产品，参考图 3–24 所示的 AI 产品设计工具，反复推敲对模型实现的因果关系非常有帮助。

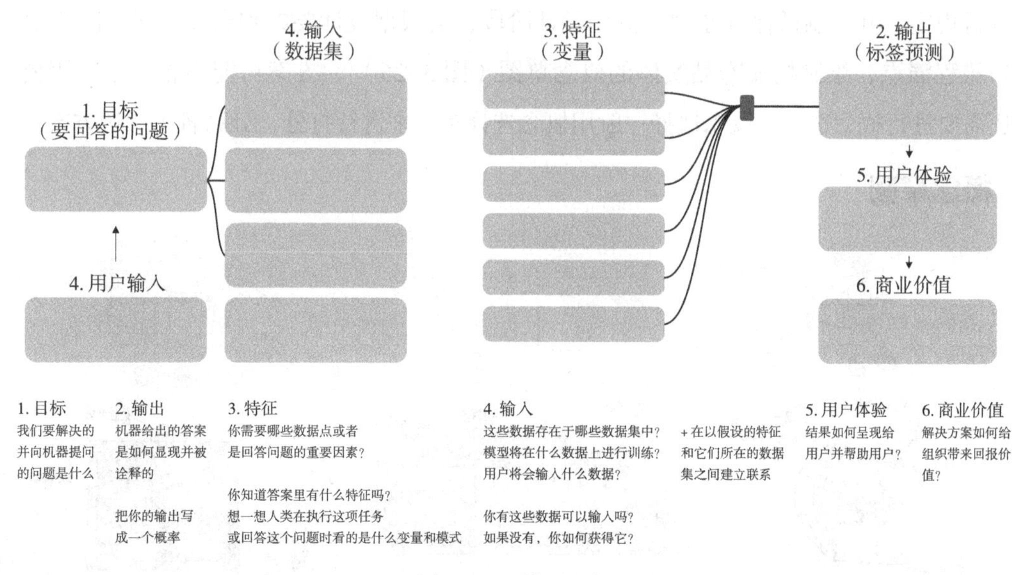

图 3–24　模型逻辑

以献血徽章生成产品为例，其设计目标是为志愿献血人士在验血过程中生成特定的纪念徽章，以便增强仪式感和荣誉感。“风格化献血徽章设备”结合了 AI 绘画、语音识别、压力监测、蓝牙打印等多项先进技术，为用户提供个性化的献血纪念徽章。产品主要通过压力传感数据、用户语音或文本输入，利用 AI 作画风格库进行创作，最终通过打印技术将设计呈现在徽章上。其运行逻辑如图 3–25 所示。

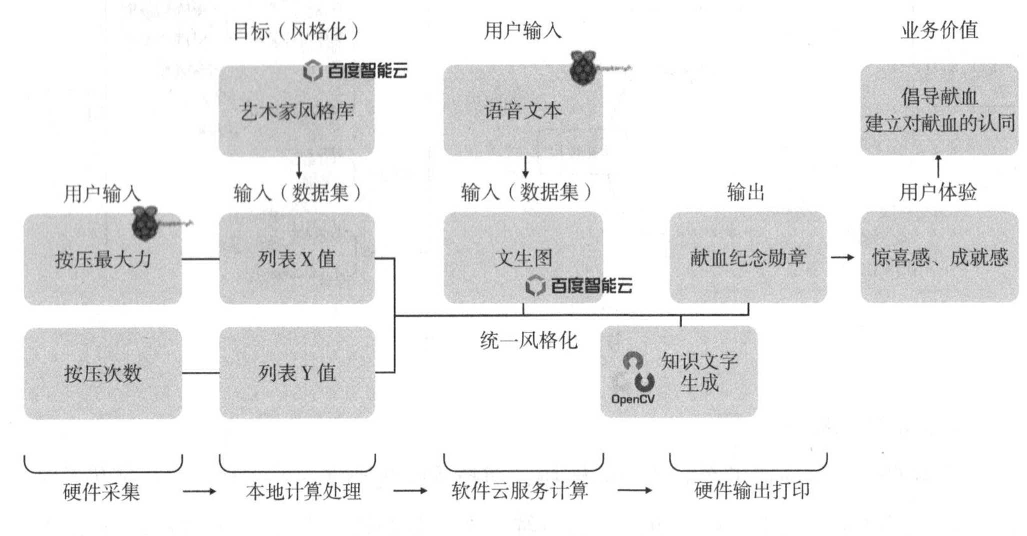

图 3–25　献血徽章逻辑

4. 概念设计与概念选择

这一阶段首先会进行概念设计和概念选择（表 3–13），然后对产品的视觉语言进行规定，并绘制低保真原型。概念设计阶段，会根据设计要素和设计策略，围绕用户旅程痛点，绘制构成产品实体的概念草图（图 3–26），方案可能不止一个，因此还需要进行概念选择。概念选择一般用概念选择矩阵来进行打分，分高者为优选方案。

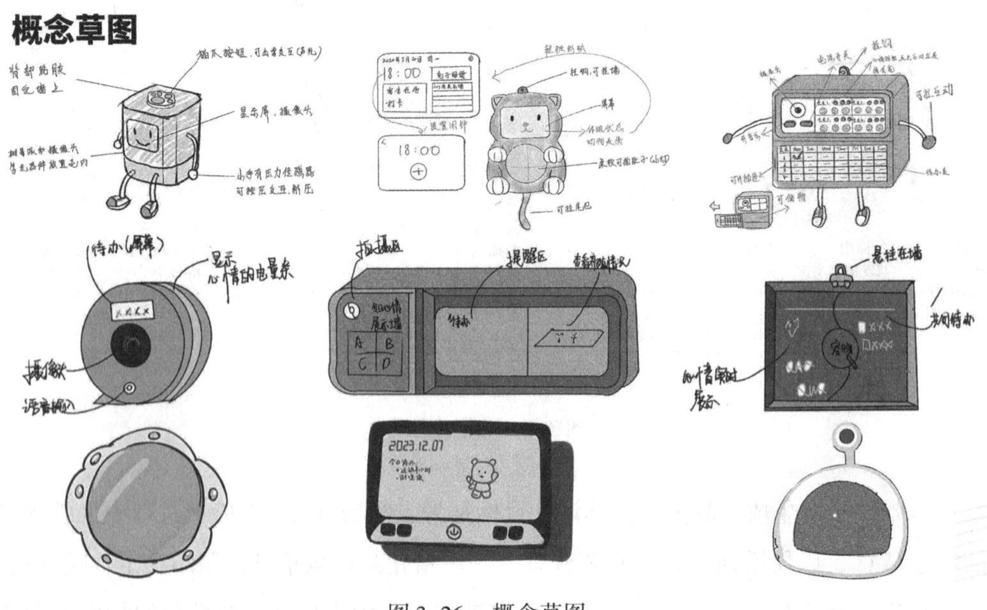

图 3–26　概念草图

概念选择矩阵的一级权重指标通常由专家投票决定，然后明确最终概念。

表 3-13　概念选择

	A	B	C	D	E	F	G	H	I
草图									
创新性（20%）	17	19	18	16	16	18	15	16	15
实用性（20%）	18	17	19	17	18	16	18	19	16
娱乐性（20%）	17	18	16	16	15	17	15	15	16
低成本（20%）	13	11	19	18	17	17	11	13	13
技术难度（20%）	14	13	19	18	17	13	14	13	14
总分	79	78	91	85	83	81	73	76	74

5. 低保真原型

视觉设计和线框图对于 PRD 的有效性至关重要。它们帮助工程师理解设计概念并响应用户角色的痛点。线框图允许设计师检测问题，线框作为基本布局，用于说明主要功能将如何适应每个页面以及这些页面应包含的内容。它们使工程师和其他利益相关者清楚地了解产品的使用方式。

软件部分此时则输出视觉设计规范，对字体、配色、风格等进行规定。对于软件部分，此阶段还输出低保真原型，定义产品的 UI 初步布局。结构确定了之后，就需要对每一个产品页面进行元素的排版，排版之前，一般都会先对页面进行布局设计的考虑。通常做产品设计的时候，都会遵循一些已有产品总结出来的布局结构。

6. ID 设计

智能硬件中的实体产品部分需要推敲产品设计语言（图 3-27），使产品具有独特的风格和视觉识别度。产品设计语言是硬件开发的重要组成部分。许多初创公司急于开始原型设计、PCB 布线、设计外壳和联系采购工厂。事实上，为了创造一个真正高质量和独特的产品，有必要花时间开发独特的、可识别的设计语言，将定义的产品与市场上的竞争对手区分开来，并与公司的品牌相结合。设备的设计语言类似于数字设计中的品牌手册，与界面、移动应用程序和其他组件一致。例如，苹果产品的圆角半径是其品牌的一个相当著名的设计特征。

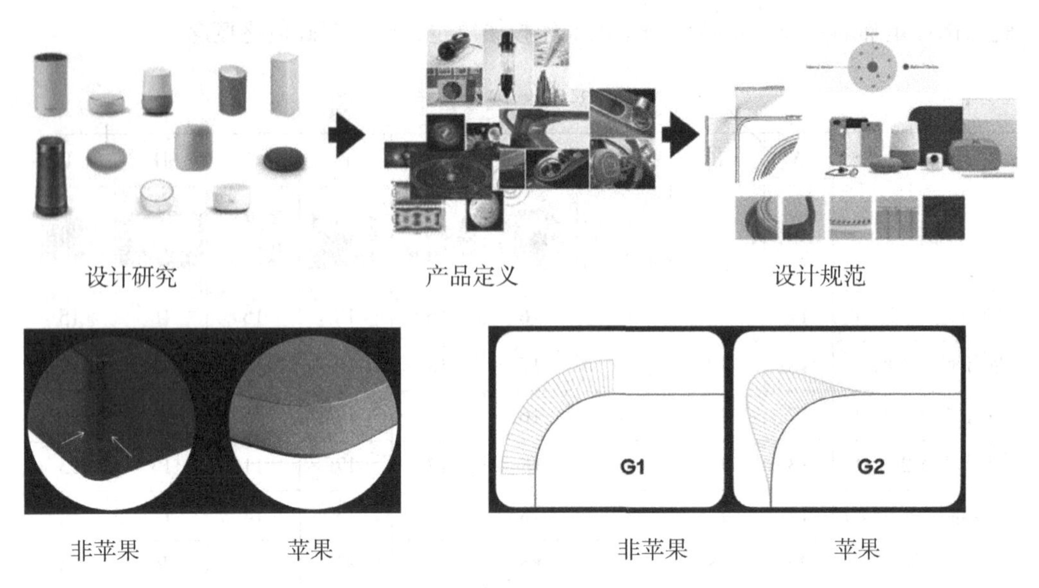

图 3-27　设计语言

ID 设计是对一个硬件产品的外观造型、使用方式、人机交互进行设计的过程。ID 设计作为产品研发的第一步，它的好坏直接影响产品研发的后续步骤和产品的销量。在 ID 设计中，设计师需要从场景交互、造型、材质和表面处理四个方面进行考量（图 3-28），把控产品的大方向和定位，使之符合设计语言。

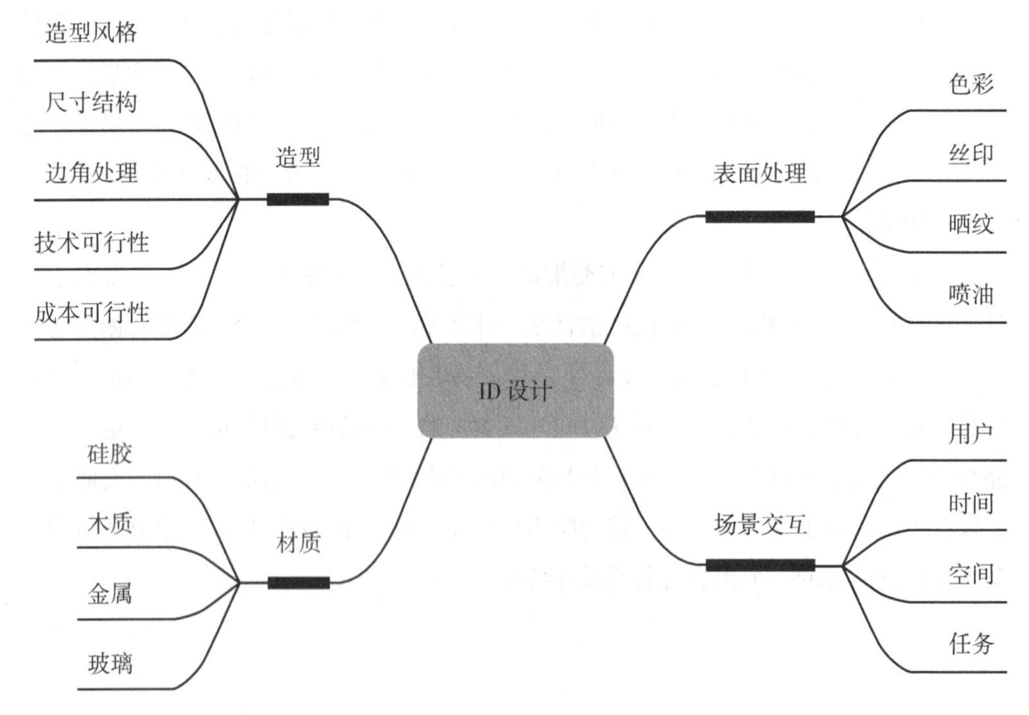

图 3-28　ID 要素

这个阶段一般进行产品建模和渲染，以献血徽章个性化纪念品生成产品为例，这一阶段要输出实体产品的设计效果图（图 3-29），以便后期制作手板进行产品评估。

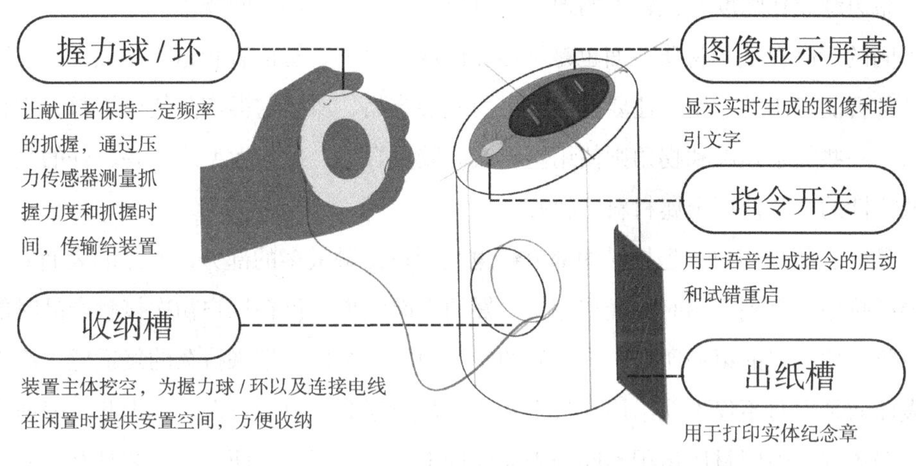
握力球 / 环
让献血者保持一定频率的抓握，通过压力传感器测量抓握力度和抓握时间，传输给装置
收纳槽
装置主体挖空，为握力球 / 环以及连接电线在闲置时提供安置空间，方便收纳
图像显示屏幕
显示实时生成的图像和指引文字
指令开关
用于语音生成指令的启动和试错重启
出纸槽
用于打印实体纪念章

图 3-29　产品概念效果图

在对一个产品进行需求分析和设计之初有四大因素需要考虑，即角色、场景、时间、任务。不同的角色对于同一个产品的需求也是不同的。例如，同样是播放器，老人的需求是音量大、操作简单；儿童的需求是音量适中、避免伤害听力；青年的需求是音质好、功能丰富。假设要研发一个儿童机器人，那么就要考虑使用对象的年龄、儿童的需求是什么、他们能进行什么操作。对于儿童来说，产品有没有需要特别注意的点、是否需要将机器人做得小巧轻便、需要选择什么材质、产品是在白天使用还是在晚上使用……针对不同的用户、不同的时间、不同的场景和任务需要考虑的因素是不一样的，ID 设计师会根据产品经理所提供的信息思考产品的风格和对产品造型的处理。比如针对儿童类的产品，可能在外观上是卡通风格，在产品结构上会尽量做得圆润无死角，以避免对儿童造成伤害。如果做的是 B 端产品，ID 设计师就会考虑产品外观的人性化，颜色不能太显眼、结构不能太个性，简约的产品外观最适用于 B 端场景。同时根据产品类型的不同，ID 设计师需要判断产品是否需要和外部产品进行对接，在对接方面采用已有的标准，以便保证后续产品的扩展性和安装的便利性，从而提升产品的竞争力。

产品外观设计必须能开模，能否开模取决于拆件，而拆件又与装配顺序、美观性和成本紧密相关。产品外观设计必须考虑壳体是否能够装配主板或其他电子元器件。起码要保证产品的主板等内部元器件能够合理地放在产品内部，而且产品要足够强韧；要确保所设计的产品能够顺利、有序地拼装在一起，避免增加组装难度和组装成本。在 ID 设计阶段如果存在坚固性问题，那么后期的壳体良品率、产品组装和在产品使用过程中都会出现问题。过小的圆角容易引起模具的腔应力集中，导致产品开裂、良品率下降。开孔位置一般应该以简单的圆形孔为主，除非必要，尽量避免过于靠近产品边缘或在弧度变化较大的地方，以免产生脱模变形等问题。

不同的产品在使用材质方面也是不尽相同的。例如，智能音箱这类桌面产品，不能仅具备智能音箱的作用，还要能当作桌面的装饰品，所以这类产品使用塑料、木材都可以。一些复杂弧度和拐角则使用塑料或硅胶更合适。针对大型或需要较好的坚固性、散热性的产品使用金属材料比较好。

产品的表面是用户首先接触的部分，也是用户接触最多的部分，产品的表面效果会直接影响用户拿到产品时的最初感受。好的表面效果不仅在用户初次接触产品时能给用户留下比较好的第一印象，在日后的使用中也会给用户带来持久的舒适感。而不好的表面效果有时不仅不能给用户带来好感，甚至还会导致用户退货。因此，表面处理要多多重视。不同材质运用不同的表面处理工艺，不同的表面处理工艺具有不同的特性，常用的表面处理工艺有丝印、移印、烫印、喷涂、灌胶、抛光、金属拉丝、磨砂、激光咬花、电火花等，其中后 5 项（抛光、金属拉丝、磨砂、激光咬花、电火花）工艺形成的是永久印记，不会因日常使用而磨损，如果产品使用时摩擦频繁则可以采用这类工艺。

彩色喷绘的颜色较为丰富，可以做一些复杂的图案，适用于一些比较卡通、年轻、潮流的产品。丝印则颜色较少，通常使用单色进行丝印，一般用于 Logo 等需要跟随产品终生的图案。

晒纹是直接在模具的表面上进行处理，注塑后可直接使用，这种方式可以有效减少表面处理的成本，还可以遮挡模具的瑕疵，但是晒纹完成后，模具基本不具备修改的条件。

喷油是一种在产品表面喷涂材料的表面处理方式，这种方式可以做高光、磨砂，甚至可以做出类似硅胶类的手感，容易体现产品的质感，但如果使用不当，效果会很差。

在 ID 设计中，不仅产品的外观很重要，还有很多需要注意的方面，如耐脏度、抗划痕、边角弧度、缝隙大小等都要根据目标用户进行设计，以给用户一个优质的体验。

对于产品设计而言，能生产和能量产是两个不同的概念，很多产品能生产却不一定能进行大规模的量产。在产品的设计中无论是 ID 设计、MD 设计还是 PCB 设计都要考虑产品在实际量产过程中的难度及良品率，避免出现能生产却不能量产或制造难度高、良品率低等问题。

3.3.2.3 详细设计

1. 高保真原型与手模

此阶段产品软件部分的低保真原型已经完成，这样的原型不带任何交互效果，整体上更多考虑信息架构的设计，如功能结构、导航、菜单、布局排版等方面，局部上更多考虑功能的交互设计，如按钮点击、反馈、页面切换、局部模块的整体展示等。详细设计阶段需要在产品功能模块的低保真原型设计上更进一步，完善每个功能模块的原型，补充交互设计和基本的内容排版样式，通常可以按照如下的步骤进行设计。

（1）详细交互设计。

基础的准备工作包含添加组件元素，设置组件排版布局，设置组件属性（命名、大小、方位、颜色、文本等）。基础工作都做完之后，就可以开始做交互设计。

这里的设计包括组件自身的可变效果：如鼠标移入、移出、悬停等；交互的事件，如鼠标单击的触发事件、鼠标的移入移出触发事件等。

逻辑的设定，包括判断逻辑、跳转逻辑、反馈逻辑等。这部分对产品的逻辑思维能力有比较高的要求，特别是做比较复杂的交互效果，思路一定要清晰，否则判断的条件一多，就容易造成混乱。

在交互设计过程当中所用到的很多逻辑，最终都需要体现到产品的 PRD 文档当中，因此不管是设计前的分析，还是设计后的总结，都是很考验逻辑能力的，要能够将产品的功能模块从前到后串联起来，推荐在设计原型之前，把对应的原型模块的操作流程图先画出来，理清思路，当然一定要结合实际产品下实际用户的操作场景去设计，切忌盲目主观地想当然。

（2）交互效果的反复调试。

很多交互效果都不是一次性设置之后就能成功的，特别是复杂的交互效果，都需要做多次效果尝试，反复地进行修改调整，最后才能达到理想的效果。

这个部分要把交互效果调试好是为了在原型演示的时候降低沟通成本。一个动态的交互效果，要用文档描述的时候可能需要一页的文字，还不保证所有参与的人都能看懂，但用原型描述可能只需要 1 秒，看起来很直观，一下子就能明白是什么样的效果。

（3）手模。

这个阶段需要确定好外观结构并打印出 3D 打印的结构手模，完成嵌入式软硬件开发，互联网平台也完成了 1.0 版本，然后烧录程序，组装样机并进行测试。通常，在概念建模阶段，会计算出产品 ID（工业设计）的 2 ～ 4 个变体。然后，项目团队制作了几个非功能性原型，即所谓的模型（图 3–30）。它们在 3D 打印机上打印，有时在机器上切割；有时制作 1∶1 的模型；有时需要接近现实的原型，比如带有真实显示器。

图 3–30　手模推敲

对于智能硬件产品，沟通成本巨大，如何降低沟通成本是产品整个研发周期中都需要考虑的问题。因此，对于产品设计人员来说，做原型不应该成为负担，而是要将它变成得心应手的沟通工具，这也是做原型设计最重要的目的。以献血徽章产品为例，首先选用白色光敏树脂作为 3D 打印材料，对产品外壳进行打印，然后集成压力传感器、微型打印机和树莓派等配件，完成初步功能实现就可以进行评估了（图 3–31）。

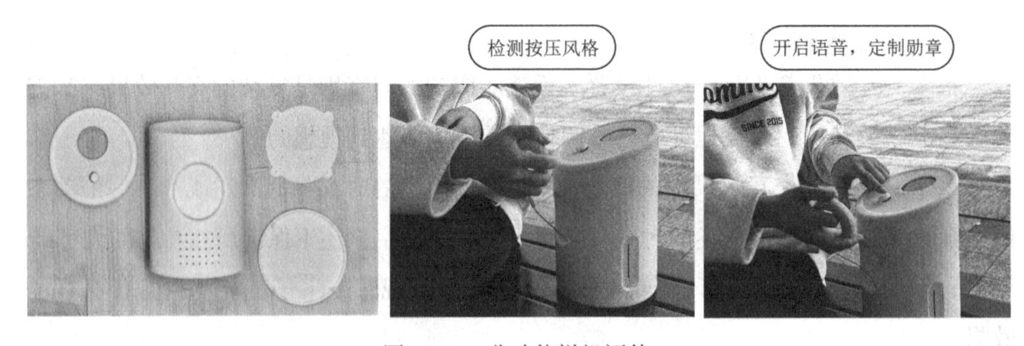

图 3–31　非功能样机评估

2. MD 设计（结构设计）

完成工业设计流程的最后一个阶段是机械设计，即机械结构的开发。ID 设计师负责的是产品的外观造型，MD 设计师负责的则是产品的骨架，对产品的内部结构和机械部分进行设计，MD 设计的好坏直接影响产品的质量、寿命及成本。这个过程被称为 DFM（制造设计），它产生一个产品的参数化 3D 模型（图 3–32），并准备转移到生产中。DFM 过程有许多阶段：从创建第一个 CNC 原型到最后一次工具迭代。

图 3–32　产品结构模型

（1）新产品一般是先有 ID，后做结构设计，结构设计封板后再进行模具制作；也有情况是产品模具使用公模或已有产品模具，只需要改一下 ID 和包装即可。结构设计师需要多跟硬件工程师交流结构问题，讨论电子元器件的摆放和板框尺寸厚度等结构问题；设计完成后一定要 3D 打印出来并反复组装零部件以确认结构问题。

（2）ID、结构设计封板后就可以开始嵌入式硬件的 layout 了，印刷电路板与 MD 并行开发。通常，第一个原型是在开发板（图 3–33）的基础上组装的，并且这种带有电线的演示板与计划外壳的尺寸不对应。可以在模拟环境中实现嵌入式应用开发；如果硬件部分完成就需要立即转移到在硬件部分继续开发固件或进行调试；根据 MD 要求，电气工程师根据外壳的尺寸和内部元件（如连接器、LED）的位置调整电路板的尺寸。这可能需要多次迭代。

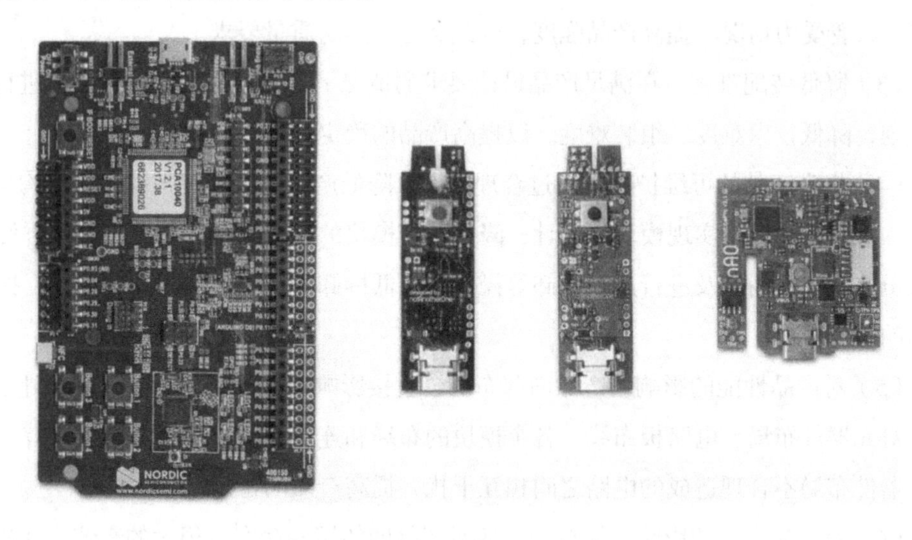

图 3–33　开发板

（3）互联网平台部分可以完全独立进行开发，若涉及与硬件通信部分则需要在方案设计阶段确定好数据协议，并通过模拟终端实现设备端和互联网平台之间开发的解耦。

（4）功能原型版本可以不投模，毕竟模具的成本不菲，等待工程验证通过后再进行投模，可以降低项目风险；由于模具费用比较高且周期长，一般进入DVT阶段后才会开始投模，当然如果对结构比较有信心，也可以在EVT阶段投模，提前完成外壳部分；投模后，至少需要3～5次试模和修模，首次试模时最好采用透明壳料，这样方便观察结构上的问题，然后采用黑白双色，最后做表面工艺处理，不断优化外观。

（5）包装设计一般比较简单，所以可以在ID阶段一起做，或者在DVT阶段完成，如果包装设计完成后离量产还有一定时间的话，只需要完成设计即可，等量产阶段再进行生产，以减少包装损坏或更改的风险。

3. MD设计的基本原则

进入MD设计阶段后，需要把产品的功能、使用场景、相关元器件、ID设计要求及对产品的相关要求描述清楚，例如，产品的重量、材质、坚固程度、防护等级、内部空间等。MD设计师需要考虑的因素有很多，MD设计是一个更加偏于理性的“技术活”，并且需要长时间的经验积累。以下是MD设计中的一些基本原则。

（1）功能可实现。MD设计需要保证产品的功能设计可实现，使功能能够良好运行。在整体结构的基础之上要考虑各个结构之间的关系，尽量简化电子结构，从而实现功能可用、结构稳定。

（2）符合质量要求。按照产品强度、刚度的质量要求进行MD设计，减少应力集中点、改善受力情况、提高产品强度，以此满足产品的质量要求。

（3）降低装配难度。在满足产品设计要求的情况下，对产品内部的元器件进行合理规划，降低技术难度、组装难度，以提高产品的稳定性、装配效率和良品率。

（4）提高产品的可维护性。通过合理的设计降低产品的故障率，同时从结构角度考虑，在设计中尽量实现模块化设计，降低各个模块的耦合性及拆装难度，以方便检修人员快速判断问题及进行产品拆卸等操作，降低拆卸等操作对产品的破坏性，提高产品的可维护性。

（5）对产品性能的影响。产品内部布局会直接影响产品的整体性能，在设计之初就要对元器件布局、电路板布线、各个模块的布局和连接等进行综合考虑，以有效避免元器件布局不合理造成的电路之间相互干扰，提高产品的稳定性。

（6）对产品寿命的影响。结构的好坏对产品的使用寿命有着很大的影响，在进行MD设计时需要综合考虑产品各部件的稳定性、散热性、防尘性、防水性、防潮性、隔热保护性。对电子元器件进行保护，防止产品过早地报废，延长产品的使用寿命，确保电气的连接及机械连接的可靠性。还要进行防震设计，减少产品在使用过程中产生的噪声。

（7）元器件匹配。一个产品内部会有很多的元器件，在结构设计中需要考虑不同元器件的特性对结构的影响，以及运动部件在运动中与其他结构产生的相互作用。除此之外，还要考虑元器件角度的影响及产品策略的影响。如摄像头的 FOV、红外收发器的工作角度、麦克风的拾音角度、雷达的探测区域等，在涉及这类元器件的时候需要考虑元器件工作角度的影响，在不影响产品美观度和功能的情况下，可以尽量把角度设计得宽裕些。这样可以优化产品的容错性，即便在安装时存在一定角度的误差也不会影响产品的使用。

（8）产品策略方面的影响。有些产品在推出时会有不同版本或性能的区别，在这种情况下，就可能要求产品结构能做到兼容，能够兼容不同版本的元器件，尽量做到结构合理复用，以降低结构和开模的成本。这种情况要多考虑结构复用的收益比，如结构要兼容两个不同规格的元器件，那么这两个元器件的兼容是否会导致产品的良品率降低、结构的物料成本变高及组装成本增加等，这些都要计算结构复用的收益比，以判断结构复用是否合理。

（9）防护设计方面。产品的使用环境是多种多样的，因此难免会受到一些外部因素的影响，所以为了保护产品及保证使用者的安全，在进行结构设计时结构设计师需要做安全防护方面的考量。不同的产品其防护等级和防护设计方案也不尽相同。不同产品可以根据行业及产品场景选择不同的标准。

此外，智能产品需要考虑 AI 所采用的模型、数据、网络连接和续航要求。以续航为例，虽然网络连接也影响续航能力，但主要与供电方式有关。有几种方法可以为产品供电：电池、电源插座、太阳能。燃料电池动力或气动动力设备通常不具有便携性，成本和可靠性也是其很少被采用的原因。锂离子和锂聚合物类型的电池是最常见的电池，但是，它们在选择 IC 和准备认证时可能会带来进一步的复杂性。如果坚持使用可充电电池，要具体说明希望设备运行多长时间。由于延长电池寿命需要功率预算、组件优化和（或）选择更大的电池尺寸，这反过来又需要更大的机械尺寸，如图 3–34 所示电路板必须适合安装两节电池，这将为硬件工程师提供机械和电子设计的有用信息。如果设计师能提供设备主动消耗电力的小时数和不活动的小时数，工程师将非常感激。例如，如果使用产品时要将直流电机连接到打开机盖的机械齿轮上，则需要指定此功能每天工作多少次。对于物联网传感器，需要指定设备传输信息的频率。如果设备有驱动功耗的 GPS 或蜂窝连接时，需要定义这些功能必须处于活动状态的时间。

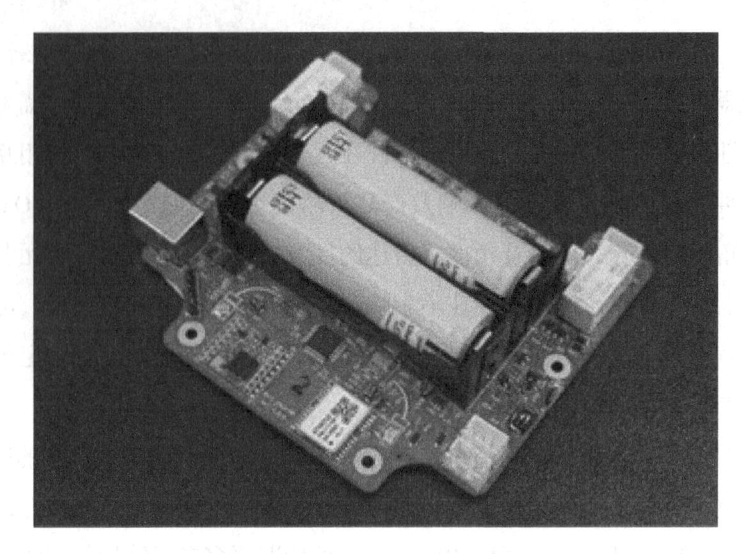

图 3-34　装有电池的电路板

好的设计是成功的一半，特别是在智能产品开发过程中，一定不要急于动手，先想清楚，做好设计和评审，再依据设计行动，不说事半功倍，最起码不会走冤枉路，从而降低项目风险。一个硬件产品从概念到产品成形的过程需要经过很多个阶段，不同的阶段完成不同的任务。每个阶段都要进行一步一步地测试验证，以便尽早发现问题并解决问题，从而避免较大的设计、技术、可行性方面的风险。

无论何时，建议尽早找一些真实用户对产品进行真实场景中的使用测试，也许能够发现一些之前没有想到的问题，从而避免后续出现意想不到的问题后推倒重来。测试可以包括：

• 功能测试（测试不通过，可能是有 BUG）；

• 压力测试（测试不通过，可能是有 BUG 或哪里参数设计不合理）；

• 性能测试（产品性能参数要提炼出来，供将来客户参考，这个就是产品特征的一部分）；

• 其他专业测试：包括工业级的测试，例如含抗干扰测试、产品寿命测试、防潮湿测试、高温和低温测试（有的产品在高温或低温下无法正常工作，甚至停止工作）。

测试完成后需要将测试过程中的结果和问题记录到样机整机测试报告中，以便下个阶段参考这个报告进行调整优化。

第四章

AI语音驱动的儿童交互绘本设计实践

4.1 设计背景

绘本，是画出来的书，指以绘画为主，并附有少量文字的书籍，一般由高吸引力的插画与文字组成（图 4–1）。讲故事又称故事生成，是一项常见的亲子活动，指的是教师或其他看护人为儿童提供如照片、图片等叙事材料，要求儿童根据材料充实故事情节或创编出新的故事，以促进包括沟通技巧在内的认知提升。亲子共读绘本的过程不仅仅是让儿童讲故事、学知识，更是全面帮助儿童构建精神世界，培养多元智能。

图 4–1　儿童纸质绘本

传统的儿童交互绘本，通常是指一类独特的儿童书籍，它们除了具有连贯性、统一性与易读性的特点，而且还需要通过互动和参与来促进儿童的学习和发展。这些交互元素可能包括提示性语句（图 4–2）、折叠式插图、按钮或小游戏等明确的交互方式，使其更具尝试和体验感。随着交互媒体的出现，信息数字化改变了儿童的成长环境，使其认知方式、生活习惯和思维方式也发生了变化。新型交互绘本的互动形式从纸质书上的物理交互逐渐转变为结合融媒体设备的数字交互，如电子绘本馆、绘本伴读动画、识字趣味小游戏等。交互绘本以其交互方式的多样性，成为儿童喜爱的阅读产品，但当前市面上的交互绘本仍然存在很多问题，如缺乏情感设计、与剧情结合欠

图 4–2　提示“抖一抖书本”的儿童纸质交互绘本

佳、设计周期较长等。现有的部分语音交互程序虽然能够支持多种语言行为，但是其“理解”的方式仍然是建立在事先设定好的会话路径上，不能实现开放式会话。

人工智能生成内容（artificial intelligence generated content，AIGC）是一种基于深度学习算法和自然语言处理技术的人工智能技术。它包括文本生成、语音识别与克隆/生成、图像生成、代码生成等多方面内容。从 2022 年底开始，AIGC 技术得到了极大的关注和推广，也标志着人工智能从特定领域的分析式 AI 向全面生成式 AI 的转变。从不断出现的 AIGC 技术产品，如 Stable Diffusion、Imagen、DALL–E、Midjourney，AIGC 技术正在成为人工智能应用领域中的核心技术。

随着交互叙事技术的发展，交互叙事已经从游戏叙事扩展到故事叙事领域，它将游戏、动画、视频等不同媒体形式融入故事中，借助交互技术，人们可以用讲故事的方式传递信息和知识。图 4–3 所示为电子绘本软件 ABC Reading，里面涵盖历史、科学、自然地理等多题材故事，并通过伴读动画与词汇自然拼读教学提升儿童认知。

随着交互技术的发展，儿童对阅读内容的需求已从被动接受转变为主动参与。除传统的纸笔教学法以外，出现基于交互屏幕的数字化交互叙事的方法与系统。在手机与 AR、VR 设备的普及下，智能终端以其交互性、沉浸感和想象性的特点，在儿童学习的过程中参与程度越来越高。如图 4–4 所示，AR 互动游戏书《有趣的中国节日》结合 AR 扫描与纸质书的阅读特色，让书中的传统节日题材内容通过多媒体设备变得立体、生动，读者可以在互动过程中沉浸式参与节日游戏。在教育领域，研究表明智能化设备对儿童认知的影响产生一定的积极变化，人们不再一味地排斥儿童使用智能终端，并将其引入课堂。《教育信息化 2.0 行动计划》提出“面向新时代和信息社会人才培养需要，以信息化引领构建以学习者为中心的全新教育生态，实现公平而有质量的教育，促进人的全面发展”。智能教育环境下，利用智能终端协助促进儿童认知发展是教育信息化发展的必然趋势。

图 4–3　电子绘本软件 ABC Reading

图 4–4　AR 互动游戏书

交互叙事包括互动和故事叙述。交互叙事中的“互动”可以是读者与读者、读者与故事、作者与故事，甚至于故事里的角色与角色直接产生互动。“故事叙事”指故事的发展会随着用户所做的互动和选择发生改变。目的是让用户主动融入故事进程中，而非被动地接受所传达的信息。它可以有效提升沉浸感和自由度，让用户从一个“旁观者”身份变为“参与者”。

在儿童教育中，传统的语言学习以父母与儿童的言语交流与阅读活动为主，通过讲故事过程中父母的引导性对话实现交互与故事叙述。智能移动终端的发展为交互叙事新形态提供了新的平台，作为交互设计的研究领域之一，面向儿童的交互叙事系统也亟须引入更加自然的交互方式。

交互技术发展初期，考虑到屏幕的不可交互性，儿童更多的是被动地观看屏幕内容进行阅读活动。随着交互技术的发展，智能终端可以提供大量的言语材料，播放音频与视频，并可以通过输入设备加入互动元素，增强了交互叙事中交互性的特点。新的设备媒介形态在儿童信息化教育领域得到了研究者从注意力吸引、社交互动、学习效果等角度的关注。出版业的创作者开始更多地关注如何将人工智能技术作为一种辅助手段，促进儿童的认知发展、智能学习、兴趣培养和其他目标。因此，利用智能技术在丰富叙事方式、优化叙事内容等方面的优势，可以为儿童提供更多元的学习方式和发展途径。

相较于成年人而言，儿童的认知方式具有天然的叙事性与认知具象化。对于学龄儿童群体而言，“讲故事”是一项和他人、外界产生沟通与交流的重要活动。听别人的故事，与别人分享他们的故事，是儿童了解自己内心世界和周围世界活动的途径。

研究表明，与学习密切相关的认知发展主要有感知运动、注意、执行控制、语言发展等。在故事生成的过程中，儿童需要进行角色扮演、语言描述、因果关系连接等复杂的行为和思维活动，调动多种认知和复杂技能协同。儿童对语言的认知能力主要是通过对语言的输入和输出来实现的。交互叙事通过声音、图像等要素来促进儿童对语言的认知和理解，还通过调动儿童参与的积极性，使其有机会将绘本内容“内化”，进而获得绘本所隐含的知识和能力。

被动观看屏幕中的内容不利于执行控制功能发展。但在合适条件下，儿童的屏幕媒体学习能力也可以得到提高，例如，屏幕中的人与儿童进行互动，对于儿童视觉注意与词汇学习有积极的作用。并且，当父母陪同儿童观看屏幕媒介的词汇学习视频，并让大人针对视频内社交线索进行提问、予以适当指导时学习效果更佳。儿童在阅读交互绘本时，不仅可以从图像中获取信息，还能将绘本中所表达的内容信息融入自身已有的认知系统之中，并在阅读交互绘本时积极地参与到交互绘本的创作过程中，进而获得知识和能力。

4.2 桌面研究

在绘本内容生成上，目前的图文绘本制作周期长，时间与成本都较高。为了保持绘本的画风与文本风格的一致性，从故事构思、角色设计及润色工作等多个环节，对协调性的需求高。这涉及编辑、美工、排版师等专业人员共同协作，需要较多时间和人力资源的投入。

在叙事结构上，市面上的交互叙事产品以图文信息为主，其叙事结构以侧枝型结构为主，主线剧情较单一。同时，市面上的儿童叙事绘本以被动式接受的视觉性的图文信息为主，类型单一。情感设计和交互性较差使体验感不佳。

在语音交互上，现有的 VUI（语音交互界面）虽然能够支持多种语言行为，但是由于程序的理解方式仍然是基于预先定义的会话路径，所以无法进行开放的对话或像人类交谈者一样灵活地调整会话流程，并且不一定适合用户群体中某些细分年龄段的儿童。这制约了语音驱动系统在激发幼儿语言表达、提高幼儿语言接触等方面的能力。大多数研究都集中在儿童如何尝试调整他们的沟通策略以避免潜在的会话中断。很少研究探讨如何主动设计语音驱动方式，以提供丰富的对话交互体验。

1. 更开放的叙事结构

儿童要把故事表达出来，首先需要对故事有一个整体的理解和感知，然后才能发展出自己的叙事结构。研究人员从故事语法视角出发，对市面上超过 200 个互动电子书 App 进行调查，总结出四种电子书互动叙事结构——侧枝结构、轨道切换结构、放射状结构和树状结构，将故事归结于故事环境、发生时间、反应、行为（解决）、结果的相互串联。此外，在针对儿童的叙事结构上，近年来有许多研究者对成人与儿童之间的对话的了深入研究，其中有学者认为高质量的成人—儿童的对话体系可更有效促进儿童的语言发展。成人承担起“语言指导”的角色，为儿童参与对话搭建框架。这种引导性的成人—儿童对话通常遵循一个系统结构，称为“启动—响应—反馈”循环，且一个典型的对话涉及多个周期。许多研究人员研究了成人如何使用特定的启动和反馈策略来促进儿童的语言理解、词汇学习和叙述能力。在这些周期中，成人发起讨论的主题，并鼓励儿童的口头语言表达。在儿童对提示作出响应之后，成人根据儿童的反应提供反馈。有时候，完成一个周期的反馈会导致下一个周期的开始。通过这种方式，成年人负责将对话推向学习目标，并帮助塑造儿童的对话体验。

2. 多模态配合的引导设计

阅读是一种多模态的信息传递过程，其中视觉是主要的沟通方式。与传统的纸质书相比，交互绘本的内容更加丰富多样。在这种情况下，如果单纯运用语言来传达故事内容，会使儿童在理解和阅读时存在一定困难，因此交互绘本需要同时运用视觉、听觉等多种模态，使儿童通过不同感官来获取信息。此外，对于低幼儿童而言，他们的语言表达能力还不够成熟，因此可以通过多模态配合的引导设计来帮助儿童更好地理解绘本内容。如 Korat 等人通过对比 5 岁幼儿和小学一年级学生在读相同故事时用电子书和纸质书进行阅读的差异，来探讨多模态配合的引导设计对于儿童语言理解能力的影响。结果表明数字化绘本可发挥多模态优势，给儿童更好的阅读效果。但同时也要注意不同年龄儿童对于相关语音输入的理解能力是不同的，需在过程中辅助以互动和恰当的指导。

3. 游戏化设计

游戏化设计早期通常被定义为将游戏元素融入非游戏领域以增加用户参与度的行为，如奖励机制和积分游戏等。然而，现在人们对游戏化的理解已发生了很大的变化，它演进成为一种结合游戏设计、用户体验设计和心理学的跨学科理论，关注玩家情感、动机与认知行为。罗宾·亨尼克（Hunicke Robin）等提出了 MDA 结构模型（图 4–5），是目前应用最为广泛的游戏化设计框架之一。

MDA 游戏化结构框架提供了一种有关游戏核心机制、用户体验设计以及面向情感设计的理论框架，它强调了机制（mechanics）、动态（dynamics）和美学（aesthetics）三大要素的相互关系。其中，机制（M）是指游戏中的元素和组件，即基本规则、系统和其他交互元素。例如，滑动手势移动角色等产品的控制方式。动态（D）是指通过操纵基本规则和交互机制生成的实际玩家体验。美学（A）指游戏的主题、风格等美感体验。设计者可以更好地把握系统实现和部署的关键问题，并在早期识别游戏性方案中的可能性，进一步提高产品的吸引力。

基于学龄初期儿童的认知能力和阅读目标进行游戏元素与故事控制方式的设计，如：以启发玩家在娱乐过程中获得新知识或技能为主要目的来发掘教育价值；在认知学习阶段中，结合输入方式、叙事游戏形式与动作机制让儿童进一步探索并巩固所学内容；同时通过美感体验，使绘本内容与儿童产生共鸣，让儿童在反馈中产生探索兴趣。通过这样的设计方案，儿童可以在游戏娱乐的过程中完成认知学习目标，并获得更具趣味性的用户体验。将儿童交互绘本的阅读过程分为：基于语言认知教育目标的阅读阶段与感受趣味性的互动阶段。前一阶段通过对话式阅读的激发与提示、评估与反馈干预过程设计系统的机制，促使儿童成为阅读活动的主体。在后一阶段通过拓展的动画生成、多轮情感语义的提问与互动功能来提升趣味性与吸引力，发挥儿童叙述故事的积极性。综合儿童交互绘本结构框架各要素，引导儿童在交互叙事中提升语言认知能力。

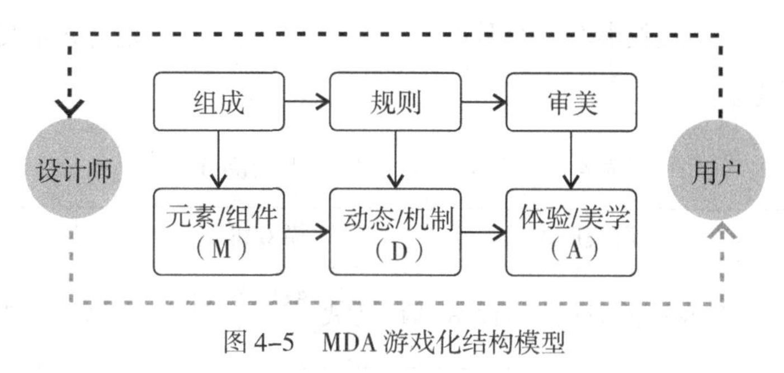

图 4-5　MDA 游戏化结构模型

4. 对话式阅读

对话式阅读理论是由美国教育心理学家 Louisa C. Moats 提出的一种阅读模型。它倡导通过与儿童互动交流和对话，促进儿童阅读理解能力的提高。该过程基于四步干预程序（PEER）：激发与提示、评估与反馈、拓展、重复。让儿童根据引导者的提问策略逐步把控宏观结构要点，进而提高口语叙事能力。提问的方式具有多样化，如：补充型提问（completion prompts）、回忆型提问（recall prompts）、开放型提问（open-ended prompts）、wh- 型提问（what-how-prompts）、联系生活实际提问（distancing prompts）五种提问技巧（CROWD）。理论中强调，进行对话式阅读应当结合文本和语境两方面因素，并通过启发式问题鼓励儿童成为阅读与叙事活动的主体。这种合适的对话所实现的积极反馈过程可更好地满足儿童阅读的语言需求，提高其理解和应用能力。儿童在阅读交互绘本的过程中，可以点击画面进行二维互动，并且通过跳转至三维角色互动画面，与系统内置的三维角色进行互动，使儿童在阅读绘本过程中，能够利用语音指令与绘本进行交互，实现“听、说、读”的交互体验。

4.3　竞品分析

目前许多儿童已经在家里常与智能设备互动，对话对象的智能产品分为两类：①与通用助理工具的开放域对话；②专门为儿童设计的代理对话。此处主要从后者角度展开设计思考。传统的儿童叙事产品以少儿图书、绘本为代表，它们由文字、插图和书籍设计三大叙事要素组成。目前一些研究者尝试将语音识别技术、AR 等交互技术融入绘本阅读，以丰富儿童的阅读体验。

儿童交互式叙事产品在此前提下，融合类动画的叙事表达，加入听觉、视觉和新媒体的互动，利用交互叙事的交互性优势形成一种崭新的空间交互叙事效果。以下借鉴 MDA 游戏化框架理论，从游戏形式、游戏机制、美感体验三个角度，探析在新媒体背景下的儿童交互式叙事产品的形式、功能与机制特点，以期为儿童交互式叙事产品提供新的思考。

表 4-1 儿童交互式叙事产品竞品分析

儿童交互式叙事产品名称	游戏形式	游戏机制			美感体验	
	游戏元素与故事控制方式	输入方式	叙事游戏形式	动作机制	表现形式	转化机制
实体故事毯 StoryMat: A Play Space with Narrative Memories	通过记录和回忆儿童自己的叙述声音以及他们在垫子上玩玩具的动作，提供了一个儿童驱动的游戏空间。同时把别人的故事元素融入他们的故事中	玩具运动、对话	故事创作	在游戏毯上移动玩偶，进行故事讲述	动画	声音和运动数据被录制
交互屏幕科普游戏 TellTable	一款让儿童在多点触控交互桌面上进行故事创作的系统。儿童使用连接在交互桌面上的照相机进行素材拍摄，之后在系统中对素材进行加工，从而构成故事的人物、背景和道具	拍照创建角色，对话及互动	故事创作	拖动角色和场景，讲述故事	有声电子绘本	屏幕录制
娱乐游戏书 fafaria 点读机	借助电子少儿图书再现动态情境，让读者操纵人物跳跃、步行与说话，代入角色视角与所处情境。新增了听、读、测的学习模式，增加口语、听力等主题的学习功能	点击电子书中按钮，相应故事被触发	认读故事	轻触点击	有声电子绘本	/
交互式动画叙事 App Windy Day	结合计算机动画、用户的身体动作和空间方位的交互式动画叙事应用。当儿童上下左右移动手机时，会看到更多的风景和动物角色，主人公 Pepe 也会随着用户的探索而引出完整的故事剧情	手机在空间方位上移动	认读故事	上下左右移动手机，进行故事剧情与角色的探索	实时动画	屏幕录制

续表

儿童交互式叙事产品名称	游戏形式	游戏机制			美感体验	
	游戏元素与故事控制方式	输入方式	叙事游戏形式	动作机制	表现形式	转化机制
VUI 形式（声音交互界面）的智能音箱、学而思学习机、各种 voice-based App（比如：洪恩识字）	与智能代理对话；玩文字游戏、练习拼写和参与自选冒险故事	说话输入语音	认读故事	阅读故事后跟读作答，App 检查正确率	动画 / 幻灯片	录制录音
协同 AI 讲故事：Storybuddy	在数字化讲故事系统的设计模式下，支持父母灵活参与的亲子互动讲故事的人— AI 协作作聊天机器人	说话输入语音	开放式认读故事	AI chatbot 生成问题，小朋友作答	绘本图文展示，聊天文字为主	记录对话过程

通过竞品分析（表 4–1）发现，尽管现有的 VUI（语音用户界面）能够在多种语言环境下提供服务和支持，但其设计主要建立在预设的规则和对话路径上，这使得其无法实现自由式和开放式对话，也不能像真正的人际交流一样灵活地调整对话流程和内容。这一限制严重地削弱了语音驱动系统在激发幼儿语言表达、提高幼儿语言接触水平等方面的能力。

绘本具有三个特点：连贯性、统一性与易读性。连贯性即指绘本图书使用绘画与文字描述一个故事时，其情节设置需要首尾呼应，使整个故事过程不断延续。统一性是因为绘本的设计需要考虑到视觉效果，如配色、字体、排版等要保持统一风格，形成独特的氛围和感受。而易读性则是要求文字简单易懂，用语幽默诙谐、富含启发性。

市面上常见的儿童交互绘本，通常是指利用推拉或折叠式翻页小机关、3D 立体折纸、异形剪裁纸张等物理交互提升用户参与情节的儿童书籍，它们不仅有着富有吸引力的插图和文字，而且还需要通过动手活动来促进儿童的学习和发展。如图 4–6 所示的翻转式互动图画书，读者可以结合图画书的内容折叠翻转式机关，从中获得动态的图片变化与更多的文字内容。图 4–7 是一本具有三维折纸设计的图画书，需要儿童用手将平面元素折叠成三维元素。

此外，绘本的设计一般需考虑到适宜年龄段的阅读习惯和儿童学习发展的心理模式，以便为他们提供有价值的经历。其中，1～3 岁儿童的学习认知目标是建立基本的感官认知技能，例如形状、颜色和大小。3～6 岁儿童的学习认知目标是发展基本

图 4–6　翻转式的纸质儿童互动绘本

图 4–7　书内有三维折纸的绘本《冰雪奇缘》

的语言和数学技能，例如词汇和计数。6～9 岁儿童的学习认知目标是发展复杂的语言和数学技能，例如阅读和解决问题的能力。

4.4　用户研究

4.4.1　问卷调查

问卷调查主要目的是确定亲子共读中的家长用户的需求，以进行功能优先顺序的筛选与后续设计。

本次问卷调查针对幼儿家长发放问卷，回收 74 份有效问卷。问卷填写来源地主要集中于广东，考虑到数字化亲子共读的受众群体，为更精准地投放问卷，问卷分发对象家庭所在地或居住地至少一处位于城镇地区，其中以一二线城市为主。以下为问卷数据统计图表与分析：

问卷的填写者的孩童年龄近一半为 3～9 岁。如图 4–8 所示，超过 90% 的调研对象每年为孩子购买绘本图画书，超过一半的调研对象购买量大于 3 本 / 半年。从购买习惯与需求上可见家长用户对绘本形式的教育信任度与用户黏性较高。

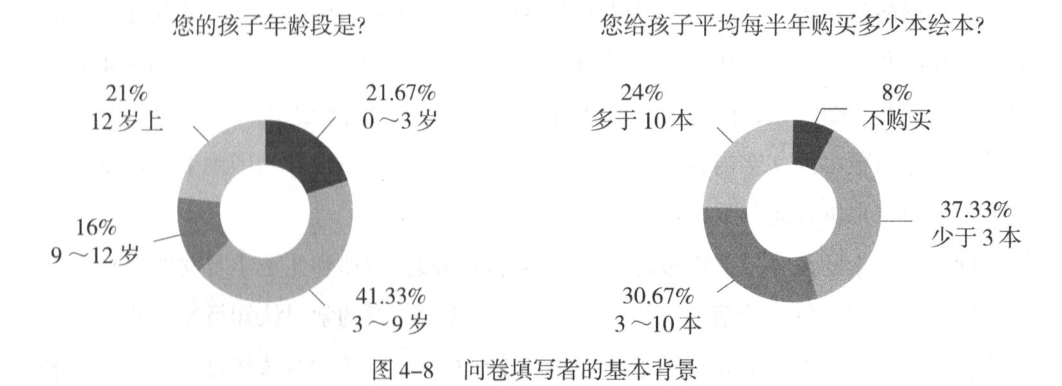

图 4–8　问卷填写者的基本背景

如图 4-9 所示，用户对于绘本的内容需求上，超过 60% 的受访者均对其教育意义与趣味性提出要求，50% 的受访者对于其内容主题的多样性有一定要求。

您对绘本的内容有哪些要求？

富有教育意义，能够培养孩子的品德、知识、能力等方面
富有趣味性，能够吸引孩子的注意力，激发孩子的想象力和创造力
富有美感，能够提高孩子的审美水平，培养孩子的艺术素养
富有多样性，能够涵盖不同的主题、风格、文化等方面

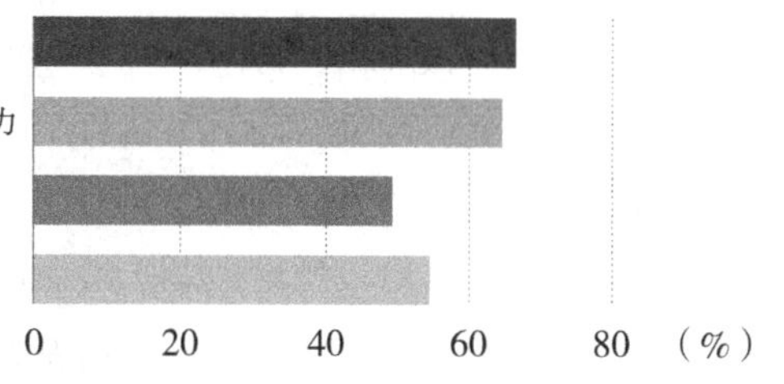

图 4-9　问卷填写者的绘本内容需求

其中，通过交叉分析受访者儿童年龄与绘本内容需求的调研数据（图 4-10）可得到不同年龄段儿童的父母对绘本的期望，其中，0～3 岁与 3～9 岁儿童的父母普遍关注绘本的教育意义与趣味性，0～3 岁儿童的父母尤其注重绘本的美感。因此，在设计数字化亲子共读系统时，需考虑绘本的教育性和趣味性，同时注重绘本的美学设计，以满足用户的需求。

交叉分析受访者孩子年龄与绘本内容需求

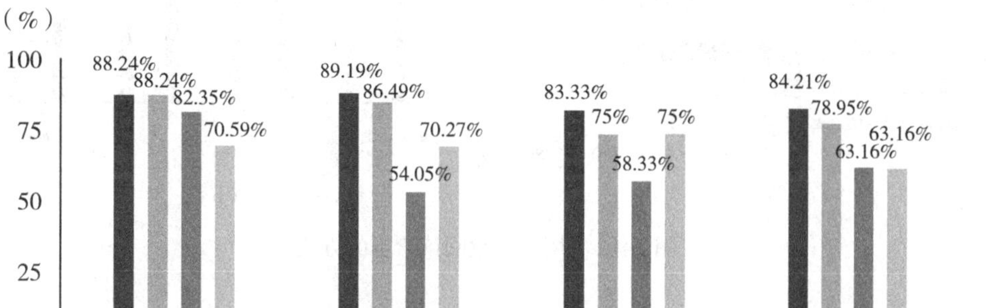

富有教育意义，能够培养孩子的品德、知识、能力等方面
富有趣味性，能够吸引孩子的注意力，激发孩子的想象力和创造力
富有美感，能够提高孩子的审美水平，培养孩子的艺术素养
富有多样性，能够涵盖不同的主题、风格、文化等方面

图 4-10　交叉分析受访者儿童年龄与绘本内容需求

如图 4-11 所示，能带领儿童进行图片文字阅读的纸质绘本受欢迎程度占比最高，达到 86.67%；62.67% 的用户对数字互动绘本感兴趣，希望通过交互让儿童由被动转为主动参与到绘本的情境中。

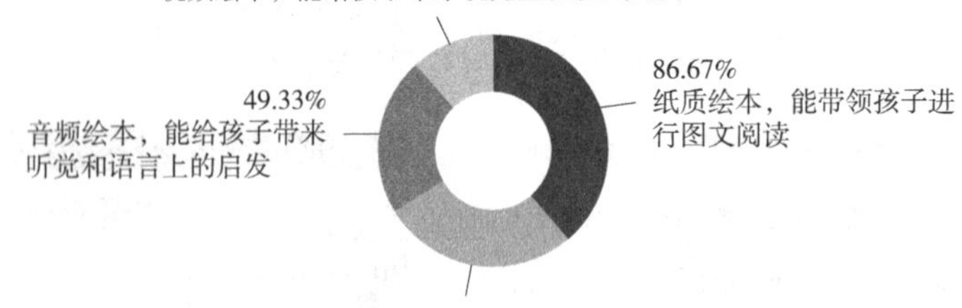

图 4-11　问卷填写者对绘本形式的偏好

如图 4-12a 所示，58% 的受访者与儿童一起进行亲子共读，采取提问引导的方式一起阅读。50% 的受访者的儿童平时自主阅读感兴趣书目，17% 的受访者认为他们的孩子平时需要家长督促去进行阅读。如图 4-12b通过交叉分析发现，低龄段儿童（0～9 岁）的家长注重与儿童一起互动阅读，而较大年纪的儿童（9 岁以上）更倾向于自主阅读的方式。

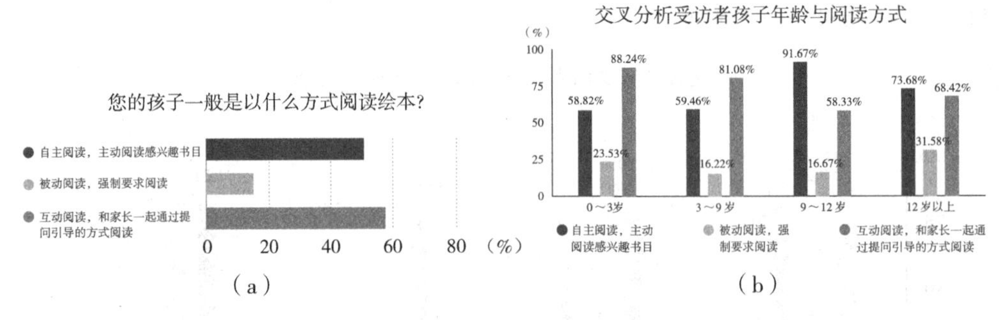

图 4-12　用户儿童阅读绘本的方式

如图 4-13 所示，家长用户对儿童阅读表现的反馈形式上，接近 90% 的家长都会给予儿童正面肯定和鼓励以提高儿童自信心与成就感。超过半数的用户认为需要给予客观批评和建议，帮助儿童改进和提高。

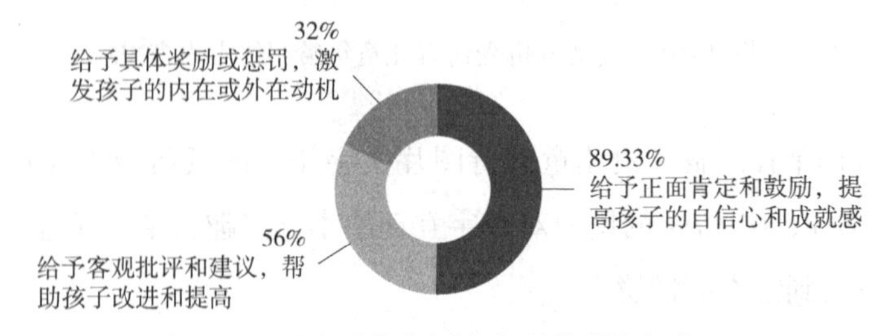

图 4-13　用户对儿童阅读表现的反馈方式

图 4–14 表明，约半数用户期待电子绘本可以根据阅读进度推荐以及依据阅读水平进行内容难度的适配功能，同时，也有 30% ～38% 的用户期待绘本的评价、奖励、阅读计划和建议功能。用户选择感兴趣的原因，主要出于对其按儿童细分阅读需求推荐绘本书目的功能期待，同时对于交互绘本的阅读互动反馈功能有期待。

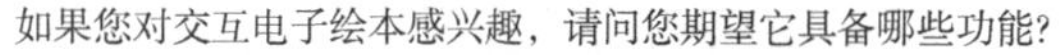

如果您对交互电子绘本感兴趣，请问您期望它具备哪些功能?

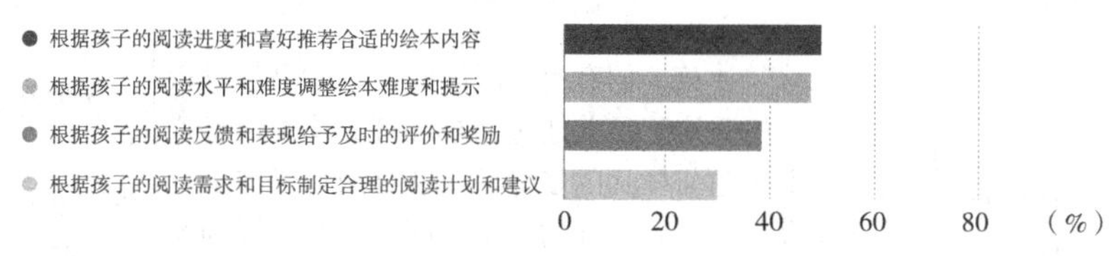

图 4–14　用户对交互绘本感兴趣的原因

如图 4–15 所示，用户对问卷提出的交互绘本新颖功能感兴趣，其中超过 50% 的人对基于绘本生成问题匹配答案与语音对话式互动感兴趣，可见会话式阅读绘本的可能性。还有较多用户对基于内容与绘本 NPC 聊天以及趣味游戏感兴趣，可见家长用户对游戏化交互绘本有一定期待。

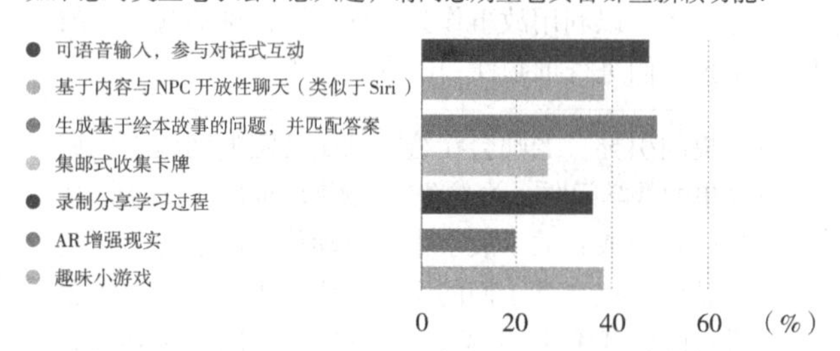

图 4–15　用户期待的交互绘本新颖功能

综上可见，不同年龄段的儿童在阅读方式、阅读目标、绘本主题偏好上均有差异，并且家长用户对于交互绘本形式有一定期待。在阅读方式上，大多数家庭采取亲子共读方式，让家长通过引导儿童思考参与故事情节。在阅读绘本目标上，低龄段儿童家长同时看重教育意义与趣味性。用户喜欢有正向反馈、互动、有趣的学习过程，期待更多兼具趣味性与教育意义的新颖功能，如：语音交互、问题生成等。

4.4.2　绘本馆实地考察

儿童交互绘本系统涉及的利益相关者不仅包括家长、儿童用户，还涉及作为绘本借阅与教学平台的绘本馆。为了更好地了解绘本市场和教学服务以及深入探索儿童绘本阅读与认知能力，本课题对绘本馆进行了实地调研考察和访谈，考察与访谈的主题包括市场调研、儿童绘本与认知能力、智能化儿童绘本可能性，表 4–2 中记录了调研发现和机会点。

表 4–2　考察与访谈的结果

主题		调研发现	机会点
市场调研	绘本阅读市场环境	“双减”让孩子们有更多时间阅读，童书市场得到了更大的关注。目前通过共享经济的绘本馆形式拓宽绘本主题与样式的多样性以迎合消费者需求。并且其服务不只有单纯的绘本借阅，还有拓展的绘本课教学服务。市面上还有其他绘本馆会结合智能设备硬件，让孩子体验智能化学习	智能化教育背景下，儿童童书形式由传统纸质图文绘本逐步推演为交互绘本，后者有着更好的拓展性与互动性
	绘本馆内儿童阅读形式	了解故事：在绘本馆里，有的老师在故事里带领孩子们阅读并学习绘本，有的较大的孩子独立阅读绘本，有的父母带着较小的孩子认读绘本	根据不同学习目标划分模式：独立阅读、亲子共读等
		获得技能：老师向孩子们介绍阅读技巧、鼓励孩子们进行批判性和创造性思考等。例如预测接下来可能会发生什么或基于此建立与自己的生活联系。老师还可以利用故事作为不同主题讨论的起点，鼓励孩子们进行批判性和创造性思考	基于绘本内容的对话式阅读
		提问引导：老师会在绘本粘贴特定的问题，例如简单的数学问题、关于颜色或阴影的问题、关于图片的问题，或者关于故事中主要动作的问题等。这些问题可以提高孩子们的思考和语言表达能力。还会设置讲故事环节以提高孩子们讲故事的复述表达能力	基于绘本内容的对话式阅读
儿童绘本与认知能力	儿童绘本阅读观点	手工创作：结合绘本内容进行内容拓展，如进行剪纸、绘画等互动活动，加深孩子对绘本的理解与体会	让孩子主动参与故事情节，多模态加强互动以促进理解：动手做、动口说等
		对于学龄初期儿童，家长更应当潜移默化地培养孩子的阅读习惯，而不只是功利性地想着从绘本中学到“有用的知识”	对 3～9 岁学龄初期儿童，趣味性与教育意义并重
	认知能力	不同年龄段孩子的认知目标和需求有所不同。可以划分成 1～3 岁，3～6 岁、6～9 岁三个年龄段。对于 3～6 岁的孩子，重要的是通过绘本阅读培养想象力和语言表达能力。而对于 6～9 岁的孩子，需要探索新的主题、发展文化背景知识，同时要强调友情和家庭关系	细分市场：设计绘本内容时应该根据年龄特点来判断

续表

主题		调研发现	机会点
儿童绘本与认知能力	亲子共读	父母对于儿童的引导角色很重要，同时也起到一定的陪伴作用	亲切与亲和的陪伴感
智能化儿童绘本的可能性	电子交互绘本的意义	绘本店老板对电子交互儿童绘本的形式持开放态度。她希望随着人工智能等新技术的介入，可以起到刺激市场的作用并带来更广泛的目标用户的关注	/
	电子儿童交互绘本的设计要点	在设计电子交互儿童绘本时，需要考虑父母和孩子们的需求和期望。同时，应该尽量在满足教育目标的同时保证电子儿童绘本的趣味性、可互动性	通过加入语音提问、互动，让孩子主动参与故事情节；充分利用声音的功能，例如加入音乐、声效、语音朗读等元素

4.4.3　对家长用户的半结构化访谈

为了更深入获得儿童交互绘本系统的家长与儿童用户的阅读习惯与对语音驱动的电子绘本潜在需求，后续对 4 位家长用户进行了访谈。

半结构化访谈是一种用于社会科学研究的数据收集方法，它允许研究人员在一定程度上保持对话的自由流动，同时又可以针对研究主题进行一定的指导。在半结构化访谈中，提问者提供一个基础的访谈指南，包括开放性问题和特定问题，以引导访谈内容并确保相关话题得到覆盖。同时，访谈过程中也允许对非指定话题的探索，以获取更详细和全面的信息。

对家长用户的访谈主题包括：亲子共读习惯（表 4–3）、绘本需求与偏好（表 4–4）、语音驱动的电子绘本潜在需求（表 4–5）。

表 4–3　亲子共读习惯

问题	黎老师	教育博主 Lucy	张女士	刘女士
个人基本信息	中学教师	撰稿人，业余在公众号分享绘本阅读	公司职员，二线城市	小学教师
儿童的基本信息	两个小朋友，一个 4 岁，一个 8 岁	一个小朋友 6 岁	两个小朋友，一个读二年级，一个读高中	一个小朋友 3 岁

续表

问题	黎老师	教育博主 Lucy	张女士	刘女士
阅读频率与习惯	每日阅读。长时间的时候每天会读 3 ～ 4 本绘本（30 ～40 分钟）；短时间的时候读 1 本绘本	每晚睡前阅读 30 分钟。养成了儿童持续阅读的习惯	认字时开始读绘本。平时看手机端动画片比较多，绘本相对较少。基本上一周最多三次，一次读半小时	小朋友洗澡后陪伴小朋友共读绘本。每天都读半小时到一小时
共读方式	手指认读，一个一个读，同时让他观察图片，会不断问问题。一般是小朋友在提问，家长向儿童提问相对少	初期以手指认读为主，后面开始让儿童看图说话，再逐步开始识字，儿童偶尔也会主动给妈妈讲故事	儿童独自阅读为主，不懂的地方会念给他听、及时回答他的问题	一般是带着儿童读，渐渐读多几次，会读了就会讲故事了
亲子共读过程中遇到的困难	儿童没那么容易听取指令，偶尔不太专注于读绘本活动	儿童容易分心，有时候不知道该提问什么问题	儿童不喜欢读书，觉得无趣，更喜欢看电视	市面上的绘本难易程度参差不齐，不知道是否适合儿童

表 4-4　绘本需求与偏好

问题	黎老师	教育博主 Lucy	张女士	刘女士
购买习惯	经常购买或借阅纸质绘本，偶尔成套购买。常去绘本馆借阅	经常购买纸质绘本，因为自己也喜欢阅读	弟弟读的很多是哥哥留下的，平均一个月买两三本	每年 10 本以上
阅读绘本类型	阅读的类型多是观察类或者数学类的，学习类的拼音、诗词、英语少一点	小时候读童话，长大后开始偏向科普探索	童话故事	迪士尼童话故事
绘本阅读目的	希望引导兴趣，拓展不同主题的见识	提高读图能力，注重教育意义，娱乐加持	教育与趣味性	识字与讲故事能力
讲故事相关	会引导儿童复述故事内容	倒推故事内容、预测故事发展	没有刻意培养，偶尔儿童会主动拉着父母讲故事	会提一些简单的问题。还会通过绘本识字，家长有意让她多认字，养成读书习惯

表 4-5　语音驱动的电子绘本潜在需求

问题	黎老师	教育博主 Lucy	张女士	刘女士
儿童是否在家中使用过语音驱动产品	有，但用的比较少，用过普通的手机语音助理	有，儿童平时还有用手机端的洪恩识字 App，在玩乐中识字	是，儿童在家中使用天猫精灵，睡前听天猫精灵放童话故事，有时候会互动玩游戏	是，只接触过卡片点读机
语音驱动与人工智能相关的期待功能	同绘本角色对话吧，小朋友会很喜欢	帮助不太会解读绘本的妈妈们进行亲子阅读的指导，比如：对绘本画面的解析，故事结构、环衬、封面等专业内容的解析，辅助那些只会读文字的妈妈更好地了解绘本里潜在的知识	能够回答儿童异想天开的问题	录制说话过程；评估小朋友讲故事的流畅度和感情
阅读观点	觉得阅读模式与阅读习惯与小朋友的性别年龄、兴趣爱好有关	重复阅读、慢中求快、有效互动、夸张演绎、扩充形容，学龄前儿童看图说话能力很重要	听、说、读、写是个阶段性的学习过程，一步步来，先培养兴趣	边学习边认字，有反馈可以让小朋友更有成就感与学习动力

通过用户访谈，了解到父母在亲子共读儿童绘本过程中的阅读习惯、绘本需求与偏好以及语音驱动的电子绘本的潜在需求。同时，可以得到现阶段的纸质图文绘本阅读中的设计机会点：

（1）绘本主题趣味性：3～9 岁儿童对于新鲜事物具有极大的好奇心和求知欲。因此，可以通过交互绘本提供多样化、有趣的内容，吸引儿童的注意力，让他们主动参与到阅读中。在选择故事情节和内容时，需要考虑到儿童的认知能力和兴趣点，在吸引儿童注意力的同时激发创造性。

（2）绘本内容互动性与审美价值：儿童的注意力难以集中。阅读交互绘本时，应该控制节奏，使得儿童不会厌倦或分心。儿童对于美的感觉敏锐，同时需要注重交互绘本的设计和表现形式，既能提升儿童学习的兴趣性和亲和力，又能刺激他们对于色彩、形态、空间等感知的进一步发展。

（3）语音驱动的电子绘本潜在需求：

①通过加入语音提问、互动，让儿童主动参与故事情节，在感到更有兴趣更投入的同时，通过讲故事培养语言认知表达能力；

②语音评估阅读准确性与完成度；

③充分利用声音和语音的功能，例如加入音乐、声效、语音朗读等元素。

4.5 用户需求提炼

4.5.1 用户画像

根据前期的实地考察调研和用户访谈，构建出该设计的目标人群及其用户画像。用户画像（user persona）是指通过对目标用户进行深入研究，分析其使用场景、行为、需求等方面的数据和信息，从而建立起一个关于目标用户的全面细致的描述，以此指导产品设计与开发。通常情况下，用户画像包括：人口学特征（如年龄、性别、职业、教育程度等）、行为特征、用户期望等。

儿童阅读产品的消费者具有双重性，本系统的目标用户不仅是 3～9 岁儿童，还包括他们的父母。因为儿童阅读产品的购买者通常是父母，儿童与父母同时作为其用户。其次，儿童的阅读教育与亲子共读过程紧密相关。因此有关儿童交互绘本的设计不仅仅考虑如何将故事传达给儿童，也考虑家长角色的引导与陪伴作用。综上所述，该产品系统的用户画像分为：情感导向与功能导向的父母用户（图 4–16）、3～6 岁儿童与 6～9 岁儿童（图 4–17）。

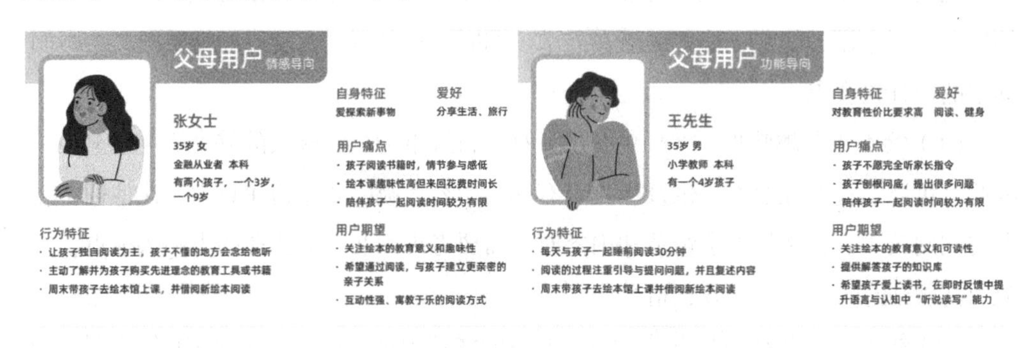

图 4–16 父母用户画像

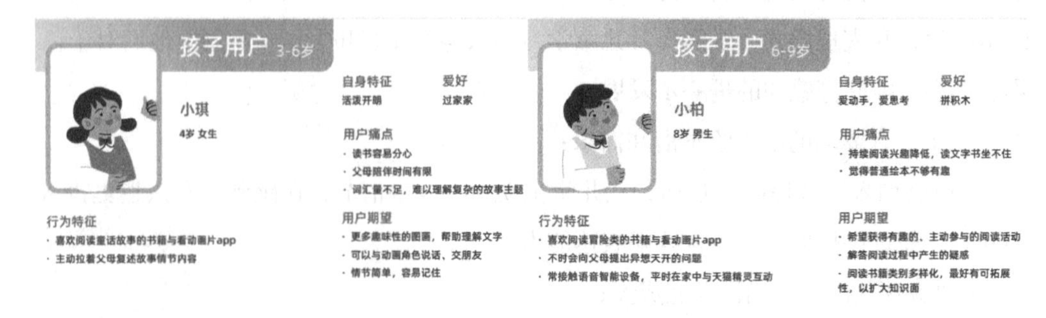

图 4–17 儿童用户画像

4.5.2 用户旅程地图

该部分旨在分析用户在与低龄初期儿童的过往阅读过程中的各阶段痛点与机会点。为了达成这一目标，采用用户旅程图的设计方法，将用户的整个使用过程进行可视化展示，以确保图表的美观和易读性，确保图表准确地反映产品规划，并最终实现良好的实用效果。

结合上述访谈分析与用户画像，绘制家长用户旅程图，如图 4–18 所示：

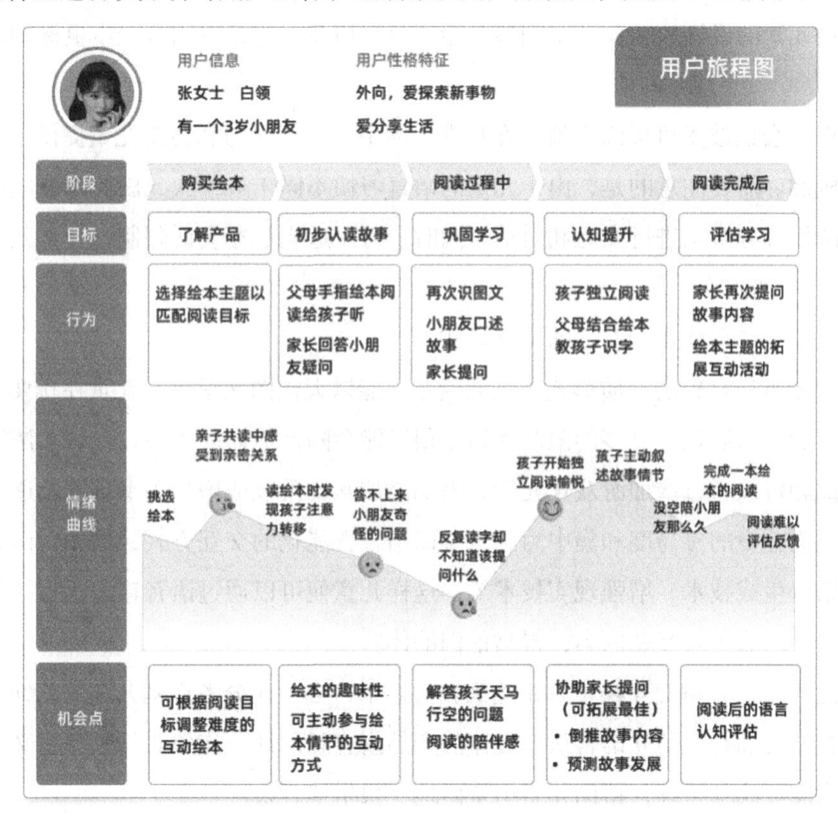

图 4–18 用户旅程图

4.5.3 设计需求

综上分析用户研究内容，得到了以下关于设计儿童交互绘本的启发：

1. 划分不同教育目标与年龄层次

学龄初期是一个重要的学习期，不同的年龄段儿童有不同的学习侧重点。3～6 岁儿童在绘本阅读上需要丰富的视觉反馈以帮助理解内容，文字与主题应简单明了、容易理解，才能让儿童提高阅读兴趣与看图说话能力。6～9岁儿童已经掌握基本语言能力，开始尝试思考问题。在阅读上倾向于阅读多题材书目，针对内容来分析和思考人物、事件及其影响，引导者应通过追问、解释与启发式问题提高儿童阅读与解决问题能力。

2. 通过会话技术提高绘本情节的参与感

因为纸质图文绘本不能回答儿童提出的问题，因此大多数家长都会以亲子共读的方式陪伴儿童阅读。对于年龄稍大的儿童而言，他们更倾向于增加互动参与到绘本情节中，如：主动复述故事、提出天马行空的问题。所以设计者需要在创建交互绘本时加强互动元素的设计，让儿童主动参与绘本故事情节，对绘本内容产生更深刻的理解与体验。

其中，会话技术可以潜在地为在日常生活中教导、参与和支持儿童提供一种强有力的新机制。需要注意的是，由于儿童的语言习惯不同于成年人，因此本课题需要适应儿童的思维方式来进行交互和对话。同时，可以适当放宽会话限制，允许儿童充分发挥想象力。

3. 提供更加智能化和有趣的交互方式

受限于纸质材料的介质形式，纸质绘本只能以大幅图文呈现。儿童在玩耍时喜欢自主探索和自由展现，过多的限制和指令很可能会降低他们的兴趣，导致无法持久关注。本课题可以通过增加游戏化元素，例如添加互动角色或增加关卡难度及逐步解锁等，来提高儿童的参与度和集中力。也可以结合智能化的交互方式，例如，语音识别技术、语音生成技术、增强现实技术等，这样儿童便可以通过语音输入、扫描等方式与纸质绘本生成更多互动内容，提高他们的体验。

总之，要让儿童交互绘本真正达到教育效果，必须充分考虑到儿童的认知和行为特点，打造更加符合幼儿语言认知规律的产品内容和设计，构建兼具教育意义和趣味性的儿童交互绘本系统，帮助儿童更全面地、快乐地成长。

4.6 设计策略

综合该章节中相关设计理论梳理与用户研究中得到的需求，提出儿童交互绘本系统设计策略模型作为概念设计参考，整体基于 MDA 游戏化结构框架设计。

设计策略内容如图 4–19 所示，将儿童交互绘本的阅读过程分为：基于语言认知教育目标的阅读阶段与感受趣味性的互动阶段。前一阶段通过对话式阅读的激发与提示、评估与反馈等形式促使儿童成为阅读活动的主体。在后一阶段通过拓展动画生成、多轮情感语义提问与互动来提升趣味性与吸引力，发挥儿童叙述故事的积极性。交互绘本亲子互动学习过程可以满足家长与儿童两类用户的需求。家长在前后两个阶段的需求为培养儿童语言和认知能力、绘本的趣味性与可读性。相应地，儿童在前后两个阶段的需求为故事叙述认读、社会化互动的陪伴感与阅读互动中的趣味性。

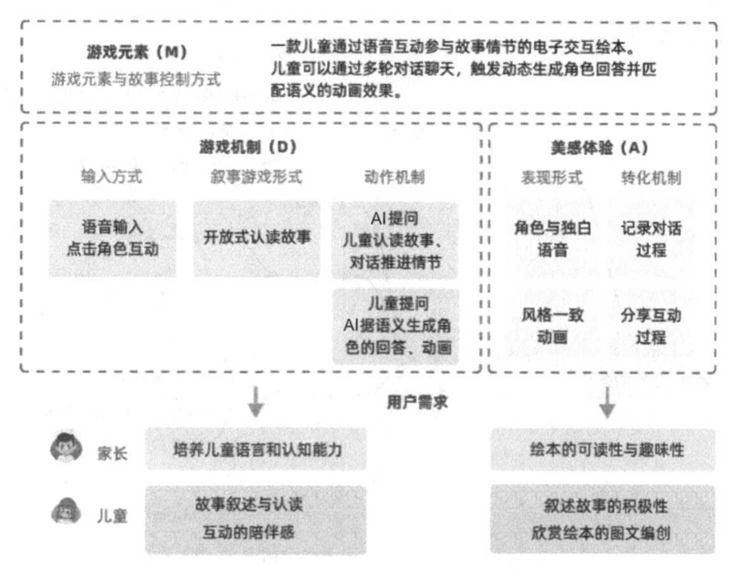

图 4-19　儿童交互绘本设计策略

4.7　系统设计

1. 设计目标

本研究探索如何有效地利用 AIGC 技术，为学龄前期 3～6 岁儿童打造更加富有想象力和互动性的儿童交互绘本系统，从而促进儿童认知能力和创造力的发展。设计目标如下：

（1）教育意义：针对儿童认知特点与交互叙事理论，建立一套面向儿童认知的语音驱动交互绘本脚本方案；将绘本中的内容以具有情感语义的对话式阅读形式呈现与拓展互动；同时让儿童开放性作答，以主动参与到绘本故事的情节中学习。教育意义的目标要求系统定义一个完整的绘本阅读流程。

（2）交互性：制定儿童在阅读绘本过程中的交互方案，能够利用自然语言主动参与绘本情节，实现“听、说、读”的交互体验；同时实现匹配语音内容生成并渲染相应的动画。交互性的目标需要基于儿童认知做交互设计，进一步丰富绘本内容。

（3）拓展性：支持二维、三维绘本中角色动作库等资产库的复用，针对不同主题类型绘本与角色 IP 的风格迁移与生成。拓展性的目标要求系统设计一种集成第三方模块的优化交互绘本生成的流程与方法，提高绘本内容生成效率。

2. 系统功能架构图

儿童交互绘本系统面向客户的功能框架设计如图 4–20 所示，该交互绘本系统部署在网络程序的前端。

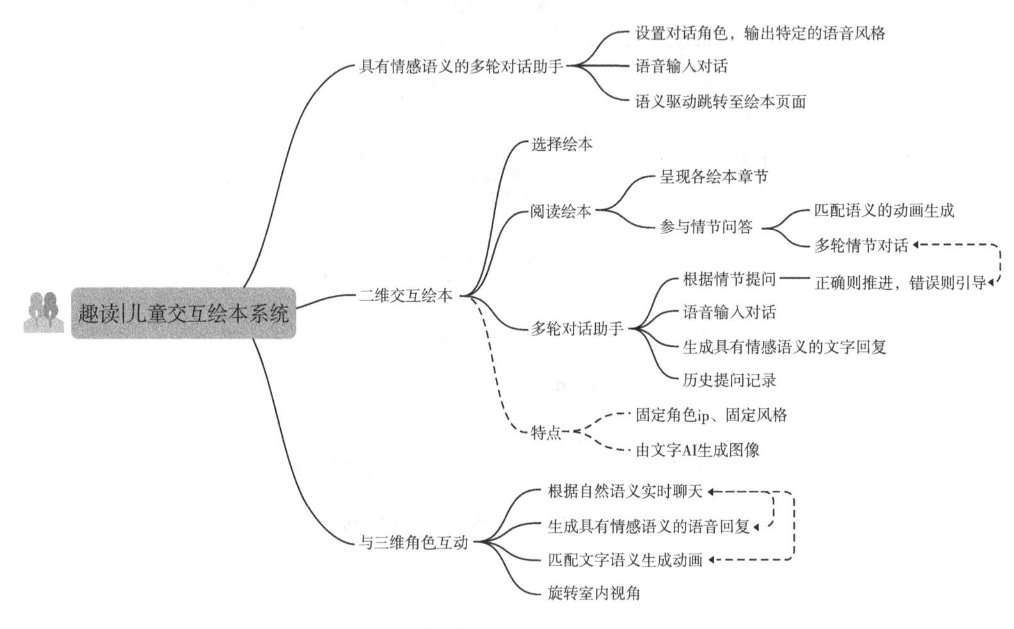

图 4–20　儿童交互绘本系统功能架构

3. 系统框架设计

本研究所构建的儿童交互绘本系统框架包括：智能语音模块、二维交互绘本模块、三维角色互动模块，为儿童提供了一个基于二维与三维角色的多元化互动环境。儿童在阅读交互绘本的过程中，可以点击画面来进行二维互动，并且可以跳转至三维角色互动画面，与系统内置的三维角色进行互动。

（1）智能语音模块：与儿童进行多轮有聊天背景的、有情感反应的对话，同时聊天机器人具有自定背景和性格倾向能力，可以扮演绘本角色与儿童对话。语音交互旨在以简单自然的方式让儿童主动参与到绘本故事情节中，通过提问与回答的叙事过程提高语言认知。语音交互功能在网页前端进行，通过长按麦克风键触发语音识别开关。由于该系统的用户（3～6 岁儿童）多为初学者，使用时语音引导需要尽量简单明了地表达指令内容。例如，“请问小狐狸在哪里”这样的问题引导会让儿童更好理解。同时可结合游戏化的反馈机制，让儿童感受到阅读中推动情节带来的快乐与惊喜，提高用户黏性，如“恭喜你找到了宝藏”等反馈激励。在语音合成部分上，表达内容应清晰简洁、音色亲切，贴近儿童认知水平。为此，系统设计具有自定背景和性格倾向能力的聊天机器人，可以扮演绘本角色与儿童对话。

（2）二维交互绘本模块：通过一个完整的故事来自动分析故事情节，智能生成分镜和人物对话，并在此基础上，使用 AI 文生图大模型生成场景人物与风格化画面。通过对话式阅读进行阅读辅助。若为封闭性问题，聊天机器人将判断答案正误，并通过具有启发式的回复引导儿童回答。若为开放性问题，则生成相应情感语义的对话。同时小朋友的回答会驱使动画跳转至不同的非线性剧情，使儿童主动参与动画情节。

传统儿童读物的互动方式为父母单方面输出，子女被动接受，在这种模式下，儿童被动参与故事情节，阅读效果难以得到保证。本课题提出的儿童交互绘本系统基于交互叙事与对话式阅读理论设计，并在各环节嵌入了多轮情感语义聊天机器人（图 4–21）。其中，在交互绘本剧情部分，聊天机器人回复的语音风格设置为角色 IP，以增加儿童的亲近感。同时，系统采用启发式问答并对正确答案进行跟踪提问以及对错误答案进行解释和引导，目的是提升儿童的认知能力。问题包括关于故事人物、背景、感觉、行动、因果关系、结果和对事件的预测等。问题设置通常从“谁”“地点”或“时间”开始，并聚焦于故事事件发生的细节，帮助儿童更好地认知和理解绘本故事与主题。

图 4–21　结合大语言模型的对话式阅读应用

4. 游戏化设计

在游戏机制层面，通过匹配情节的多轮对话的语音互动与动画生成，实现基于剧情的推进机制，激励儿童参与阅读系统的整个过程；在游戏动力层面，通过设置奖励机制来提高用户的积极性和留存率，并可结合对话式问答模式和答错引导等机制来让儿童深入理解故事内容，设计出符合故事线性和独特性的场景情节，以吸引用户持续参与；在游戏体验层面，优化系统的可玩性、互动性、平衡性和情感上的吸引力，关注系统整体风格色调的一致性、音效等效果，还要考虑故事情节、角色 IP 定义等因素。使得儿童可以在愉悦的氛围中完成绘本阅读，同时获得阅读能力提升的成就感。

5. 技术路线

系统采用三层式设计，分别为模型层、工具层和应用层（图 4–22）。

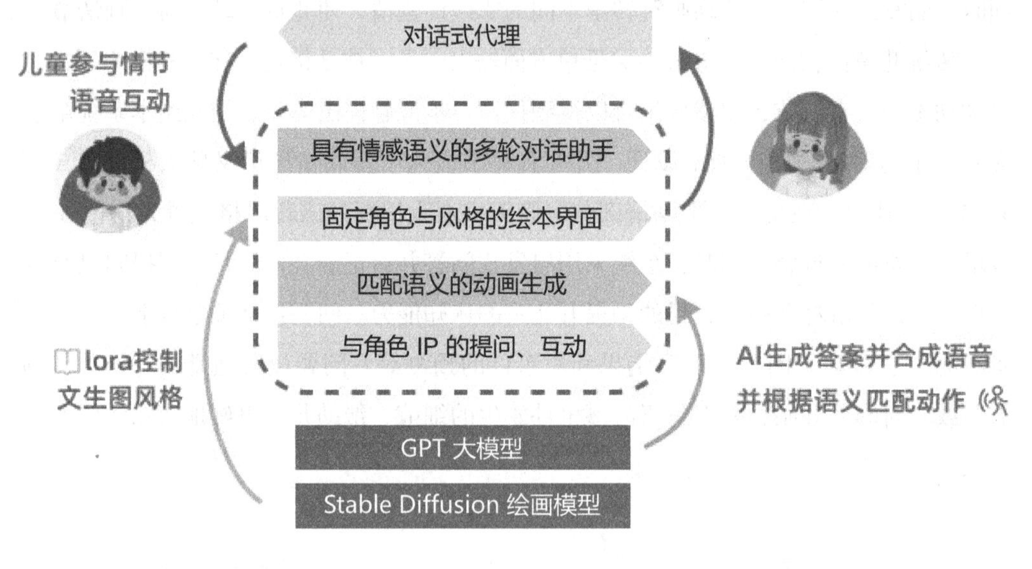

图 4–22　系统层次结构

如图 4–23 所示，把用户交互和数字模型处理两个方面作为切入点，将服务间通信和交互方面技术分为语言识别和处理以及故事路径信息管理，多轮用户对话分析，数据模型管理三个大模块。在处理语音信息和用户交互输入方面，系统对输入进行初步处理和编排分类，并进行前端部分的数据持久化。通过调用后端 API 的方式将处理后的数据发送微服务框架 nodejs 服务，从而返回对应资源模型。前端根据 response 分配模型管理大模块的任务，主要任务包括对返回的资源模型进行分类识别，通过检索和排序将模型按照一定规则有序加载。多轮对话交互中，对用户输入的语音进行处理后，在模型管理模块返回其序列化后的对话数据，将其再次简单处理，加入对话上下文背景和人物背景后，通过云端调用的方式接入类 GPT 模型 API 并请求返回得到对应数据。对数据进一步筛查和处理后，得到具有背景和情感的对话回应。其中一些特殊返回字符串（如根据用户语义得到的跳转导航功能符号），利用正则匹配等方式，进一步处理并采取相应动作。

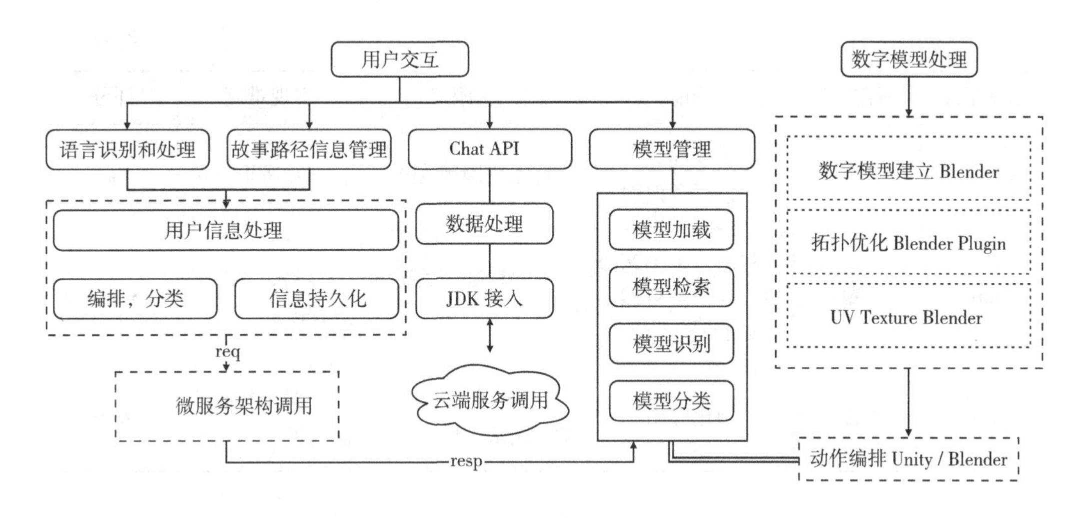

图 4–23　服务模块通讯和交互流程图

（1）语言模型。

该技术模型用于儿童交互系统的智能语音聊天模块。该模块用于和儿童进行多轮可上下文衔接的并具有情感回复的对话，同时聊天机器人具有自定背景和性格倾向能力。技术选型时分别考虑了百度 Unit 、文心一言、 ChatGPT 、本地自搭建语言模型方案。百度 Unit 是一种面向企业的智能对话系统，具有快速集成、支持多渠道、支持多轮对话等优点。然而，它的开放程度较低，而且在处理语境、情感等方面存在一定局限性，不适合本课题的应用场景。文心一言是一种基于人工智能技术的智能语言模型，它采用深度学习算法进行语义理解和自然语言生成，可以支持多轮对话、语音识别等功能，但是它的识别准确率和对话体验一般。同时，由于开放程度问题，暂时无法通过调用 API 的形式集成。本地自搭建语言模型的优点在于可以针对具体场景进行定制，并根据特定需求进行优化和改进。但它需要较大的计算资源与数据支持以及较多的研发成本。在时间和成本限制下，本课题最终放弃了这个方案。如表 4–6 所示进行比较，最终选择 ChatGPT 作为智能语音聊天模块的技术方案，主要基于以下原因：一是 ChatGPT 具有优秀的多轮对话和情感表达能力；二是它的开放程度较高，可以进行二次开发和定制；三是它已在自然语言处理领域取得了较好的成果，具有较高的可靠性和稳定性。

表 4–6　语言模型比较

比较内容	所需时间	功能	局限	实现难度	评分
百度 Unit	较短	速集成、多渠道、多轮对话	处理语境、情感存在局限，开放度低	相对简单	★★★

续表

比较内容	所需时间	功能	局限	实现难度	评分
文心一言	短	场景全面，多轮对话，语音识别	暂无法调用 API	交互逻辑简单	★
ChatGPT	短	对话可上下文感知，高质量自然语言文本	需要精准的关键词训练	容易，API 开放程度高	★★★★★
自搭建模型	长	定制化应用	需要大量设计、开发和测试工作	针对个性化定制模型	★★

（2）文本—图片生成模型。

为了加速绘本分镜内容智能生成，实现绘本生成流程的拓展性的目标要求，考虑文本—图像的 AI 模型。用户只需要简单学习输入文本关键词方法，即可生成各风格的画面内容。目前主流的模型可以分成两个部分：文本理解和图像生成。文本理解部分大多基于 CLIP 模型，图像生成部分大多基于 Diffusion 模型。相较之前的技术，AI 在关键词理解和生成内容的多元性方面有大幅提升。

在进行文生图的模块设计与开发时，考虑了 Midjourney 、文心一格、 Stable Diffusion 以及自搭建训练模型几种方案。首先， Midjourney 是一种基于神经网络的文生图模型，它部署于 Discord 服务器并具有自动回复、推荐生成等功能。但生成图片随机性高，且难以控制角色 IP 一致性。文心一格是一种基于深度学习技术的文本生成模型，它使用 LSTM 和 Attention 机制，具有多种生成模式。但是由于它采用的是传统的 LSTM 模型，所以存在训练时间长、生成效果不够自然等问题。自搭建训练模型是一种基于深度学习技术的模型，它的优点在于可以针对具体应用场景进行定制。但是，需要投入大量的时间和计算资源来训练模型，并且需要具备深度学习的相关知识。Stable Diffusion 是一种基于扩散过程的文本生成图片模型，它采用了噪声扰动的方式来平滑模型分布，从而减少过拟合的风险。它的优点是生成图片质量高、训练时间较短、可扩展性强，但是它需要计算资源和数据支持。经比较（如表 4–7 所示），本课题选择了高效稳定的 Stable Diffusion 作为文生图方案。

表 4–7　文本—图片生成模型比较

比较内容	图片生成特点	实现难度	部署难度	评分
Midjourney	艺术风格模仿出色	操作简单，快速生成。但难以控制一致性	收费，提供API 拓展接口	★★★

续表

比较内容	图片生成特点	实现难度	部署难度	评分
文心一格	支持不同风格的图像生成，但准确性低	交互简单	不提供 API 拓展接口	★
Stable Diffusion	精准定制生成方便，风格多样、想象力丰富	需要较多参数设置，出图稍慢，模型复用率高	免费，本地部署模型，依赖计算资源	★★★★★
自搭建训练模型	成熟的文—图模型大多是风格迁移，效果局限	个性化定制难	学习成本与时间资源要求高	★★

（3）绘本角色动作。

为了高效地制作交互绘本角色的动作，实现绘本生成流程的效率性与拓展性的目标要求，考虑了以下几个方案：绑定骨骼摆出角色动作、套用现有的动作资产库方案、用 Stable Diffusion 生成序列帧以及通过 Midjourney 迭代图片的创新方法。

绑定骨骼摆出角色动作：以人物骨骼为基础，通过技术手段实现对角色的动态控制和修改。这样可以使得同一个模型适用于不同动作的制作，提高制作效率。适用于自定义角色动作，它的局限性在于操作繁琐、耗时较长，复用率较低。

套用现有的动作资产库：建立 t-pose 姿态后套用现有的动画资产库，如：三维的 Mixamo、二维的 ANIMATED DRAWINGS、CMU 骨骼动作姿态库。从动画资源库中选取相关的资产，并据此快速制作需要的角色运动帧序列。适合于预算时间有限的情况，局限性在于难以满足细节和个性化需求。

利用 Stable Diffusion 的 Controller net 插件生成动画动作的关键帧：优点是可以结合原来的图片与摆好的骨骼姿态，生成可拓展任意语义的动作。缺点是需要用于骨骼映射的原视频；并且为了场景稳定性，需要额外结合 Seg 插件。

利用 Midjourney 垫图与关键词指令迭代图片：该方案的优点是在原图片基础上修改，保持相近风格并生成多个动作，难点是难以控制角色 IP 一致性。

如表 4-8 所示进行比较，最终为了可以快速迭代 Demo 的功能，在尝试各方案并比较后选择“套用现有动作资产库”方案。

表 4-8　角色动作方法比较

比较内容	制作成本	制作效率	制作质量	可定制性	评分
绑定骨骼摆出角色动作	高	低	高	高	★★
套用现有的动作资产库	中	高	低	低	★★★★

续表

比较内容	制作成本	制作效率	制作质量	可定制性	评分
Stable Diffusion 生成序列帧	中	高	中	高	★★★
Midjourney 迭代图片	高	高	低	中	★

（4）模糊语义匹配动画。

当用户输入语音信息后，语音识别程序将用户的语音转为文字，再通过将语义匹配至动作以生成对应的绘本卡通内容。

基于自然语言处理技术的方法是将用户输入的语音转化为文字，再通过自然语言处理技术，分析语义和情感，生成对应的绘本动画内容。基于自然语言处理技术的方法可以更好地理解用户意图，但是需要更多的数据和计算资源。

基于深度学习技术的方法通过深度学习算法训练模型，将语音转化为对应的绘本卡通动态内容。它可以更好地理解用户意图，但是需要更多的数据和计算资源。

基于规则模板的方法将用户输入的语音与预设的规则和模板匹配。可以更快地响应用户请求，但是需要人工干预和维护。

如表 4-9 所示，通过比较模糊语义匹配动画的方案，决定使用 ChatGPT 大模型作为自然语言处理模型，并基于规则和模板快速匹配动作。原因是 ChatGPT 具有多轮对话和情感表达分析能力，可以稳定地处理自然语言文本，并且通过该模型可以实现模糊语义匹配动画。

表 4-9　语义匹配动画方法比较

比较内容	优点	局限	评分
基于自然语言处理技术	更加准确理解用户意图和情感	需要大量的语料库和算法优化	★★★
基于深度学习技术	自动学习用户输入的语音特征和绘本动态卡通内容	需要大量的训练数据和算法调整	★★
基于规则和模板	快速设计和实现系统	需要预先定义好规则和模板，可能存在创新性不足的问题	★★★

（5）语音合成技术。

当生成角色文字回答后，需要使用语音合成技术给予用户语音反馈。在这里考虑了商用在线生成的 TTSmaker 与基于深度学习的 Vist 语音合成技术。前者支持多种主流语言和多种语音类型，可以转换 20 000 个字符，速度快；后者可以通过训练模型将文字转化为语音。

如表 4-10 所示，进行语音合成技术的方案比较。

表 4-10　语音合成技术比较

比较内容	音色	速度	部署难度	评分
TTSmaker	声色很丰富	快	简单	★★★★
Vist	开源可下载的音色较为有限	稍慢	本地部署稍难，但方便集成 API	★★★

（6）引擎方案。

在进行技术调研和初期设计时，Unity 与 Three.js 两种框架均被用于系统。Unity 是一款强大的游戏引擎，它具有丰富的开发工具和支持多平台的能力，使用 C# 为编程语言。Unity 的优点在于模型动画还原度更高，光源设置简单，渲染能力更强，还原动画程度高。Three.js 是 WebGL 框架库中最流行的一个框架，基于 WebGL 技术可以通过 JavaScript 渲染出三维图形，运行在浏览器中，使用起来更加友好，迭代简单。

在本次设计与开发中，使用 Unity 制作了一个动作集和 Demo，在整体系统整合和开放部署时则使用 Three.js 进行快速开发迭代。表 4-11 为 Unity 与 Three.js 引擎的方案比较。

表 4-11　引擎方案比较

比较内容	动画效果	可拓展性	迭代	评分
Unity	模型动画还原度更高，光源设置简单，渲染能力强	强，适合大型、高质量的 3D 游戏和应用程序开发	功能较复杂，不方便快速迭代	★★★
Three.js	渲染效果弱	一般。拥有丰富的方法和属性，适合制作嵌入网页或需要快速加载的 3D 模型	文件小，加载速度快，方便迭代。轻松创建 3D 场景，添加纹理、光照等效果	★★★★

4.8　界面低保真原型设计

该系统的核心界面与前文功能框架对应，共分为三大功能板块：具有情感语义的多轮对话助手、二维交互绘本、三维角色互动。图 4-24 为界面低保真原型设计总览图，以下按各功能模块进行介绍。

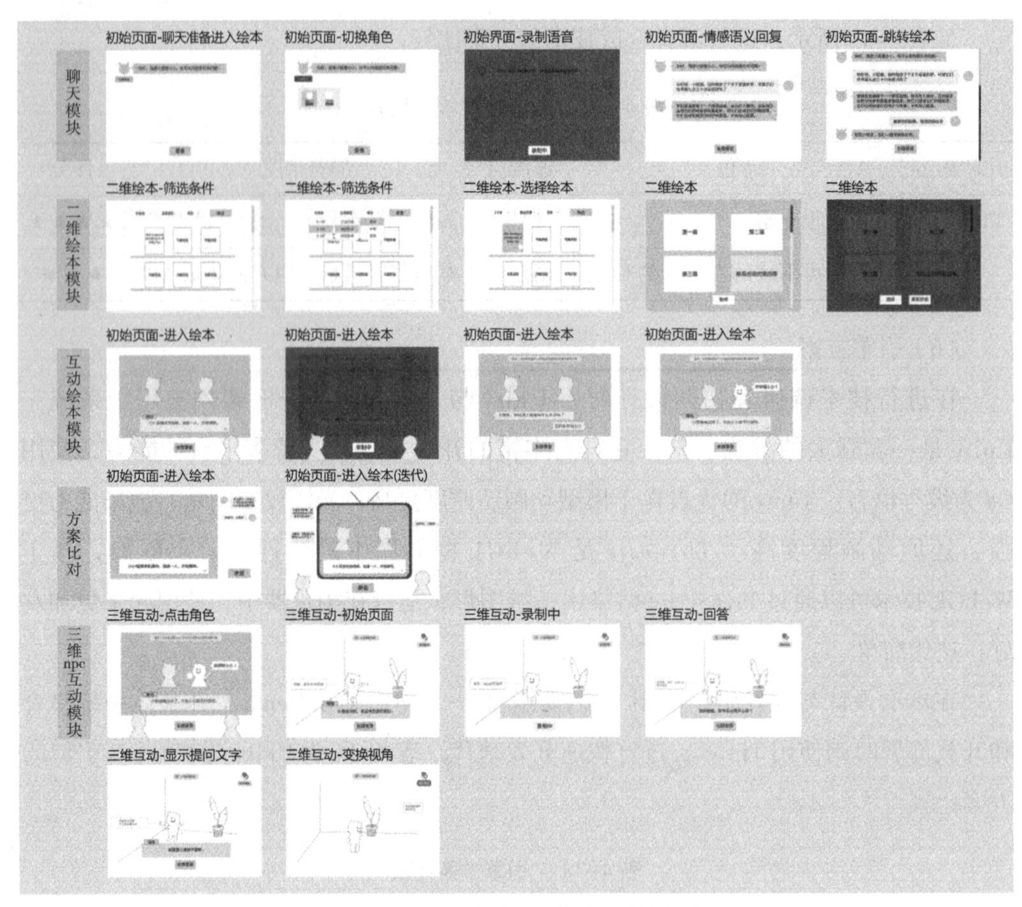

图 4–24　界面低保真原型图设计总览

4.8.1　具有情感语义的多轮对话助手

如图 4–25 所示，用户可以设置自己在聊天页面对话中的绘本角色，并选择输出某种特定的语音风格。例如，当用户选择了“狐狸小小”这个角色时，回答就会更有想象力。

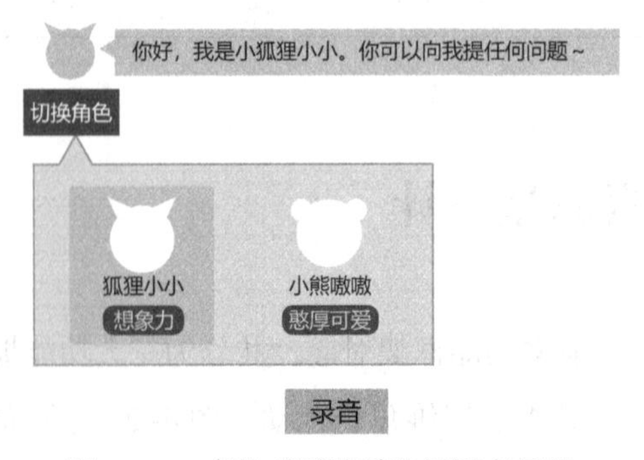

图 4–25　多轮对话助手选择语言风格

如图 4–26 所示，用户通过语音输入对话与绘本角色聊天，网页端呈现出实时响应的聊天效果，同时将角色回答的话语生成与角色设置相匹配的自然声音。

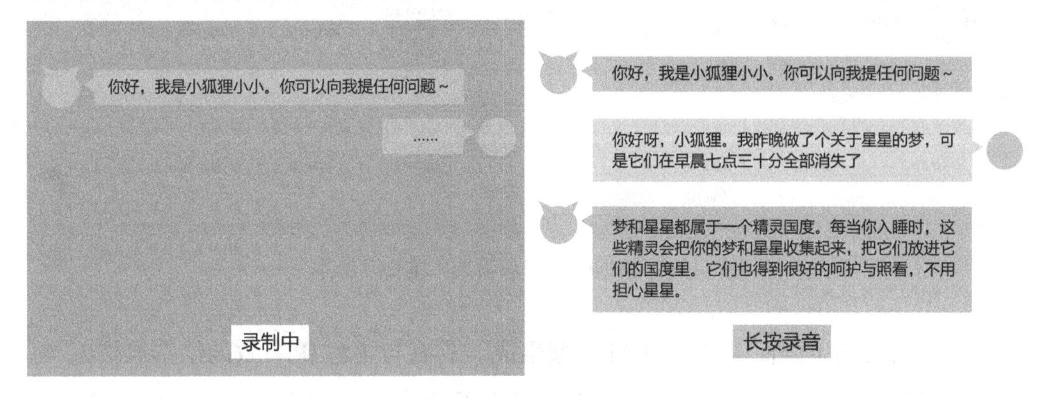

图 4–26　具有情感语义的多轮对话助手

此外，该聊天机器人可通过对话中的语义信息（如：“我想看绘本”），驱动程序页面跳转至二维绘本阅读页面（图 4–27）。

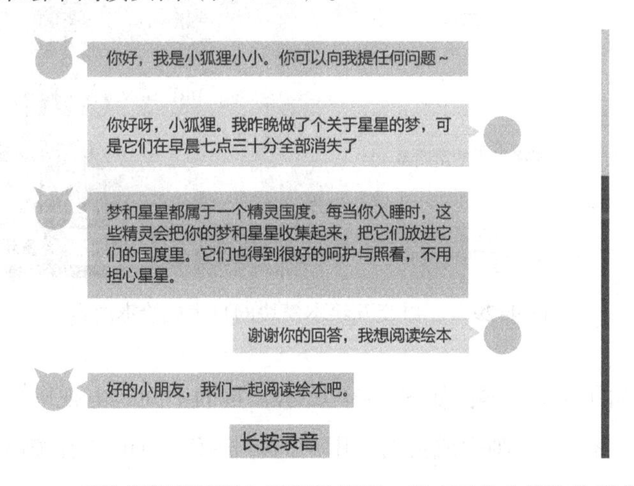

图 4–27　系统根据聊天语句识别跳转至二维交互绘本模块的指令

4.8.2　二维交互绘本模块

选择绘本：通过聊天机器人模块语音驱动跳转至二维交互绘本模块后，用户可自主通过儿童年龄、故事题材、难易程度筛选书架上的绘本（图 4–28），点击后进入阅读绘本。

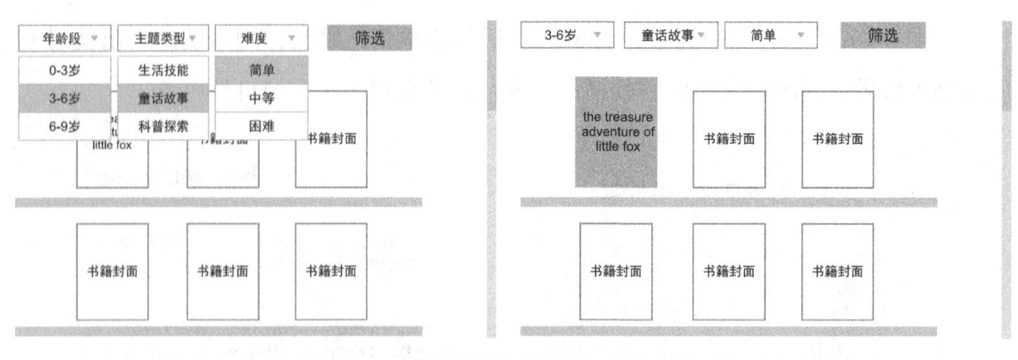

图 4–28　根据阅读需求筛选二维交互绘本

页面内的绘本画面由文生图 AI 模型生成，具有与角色 IP 一致的绘本风格 。每一幕的图片以瀑布流的方式陆续出现并自动上下滚动显示（图 4–29），同时辅助以相应的独白与对话语音。可以点击按钮暂停或继续。

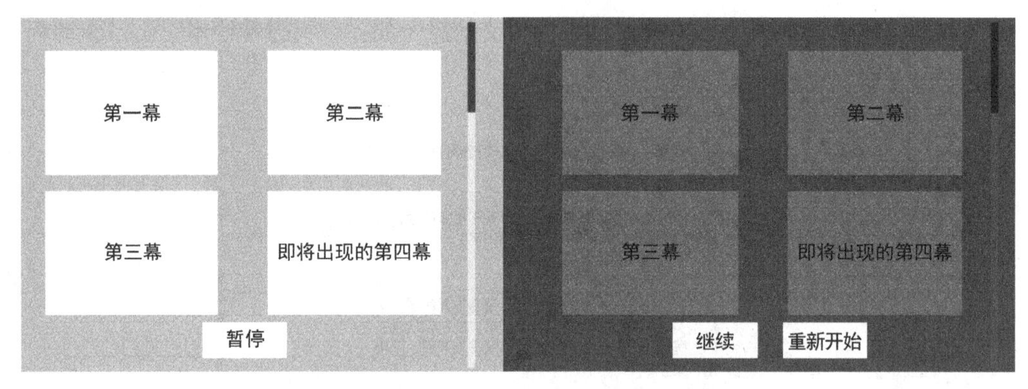

图 4–29　二维交互绘本模块的自生成绘本内容

对话式阅读的交互绘本：如图 4–30 所示，页面中间是电视屏幕样式，屏幕内部呈现的是绘本的场景与动画生成页面。用户通过长按下方的录音按钮输入语句，与智能语音机器人进行对话。

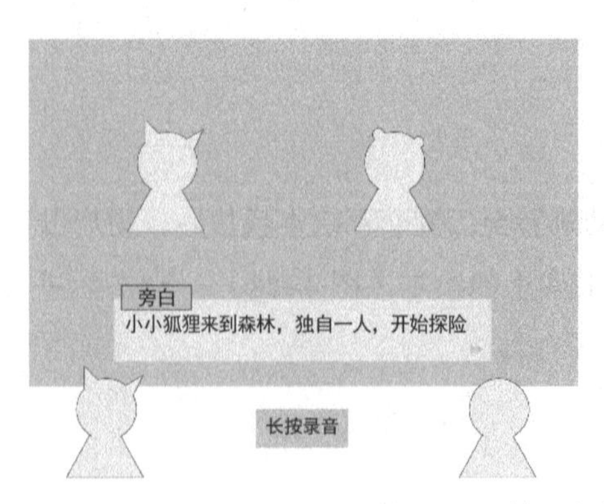

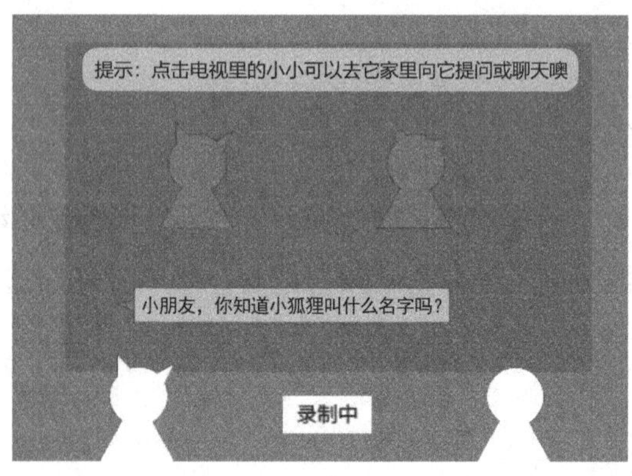

图 4–30　交互绘本系统内语音输入对话

如图 4–31 所示，在情节点处系统会就绘本内容情节对用户进行启发式提问。用户通过长按下方的录音键输入语音回答，角色将以其设定的口吻进行回复。若为封闭性问题，聊天机器人将判断答案正误，并通过启发式回复引导儿童回答。若为开放性问题，则生成相应情感语义的对话。同时儿童的回答会驱使动画跳转至不同的非线性剧情，使儿童主动参与动画情节。

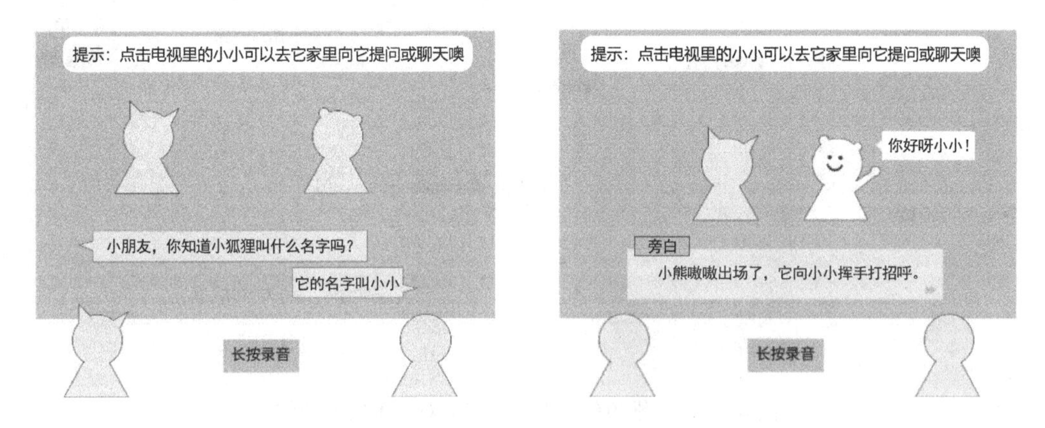

图 4–31　交互绘本于情节节点处提问并由答复推动情节发展

4.8.3　三维角色互动模块

儿童在阅读二维交互绘本时可通过点击角色跳转至三维角色互动画面，与系统内置的三维角色进行互动。儿童与其中的角色实时“沟通”，并且可以更加深入地理解故事情节。如图 4–32 所示，当用户初始进入场景时，三维角色 NPC 会触发“挥手”的欢迎动作并伴随欢迎语开始对话。

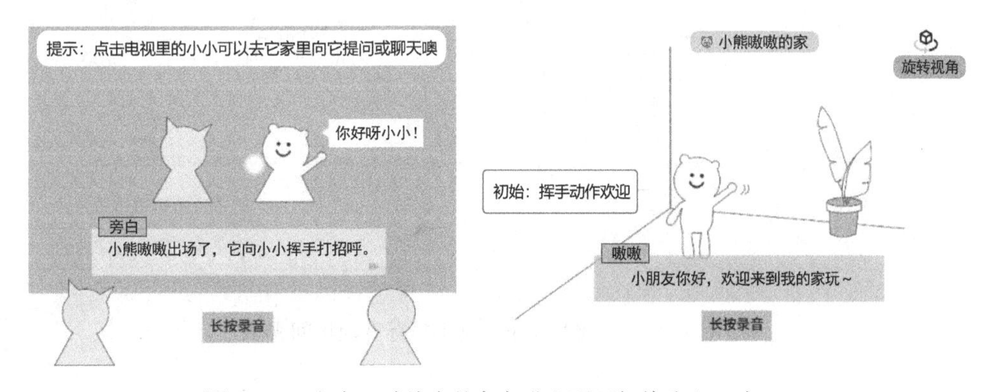

图 4–32　点击互动绘本的角色进入页面与其独立互动

为了保证对话的语义完整性和流畅性，本系统采用了自然语义实时聊天技术。它不仅能够自动创建、识别并匹配文字语义以及生成相应的动画效果，还能够根据儿童的认知水平，智能地调整对话难度，以确保对话过程流畅、有趣。如图 4–33 所示，角色在不同状态下对应不同的动作显示，如：说话、原地等待、开心、愤怒、跳舞等动作。

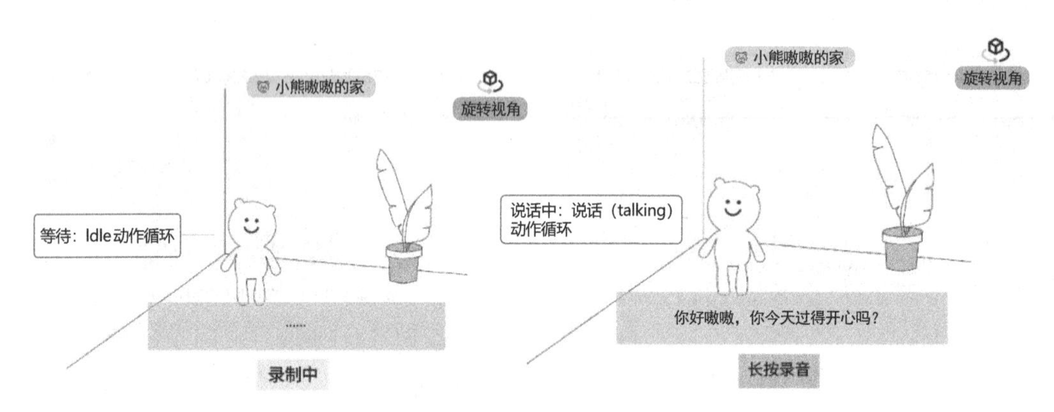

图 4–33　三维角色在不同状态下对应不同的动作

除了通过对话形式进行互动，儿童还可以与 NPC 人物互动，或通过点击和拖动来改变视角（图 4–34）。例如，通过点击人物形象完成动作或者通过移动手指改变角色视角等方式，与角色进行更为亲密的互动。这些互动操作都能带来更加真实的体验和更沉浸的阅读感受。

图 4–34　三维场景下可拖动鼠标变换房间视角

4.8.4 低保真原型部分功能迭代

二维绘本的该部分核心交互环节，除了上述交互方案还提出了另外两种不同的原型图方案。如图 4-35 所示，第一种方案是将聊天与绘本的对话兼用同一个聊天框。当儿童提问或回答问题时，聊天框内既会出现聊天内容，也会同时展示绘本中相关角色的对话内容。这样的方式有助于增加对话的连贯性。局限在于无法回顾之前的提问记录，并且当同时有字幕与问答时容易遮挡。

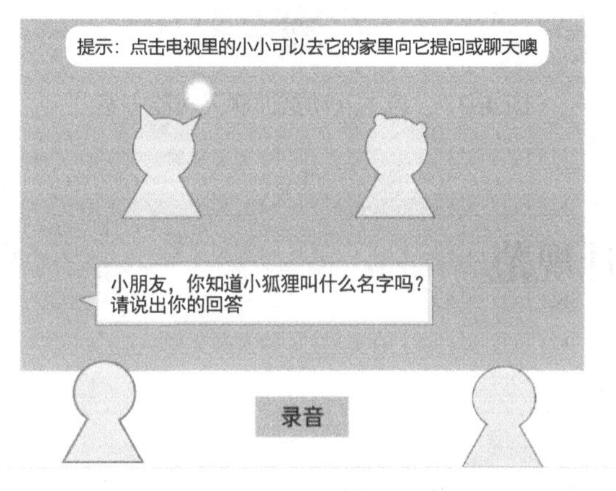

图 4-35　绘本互动页面聊天功能方案一

如图 4-36 所示，第二种方案是让用户聊天区与绘本观看区互相独立，并且保留历史提问与回答的记录，使得儿童可以更好地回顾对话过程和话题，并整合所获得的知识。缺点是页面样式较为普通，与网页视频播放器过于相似，场景沉浸感有限。

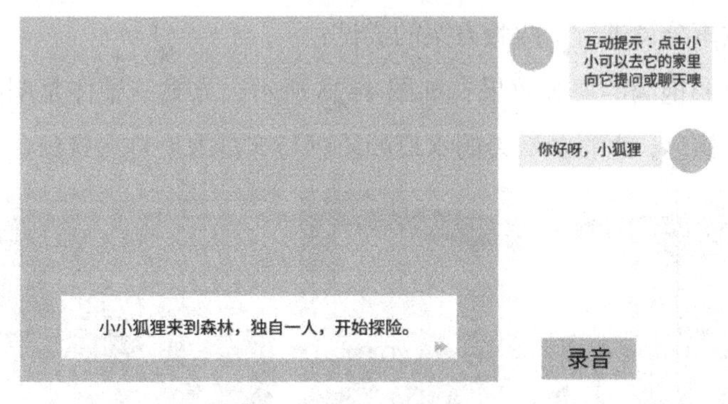

图 4-36　绘本互动页面聊天功能方案二

如图 4-37 所示，最终采纳的第三种方案是将角色 NPC 与聊天者的形象放于绘本观看区的两侧，以增加角色形象的鲜明度，并整体营造一种用户与绘本角色在一起看电视的视觉观感，同时儿童可以更能感受到角色的陪伴感，从而鼓励儿童积极地参与到交互绘本中的对话交互。

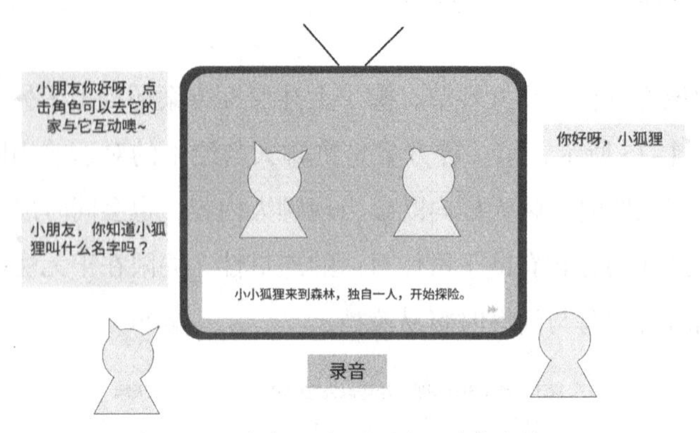

图 4–37　绘本互动页面聊天功能方案三

4.9　视觉设计规范

4.9.1　视觉风格

风格设计影响角色 IP 的二维设定与场景视觉呈现的效果。为了有更好的观看体验，两者应当保持一致性的风格，以达到设计策略中的美感体验目标，给用户以场景沉浸感。在视觉风格上该系统采用水彩风格。水彩风格的绘本画风温柔、背景柔和、色彩鲜艳，适合低幼阶段的儿童。水彩画风的绘本可帮助儿童更积极地阅读故事情节，提高他们的阅读能力和想象力。

将故事分镜进行了两版方案的尝试：

①色彩饱满的鎏金效果：如图 4–38 所示，方案一整体是明亮灿烂的水彩画，具有多彩的颜色、水彩画晕染的水痕的质感与丰富的大自然景象。

方案一

方案二

图 4–38　视觉风格设计方案

②手绘风格水彩画效果：整体水彩笔触的晕染效果更强，图 4–38 方案二的色彩与方案一相比更偏向低饱和，给人以清新柔和的童话故事感。

最终选择了方案二，并生成了绘本分镜所需的场景图（图 4–39），包括：一条有树木、灌木和草的森林小路，一片有花和蝴蝶的空地河流、一个有巨石和洞口的岩石区、山洞里有闪闪发光的珠宝和金币等宝藏以及室内场景。

图 4–39　视觉风格设计方案二的各绘本分镜场景设计

4.9.2　视觉要素

由于儿童的阅读习惯和认知能力与成年人不同，对于字体和排版的选择及设计风格也有额外的要求。在字体设计方面，应该使用大字体、清晰易懂的字体，并考虑到字号、间距等因素；在排版设计方面，则应该考虑到图文比例、零散排列、重复行、显眼度等问题，达到良好的用户体验。图 4–40 为交互绘本系统的视觉设计规范，图 4–41 为交互绘本系统的 GUI（图形界面）设计。

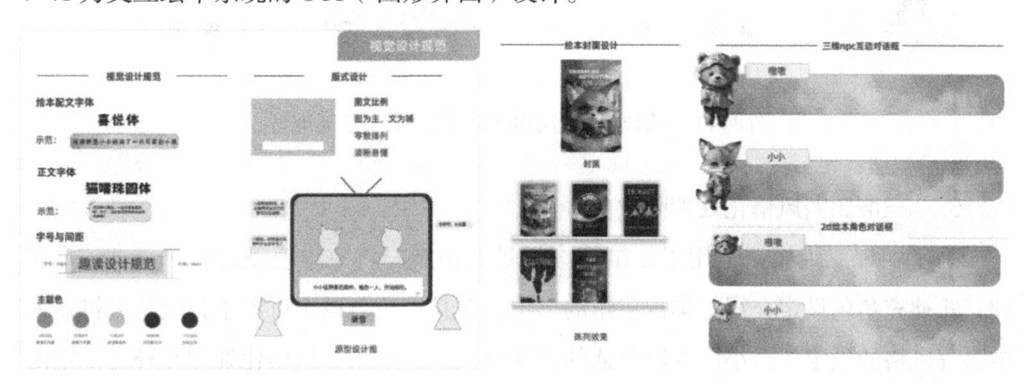

图 4–40　视觉设计规范　　图 4–41　交互绘本系统的 GUI 设计

4.10 角色 IP 设计

1. 草图阶段

草图阶段，通过训练 Stable Diffusion 里关键词与水彩 LoRA 风格，并加以润色修改迭代，生成了绘本角色 IP 的二维设定。第一版与第二版的水彩画风角色 IP 草图如图 4–42 所示。

第一版

第二版

图 4–42　水彩画风的角色 IP 草图

2. 三维形象阶段

在三维设计阶段，本课题遵循二维草图中的设定，探索更细腻、更有风格的质感，以便后期的应用更加美观。三维角色标准型如图 4–43 所示。

图 4–43　狐狸小小与小熊嗷嗷的三维角色标准型

3. “三渲二”风格化处理阶段

为了实现三维模型运用于二维绘本场景的拓展，将三维模型进行“三渲二”处理，并补充角色设定介绍，丰富主角的形象。并且该角色设定可用于智能聊天机器人中语言风格的设定，给小朋友以对话的亲和感。“三渲二”风格化处理并补充设定的角色信息如图 4–44 所示。

图 4-44　风格化的角色设定图

4.11　动作集设计

1. 三维模型的动作集设计

以下是三维模型的动作集设计，用于模糊语义匹配角色的动画生成。动作集中的动作来自 Mixamo 动作资产库，词义涵盖：站立、跑动、思考、打招呼、说话、困倦、走路与跳跃动作。

在三维角色互动板块可以根据情感语义匹配相应动作的生成，例如：当狐狸小小回答“我很开心”时，动作状态由站立转为跳舞状态。表 4-12 是两个主角 IP 的三维动作集设计。

表 4-12　三维动作集词义与图片预览

词义	动作图片预览	词义	动作图片预览
idle 原地等待		talking 说话	
fast running 快速奔跑		yawn, sleepy 打瞌睡、困倦	
angry 生气		walking 走路	
waving 挥手		standing jump 跳起来	

2. 二维的动作集设计

平面互动绘本中，因为Three.js引擎内着色器与灯光设置原因，无法使三维模型实现理想的“三渲二”效果，故直接利用二维设定角色图绑定骨骼并进行动作集的设计。表4-13是两个主角IP狐狸小小与小熊嗷嗷的二维动作集设计。

表4-13 二维动作集词义与图片预览

词义	狐狸小小动作图片	小熊嗷嗷动作图片
idle 原地站立；等待；呆站		
dancing 跳舞；开心		
jumping 跳跃；兴奋激动		
walking 走路；出行		

4.12 故事脚本设计

该部分进行交互绘本的故事脚本的设计，需要考虑故事架构设计、角色设计与在特定情节点处交互方式的设计相结合。故事架构指故事结构和发展模式。在故事脚本设计过程中，通过设立主题、人物、目标、冲突等要素，来贯穿整个故事的情节和转折，实现情节连贯有序，逐步引导故事主旨的表达。角色塑造上，着重塑造细致、立体、多面性的角色形象，以便增加角色的亲和力和可信度。为了使交互绘本中的对话阅读驱动动画与情节的功能相结合，情节点处就绘本内容情节进行提问，用户通过长按录音键语音输入回答，角色以其设定的口吻进行回复。同时小朋友的回答会驱使动画跳转至不同的非线性剧情，使儿童主动参与动画情节。

依据以上设计要点，设计了一个故事情节：狐狸有了在森林里探险的想法后便出发，路上遇到新朋友并收获旅程美景。故事蕴含了在行动与探索的过程中会有所收获的道理。二维互动绘本的故事分镜如图4-45所示。

1. 狐狸小小来到森林，独自一人开始探险。

2. 嗷嗷的形象首次出现，向小小问好并邀请他一起去探险。

嗷嗷："嘿，你好啊！我是嗷嗷。你是谁呢？"

小小："我是小小狐狸，我正在探险森林。"

嗷嗷："哇，听起来很有趣！能带我一起去吗？"

小小："当然可以！我们一起去寻找宝藏吧。"

3. 嗷嗷和小小一起穿过茂密的树林，经过草丛和河流。

4. 嗷嗷和小小看到了漂亮的小花和河里金光闪闪的贝壳。

小小："哇，这个花园好美啊！"

嗷嗷："对啊，我还没看过这么漂亮的花园呢。看那些贝壳闪闪发光，是不是有宝藏在附近呢？"

5. 嗷嗷和小小在森林里寻找宝藏的线索。

6. 嗷嗷和小小发现了一个闪闪发光的宝藏。

小小："哇，看那个！那一定是宝藏！"

嗷嗷："没错！我们赶紧去看看吧。"

7. 小熊和小狐狸高兴地跳了起来，他们成功地探险了。

小小："太棒了，我们找到宝藏了！"

嗷嗷："是啊，真的太棒了！我们真的找到宝藏了！"

8. 小熊和小狐狸在回家的路上变成了好朋友。

小小："我和你一起探险真的很有趣。"

嗷嗷："我也是这么想的！我们可以再一起探险吗？"

小小："当然可以！我已经迫不及待了。"

嗷嗷："好啊，我也是。我们下次去哪儿呢？"

图 4–45　故事分镜脚本

4.13 实现过程

1. 智能语音聊天模块

①如图 4–46 所示，在应用端使用 audio 元素和其相关事件调用端口麦克风进行录制，并使用 audio 元素设置音量节点与音频采集。

```
export const start = () => {
  if(context) {
    audioData.closeContext()
    audioData.buffer = []
    audioData.size = 0
  }
  context = new AudioContext()
  audioInput = context.createMediaStreamSource(stream)
  let volume = context.createGain() //设置音量节点
  audioInput.connect(volume)
  recorder = context.createScriptProcessor(config.bufferSize, config.channelCount, confi
g.channelCount)
  audioData.inputSampleRate = context.sampleRate
  audioInput.connect(recorder)
  recorder.connect(context.destination)
  // 音频采集
  recorder.onaudioprocess = (e) => {
    audioData.input(e.inputBuffer.getChannelData(0))
  }
}
```

图 4–46　音频采集代码

②为了适配百度云智能语音服务，需要在录制时匹配合适音频规格并转为 buffer 格式。相关核心代码如图 4–47 所示，对采集的音频合并压缩，并对音频的码率、采样位数等进行统一格式化处理。本系统中使用 buffer 类型转换成 pcm 格式，16000 Hz 采样率，16bit 深的音频文件，用于语音检测和合成格式。

③在服务端调用百度智能云相关 API。

百度短语音识别可以将 60 秒以下的音频识别为文字。适用于语音对话、语音控制、语音输入等场景。调用方式可以通过 REST API 方式提供的通用 HTTP 接口和一些常见的 SDK（如 nodejs）。

得到录音数据后，通过网络请求库 axios 将该数据发送到 nodejs 后端服务，并在后端服务解析该数据，同时得到最相似的对应文本返回。

④语音合成。通过调用对话服务得到文字回复后，继续调用文字转语音服务，使用音频库特定模型，将文本转为统一声色的对话人音频。再利用在前端挂载好的 audio 元素，将音频数据通过 blob 对象转换为可用的音频链接形式，在前端得到加载和播放。此外，对于根据脚本生成的人物对话，需要具有独特音色和情感特点。这里使用 vist 开源框架，使用不同的语音模型分别生成人物的语音，用来区分发出对话的角色。

```
let audioData = {
  size: 0,          //录音文件长度
  buffer: [],       //录音缓存
  inputSampleRate: config.sampleRate,    //输入采样率
  inputSampleBits: 16, //输入采样数位 8, 16
  outputSampleRate: config.sampleRate,    //输出采样率
  oututSampleBits: config.sampleBits,    //输出采样数位 8, 16
  input: function(data: any) { // 实时存储录音的数据
    // @ts-ignore
    this.buffer.push(new Float32Array(data))  //Float32Array
    this.size += data.length
  },
  getRawData: function() { //合并压缩
    //合并
    let data = new Float32Array(this.size)
    let offset = 0
    for(let i = 0; i < this.buffer.length; i++) {
      data.set(this.buffer[i], offset)
      // @ts-ignore
      offset += this.buffer[i].length
    }
    // 压缩
    let getRawDataion = Math.floor(this.inputSampleRate / this.outputSampleRate)
    let length = data.length / getRawDataion
    let result = new Float32Array(length)
    let index = 0, j = 0
    while (index < length) {
      result[index] = data[j]
      j += getRawDataion
      index++
    }
    return result
  },
  closeContext: function(){ //关闭AudioContext否则录音多次会报错
    context.close()
  },
  getPcmBuffer: function() { // pcm buffer 数据
    let bytes = this.getRawData(),
    offset = 0,
    sampleBits = this.oututSampleBits,
    dataLength = bytes.length * (sampleBits / 8),
    buffer = new ArrayBuffer(dataLength),
    data = new DataView(buffer);
    for (var i = 0; i < bytes.length; i++, offset += 2) {
      var s = Math.max(-1, Math.min(1, bytes[i]));
      // 16位直接乘就行了
      data.setInt16(offset, s < 0 ? s * 0x8000 : s * 0x7FFF, true);
    }
    return new Blob([data])
  }
}
```

图 4-47　音频规格转换代码

2. 自生成的二维互动绘本模块

本系统的最终预期效果是通过一个完整的故事来自动分析故事情节，智能生成分镜和人物对话，并在此基础上，使用文生图大模型进行智能场景与人物生成，最终达到文字故事创作绘本的功能。

绘本模块需要考虑的难点在于：①如何根据故事得到合适且精确的提示词，使其按照需求生成分镜与画面，这一部分需要使用提示工程体系；②绘本对于内容一致性要求较高，需考虑如何将绘本中的特有风格如水彩、油画、素描等风格与绘本角色IP固定下来。

（1）绘本风格与IP形象的固定。

如图4–48所示，该部分功能通过Stable Diffusion中的LoRA功能进行训练、打标签、生成插件与迭代，最终生成具有一致性风格的绘本画面与角色IP形象。并通过关键词中的触发词“watercolor”获得一致的绘本风格。

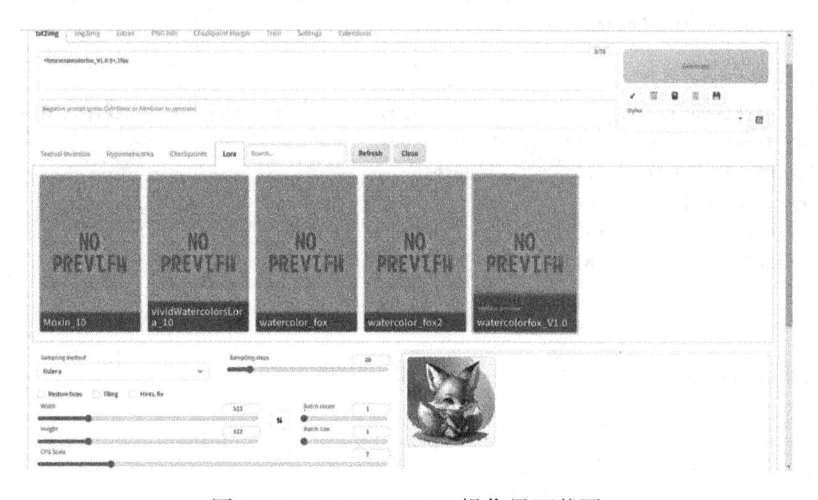

图4–48　Stable Diffusion操作界面截图

首先，需要找到一张图片底图，并固定其图片生成种子值，通过该种子继续批量生成类似图片；其次，通过不断精细化Prompt输入，使衣着、样貌等特点范围进一步缩小。从图片中不断生成、提炼和二次绘制等，最终得到画风相同、特点类似的图片集，作为第一次训练底图。得到不同视角的图片后，下一步就是使用这些图片进行训练。LoRA的训练过程可以被解释为一个关于标签的逻辑回归，因此训练出的模型可以被直观地解释为每个标签在预测中所占的比重。LoRA采用了逻辑回归中的正则化方法，可以有效地缓解过拟合现象，同时对于稀疏数据也有很好的处理能力。根据这一特点，LoRA的训练无需过多的图片集合。

训练LoRA首先需要进行特征处理，将图生文中的节点和边的特征进行处理，以生成一个与节点和边相关的特征向量。该特征向量可以和标签结合，将多标签问题转化为二元分类问题，将每个标签看作是一个二元分类器，并且将标签集合中的每个标签都视为正例，其他标签视为负例，以此来训练每个二元分类器。通过逻辑回归训练，最终得到比预测标签值与实际标签值更小的模型。

这种训练方法需要先从被训练图片中提炼出特征标签，然而由于图生文工具通常会识别出一些本课题不需要被加入训练的标签，因此需要注意二次处理标签以防止生成的 LoRA 发生过拟合的现象。同时通过加入特征词的方式来触发 LoRA。如图 4–49 所示，当没有对标签进行二次处理时，最终训练出的 LoRA 出现过拟合现象。

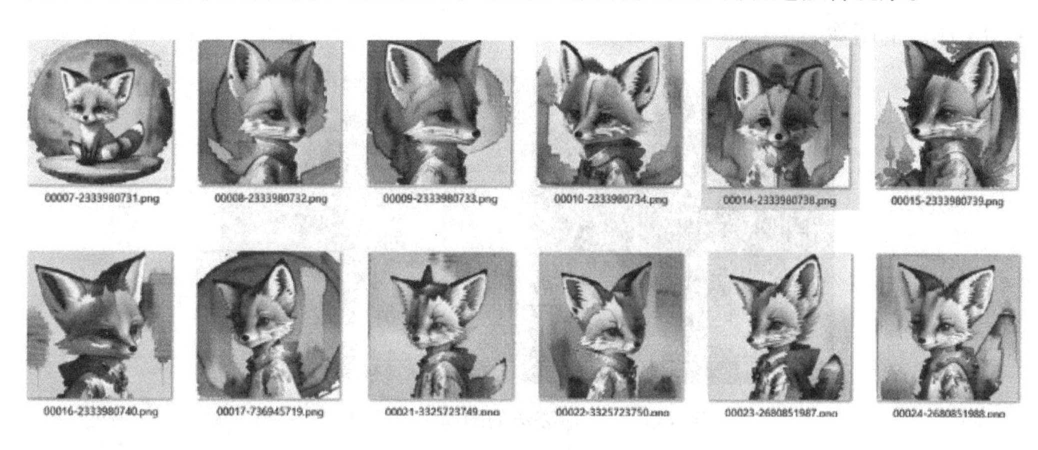

图 4–49　未筛选优化标签造成的过拟合图片

根据上述问题，整理优化底图标签后，进行二次训练，最终得到了优化标签的无过度拟合效果的图片（图 4–50），图片绘画风格更自然。

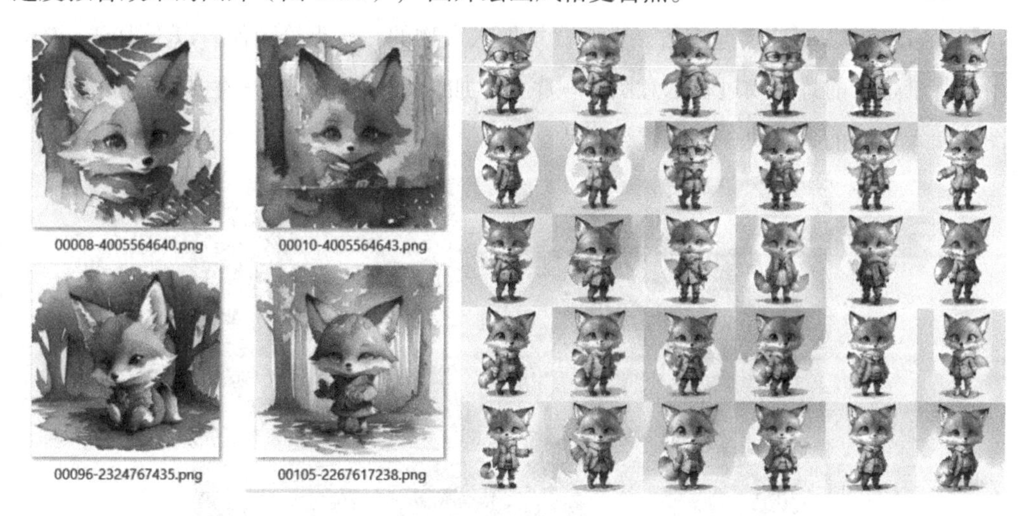

图 4–50　优化标签的无过度拟合情况图片

得到效果较好的图片后，继续利用上述生成底图图片的方法，混合当前生成的LoRA，进行迭代生成，得到更多角度特征收敛的图片作为新的LoRA训练底图。反复迭代训练LoRA，最终达到可以用于绘本IP形象生成的LoRA模型。

（2）角色动作控制。

在上个步骤中得到了固定的水彩画风格的IP，还要进行角色动作方面的控制，此处在生成二维动作与三维动作中做了多个方案的尝试。

第一种是使用ControlNet插件中的OpenPose模型将姿势进行可视化描述从而生成对应的角色图片，如图4–51所示，根据设定好的姿势标注图，可以生成对应姿势的LoRA加持的图像。

图4–51　对应姿势的图像生成示例

替换背景上，ControlNet插件Seg模型可以进行背景分割和添加语义标签。该方案可以将图片上的区域进行色块标注，并生成具有相同区域的图片。根据该方案，如图4–52所示，可以利用一张背景图生成色块图，并且在色块中加入人物色块，利用相同Seed，多Progress等方法，生成背景加入人物的二次重绘图像。以下为Seg模型生成背景融合前景人物过程示意图，顺序为：加载原始背景图片—生成颜色标注区块图—加入人物前景区块—生成重绘图片。

图4–52　色块标注区域Seg模型二次生成图像示意图

第二种是用 Midjourney 进行垫图二次创作。通过将 AI 绘画模型中生成的 T-pose 的角色 IP 图片作为参考图输入 Midjourney 里面，输入关键词“不同姿态与表情，一个可爱的小狐狸，全身图，水彩风格，Blender，4∶3 画幅”，如图 4-53 所示，得到不同动作的角色图片。

图 4-53　生成角色动作参考图

采用 Image 命令，垫图并输入关键词使角色图片出现在特定场景，如图 4-54 所示，输入关键词“小狐狸在森林里玩耍，采用水彩的风格”，合并 IP 形象得到图像输出结果，同理可得其他 IP 在场景中融合动作的丰富图片（图 4-55）。

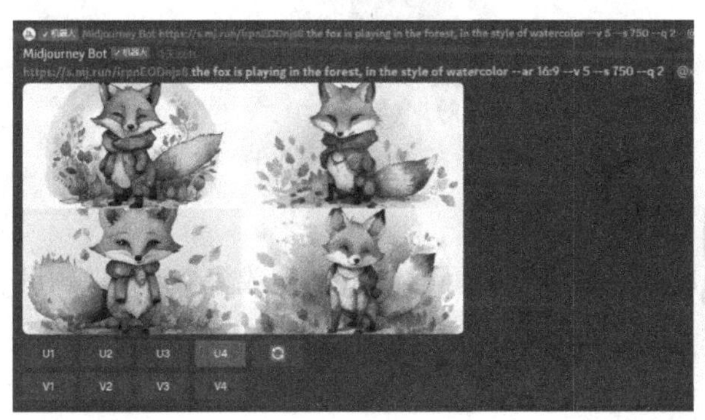

图 4-54　角色与场景融合图

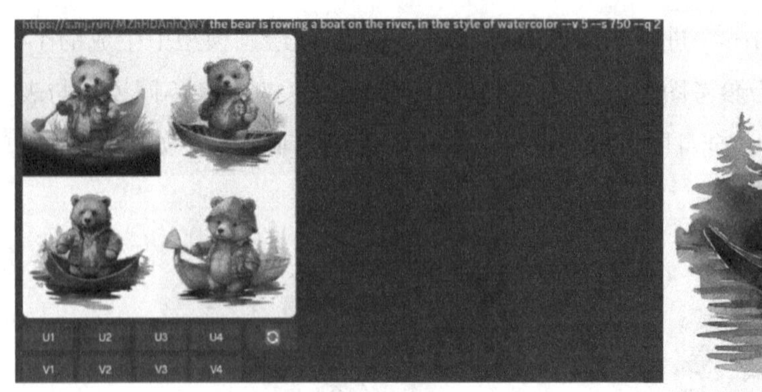

图 4–55　角色与场景融合图

3. 二维交互式动画模块

该模块是使用文生图生成的场景和角色 IP 图片等作为原型和素材基础，通过 ANIMATED DRAWINGS 、CMU 人体骨骼库等工具，让绘本以可交互动画的形式展现出来，以此体现 AI 绘画在其他儿童创作领域的辅助应用能力。

由于 Stable Diffusion 在本地运行时，显存能力有限，其分辨率无法超过 1024 × 1024（象素），所以无法做出全屏显示的形式，这里为了提高观感，且不影响用户体验，设计了如下页面：使用室内图片作为背景，使用类电视 UI 作为播放器 screen，并将两个人物放在左右两侧作为聊天对话场景，同时聊天区满足视频交互记录需求。

（1）前期建立了绘本风格的角色 IP 的 T–pose 设定图（图 4–56）。

图 4–56　角色 T–pose

（2）套用现有的动作库映射至 IP 角色的骨骼（图 4–57），生成多个动作。预设动画库方案指的是建立 T–pose 姿态后套用现有的动画资产库，如：三维的 Mixamo、二维的 ANIMATED DRAWINGS、CMU 骨骼动作姿态库。从动画资源库中选取相关的动画资产，并据此快速制作角色运动集（图 4–58）。

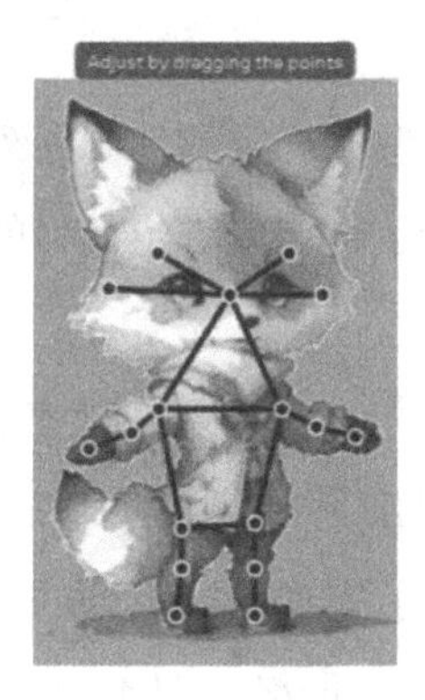

图 4–57　二维角色绑定骨骼

图 4–58　生成的角色动作集预览

4. 与三维角色对话并驱动角色动画

（1）建模。

由于没有找到理想的技术模型将风格化 2D 图转换为 3D 模型，此处的角色建模与场景建模均在 Blender 内完成，为下一步绑定骨骼动画做准备（图 4–59）。

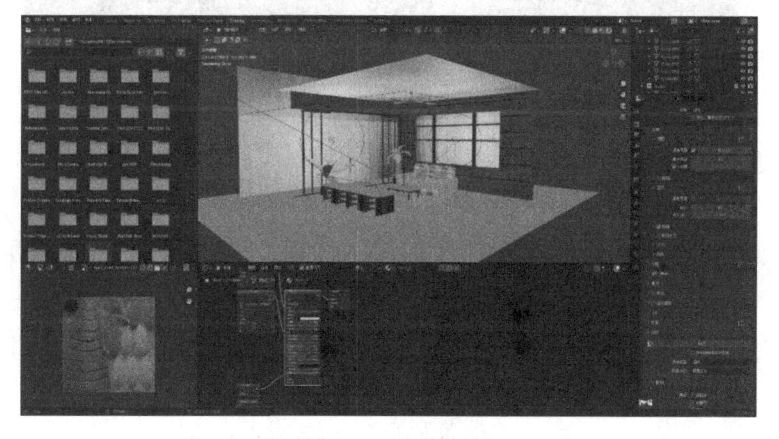

图 4–59　在 Blender 中建模角色与场景

（2）动画部分。

该部分设计采用了 Blender 软件进行人物模型的绑定和动画序列制作。首先，将主角狐狸小小和小熊嗷嗷的模型分别与骨骼进行了绑定。绑定的目的是将模型和骨骼关联并使得模型能随着骨骼的动画变化。

针对已有的动画轨道，使用了两种不同的方法来处理其骨骼：Mixamo 和重映射。Mixamo 是一个在线工具，可以为 3D 模型提供一些通用的骨骼动画，导出后可直接在 Blender 中使用。第二种重映射的概念是为了实现不同类型的动画之间的无缝切换，需要将不同的骨骼动画映射到相同的骨骼上。最终如图 4-60 所示，为了更快速迭代制作，采用 Mixamo 导出的骨骼模型进行绑定。

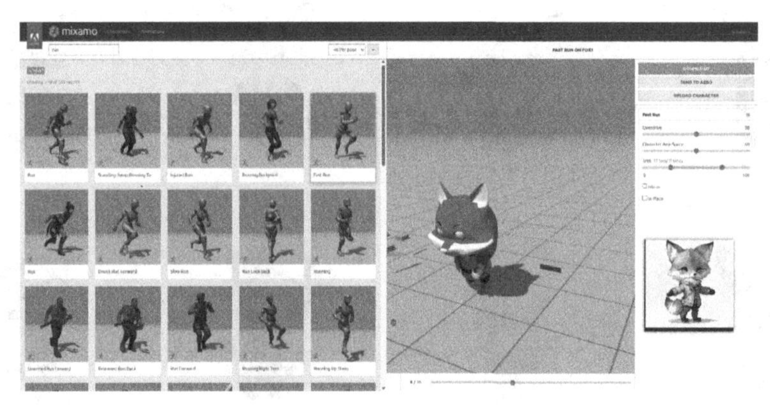

图 4-60　Mixamo 骨骼绑定

最后，如图 4-61 所示，针对 Blender 内导入不同的动作新建轨道，并通过整合制作了 NLA 非线性动画序列。与单一动画序列相比，该 NLA 非线性序列具有更强的灵活性和拓展性，能够充分实现不同动画之间的连接和过渡。

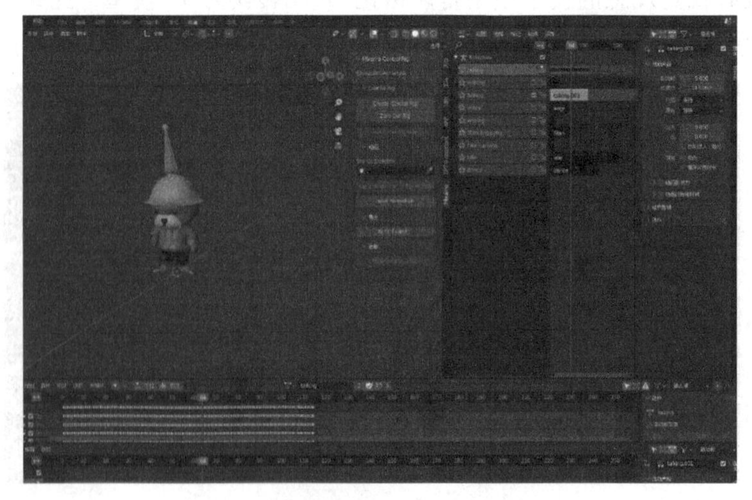

图 4-61　制作 NLA 非线性动画序列

在 Blender 中制作了动画序列后，将其导出为 glb 文件，以便在网页前端的 WebGL/Three.js 等环境中使用。在导出的过程中发现，在 Three.js 中读取该动画序列时无法正常显示部分材质，原因是程序化的节点无法显示。针对这个问题，采取了上传烘焙贴图的方法来完成材质的显示（图 4-62）。烘焙贴图是将 Mesh 的光照信息转换成二维平面上的纹理图像，从而实现材质信息的呈现。

图 4-62　Blender 内程序化节点

材质的呈现上，首先需要定义并上传该纹理映射，并确保在 Three.js 中激活 nmmap；接着对该区域进行设定并导入即可。需要注意的是，在这个过程中需要对光线、边界和分辨率等因素进行仔细调节，以达到较优的烘焙效果。除此之外，还尝试了其他一些可能的解决方案，包括使用其他导出器、改变模型结构以及修改引擎设置等。但考虑到各方案的适用性、统一性与相对便捷程度，最终选择了上传烘焙贴图来完成该部分材质的显示。

（3）模糊语义聊天并同时触发动作。

通过接入大语言模型 ChatGPT 的 API，有 context 说明故事梗概背景，使机器人所说的话符合绘本内容，并利用填充符正则匹配跳转至对应的功能。

首先，如图 4-63 所示，用 Unity 制作一个动作集和调用 demo。在该 Unity 的 demo 中实现语音驱动并结合 ChatGPT 作为自然语言处理模型实现多轮情感语义对话功能。如图 4-64 所示，当用户语音输入“打架”后，程序通过语义识别匹配动画动作，demo 内角色动画由 idle 状态转换为 attacking 状态。

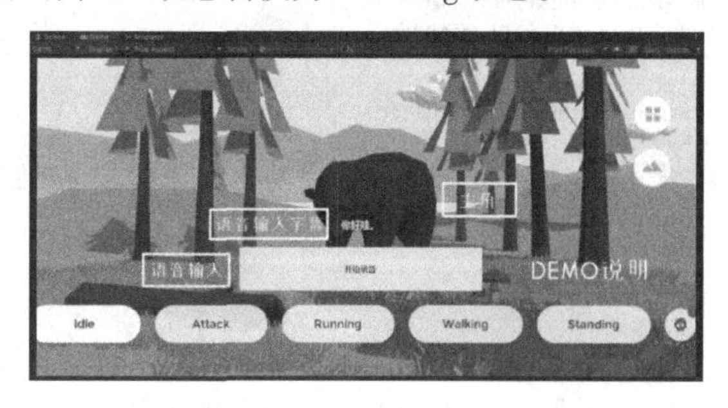

图 4-63　Unity 中的 demo 示意图

图 4-64　Unity 中的 demo 内语音输入“打架”后出现的画面

为了快速实现这一模块功能，儿童交互绘本系统部署于 Three.js 引擎。并结合 ChatGPT 呈现与语音输入词汇含义相近的动作，根据提前设定的输出规则传出值，返回对应表达式。通过 Unity animator controller 脚本控制动作。例如：说“走过来”或者“靠近”之类的指令，触发对应的“walking”动作。通过该方式，更加准确地理解用户的意图和情感，生成对应的动态内容。开发内容包括三维资源加载，位置初始化，背景初始化，动作编排，动作触发函数与 ChatGPT 关联和初始化任务设定。图 4-65 为核心的动作触发代码块。

```
/**
 * Object
 */
const loader = new GLTFLoader();
loader.loadAsync(nodeServerUrl + "/assets/blender/scenario.glb").then((scenarioGltf) =>
  const model = scenarioGltf.scene;
  model.position.set(0, -6, -1);
  model.scale.set(2, 2, 2);
  model.rotateY(-Math.PI / 4);
  scene.add(model);
  loader.load(nodeServerUrl + "/assets/blender/" + hostName + ".glb", (gltf) => {
    console.log(gltf);
    const model = gltf.scene;
    model.position.set(0, -5.7, 3);
    model.scale.set(2, 2, 2);
    scene.add(gltf.scene);
    const animations = gltf.animations;
    mixer = new THREE.AnimationMixer(model);
    // change the time scale of the mixer (speed)
    mixer.timeScale = 0.5;

    numAnimations = animations.length;
    console.log("animations", animations);
    for (let i = 0; i !== numAnimations; ++i) {
    let clip = animations[i];
      const action = mixer.clipAction(clip);
      baseActions[clip.name] = {
        weight: clip.name === 'Idle.001' ? 1 : 0,
        action: action
      }
      activateAction(action);
    }
    tick();
  });
})
```

图 4-65　核心语音驱动动画代码块

网页前端效果，如图 4–66 所示，当刚进入网页时，角色挥手示意。为了保证对话的语义完整性和流畅性，本课题的系统采用了自然语义实时聊天技术。它不仅能够自动创建、识别，又能匹配文字语义以及生成相应的动画效果（图 4–67）。

图 4–66　当刚进入网页时，绘本角色小熊挥手示意

图 4–67　三维角色与用户语音问答互动

4.14　系统整合和开放部署

如图 4–68 所示，前端与后端的开发框架中，前端以 qiankun 框架作为基础底座。其中需要详细前端设计的页面采取了 React 框架搭建，一些需要二次移植的页面使用

图 4–68　前端与后端开发框架示意图

原生 Html 进行部署。每个模块之间采用应用注册，注明绑定 dom 节点和入口的形式嵌入主应用，并使用 Vite 作为构建热加载和打包工具。后端框架上，使用 Node.js 后端框架 Koa 承接第三方 JDK 网络框架，例如百度智能云语音合成和解析服务。后端可使用 Go-zero 微服务框架管理数据服务、用户服务等。数据存储上，使用 Redis 作为大流量、热数据的缓存数据存储服务，同时使用 MySQL 和 postgreSQL 等数据库服务器进行持久化数据存储服务。采用分库分表等方案进行集群分布式部署使数据并发访问能力和安全性得到进一步提升。

1. ChatGPT API 接入

为了将 ChatGPT 集成到系统中，需要使用 OpenAPI 的方式调用其能力。本系统中使用 Node.js 调用，并作为 Koa 应用中一个路由来提供调用入口。此外， ChatGPT 库还支持缓存和异步调用等功能，可以进一步提高系统的性能和可用性。

首先，需要安装 Node.js 和 Koa 框架。然后在 Koa 应用中创建一个路由，用于处理调用 ChatGPT 的请求。在这个路由中，可以使用 Node.js 的 http 模块或者 axios 等 HTTP 请求库来发送请求，调用 ChatGPT 的 API 接口。在调用接口时，需要传递一些参数，比如输入的文本、生成的文本长度等。调用后， ChatGPT 会返回生成的文本，将其返回给系统的其他模块进行处理或展示。

2. Stable Diffusion-webui 部署及使用

使用 Stable Diffusion-webui 需要有本地的 Python 和 Git 运行环境，下载 Stable Diffusion-webui 的 GitHub 仓库 12，并下载所有需要的模型检查点。然后运行 Webui.py 或 webui.bat 文件。之后在浏览器中打开 http://localhost:7860/ 就可以访问到 Web 端 UI 界面。

3. qiankun 框架底座搭建

该系统使用 qiankun 框架作为多个微应用的框架底座，首先需要安装其 npm 包，并在主应用使用该框架，将子应用注册在主应用中。注册成功后，一旦浏览器的 url 发生变化，便会自动触发 qiankun 的匹配逻辑，所有 activeRule 规则匹配上的微应用就会被插入到指定的 container 中，同时依次调用微应用暴露出的生命周期钩子。同时，微应用需要在自己的入口 js 导出 bootstrap、mount、unmount 三个生命周期钩子，以供主应用在适当的时机调用。

4.15　效果展示

图 4–69 展示了智能语音交互界面，用户通过界面中的麦克风图标按钮进行语音输入，系统会将语音识别为文字，并调用大语言模型进行自然对话。

图 4–69　智能语音模块

图 4–70 展示了多个绘本选项，用户可以选择喜欢的绘本进行交互。

图 4–70　绘本选择页

图 4-71 展示了 AI 自动生成特定主题的场景，并与故事主题问题吻合。

图 4-71　二维绘本瀑布流形式自生成

图 4-72 展示了用户聊天状态下，系统根据聊天语义进行场景的适应性修改。

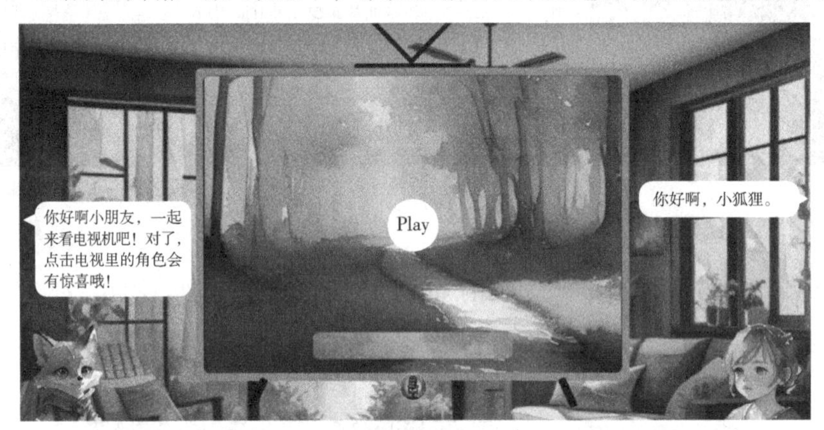

图 4-72　二维互动绘本，两边设置聊天区，中间为观看区

图 4-73 是由 AI 生成的语音驱动的场景画面。

图 4-73　语音驱动环节推进

图 4–74 展示了在三维虚拟场景下用户与角色聊天的互动状态，角色姿态由语音驱动。

图 4–74　用户可与三维角色互动，使用语音与文字驱动动画

4.16　产品设计总结

以 3～6 岁学龄前期儿童为目标用户，根据其认知能力和语言学习需求，设计具有教育意义且兼具趣味性的交互绘本。结合智能化技术融入会话式交互方案，为儿童提供了一个基于二维与三维角色的多元化互动环境。通过交互绘本的多轮情感对话、角色互动与陪伴等功能，使儿童能够在与绘本对话交互中实现“听、说、读”的趣味学习体验。有助于儿童在阅读绘本过程中主动认读故事，提高语言认知能力的同时也增加了阅读的趣味性。

本设计实践项目的系统前端使用 qiankun 框架与 Three.js 引擎实现服务模块，打包为可应用于网页的 Web 程序儿童交互绘本系统。该系统基于扩散模型的图片生成技术以及语义识别与生成技术，实现绘本内容的自生成与语音驱动的动画生成。该系统功能包括：具有情感语义的多轮对话助手、生成固定角色与风格的绘本界面、匹配语义的动画生成和与角色 IP 的问答与互动。系统探索了语音驱动生成儿童交互绘本的设计模式，实现了 AIGC 与设计流程的深度结合。

第五章

AI 赋能国风服饰设计探索

近两年 AIGC 技术在平民化应用层得到突破性发展，人工智能逐渐渗透到人们生活的各个方面，其影响扩展到曾经被认为是人类独有的创造性领域。服饰设计这个与创意和创新同义的行业，正开始体验人工智能变革的潜力。

目前，人工智能在服饰设计中的应用仍处于初级阶段，具有上下五千年东方美学深厚文化底蕴、富有历史和文化象征意义的中国元素，为人工智能的介入提供了一个独特的途径，为人工智能训练模型提供了丰富的数据进行分析和学习。

5.1 设计背景

5.1.1 国内外的 AI 辅助服装设计

AI 产品已经逐渐在服装界崭露头角，其应用跨越了多个领域，包括设计、生产、物流和营销，从创造设计到预测时尚趋势 AI 正以各种方式被用于服饰设计中。一些最常见的应用有：

（1）构思，AI 可以通过分析趋势、客户偏好和历史数据来产生新的时尚创意，这可以帮助设计师创造更具创新性和相关性的系列作品。

（2）面料开发，AI 可以用来开发具有独特性能的新面料，帮助设计师创造更多可持续的时尚的服装。

（3）生产，AI 可用于时装生产过程的许多方面的自动化，从制版、缝制到质量控制，可提高效率和降低成本。

（4）营销，AI 可用于个性化的时尚购物体验，根据客户的喜好推荐产品，帮助增加销售和提高客户满意度。

（5）时尚趋势，AI 从大量的服装照片中，根据不同颜色的比例，对服饰设计的流行色、流行风格进行推演，帮助设计师进行更前沿的服装设计创作。更有一些 AI 公司，通过 AI 分析丰富的网红活动，预测未来的时尚潮流。在 2018 年，韩国品牌 SJYP 与 Designovel 公司合作，采用卷积神经网络的样式转换技术，打造人工智能设计服装。

同济大学孙晓华教授 2022 年 5 月发表的人机协同设计研究中，收集了二百多张山城重庆的建筑照片，运用生成式对抗网络 Style Gan2 进行机器学习，进行了相关 AI 文创产品设计。然后研究员以二百张解构主义服装作品为数据库，进行模型训练，设计师再根据 AI 生成进行深化、优化，完成此次人机协同设计实验。其间，设计师留下了这样的感慨，“与智能系统一起的设计会有一万种可能，它打破了设计师思维的局限，延伸了设计的边界”。人工智能协同服装设计，不仅改变了设计师的设计思维，也具备影响服装设计行业的潜质。

5.1.2 中国风服饰设计传承

中国是世界上第二大服装市场，中国服装设计成功的原因之一是强大的文化传统。中国文化是丰富多样的，近年来越来越多地出现在服装时尚中。中国设计师经常从中国传统图案中获得灵感，用中国的传统技术，如刺绣和丝织品等进行创作。

文化底蕴在中国服装设计中的使用不仅仅是一个美学的问题，也是设计师与文化联系的一种方式，是设计师表达文化自信的载体。文化底蕴可令中国的时尚设计更加独特，对全球消费者更有吸引力。只要设计师使用中国传统的图案和技术，他们就可能会创造出真正独特的东西。这可以帮助中国服饰在竞争中脱颖而出，吸引世界各地买家的注意。设计师可以通过服饰设计向全球消费者推广中国文化，提高其对中国文化的认识，并吸引其欣赏。国风服饰是重要的文化遗产，如何认识、保护、传承和发展中国优秀传统服饰，兼顾艺术与技术双层价值，是诸多设计师的研究热点。

“中国风”一词源于西方，与东西方文化艺术的密切交流相关，是指西方视角下的中国印象，后现代主义背景下，其内涵更为丰富。中国风服饰设计，是一种追求中国情调的流行服饰，以一切中国元素（包括建筑、纹样、文学、艺术、传统服装及中国精神等）为设计制作灵感，结合当代艺术审美与流行趋势进行的设计创作。新国风服饰时尚设计，是从不同层面的中国文化主题中萃取和提取（包括一切社会意识形态、自然科学、技术科学等），设计中既有器物层面的服饰物质构成、显性符号和隐形内涵并举，又有制度或精神层面的形神意兼备的写意表达。

5.1.3 中国服饰品牌的未来

中国服装品牌在获得世界认可和影响方面面临着一系列挑战。

（1）认知问题。中国品牌在历史上一直与大规模生产和低成本制造联系在一起，被认为与高质量的创新设计存在差距。这种看法短时间很难改变，它需要在品牌和营销方面进行大量投资，将中国时尚品牌重新定位为独特、高质量设计的提供者。

（2）文化翻译的挑战。时尚是一种深刻的文化表达方式，在一种文化背景下有效的东西不一定会在另一种文化背景下引起共鸣。中国设计师必须了解本地美学和全球时尚趋势之间复杂的相互作用关系，找到方法在他们的设计中注入中国文化的元素，并被全球消费者所接受。

（3）自我创新引领时尚趋势挑战。时尚行业竞争激烈、变化迅速，中国的时尚品牌不仅要跟上最新的全球趋势，还要进行创新，使自己与众不同，以便在激烈的市场竞争中脱颖而出。这需要在设计人才、研发和供应链管理方面进行持续投资。

中国时尚设计品牌的增长和发展有很大的潜力。中国中产阶级的崛起导致国内对高品质时尚服装的需求增加，为这些品牌发展和完善其产品提供了坚实的基础。此外，随着全球消费者对多样化的时尚影响和可持续生产实践越来越感兴趣，中国品牌有机会将自己定位为这些领域的领导者。

总之，尽管中国时尚设计品牌在寻求全球认可的过程中面临着巨大的挑战，但也存在着令人振奋的增长和创新机会。探讨人工智能如何能够潜在地帮助克服这些挑战和释放机会，这对人工智能支持的中国服饰设计方面具有积极价值。

5.2 设计调研

5.2.1 服饰设计与生产流程

1. 设计阶段

服装设计师通常用草图、效果图、款式图来表达自己的服饰设计方案。对照工业设计，可以理解为产品的 3D 模型。

2. 选料阶段

这一阶段要给服饰设计方案确定各部分所使用的面料，以及各个部分的加工工艺等。个别面料需要重新定制图案，国风服饰常有印花、刺绣等工艺。不同服饰制作的区别一般都体现在这一步，批量生产的上市服装、高级定制的私服以及服饰设计专业的毕业设计等都有不同的需求，需要不同的面料、不同的加工工艺，而这些直接决定了一件衣服的制作成本。

3. 制版阶段

首先，根据设计图，做出制版图，然后制作白胚衣（可以理解为汽车设计里的油泥模型），并根据白胚衣的形态对服装的各部分尺寸、造型做细微调节，以确定各部分最终的尺寸与造型。然后，根据最终的服装制版图，使用准备好的面料制作样衣。最后，根据样衣效果做最后调整，样衣是距离成衣最近的一步，面料以及加工工艺都是根据成衣的标准制作的。

4. 质量控制

最后便是样衣的质量控制，工艺优化后便可正式进入生产阶段。

5.2.2 服装趋势市场调研

服装设计师在做设计前都会了解当前的服饰趋势，比如当季盛行、流行的配色。为了了解潜在用户的服饰偏好，根据用户研究的参与对象，调研了大众比较喜欢的六家淘宝国风服饰品牌，分别是Pinksavior（全网粉丝数500万）、JZ匠子（全网粉丝数175万）、JKJS（全网粉丝数190万）、圆缺INGKO（全网粉丝数27.4万）、云知月原创国风服饰（全网粉丝数6万）、yijiman（全网粉丝数5.4万）。如图5-1所示，是其中两家热销服饰款。

筛选关于新国风 / 中国风 / 国潮 / 新中式 / 汉服 / 汉元素 / 古装 / 旗袍等词条，将已经在销售的，月销量在 100 件以上的服饰，作为服饰审美以及客户偏向分析的参考（考虑到淘宝上存在刷单行为，将商品纳入分析的同时也考察了买家评论的质量与数量，个别月销量在 70～100 件，但评价质量与数量相当的商品也纳入了分析列表）。

图 5-1 调研中的两家国风淘宝店热销服饰款

市场调研的基本结论是：

①好的国风服饰设计体现在全新的设计款式 / 全新的设计细节 / 全新的面料工艺；

②服饰整体统一，有秩序感，画面和谐；

③服饰设计创新注重细节局部；

④单件售价200～500元不等，已经达到同类品牌的消费档次。

5.2.3 不同 AI 工具辅助服饰设计

本节主要对比全球两大主流 AI 绘画工具，Midjourney 和 Stable Diffusion，他们都是文本到图像 AI 模型，可以从自然语言描述中生成图像。它们在功能上相似，但在性能、质量、成本和许可方面有一些差异。

（1）Midjourney 是搭载在 Discord 平台上的一个在线服务工具，需要每月付费才能使用，而 Stable Diffusion 是一个开源模型，可以在个人电脑上免费运行。

（2）Midjourney 在定制生成的图像方面的选项较少，例如改变尺寸、长宽比、种子值和提前停止。Stable Diffusion 有更多的选项，如改变图像的数量、采样器、负面提示和混合关键词。

（3）Midjourney 以较少的算力生成更详细和更真实的图像，特别是在艺术风格方面。Stable Diffusion 需要对提示和模型进行更多的实验，以产生类似质量的图像。

（4）Midjourney 的模型数量有限（约 10 个），有不同的版本和参数。Stable Diffusion 有大量的模型（超过 1000 个），有不同的风格和变化。用户也可以用稳定扩散创建自己的模型。

（5）Midjourney 不允许编辑生成的图像，如内画、外画或图像到图像的翻译。Stable Diffusion 有多种方法可以使用不同的模型和技术来编辑图像。

（6）Midjourney 有默认人物的内容过滤器，防止生成有害或不适当的图像。Stable Diffusion 没有内容过滤器，允许生成任何类型的图像。

（7）Midjourney 有一个限制性的许可，根据用户的支付水平，允许用户拥有相对应的图片生成权利，以及赋予使用者生成作品的商用版权。Stable Diffusion 对生成的图像不加任何限制，用户可以自由分发和销售。然而，某些模型可能有额外的限制，这取决于其来源。

图 5-2 是 Midjourney 和 Stable Diffusion 模型在服饰设计上生成效果的差异对比（数据生成时间为 2023 年 2 月）。

（a）由 Midjourney 生成

（b）由 Stable Diffusion 生成

图 5-2 不同 AI 设计模型生成效果

专业服装设计师对上述设计图的反馈是：Midjourney 生成的图片偏写实，也许它看着很好看很真实，但是，从专业角度来说，画面所呈现的效果有些脱离实际，其渐变工艺在现实工艺和面料上做不到，Stable Diffusion（稳定扩散模型）生成的效果更贴近实际的服装设计制作过程。这也是下面对设计展开讨论时选择 Stable Diffusion 的原因。

5.2.4 当前 AI 对服饰设计的渗透

（1）服饰穿搭类。

这一类社交平台账号在 2023 年 2 月末至 3 月初崛起，社会反映热度很高。有的博主不到一星期便吸引了 1 万以上的粉丝关注（图 5–3）。这类账号的技术支持主要来源于 Stable Diffusion 模型的 Fashion Girl LoRA 模型，其主要内容是时尚女孩的每日穿搭，图片精美，服饰风格比较贴近现代审美。

图 5–3 小红书平台上的 AI 服饰穿搭类账号作品

（2）服设灵感类。

这类账号所使用的 AI 绘画工具不限，主要以发挥 AI 的创造性为主（图 5–4）。

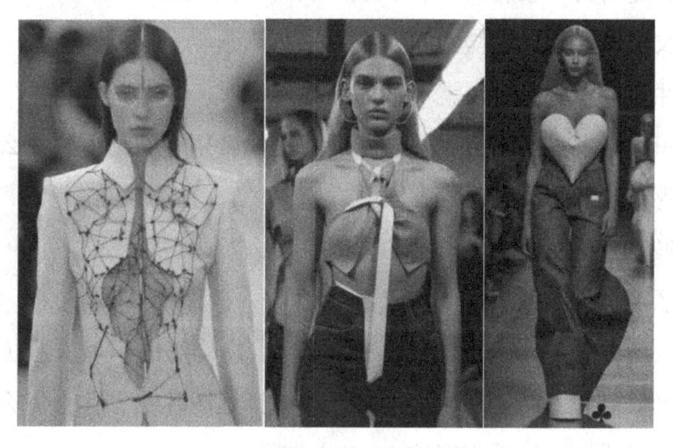

图 5–4 小红书平台上的 AI 服设灵感类账号作品

（3）角色设计类。

这类账号使用AI绘制角色的多个视图，如服饰正面、侧面及背面（图5-5）。

图5-5　小红书平台上的AI角色设计类账号作品

5.3　目标用户研究

5.3.1　访谈设计

为了解目标用户日常购买衣服的行为、买衣服时面临的问题、对国风服饰的态度以及对AI设计服饰的接受程度，本研究邀请了20位年轻女性进行半结构式深度访谈，但最终只有5位符合要求。访谈问题如下：

1. 目标消费者购买衣服的行为习惯

①买衣服的思路是什么？什么情况会促使你买衣服，或下单一件衣服？

②买衣服最看重什么（品牌、价格、质量、好看、舒适度、其他）？

③会让你反复购买一家店/品牌的衣服的原因是什么？

④平时买衣服会遇到什么样的问题？

⑤一般一件外穿衣服穿多久就不穿了？

⑥家里堆积衣服多吗？旧衣服怎么处理的？你希望旧衣物得到什么样的处理？

2. 目标消费者对于国风服饰的态度

①平时穿吗？买得多吗？不常穿的原因是什么？

②在哪个平台上买衣服多？（淘宝、小红书……）

③假如有人给你1000块，让你挑三件会吸引你购买的国风衣服（此处展示新国风/中国风/国潮/新中式/汉服/汉元素/古装/旗袍图片），你会怎么形容这些衣服（甜美/酷/辣/气质），接受程度按1～5分选择。

④对 9 件提前准备好的汉服淘宝店热销款评分（图 5-6），接受程度按 1～5 分选择。

图 5-6 淘宝汉服榜店铺热销款式

⑤相比之下，你更喜欢哪些？为什么？

3. 目标消费者对于 AI 设计服饰的接受程度

①针对图 5-7（10 件提前准备好的 AI 设计服饰），日常穿出来的接受程度评分（1～5 分）。

图 5-7 Midjourney 生成的国风服饰设计

②你会希望 AI 如何改进能更贴合你的喜好？（引起消费欲望）

③如果衣服标明是 AI 设计的（或设计师设计过程中有 AI 辅助）你会购买吗？会持续购买吗？

5.3.2 数据处理

根据访谈的记录与回访，将访谈者每一部分回答的原话对应列出（可能有错别字、语法及格式错误），其中得到的4份访谈数据表格如下（图5-8）。

lyx 一个月两三次

a1 想尝试新风格，有一个穿搭穿衣服穿
a2 款式（西装/大衣） 版型（好看，不显身材，不适合自己） 价格、质量/舒适 品牌没那么重要
a3 尺寸很适合我的，只是我买衣服的难点，很难买到合适的。在综合排序挑

b1 纠结，不知道这衣服合不合适，不知道穿起来怎么样，再看一会就不喜欢了
b2 半年后就不穿，每周至少穿一次
b3 多；拖地，回收比较好，二次加工的回收

c1 穿；还好一半一半；太高调太漂亮了
c2 半年后就不穿，每周至少穿一次
c3 颜色很喜欢很显白，配色少女收腰（修身），甜美少女 5 4 5
优雅 少女 华丽 甜美 仙气
3 3 3 3 4 3 3 3 3

d1 端庄 甜酷 优雅 性感 少女 4 4 5 3 5 2 2 3 5 5
d2 少一点华丽 简约中有点点缀就好
d3 不会影响购买

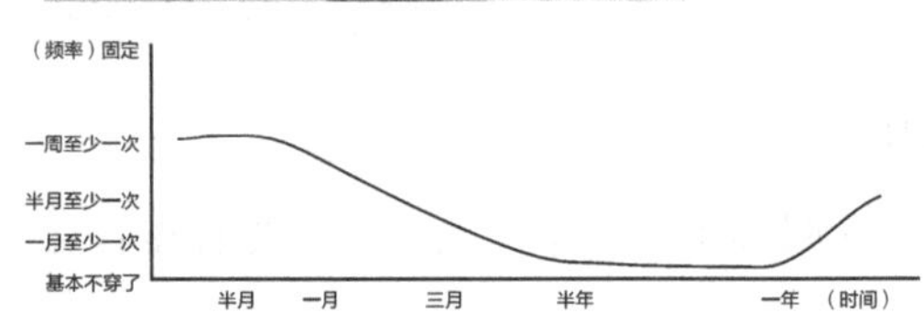

gxy 一个月两次 3500元

a1 刷到平台穿搭种草，习惯性打开tb软件，某天出门感觉今天穿搭却某一个部件
a2 好看(版型)/质量 →其他因素可妥协
a3 喜欢它的风格，质量保障

b1 需要一件衣服特定搭配我，然后挑不到合适的（一般不用它的检索功能，一般就是推荐、种草浏览
b2
b3 分开装丢垃圾桶旁边；没有什么想法，但便利地为别人好

c1 买过，不怎么穿；也没那么好看，看着新奇买来玩玩，不日常，不好搭配
c2 新中式、辣妹、味不冲
c3 汉服爱好者才会穿的款式，几年之年不会有穿这种的想法，里面的配饰发簪耳环，味道冲是裙摆大袖子

d1 富贵花、cos服，二次元的味冲，
d2 自己的一个强烈个人喜好d3 不会抵触，好奇

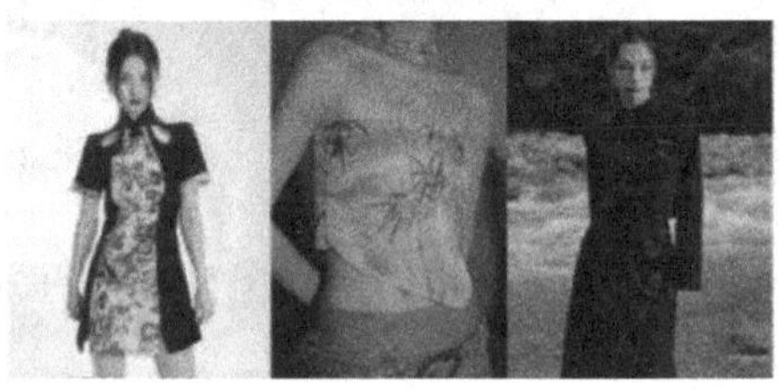

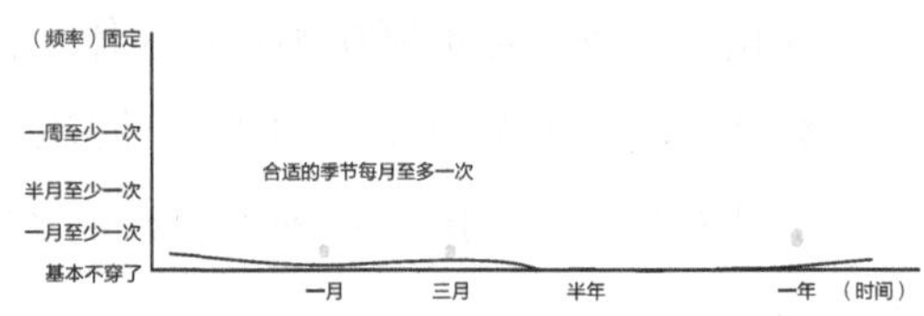

gzx两三月一次 800元

a1 到了季节就会想买，看首页推荐/种草平台，详情图买家秀（看不到就换，运费险），抱着只穿两年的心态买的
a2 品牌（先看熟悉的品牌）版型 价格
a3 版型 价格 质量，这种店很难得（粉丝多的网红店会骗人，有顾虑

b1 尺码（腰围，很难买到）版型货不对版。差不多一个样更喜欢特别，有新意，有新设计
b2
b3 有点多，不怎么扔的衣服，不舍得扔。回收衣服出于好奇，给这个商家，不一定是钱

c1 想尝试但没有买过，缺一个契机
c2 前2优雅挺显成熟，后3公主裙版型适合我，我穿好看，显瘦，比较百搭，可爱甜美
c3 绿色那件，设计看起来没那么复杂，没那么日常

d1 cosplay，王者里的衣服，太夸张，版型夸张
d2 淡雅，装饰少一点
d3 不影响，期待ai

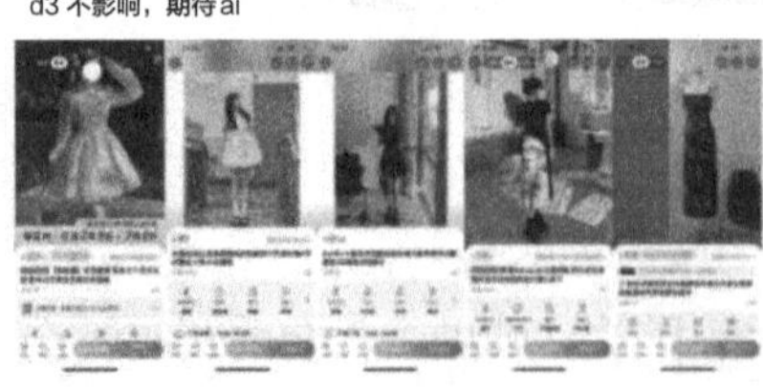

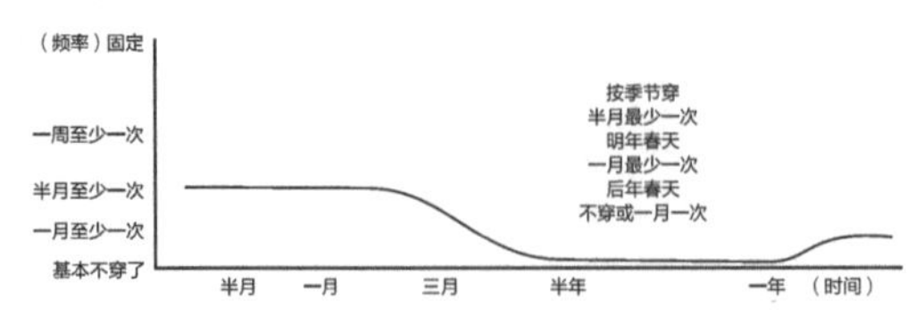

lsl 一周一次 1400元

a1 无聊逛淘宝，看直播，tb/xhs（消遣，看的时候有下单冲动
a2 版型（穿上身好不好看）风格（休闲）质量&价格 品牌多粉
a3 好看会穿，刷到同样店会买
b1 版型看不出来，必须穿身上才知道行不行。
b2
b3 拿回去给家里的xpy穿，或捐赠（理想捐的，山区孩子
没有买过二手衣服

c1 一直想买，没找到合适的，没找到日常的。好看，但是穿起来，退了23次。得是短袖，不能吊带，领子不能太高
c2 优雅 淡雅 清冷；cool 片日常；深色显得贵气（有颜色比较挑肤色）；清新夏天 自然；飘逸 拼接 sha 日常；新中式就是应该清冷，有温柔感
c3 太花了 不日常 元素太多太杂了；传统汉服 利用率太多了 只能拍个照 很难穿

d1 太多元素堆砌了 不日常 版型同样只是换颜色和装饰
d2 袖子不会夸张 裙摆不要这么蓬
d3 不会影响

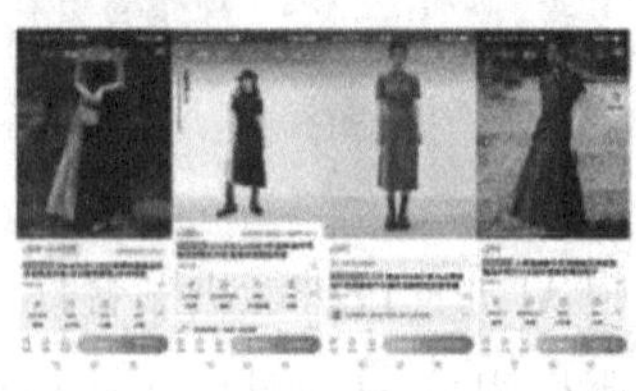

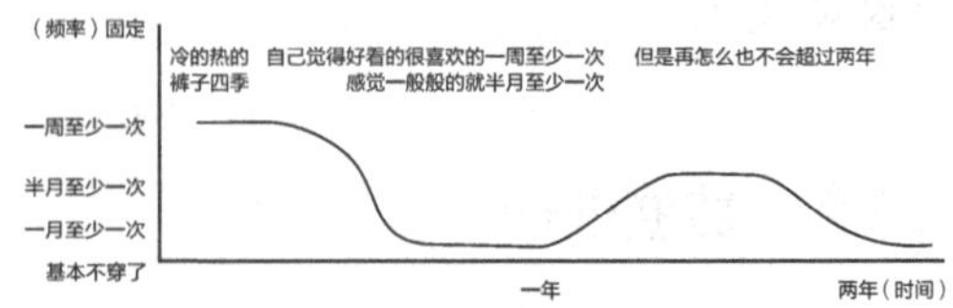

图5-8　4份访谈者的数据表格

根据前期研究，总结出以下目标消费者特征：

①用户痛点：难以找到适合自己的国风服饰。

②年龄：多为 16～28 岁女性。

③职业：常见有学生群体、白领、自媒体博主等，有经常外出习惯、经常与人社交 / 见面习惯。

④穿着风格：有个人偏向，比如“辣妹”“御姐”“甜御”“甜酷”、甜美、优雅、端正、精致等；穿着偏向有设计感；原创设计服饰；不强烈抵触国风元素；愿意尝试国风（或已经有尝试）；不强烈拥护传统中国风（如标准汉服唐装等）。

⑤购衣标准：偏向有设计感；原创设计品牌服饰；重视服装与自己身材的适配程度，追求上身效果；重视服装的实际品质（工艺 / 面料）。

⑥购衣水平：月均购衣次数 3 次以上，月均购买衣物支出超过 1000 元。

如何高效地从目标消费者特征中获取对于服饰设计有用的信息，一直是设计展开时的难点，因为不能像传统的参与式设计一样，召集一群目标消费者，一起开会讨论、头脑风暴，七嘴八舌地讨论并不能让服装设计师设计出更好的服装款式。所以，设计师常常通过社交媒体账号快速获得一定量的目标消费者反馈。

5.3.3 用户研究结论

（1）90% 的用户购买衣服的下单渠道都是淘宝，但是平时看衣服被“种草”的软件，则分散到微博、抖音、小红书等。

（2）用户购买衣服的关注点可依次为版型、质量和款式及其他要素。版型要凸显身材、显瘦、修饰身材比例。质量和款式为并列第二要素。用户看重用料是否舒适、高级，倾向的款式有连衣裙、旗袍、西装、短裙、超短裙等。其他因素如品牌、价格、风格等，有没有特别突出，更多用户表示若对前三者满意时，其他因素可以妥协。

（3）50% 的用户实际穿着频率，会在购买 90 天后降低 50%，这一点顺应了服饰穿着的季节变化；90% 的衣服会在购买一年后穿着频率大幅降低，降至起始的 20%～40%。

（4）所有受访者都有出现家里堆积衣服的情况。面对旧衣服的处理方式，有“送给弟弟妹妹穿”“打包好，丢垃圾桶旁”“不舍得丢弃”“捐赠”等，其中当被问到理想的处理方式时，更多用户表示是“捐赠”。

（5）用户对国风服饰的态度各异。超过 50% 的用户反映，国风服饰比较高调、华丽，不是很日常。个别表示国风服饰一般对材质要求比较高，目前的国风设计比较廉价。

（6）用户对当前AI设计的服饰表示，效果太夸张了，更像是角色设计。改进建议上比较一致的是，简化一点，日常一点，元素不需太复杂。

（7）每个用户有自己强烈的服饰偏好，比如端庄、辣妹、优雅、甜美等，同时他们对国风服饰又有自己的刻板印象。但这些个人偏好风格并不影响与国风服饰的结合，可以通过设计消除不同用户对国风服饰的刻板印象，比如端庄国风、辣妹国风、甜美国风等。

（8）所有用户都不抵触标明AI设计的服饰，AI设计的服饰并不会给用户原本购买衣服的行为习惯带来影响。

5.3.4　AI协作设计利益相关者分析

1. AI创作者

期望：希望自己通过AI图像生成技术创造的概念服饰设计方案能实现落地。

职业身份：目前各社交平台上的AI创作者基本都是兼职身份，其本身的职业有在读学生、产品经理、用户研究、UI/UX设计师、原画设计师、视觉设计师、插画师、游戏设计、服装设计师、建筑设计师等，也许是因为技术应用的关系，大部分都与设计、艺术、互联网等行业相关。

独立职能：使用AI图片生成技术生成大量创意性的服饰概念方案，训练独特的服饰稳定扩散模型或LoRA模型。

2. 服装设计师

期望：希望自己设计的服饰能被大众所喜欢，被更多人购买。

独立职能：将最受网友喜欢、最有市场期待的AI服饰概念方案，在保留大众所喜欢的元素基础上，考虑实际生产方式，进行二次创造设计。

3. 服装生产厂家

期望：希望制造的样衣能通过质检，有客户来下大单。

独立职能：制版打版，完成样衣制作，后续进行批量生产。

5.3.5　AI创作者身份定位

与传统的服饰设计制作过程相比，AI协作模式加入了AI创作者，多提供了一次市场测试阶段。在服装设计师正式开始设计稿前，可以通过AI快速生成大量的概念服饰方案，这批概念服饰方案可以通过店铺的官方账号或者 AI 创作者的平台账号，进行快速的市场用户测试，使目标消费者投票或留下建议。AI 创作者与服装设计师，可以根据不同服饰方案在网络上的反应热度，选择市场意向更多的服饰方案进行二次创作，这样可在一定程度上降低后续样衣制作的数量和时间成本，也降低了用样衣进行网络预售时不受消费者青睐的可能性，也能更好地预估后续大单的生产数量。AI 创作者和服装设计师是整个协作设计模式的主导者。如果 AI 创作者和服装设计师是两个人，那么两人可以根据谁掌握最终设计决策权互为上下级关系，现实情况有三种：

第一种情况，AI 创作者为设计的主导者，服装设计师辅助。服装设计师将根据初次市场反馈的结果以及 AI 创作者的设计原则，将概念方案尽可能转化为现实中可行的落地服装设计方案。

第二种情况，服装设计师为设计的主导者，AI 创作者辅助。AI 创作者根据服装设计师的创作需求，使用 AI 生产图片技术产生大量的概念服饰设计方案，让服装设计师挑选。

第三种情况，同一个人既是服装设计师，又是 AI 创作者。

基于 AI 生成图片技术的效果，很大一部分是由不同大模型、小模型以及各种参数所决定的，而这些会根据人工智能的发展不断迭代。一位 AI 创作者，必须建立起自己的风格定位来提高自己的竞争力与特色。就像传统的画师一样，好的 AI 创作者其个人风格不会随着技术的更新换代而产生明显的变化。

5.3.6 AI 创作风格定位

AI 创作风格定位，指该创作者生成的图片作品是否具有某种统一的特定元素、画风、特征等。

（1）以独特的模型训练。如宫崎骏风格、鬼刀大人风格等（图 5-9）。

图 5-9　同一风格 AI 生成图片

（2）效果特定的造型。具体到特定的面部特征，如闭眼（图 5-10）、一睁一闭、露齿笑等；特定的肢体语言，如比手势、叉腰、侧身等。

图 5-10　泡腾片片 AI 创作者的统一模特闭眼图

（3）加入特定的元素、文化或价值符号。如蝴蝶（图 5-11）、水母、凤凰、骷髅等。

图 5-11　百日意象 AI 创作者的统一蝴蝶珠宝风

（4）为探索通过人工智能开发中国风服饰设计的多元性与独特性，根据设计定位、目标功能和目标对象，在设计实践时，设定 AI 生成图片统一为：只有一位女性模特，全身照，站姿正向，模特的发色与服饰颜色一致，视觉焦点是服饰，服饰富有中国文化元素。

5.4　设计实践与迭代

5.4.1　AI 模型训练与调试

1. 国风信息桌面调研

为了提前准备好人工智能可以理解的、符合国风元素的信息，从《东方元素与设计》一书中提炼出一些有代表性的文化符号，希望通过人工智能的创造性延伸，创造出不一样的、具有文化韵味的服饰设计作品。

下面将整理归类的国风符号翻译成了 AI 易于理解的英文，并根据当前比较成熟的 AI 作品建立基本创作词库。

（1）基本词

AI 提示词输入：(1girl), (full body), (white background), skinny, (ultra detailed), (standing), (solo focus), slim legs, looking at viewer, facing viewer, (full body:1.2), (best quality), (simple background), delicate beautiful face, delicate beautiful eyes。

（2）服饰通用元素

服饰元素可选：图案和花纹（patterns and motifs），重新设计（redesign），创新（innovative），服装设计（fashion design），服饰混合（mixed clothing），透视（see-through），轮廓（silhouettes），镂空（cut-outs），拼接（patchwork），纹理（textured）。

（3）常见国风服饰元素

汉服（hanfu），旗袍（cheongsam），中国风服装（chinese costume），褶裙（pleated skirts），糯裙（ruqun），对襟（duijin），蟒袍（mandarin gown），披肩（cape），巾帽（headwear），马褂（magua），线（thread），丝绸（silk），连衣裙（dress），（改良）旗袍（cheongsam），衬衫（shirt），马面裙（mamian skirt），西装（suit），披肩（capelet/cape）。

（4）国风艺术品

山水画（landscape painting），灯笼（chinese lanterns），蜡染（batik），漆器（lacquerware），锦绣（silk tapestry），玉（jade），玉雕（jade carving），中国结（chinese knot），景泰蓝（cloison），孔明灯（kongming lantern），剪纸（paper-cut），陶艺（pottery），木雕（wood carving），瓷器（porcelain），中国珠宝（chinese jewelry），扇子（fan），国画（chinese painting），工笔画（gongbi painting），紫砂壶（zisha teapot），镀金佛像（gilded buddha statues），金元宝（gold ingots/yuanbao/boat-shaped gold ingots）。

（5）国风建筑

琉璃瓦（glazed tiles），石狮子（stone lions），月门（moon gate），屋檐（eaves），翘角（upturned roof corners），瓦片（roof tiles），四合院（courtyard），斗拱彩梁（carved beams and painted rafters），屏风墙（screen wall），格子窗（lattice window），木门（wooden doors），雕花窗（openwork screens），太极图案

（taiji pattern）。

（6）国风植物

莲花（lotus），牡丹（peony），竹子（bamboo），梅花（plum blossom），菊花（chrysanthemum），兰花（orchid），松树（pine tree），樱花（cherry blossom），玉兰（magnolia），桂花（osmanthus），茶花（camellia），紫藤（chinese wisteria），枫叶（maple），桃花（peach blossom）。

（7）国风动物

中国龙（loong），中国凤凰（chinese phoenix），麒麟（kylin/kirin），龙（dragons），鹤（crane），熊猫（panda），虎（tiger），孔雀（peacock），蝴蝶（butterfly），鲤鱼（carp），鹿（deer），金鱼（goldfish）。

（8）国风食物

饺子（dumplings），春卷（spring rolls），月饼（mooncakes），汤圆（tangyuan），火锅（hot pot），年糕（rice cakes），北京烤鸭（peking duck），点心（dim sum），葱油饼（scallion pancakes），烤栗子（roasted chestnuts），豆浆（soy milk），炒饭（fried rice），面条（noodles），茶叶蛋（tea eggs）。

（9）国风国粹

墨汁（chinese ink），筷子（chopsticks），毛笔（chinese brush），梳子（comb），印章（chinese seal），功夫（kung fu），武侠（wuxia），麻将（mahjong），京剧（peking opera），皮影戏（shadow play/shadow puppetry），刺绣（embroidery），书法（calligraphy），篆刻（seal carving），中草药（chinese medicinal herb），相声（crosstalk），茶艺（tea art），算盘（abacus），指南针（compass），火药（gunpowder），印刷术（printing），造纸术（papermaking），筝（zither），笛子（flute）。

（10）传统节日

春节（chinese new year），元宵节（lantern festival），清明节（qingming festival），端午节（dragon boat festival），七夕节（qixi festival），中秋节（mid-autumn festival），重阳节（chongyang festival），冬至节（winter solstice）。

2. 训练国风服饰 LoRA 模型

一位高级设计师及 AI 创作者一定会根据自己的设计目的训练自己独特的 AI 模型。在这个阶段，为了保证使用稳定扩散模型生成的图片能符合设计要求，本文从网上搜集了 256 张国风服饰照片，这些照片基本来自于小红书和淘宝两个平台。国风服饰风格有明风、宋风、唐风和汉风，以及一些比较流行的新中式、新国风款式。

LoRA 模型是一个小型的稳定扩散模型，它将小的变化应用于标准的底部大模型，可以根据所训练的内容修改图像输出，大大改善图像效果。LoRA 模型通常是底部大模型的百分之一到十分之一，它可以为图像添加风格、人物、服装、物体等其他设置。

训练一个 LoRA 模型，需要有预训练的概念的图像数据集。比如，如果为一个角色或一个人训练一个 LoRA 模型，就需要有该角色的不同角度和姿势的图片，还需要有一个用 LoRA 来微调的基础大模型。训练时，可以使用任何稳定扩散模型，但有些模型可能对某些 LoRA 效果更好。

使用谷歌的 Colab 可按以下步骤进行训练：

第 1 步：将统一好图片尺寸、修复精度，去除不干扰元素后的训练图像收集在一个压缩文件中，并将其上传到一个可公开访问的 URL。

第 2 步：使用 LoRA 的一个训练模型来训练概念，可以根据需要选择 LoRA、LoCon 或 LoHa。

第 3 步：修改标签。训练样式 LoRA 时只包含图像构图特有的标签（角度、姿势、背景、表情、媒介、框架、格式、风格等），注意在图片偏离角色的"基本形式"时需要添加其他描述符（不同的服装、不同的头发等），这确保了 AI 识别角色的外观默认情况下应该是什么样子。

第 4 步：保存训练输出的 URL。

第 5 步：使用 LoRA 的预测模型，生成新的图像。

表 5-1 是修改后 LoRA 模型的特定触发标签。

表 5-1　国风模型触发标签

中文提示词	英文提示词	中文提示词	英文提示词
风格	style	上衣	coat
明风汉服	hanfu, ming style	长袄	long coat
宋风汉服	hanfu, song style	短袄	short coat
唐风汉服	hanfu, tang style	长衫 / 褙子	long shan
汉风汉服	hanfu, han style	短衫	short shan
直身		内衫	under shan
上半身	upper body	上衫	upper shan
下半身	lower body	短曲	
		杂裾	

续表

中文提示词	英文提示词	中文提示词	英文提示词
袖子	sleeve	领子	collar
半袖	cropped sleeve	立领	standing collar
长袖	extra-long sleeve	交领	overlapping collar
无袖	sleeveless	圆领	round collar
连肩袖	kimono sleeve	方领	square collar
窄袖	slim fitsleeve	坦领	tan collar
直袖	loose fit tapered sleeve	折领	fold collar
宽袖	wide sleeve	无领	collarless
琵琶袖	Lute-shaped sleeve	合领	
裙子	skirt	其他	other
马面裙	mamian skirt	团扇	round fan
百迭裙	pleated skirt	云肩	yunjian
褶裙	pleated skirt	系带 / 束腰带	waistband
衫裙	shan skirt	披风	pifeng coat
齐胸（襦/衫）裙	chest ru skirt	斗篷	cape coat
齐腰（襦/衫）裙	waist ru skirt	披帛	pibo
花鸟裙		宋抹	songmo
三裥裙		帽子	
共腰裙		义领	
破裙		霞帔	
旋裙		补服	bufu
上袄		腰带	
披袄		材质	material quality
衣襟	front 或 closure	刺绣	embroidery
比甲	bijia coat	织金	woven gold
唐背子		妆花 / 仿妆花	makeup flower
袍 / 深衣	robe	抹胸	
道袍	daopao robe	吊带	

续表

中文提示词	英文提示词	中文提示词	英文提示词
圆领袍		中裤	
龙袍		宋裤	
飞鱼服		衬裤	
襕衫	lanshan robe	衬裙	
贴里	lining	曲裾	curving front robe
曳撒	yisan robe	直裾	straight train robe

3. 图像生成参数调试

训练好自己的 LoRA 模型后，本阶段进行图像生成调试，主要在稳定扩散模型中的文生图模式进行。对 19 个不同的采样算法 samplers，与其不同的迭代步数 sampling steps 进行数据比较（图 5–12～ 图 5–14）。这一步的实验很重要，不同采样算法和采样步数之间的组合，所需要的电脑配置、生成时间、图片质量效果都是不一样的，合理的生成参数设置将会大幅降低所需的生成时间并提高图像生成质量。

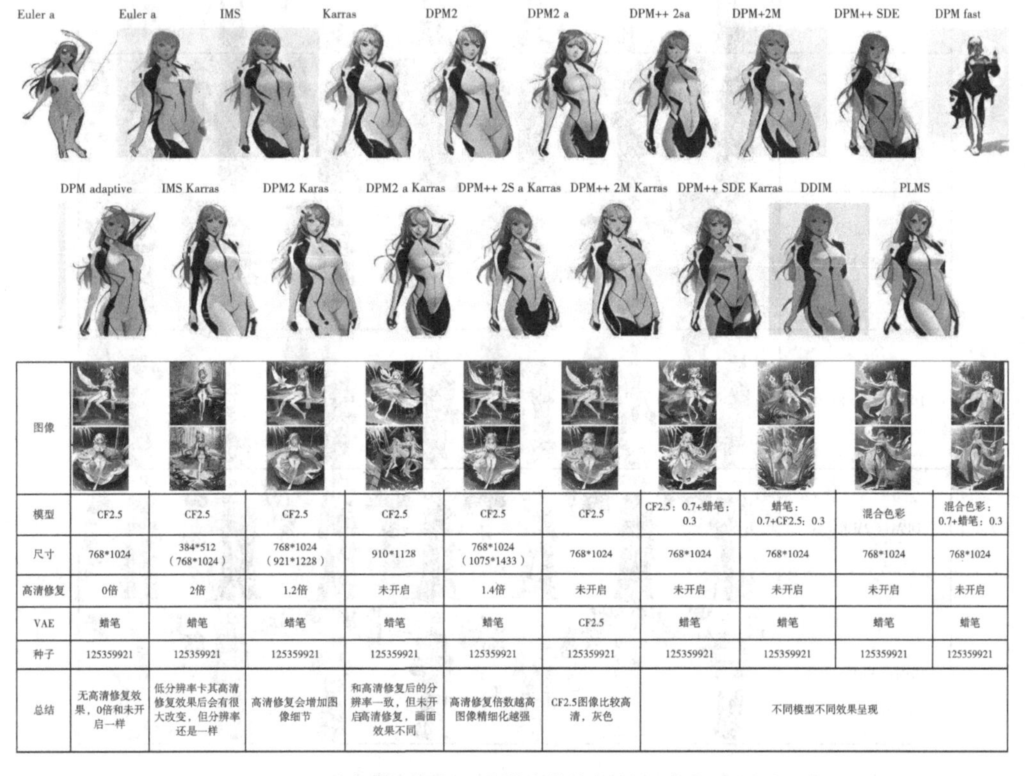

图像										
模型	CF2.5	CF2.5	CF2.5	CF2.5	CF2.5	CF2.5	CF2.5：0.7+蜡笔：0.3	蜡笔：0.7+CF2.5：0.3	混合色彩	混合色彩：0.7+蜡笔：0.3
尺寸	768*1024	384*512（768*1024）	768*1024（921*1228）	910*1128	768*1024（1075*1433）	768*1024	768*1024	768*1024	768*1024	768*1024
高清修复	0倍	2倍	1.2倍	未开启	1.4倍	未开启	未开启	未开启	未开启	未开启
VAE	蜡笔	蜡笔	蜡笔	蜡笔	蜡笔	CF2.5	蜡笔	蜡笔	蜡笔	蜡笔
种子	125359921	125359921	125359921	125359921	125359921	125359921	125359921	125359921	125359921	125359921
总结	无高清修复效果，0倍和未开启一样	低分辨率卡其高清修复效果后会有很大改变，但分辨率还是一样	高清修复会增加图像细节	和高清修复后的分辨率一致，但未开启高清修复，画面效果不同	高清修复倍数越高图像精细化越强	CF2.5图像比较高清，灰色	不同模型不同效果呈现			

图 5–12　不同采样算法和采样步数之间的组合实验图（一）

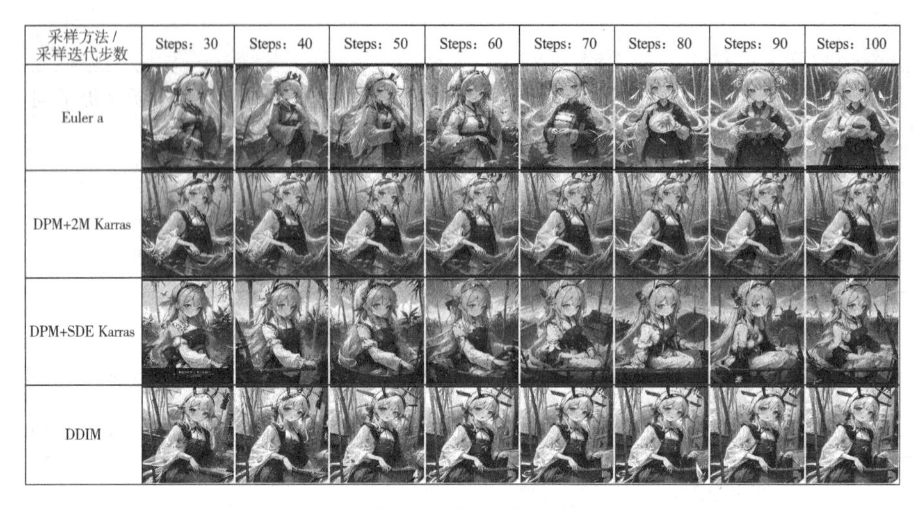

图 5-13　不同采样算法和采样步数之间的组合实验图（二）

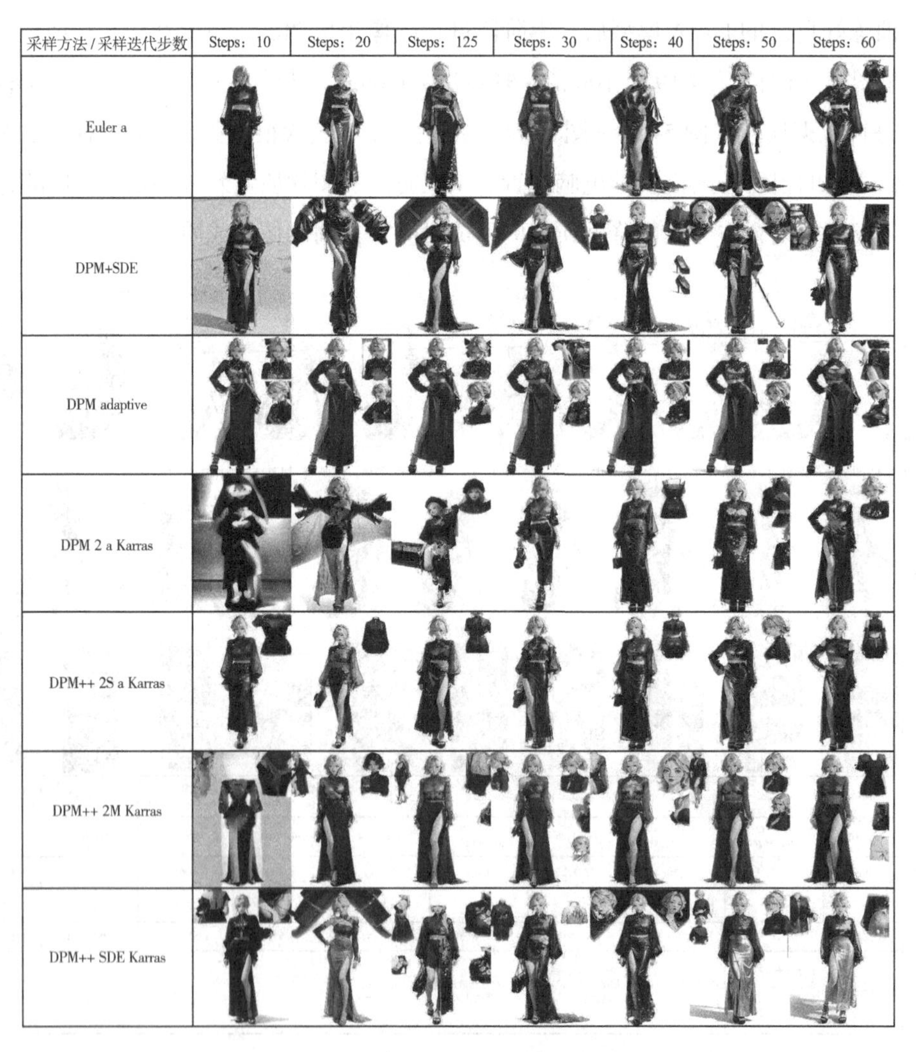

图 5-14　不同采样算法和采样步数之间的组合实验图（三）

4. 训练与调试总结

在实际生成过程中，可以采用参数为 Steps 30, DPM++ 2S a, DPM2 a Karras, DPM++ 2S a Karras 的采样方法与采样步数组合，对所写的提示词进行快速检测。当确认当前提示词，所生成的图片效果符合设计决策时，可以进一步采用 Steps 30, DPM++ 2M, DPM++ SDE, DPM adaptive, DPM2 Karras, DPM2 a Karras, DPM++ 2S a Karras, Euler a, DPM++ 2S a, DPM++ 2M Karras, DPM++ SDE Karras 的采样方法与采样步数组合，进行大规模的批量生成，得到的效果如图 5-15 所示。这个设置，在笔记本的 3080ti 显卡上，可以做到 1 分钟生成 10 个服装效果图。

图 5-15　生成的 xy 轴采样方法视图

5.4.2　创作一：芳草夏深系列

根据前期调研总结，在大量的准备训练中，底部训练模型以及融合模型的学习的图片，主要以黑、白、绿、蓝、红为主，所以围绕这些主题色创造，更容易产生好的结果。为此，本次创作尝试的主调定为日常化、夏季服装的元素。

本次创作的提示词为：(1girl), green hair, realistic, unique texture, aesthetic, (light green | black | white clothing), skirt, shirt, cheongsam, suit, dress, thread, summer, lotus, tea, bamboo, disheveled hair, ((full body)), (standing), (solo focus), legs, feet, looking at viewer, facing viewer, (white background:1.5), multiple views, simple background, (best quality), beautiful detailed eyes, delicate beautiful face, (ultra detailed) 。

图 5-16　芳草夏深系列服装效果图

首次生成尝试所消耗的时间其实是比较久的，整个创作过程生成了 96 张图片，第一次筛选出了 42 张有效图片，图片生成有效率约 44%。第二次筛选，邀请了几位前期采访过的用户，以及服装设计专业学生，选出了如图 5-16 所示的 6 张相对具有代表性的图片。与服装工厂沟通后，服装工厂提出了反馈意见（图 5-17）。

图 5-17　与服装工作室 / 工厂的对接图

1. AI 对服饰印花 / 刺绣图案的生成

由于效果图中服饰印花图案精度并没有达到实际生产所需的精度，于是使用 Midjourney 的预训练大模型进行生成。

先使用 ChatGPT4.0 描述与效果图中相似的花纹及效果，然后生成 Midjourney 可用的关键词：

Create a harmonious pattern featuring delicate gold birds, white blossoms, vibrant and dark green leaves, regularly arranged pattern, light green and yellow background, vector illustration, ultra HD, 8k --no photo detail realistic --ar 4:3 --quality 2 --upbeta --tile

再把关键词放进 Midjourney 五代进行图片生成，经过人为筛选得到图 5-18。

图 5-18　Midjourney 生成的印花图案原始稿

生成的印花图案在颜色、细节、精度上都还没有达到标准。为此，将图片通过 ESRGAN_4x 放大算法将其放大 4 倍，再通过 PS 对图像颜色进行局部调整，最后得到所需要的底裙印花图案（图 5-19）。

图 5-19　Midjourney 生成的印花图案最终稿

2. AI 对服饰背面图的补充生成以及局部修改

打板需要款式图，可以理解为零部件的 CAD 图纸。而这一步需要得到服饰的背面图才能进行。选择一张效果图，将其细化修改并制作成衣服（图 5-20）。这个过程使用了稳定扩散模型的图生图模式和 ControlNet，使用辅助姿态图形，将需要生成背面的图通过图生图模式，重绘幅度调到 0.6，提示词里将 facing front 改成 back view，便能一定程度上生成所需要的服饰背面图（图 5-21）。

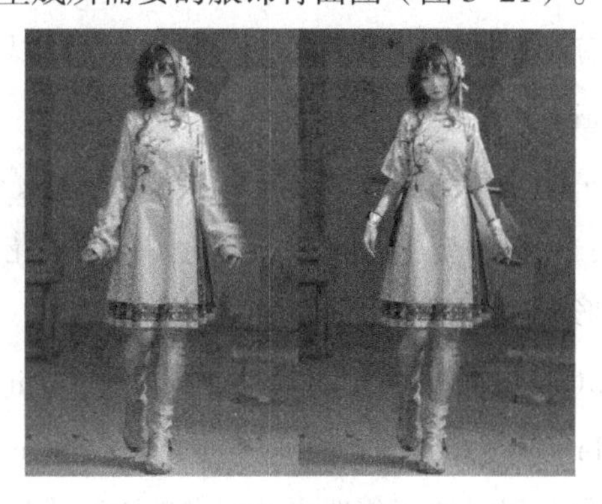

图 5-20　从长袖变成薄透短袖

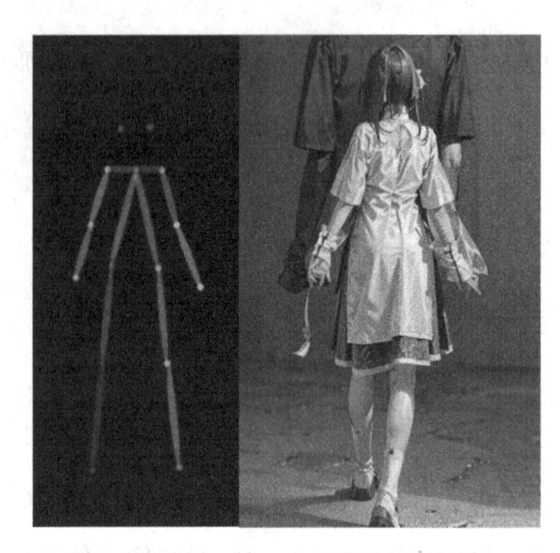

图 5-21　ControlNet 控制生成背面图

3. 创作总结

①面对 AI 生成的上百张图像，需要高效且准确的设计决策，从上百张图片中提取出最优的 5 张图作为一个服饰系列。

②可以通过稳定扩散模型的图生图模式，对效果图进行局部修改，比如更改或删除现有的服饰图案，将长袖改为短袖等。

③可以通过 Midjourney 进行快速的服饰图案生产，以弥补全身照在稳定扩散模型中生成画质和像素低的问题。

5.4.3　创作二：青花瓷系列

1.ChatGPT4.0 参与设计信息收集

第二次创作引入了最新版的 ChatGPT4.0 进行信息收集。针对中国特有的青花瓷元素（blue-and-white porcelain），结合服饰设计，让 ChatGPT 提供符合稳定扩散模型生成图像的提示词。所有的对话过程均为英文，附中文翻译以便阅读。

• Porcelain-inspired prints: Design clothing with prints that mimic the intricate blue patterns found on porcelain, such as floral motifs, interlocking vines, and geometric shapes.

以瓷器启发的印花：用模仿瓷器上复杂的蓝色图案的印花来设计服装，如花卉图案、交错的藤蔓和几何形状。

• Ceramic accessories: Create statement jewelry or accessories inspired by porcelain, such as earrings, necklaces, or brooches that incorporate blue-and-white ceramic elements.

陶瓷饰品：从瓷器中获得灵感，创造出“宣言珠宝”或配饰，如耳环、项链或胸针等，将蓝白相间的陶瓷元素融入其中。

• Deconstructed porcelain: Use the idea of shattered or reassembled porcelain to create unique patchwork or mosaic patterns on your garments.

解构的瓷器：利用破碎或重新组合的瓷器的理念，在你的服装上创造出独特的拼接或马赛克图案。

• Porcelain structure: Design clothing with structured silhouettes that echo the shapes of traditional Chinese ceramics, such as vases, bowls, or teapots.

瓷器结构：设计具有结构性轮廓的服装，以呼应中国传统陶瓷的形状，如花瓶、碗或茶壶。

• Layered patterns: Incorporate multiple layers of blue-and-white patterns in your designs, similar to the layered look of traditional porcelain.

分层图案：在你的设计中融入多层的青花图案，类似于传统瓷器的分层外观。

• Porcelain-inspired textiles: Experiment with fabric treatments that resemble the glossy, smooth texture of porcelain, or use sheer fabrics to mimic the delicate translucency of fine china.

灵感来自于瓷器的纺织品：尝试使用类似于瓷器的光泽、光滑质地的织物处理，或使用透明织物来模仿精美瓷器的精致半透明效果。

• Modern interpretations: Combine the classic blue-and-white porcelain aesthetic with contemporary fashion trends, such as oversized proportions, asymmetry, or cut-outs.

现代的诠释：将经典的青花瓷美学与当代时尚趋势相结合，如超大比例、不对称或镂空。

• Color blocking: Use the iconic blue-and-white color palette to create bold, contrasting designs through color blocking techniques.

拼色：利用标志性的青花色系，通过色块技术创造出大胆的、对比强烈的设计。

• Porcelain embroidery: Incorporate detailed blue embroidery on white fabric, reflecting the intricate patterns seen on traditional Chinese porcelain.

瓷器刺绣：在白色织物上加入细节丰富的蓝色刺绣，反映出中国传统瓷器上的复杂图案。

• Ceramic-inspired draping: Design garments with fluid, draped silhouettes that resemble the curves and contours of porcelain objects.

陶瓷灵感的垂坠：设计出具有流动的、悬垂的轮廓的服装，类似于瓷器的曲线和轮廓。

根据以上内容，结合自己的创作定位和服饰设计定位，整理出以下提示词：

- ((1girl)), blue hair, realistic,
- (blue clothing), Blue-and-white porcelain, indigo dyeing,
- skirt, shirt, (dress:0.3), shorts, suit, mixed clothing, see-through, (cheongsam:0.2), (hanfu:0.2), silk embroidery, blue petals, prints, earrings and necklaces inspired by porcelain, structured silhouettes, cut-outs, Patchwork, Textured, stocking,
- summer, skinny, ((full body)), (standing), (solo focus), slim legs, looking at viewer, facing viewer, (white background:1.2), simple background, (best quality), beautiful detailed eyes 。

2. 制定设计决策

在正式图像生成前，结合市场调研、用户研究的结果，以及自己的创作定位和服饰设计定位，进行了双层设计决策制定。

（1）消费者视角

这一层主要判断 AI 当前生成的服饰方案是否符合目标消费者的购买意愿。包括服装是否修身，版型是否适合；服装的创新体现在局部而非整体；服装是否有创新设计款式，或创新设计细节，或创新面料工艺；画面整体是否统一和谐，有秩序感。

（2）AI 创作者视角

这一层主要判断 AI 当前生成的服饰方案是否具备 AI 创作者所想要的元素，是否有产生与主题严重偏离的元素。同时 AI 创作者有多重身份，比如服装设计师、平面设计师、产品经理、运营策划、软件工程师等，不同的 AI 创作者会给设计决策带入自己独特视角的见解。

- 服装的颜色搭配是否达到审美要求。
- 服装的第一感觉是否有强烈的设计感（这种设计感体现在款式 / 版型 / 细节，而不是印花 / 刺绣 / 图案）。
- 当前服装是否具备预期的元素，比如这一次的创作主题是青花瓷，元素包括青花瓷 - 白蓝相间，结构性的轮廓，白花与蓝花，纹理等。
- 当前的服装结构是否能够被消费者理解。
- 后期与服装设计师二次创作修改的沟通成本低。

3. 二次创作 -AI 精细化

从目前的实验结果来看，AI 生成的图像并不能直接用于发布，人为的二次修改过程是必须的。本次创作的服饰款都经过了以下步骤，以达到发布的水准。

①对图片中模特的脸部和手部缺陷、服饰缺陷进行局部重绘生成。在这个过程中，经过多次实验摸索，二次修改的关键元素权重可以提高至 1.5 倍，重绘幅度

0.75～0.9 效果最佳；人脸部分修复采用 DPM++ SDE Karras 采样算法，重绘幅度 0.5 修复效果最佳。

②通过 Upscale 等人工智能插件提高图片的画质（本次采用的是 ESRGAN_4X 放大算法）。经过多次测试，将图片放大 4 倍后的清晰程度、美感及氛围感保留得最好。

③个别图片还需通过美图秀秀等大众修图软件或是 PS、AI、Procreate 等软件进行最后的细节调整以达到更好的视觉效果（图 5-22）。

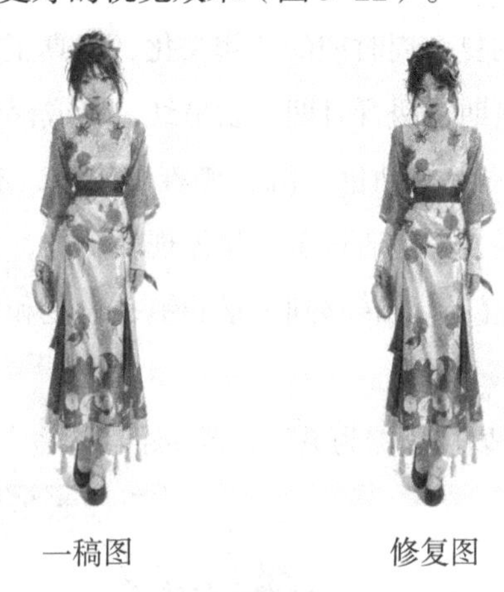

一稿图　　修复图

图 5-22　AI 精细化效果

4. “瓷韵柔情舞青花”系列

在多达 200 多张的生成图像里，经过设计决策，最后筛选出 5 张作为该系列发布图片（图 5-23）。取意中国古典青花瓷，让人工智能去理解并汲取青花瓷中的创作元素，再尝试将汲取的元素与现代大众的日常时尚结合，尽可能地保留古典青花瓷美感，兼具当代时尚性。

图 5-23　“瓷韵柔情舞青花”系列五个款式

5. 青花瓷衍生系列——黑瓷丽人

在大量调试人工智能创作青花瓷系列的过程中，因为算法的随机创造性，产生了很多不符合设计决策，但又具有一定美感的“瑕疵品”。这类生成图像都有一个很鲜明的特点，即都含有不符合设计决策的黑色，检索文献后发现，原以为的“瑕疵品”数据源竟来自青花瓷界中的黑珍珠——黑瓷。黑瓷和青花瓷（图 5–24）的关联在于它们都是釉下彩的一种，都需要在还原气氛中烧制，都有较高的技术要求。另外，黑瓷和青花瓷也有一些共同的纹饰风格，如花卉、云龙等。黑瓷也称天目瓷，是一种釉色为黑色的瓷器，也是中国陶瓷史上的一种重要瓷器。黑瓷在青瓷的基础上发展起来，釉料中氧化铁的含量在 3% 以下为青瓷，在 4%～9% 或以上的就可烧出黑瓷。

黑瓷的起源可以追溯到夏商周时期的黑陶文化，但真正意义上的黑釉瓷器是在东汉时期出现的。黑瓷的成熟期是两晋时期，胎呈红、紫或褐色，釉层厚实滋润如玉，且色泽黑亮如漆，黑瓷的特点是釉色深沉、典雅、庄重，有一种沉静之美。宋代以后，黑瓷的文化和美学内涵大多是通过茶文化体现出来的，宋代茶文化崇尚“茶白宜黑”；明清时期，中国瓷业的中心转移到了景德镇，青花和彩瓷成为主流，黑瓷渐渐退出了历史舞台。

参照之前的生成路径，以黑瓷器为灵感，诞生了“黑瓷”这个新系列（图 5–25）。

图 5–24　黑瓷与青花瓷

图 5–25　“黑瓷”系列五个款式

6. 青花瓷服饰花纹生成

图 5–23 、图 5–25 分别所示的“瓷韵柔情舞青花”及“黑瓷”系列使用的 AI 图案如图 5–26～ 图 5–29 所示。

图 5-26 “瓷韵柔情舞青花”系列配套服饰图案 1

图 5-27 “瓷韵柔情舞青花”系列配套服饰图案 2

图 5-28 “黑瓷”系列配套服饰图案 1

图 5-29 “黑瓷”系列配套服饰图案 2

7. 创作总结

本次创作中，引用了很多新技术来保证最终服饰效果图的质量，为了保证研究的一致性，所使用的技术也尽可能以人工智能为主。

（1）不同模型中，某一提示词自身的权重是不一样的，这一点在创作者初步写完提示词后，还需要根据图像生成的质量，比如是否有某一元素都出现在所有图像中，如果有这种现象，建议降低可能引发这种现象的提示词权重，因为某一提示词权重过高，会极大影响 AI 整体生成图像的质量，其中受影响最大的便是 AI 的随机性与创造性能力。

在本次创作中，权重修改建议：旗袍（cheongsam）的权重不可超过 0.3，否则影响因素很明显；汉服（hanfu）的权重建议在 0.2～0.6 之间；不建议在提示词中加入（china）或（chinese）等词汇，因为大模型目前暂时还不是用中文训练，外国人眼中所理解的中国文化与国人有很大的差异，而且极有可能会生成日本和服元素。这一点也揭示了我们为什么要训练自己的模型。

（2）设计决策可以在边生成时边决定。比如初步通过设计决策的服饰设计方案超过 20 个时，即可停止 AI 生成，否则会增大后期人工筛选的工作量。

（3）服饰领域的潮流总是不断变化的。“时尚是个轮回”，这是在服装设计圈耳熟能详的一句话。所以，作为 AI 创作者，要不断保持并提高自己的审美能力，甚至需要建立更有效的筛选机制，以应对海量的且快速的 AI 设计生产方式。

5.4.4 创作三：竹林仙子系列

1. ChatGPT4.0参与制定提示词

在向ChatGPT4.0提出特定颜色文化元素要求的基础上，增加了提示词“夏天”后，ChatGPT给出的答案有效性高了很多。由此做出假设，提出的问题越具体，ChatGPT4.0的回答效能越高。根据ChatGPT4.0的回答，考虑到人工智能的创造性和服装美学间的平衡，提取出bamboo forests（竹林），让ChatGPT4.0进行更进一步的创作，得到如下结果。

• Bamboo Silhouette: A design print featuring a distinctive and named outline of bamboo. Silhouettes of bamboo under a summer sky.

竹子的剪影：以独特而醒目的竹子轮廓为特色的设计印花，在夏日的天空下，有竹子的轮廓。

• Bamboo Textures: Use fabric techniques to mimic the smooth or jointed textures of bamboo canes in your designs.

竹子的纹理：在你的设计中使用织物技术来模仿竹子的光滑或有关节的纹理。

• Bamboo Leaf Prints: Create intricate patterns or prints inspired by the slender, pointed leaves of bamboo.

竹叶印花：创造复杂的图案或印花，灵感来自于竹子细长的尖叶。

• Bamboo Green Color Palette: Use the various shades of green found in a bamboo forest as your primary color palette.

竹绿调色板：使用竹林中的各种绿色作为你的主色调。

• Bamboo Structures: Design clothing with structured silhouettes or geometric patterns inspired by the vertical lines and sections of bamboo stalks.

竹子的结构：设计具有结构性轮廓的服装或几何图案，其灵感来自竹子的垂直线条和截面。

• Bamboo Weaving: Incorporate the patterns found in traditional Chinese bamboo weaving into your fabrics or designs.

竹子编织：将中国传统竹子编织的图案融入到你的面料或设计中。

• Bamboo Forest Scene: Create a large, scenic print featuring a dense bamboo forest for statement pieces in your collection.

竹林景象：创建一个大型的，以茂密的竹林为特色的风景印花，作为你服装系列的点睛饰物。

- Bamboo Accessories: Design accessories inspired by bamboo, such as belts, bags, or jewelry.

  竹子配饰：设计以竹子为灵感的配饰，如腰带、手袋或珠宝。

- Bamboo and Silk: Combine the use of bamboo-inspired designs with traditional Chinese silk fabrics to create a harmonious blend of textures and patterns.

竹子和丝绸：将以竹子为灵感的设计与中国传统的丝织品结合起来，创造出一种和谐的纹理和图案的融合。

综上所述，结合前两次创作的经验，以及反复的测试，本次的创作的提示词如下：

“((1girl)), green hair, realistic, (green clothing), bamboo, paper fans, summer, Dress, see-through, prints, earrings and necklaces inspired by bamboo or paper fans, silhouettes, cut-outs, Weaving, Patchwork, Textured, stocking, Pleats, Layering, summer, skinny, ((full body)), (standing), (solo focus), slim legs, looking at viewer, facing viewer, (white background:1.2), simple background, (best quality), beautiful detailed eyes, delicate beautiful face, (ultra detailed)”。

2. 竹林仙子——可曾抚慰那斑驳的竹影

“竹林仙子”系列：“就在小时候捉迷藏的那片葱郁竹林边，竹影婆娑，风吹竹叶沙沙，她静静地站在那里。阳光透过竹叶的缝隙洒在她身上，给她笼上一层朦胧的光辉。她的宁静，就像竹子，清新脱俗，与世无争。”图 5-30 为发布的本系列设计，图 5-31 为所使用的图案元素。

图 5-30 “竹林仙子”系列款式

图 5-31 “竹林仙子”系列配套服饰图案

3. 新竹——青墨一色

“新竹”系列：“置身在无尽的黑暗之中，如同旧竹枝在风雨中摇曳，寻找光明。只有她知道，赖于旧竹的扶持，才有她今日的高昂。她是新竹，向上生长。”

如同第二次创作，这是一个衍生系列，是以难以捉摸的黑色为特色，以及超出设计决策范围的服饰形态衍生。如图 5-32 所示为衍生的 5 个款式，所采用的图案元素如图 5-33 所示。

图 5-32 “新竹”系列款式

图 5-33 “新竹”系列服饰图案

5.4.5 创作四：紫宋系列

1. 国风与 Lolita 服饰的创新结合

与前面两次创作不同的是，这次的 AI 生产不仅有自己训练生产的人工智能国风 LoRA 模型，还有一个第三方 Lolita 服饰 LoRA 模型，通过将两个模型按照一定的比例进行融合创作，探索 AI 融合服饰风格的能力。同时本次创作也没有通过 ChatGPT4.0 进行额外的信息收集，本次提示词方案来源于前期的桌面调研，最终敲定的提示词方案如下：

“((1girl)), purple hair, realistic, (full body:1.8), (light purple clothing), (purple gemstone), (orchid), (astrology), redesign, skirt, (dress:0.3), microdress, Lolita, mixed clothing, see-through, (cheongsam:0.3), (hanfu:0.3), silk, earrings and necklaces inspired by gemstone, innovative, fashion design, silhouettes, cut-outs, Patchwork, Textured, stocking, pleats, Weaving, (ultra detailed), skinny, (standing), (solo focus), slim legs, looking at viewer, facing viewer, (white background:1.2), simple background, (best quality), delicate beautiful face ”。

2. 紫宋——洛洛偷走的蛋糕

图 5–34 为本系列设计结果，图案见图 5–35。

图 5–34　“紫宋”系列款式

图 5–35　“紫宋”系列配套服饰图案

3. 紫罗兰——永恒的魅力

该主题取意紫罗兰——“清风拂过，紫罗兰在绿叶的衬托下，显得格外娇媚”，于是形成了这一系列的服饰（图5–36）。

与之前一样，AI 生产图像过程中总会出现一些意料之外的创作，将那些不满足设计决策但同样具有鲜明特性的服饰设计方案通过二次创作，重新组织故事线推出。过程中除紫色服饰外一批绿色服饰的图片夹杂其中，而且还只出现绿色，可能和提示词里的“兰花”有关系。这是因为紫罗兰照片中，颜色面积最大的是紫色，颜色面积第二大的便是绿色，底部大模型训练时，并没有把兰花只绑定到一种颜色。

图 5-36　“紫罗兰”系列款式

5.4.6　创作五：红梅系列

1. 国风与 JK 服饰的创新结合

这次的 AI 生产除了人工智能国风 LoRA 模型，还有一个第三方 JK 服饰 LoRA 模型，将两个模型按照一定的比例进行融合创作，继续探索 AI 融合服饰风格的能力，以及国风服饰与现代主流审美服饰结合的可能性。同样，本次创作没有通过 ChatGPT4.0 进行额外的信息收集，本次提示词方案来源于前期的桌面调研，最终敲定的提示词方案如下：

“ (red | black clothing), (plum blossom),

redesign, innovative, fashion design, shirt, (skirt:1.2), (dress:0.3), microdress, JK, mixed clothing, see-through, (cheongsam:0.3), (hanfu:0.5), silk, earrings and necklaces, (asymmetrical sleeves),

silhouettes, cut-outs, Patchwork, textured, stocking,

(ultra detailed), skinny, (standing), (solo focus), slim legs, looking at viewer, facing viewer, (full body:1.2), (best quality), (simple background), delicate beautiful face, delicate beautiful eyes ” 。

2. 红梅——不要人夸好颜色

在这次设计生成过程中，发现如果不是生成整体人物，比如只有上半身或只有下半身，甚至只有裙子部分，AI 生成图像的细节有了质的飞跃，生成的服饰花纹可以直接应用于成衣生产中（如图 5-37、图 5-38 所示）。由此推断，如果准确控制 AI 重新绘制局部服饰，然后再将其拼成一张主图，这样 AI 生产图像可以达到更高的生产水平。

图 5-37　“红梅”系列款式

图 5-38　“红梅”系列服饰图案

3. 创作总结

既然运用 AI 创作，便要尽可能发挥 AI 无限结合的能力，带来与众不同的创造力，做一些人类服装设计师难以做到的事情，比如将 56 个民族服饰的特点浓缩在一件衣服上，将中国十二花神的元素体现在一件衣服上，等等，这样的服饰方案图 AI 能够在短时间内生成上百张上千张，供人类服装设计师参考。

人类服装设计师与 AI 在协助设计的过程中，设计决策的制定将变得愈发重要，因为设计方案的产出效率将得到提升，但实际生产力技术还没能突破，所以在目前阶段通过更好的前期研究得出正确的设计决策变得更为重要。

5.4.7　AI 服装设计发布

本次 AI 设计的不同款服饰展示结果如图 5-39 所示。

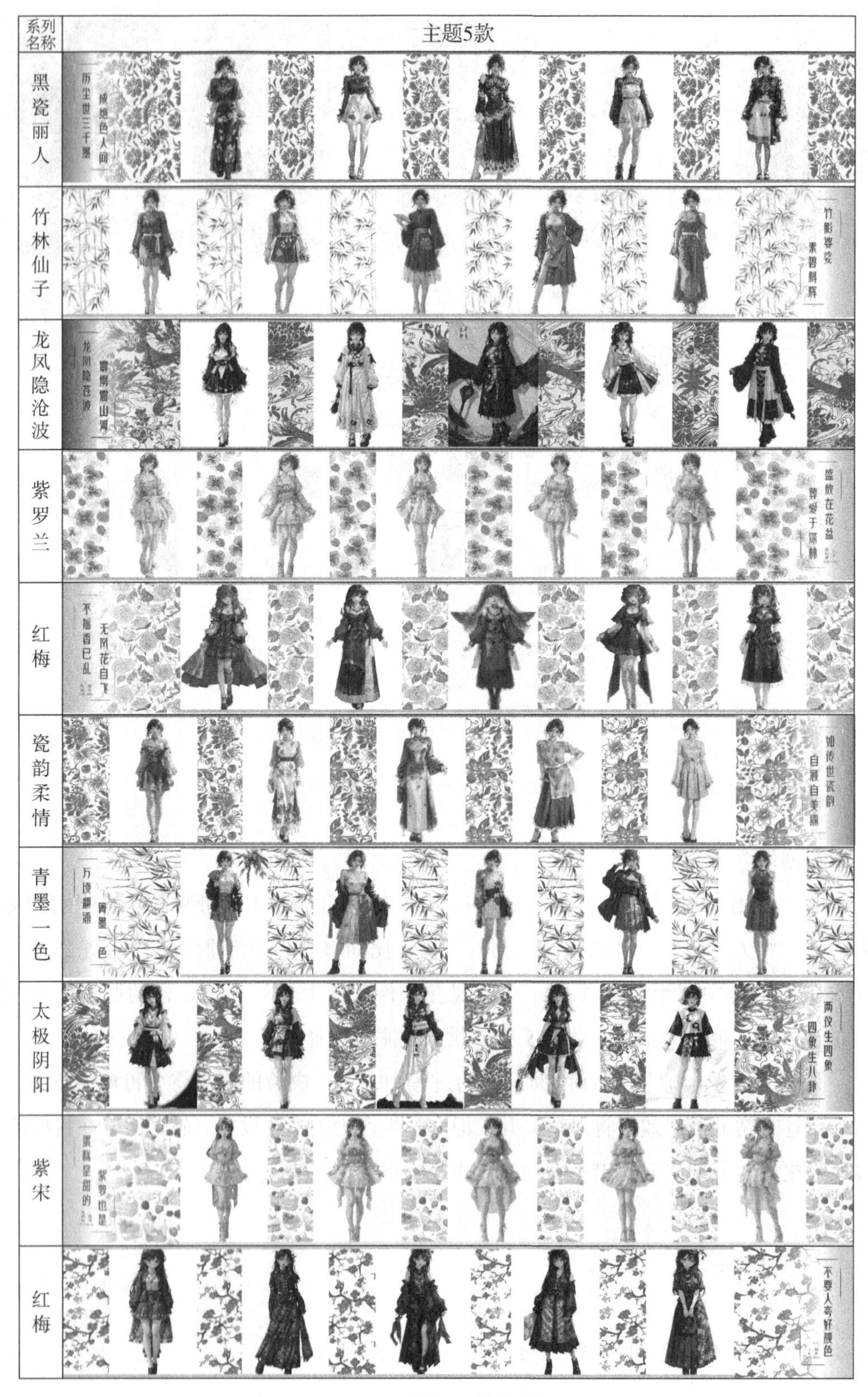

图 5-39　所有 AI 创作实例

5.4.8 AI 服饰设计版权规避

目前 AI 生成作品的相关法律法规不够完善，版权归属不是很明晰。目前得到多次证实的是，AI 生成的作品只要经过人为二次修改，是可以通过官方机构或相关部门申请个人版权的。换句话说，如果用 AI 生成的服饰方案图，通过款式图的方式重新画一遍，是否可以称之为原创设计呢？以下挑选了当前网友反馈最高的四张服饰方案图，进行了款式图绘制（图 5-40）。

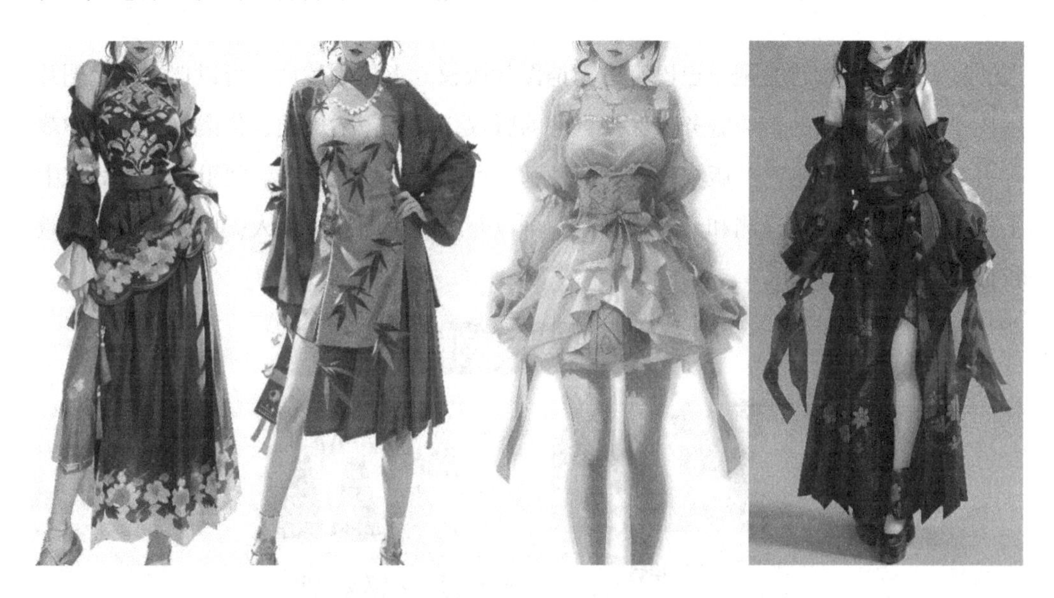

图 5-40　AI 创作作品中的人气款式

根据 AI 生成的正面服装方案图，还原背面效果（图 5-41、图 5-42）。

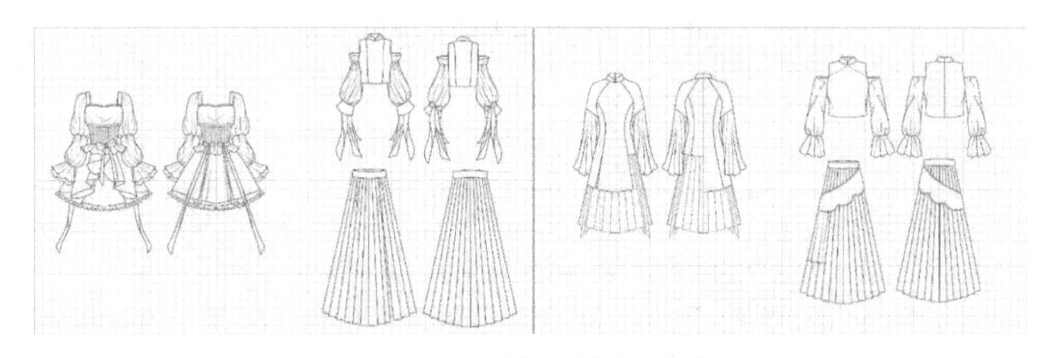

图 5-41　二次创作绘制的黑白款式图

图 5-42　二次创作绘制的上色款式图（原创有版权）

接着用这些图片去阿里巴巴官方申请图片版权。上传图片后，可以选择阿里图片版权保护平台提供的多项服务来保护自己的版权，服务包括检测、备案、取证、仲裁等多个环节。阿里巴巴的版权服务有两种，一种收费，一种免费。阿里巴巴会对文中上传的图片进行版权检测和交互式查重，可以有效避免图片被他人盗用。申请到的版权证明如图 5-43 所示。

图 5-43　阿里巴巴原创设计证明

第六章

用树莓派实现交互原型

6.1 原型设计概述

麻省理工学院的K. T. Ulrich博士认为原型是指设计人员依据一个或多个方面的兴趣而得到的产品的近似品。因此，能够呈现给开发者至少一个所关注的方面的任何实体都可以视作一个原型（prototype，也作“样机”）。其主要目的是在产品的早期阶段模拟和测试其功能、交互性和可行性，用于在设计定型前发现潜在的问题。原型可以以物理形式或数字形式存在，具体取决于产品的性质和设计阶段。原型既是设计前期概念的具体表现——允许设计者、开发者和利益相关者在启动全面实施之前对概念进行可视化和评估，也是一种进行设计迭代的重要工具——设计师可以根据反馈和测试结果对方案进行改进和调整。

制作交互原型的目的主要是为人机交互设计提供依据，涵盖物理部分和数字部分，物理部分通常用于测试实体产品的设计，而数字部分则通常用于网站或应用程序的设计。我们既可以把原型看作是产品的早期版本，也可以看作是设计过程的重要组成部分。成功的原型设计可为提升创造力提供支持，帮助开发者捕捉和产生想法，促进对设计的可能性空间进行探索，并发现关于用户场景的相关实际信息。同时，有效的原型也是鼓励交流的，帮助设计师、工程师、经理、软件开发人员、客户和用户讨论各种方案并相互交流。

在产品设计开发的初期，设计者用草图来表达设计方案。随着设计深入，简单的外观模型可能会被制作出来。在进行至系统性的产品开发环节时，设计者可能会用到功能验证原型……《交互设计指南》一书的作者称“做设计就是做原型”。通过原型实现早期评估，设计者可以在整个设计过程中以各种方式对设计方案进行测试，包括传统的可用性研究和非正式的用户反馈。

6.1.1 原型的分类

原型可以出现在不同的产品开发阶段。原型的具体形式是灵活多变、不受拘束的。概念草图、数学模拟、测试元件、简单的油泥或泡沫模型、能够点击的软件界面，这些都可以称作是原型。对于软件和硬件产品来说，原型都是不可缺少的一部分，但各有其特点。AI产品通常涉及软硬件结合，信息架构与系统耦合复杂，显示交互和隐式交互兼备，程序逻辑嵌套，导航方式和形式多样，因此，更需要原型进行评估和验证。

6.1.1.1 交互原型

在交互设计开发中，一般从三个方面区分原型，一是原型的逼真程度，二是原型的探索功能，三是原型所追求的结果。

在第一种分类水平上，将原型分类为较为耳熟能详的低保真原型和高保真原型。低保真原型用于快速表达设计方案，拓展设计思路。此类原型制作简单，价格便宜，花费时间少，方便修改。对应的形式可以是纸面草图，也可以是软件交互线框图。而高保真原型与最终的产品更为相似，但也并非完全相同。此类原型功能较为完整，具有交互性，能够测试软件的可用性，获得关于最终体验的反馈，但开发成本较高，用时长，不能用于快速生成和验证设计概念上的创新。

在第二种分类水平上，可以从对于产品功能探索的角度来分类，可以把原型分成水平原型和垂直原型。水平原型是指该原型提供了很多功能，每个功能的实现都不够深入。例如，在软件应用的交互界面进行原型绘制时，只将导航界面设计出来，但其实际功能可能尚未实现。垂直原型是指对产品的某几个功能进行详细的探索。例如通过一些复杂的算法实现了某种交互功能，但其他类型的功能没有进行落地实践。

在第三种分类水平上，可以将原型分类为进化型原型和抛弃型原型。进化型原型会在逐步的原型设计制作和评估中，逐渐进化成为最终产品；而抛弃型原型仅仅用于充当设计概念的实验对象，在确定最终产品设计方案之后，此类原型就不会再被使用。但值得注意的是，进化型原型不等于最终设计，还需要构建更多的垂直原型等进行测试。但要避免使用不成熟的原型直接拼凑产品，使得产品质量下降。

6.1.1.2 产品原型

这里所说的产品原型偏向于硬件原型，是可触摸和感知的制品，该制品是产品的一个近似品。开发者所感兴趣的产品的一些方面被实体化，用于检测和试验。实体化原型包括满足视觉外观模型，用于快速检测某一设想的概念证实型原型，以及用于证实产品功能的实验型原型。分别举例说明，传统的工业设计中所采用的泡沫、油泥、石膏等制作的用于测试外观和尺寸的原型，简单的单片机和传感器所搭建的电子原型，以及通过 CNC 或 3D 打印形成的快速结构验证原型均属此类。这类原型在 ID 阶段，通常为进行推敲而制作很多个，用于比较不同的整体外观风格和不同造型的节点细节。有些原型仅仅具有初步的结构形式，有些原型具有逼真的界面，可以评估 CMF 的设计细节。这类原型有时被称为 α 原型或“手板”。α 原型的加工工艺可能与最终的产品尚存在区别。

而与之相对应的解析化原型通常是指以数学或图像的方式表达原型，一般来说不可触知。解析化原型的表现形式为计算机的三维模型、电子表格编码方程运算，计算机仿真模拟等。常用的犀牛建模、CREO 工程图以及一些有限元仿真手段均属于解析化原型的范畴。这种原型有时也称为虚拟样机或者数字样机，适合对运动关系和结构干涉与强度、寿命进行数字化分析。

综合化原型，顾名思义，能够完成产品的绝大多数属性的检验，一般来说作为一个适用范围大、功能全的产品版本，可以用于检验综合性能。这里引入一个名词——“β 原型”，常见于一些手机软件邀请用户进行 β 测试（也作 BETA 版）。实际上这就是产品在正式投入市场之前交付用户使用的测试原型版本，用以识别可能存在的设计缺陷。而 β 原型的零件一般是最终流水线所生产的。在各类综合化原型中，仿真程度最高的是试产原型，此类原型是第一批由完整的工艺所加工的产品，也可以用于评价生产线能力。

AI 产品涉及嵌入式系统开发以及互联网平台应用，并涉及 AI 模型的使用，其工作原理原型可以使用开发板、面包板或者外购模块对系统进行原型设计。一般首先采用独立的分离原件进行开发（图 6–1a）， 再验证系统架构、功能实现和传感器灵敏度，以及交互效果，这时，这些器件和引线通常无法封装到 ID 设计的外壳中（图 6–1b）。 因此，一旦技术路径确定，通常会进行 PCBA 设计，将多数分离元器件集成，考虑电源供电、输入输出等，对 IO 口进行布局，并 3D 打印产品外观进行封装（图 6–1c）， 评估完整的功能原型。树莓派和大多数商业智能产品一样使用 ARM 架构 CPU，具有 Linux 操作系统的大部分功能，和手机、平板中的安卓系统具有较高的相似度，具备多种性能规格。由于其开源的特点，各种学习资源丰富，与 Python 语音及网络开发工具结合性能好，相对简单易学，是设计师入门 AI 产品交互原型的良好载体。

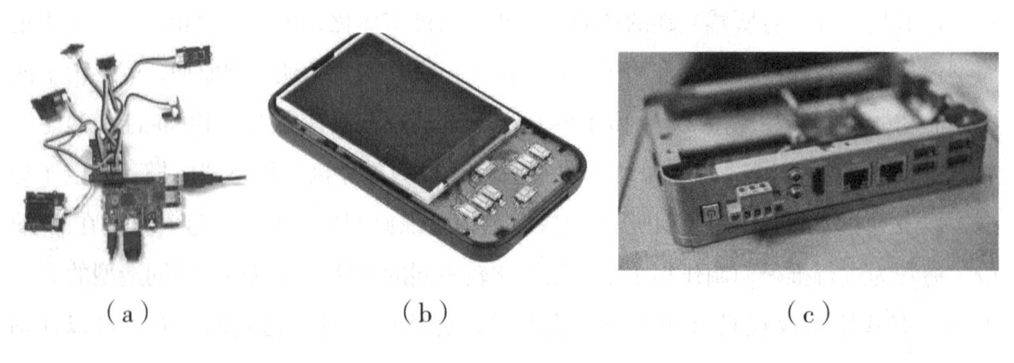

（a） （b） （c）

图 6–1 AI 产品原型

6.1.2 原型的作用

在产品开发项目中，使用原型主要存在四个目的：学习、沟通、集成和里程碑。

学习：在回答“产品是否能按照预期工作？”和“满足需求的程度如何？”此类问题时，原型就作为我们学习的工具。事实上，我们对于原型作用的认知主要就体现在学习上，我们也可以认为这是对设计成果和思路的一种检查和反思。诸如“系统运作的效率”“产品的使用直观性”“产品符合人机工学的程度”都是从制作原型的过程中可以学习到的要点。

沟通：加强开发团队与高层管理者、供应商、合作商、开发团队拓展成员、消费者以及投资者之间的沟通。对于实体化原型来说，这是尤为重要的目的。设计者向他人表达自己的设计想法和设计工作进度时，制作实体化原型是最有效的手段之一。

集成：在综合化原型上进行产品子系统的集成，用于测试产品的整个系统能否按照预期协同工作。想要达成此类目的的原型一般是实体化的，某些问题在对于产品子系统进行单一性测试检验时是难以被发现的，这些问题一般只会在综合性的实体化原型中出现。此外，原型可以帮助设计团队达成一致的观点，确保整个团队输出统一整体的设计。

里程碑：在产品开发的后期，原型在用于验证产品的功能上已经达到期望水平。此时，里程碑式的原型提供了可供触知的目标，表明了进展情况，并用于加强进度安排。对于设计者、生产者、管理者、投资者和消费者来说，一个完备的、具有里程碑意义的原型无疑是令人振奋的。

而在交互设计开发流程中，原型设计通常有以下几点作用：

①有一个坚实的基础来构思改进——让所有利益相关者清楚地了解与原型可能导致的潜在收益、风险和成本相关的情况。

②可以及早适应变化——从而避免对单一的、错误的理想版本的承诺，卡在用户体验的局部最大值上，然后由于疏忽而招致沉重的成本。

③向用户展示原型，以便他们向设计师提供反馈，帮助设计者确定哪些元素（变体）最有效以及是否需要修改。

④拥有一个工具来试验用户需求和问题的相关部分——因此，交互原型可以帮助设计者深入了解用户世界中不太明显的领域（例如，注意到他们将其用于其他目的或发现不可预见的可访问性问题，例如移动使用的挑战）。

⑤为所有利益相关者提供一种主人翁感，进行参与式设计，促进对产品最终成功

的情感投资。

⑥通过最大限度地减少产品发布前要纠正的错误数量来缩短上市时间。

⑦可能是进行众筹、路演或者展览交易会的比较好的载体，可以在正式上市前获得比较好的商业预期。

6.1.3 如何实现原型

6.1.3.1 传统的工业设计原型

在一些偏向实体和制造业的工业设计和产品设计领域中，设计者常利用聚苯乙烯泡沫、油泥、石膏、ABS 板或其他易于加工和成型的材料搭建产品原型，验证其在尺寸、比例、人机关系上的合理性。

6.1.3.2 快速原型制作

快速原型制作是一组用于使用三维计算机辅助设计（CAD）数据快速制造物理零件或装配体的比例模型的技术。由于这些零件或组件通常是使用增材制造技术而不是传统的减材方法构建的，因此该短语已成为增材制造和 3D 打印的代名词。

增材制造是原型设计的天然匹配技术。它提供几乎无限的形状自由度，不需要工具，并且可以生产机械性能与传统制造方法制造的各种材料非常匹配的零件。3D 打印技术自 1980 年代就已经出现，但由于它的高成本和复杂性，被主要限制在大公司使用，或者迫使小公司将生产外包给专业服务，并在随后的迭代之间等待数周。

桌面和台式 3D 打印机的出现改变了这种现状，并激发了使用热潮，而且没有停止的迹象。借助内部的 3D 打印机，工程师和设计师可以在数字设计和物理原型之间快速迭代。现在可以在一天内创建原型，并可以根据实际测试和分析的结果对设计、尺寸、形状或组装进行多次迭代。最终，快速原型制作过程助力公司比其他竞争对手更快地将更好的产品推向市场。

6.1.3.3 Arduino 与 Raspberry Pi 原型开发

Arduino 是一个基于易于使用的硬件和软件的开源电子平台。Arduino 板能够读取数字或模拟信号输入：输入传感器上的光、按钮上的手指或 Twitter 消息——并将其转换为输出——激活电机、打开 LED、在线发布内容。

由于其能提供简单易用的用户体验，Arduino 已被用于众多不同的项目和应用程序中。Arduino 软件对于初学者来说易于使用，对于高级用户来说足够灵活。教师和学生用它来建造低成本的科学仪器，以证明化学和物理原理，或者用于学习编程和学习机器人技术。设计师和建筑师用它构建交互式原型，音乐家和艺术家将其用于安装和试验新乐器。

相比 Arduino，Raspberry Pi（树莓派）其实就是一个小小的卡片电脑，具有一个运行 Debian（Linux 的树莓派版本）的操作系统，增加了 HDMI、USB 等多种类型的 IO 端口和网络链接。由于其具有操作系统，可以配置各种软件完成指定的任务，实现直播、微信自动回复、点歌、视频播放、智能小车驱动，并被应用于智能门锁、智能家居、网络硬盘、网络收音机、服务器、媒体服务器、网络的广告拦截器、气象站监控等，也可以利用 Python 进行快速开发，或方便地和 Arduino 等一些嵌入式模块和传感器交互。高阶版本的 Arduino 具有类似的功能。

Tom Igoe 把利用 Arduino 等器件实现物理原型并进行可触摸交互的过程称为物理计算，涵盖了交互式对象和装置的设计和实现。物理计算是理解、计划和实现大型和小型项目的过程。这些项目为磨炼设计技能并将设计变为现实的能力提供了机会。

当设计一个软件或创建一个数字产品时，用户与产品交互的方式是有限的，例如使用键盘或触摸屏。物理计算的不同之处在于，用户可以在现实世界中更广泛地与创作进行交互并从中获得反馈，比如手势、语音或者触摸等其他自然交互方式等。物理计算提供了创建直接影响现实世界的数字解决方案的机会。这些设备由现实世界的需求驱动，并解决现实世界的问题。

Raspberry Pi 是设计师用来学习更多关于计算和硬件的知识，进行交互原型开发的工具，诚然，在 Github 上有无数的物联网应用和解决方案，由于其成本、体积、接口数量等的约束，使得开发板很少在生产中使用。对于自动化产品或者简单的物联网产品，在物联网中通常不需要太强大的处理能力，在不涉及人脸识别、语音识别等 AI 应用场景的情况下，Arduino 等其他类似板卡可能是更好的选择。使用 Raspberry Pi 的成本比用于物联网的普通微控制器要高得多，因此对于适销对路的智能设备来说可能太昂贵了。但 Raspberry Pi 作为物联网原型设计的可行选择，特别是当设计师对想从这个过程中获得什么类型的最终产品只有一个模糊的概念时，为了在进行详细设计前验证假设和技术可行性，此时它就是一个很好的选择。

此外，Raspberry Pi 更高的计算能力也有其优势。Arduino 可能适用于智能传感器，但 Raspberry Pi 将是处理量更大的应用程序（如智能设备集线器）的首选。集线器是所有智能设备以数字方式相互连接以进行集中控制的地方，因此它需要有比典型智能设备更多的计算能力。

此外，一些 Raspberry Pi 型号非常小，能耗相对较低。其还提供了大量不同的选项、强大的文档和强大的社区，使其易于使用。因此，使用它来开发原型甚至最小可行产品，即可能会根据客户反馈而更改的早期产品迭代，是非常合适的。

6.1.4 交互原型的构建手段

交互原型根据仿真程度和用途的不同，也存在多种构建方式，包括草图原型、纸质原型、点击原型、交互式高保真原型和编程原型（coded prototypes）。

草图原型通常是使用自由形式的笔画勾勒出最初的想法。它们是原型的最基本形式。用户体验设计师通常使用草图来产生想法并与产品团队协作。

纸质原型与草图不同。虽然团队都在设计过程的最早阶段使用它们，但纸质原型的结构比一组草图更明确，通常涉及使用模板和纸板来创建各种网页或应用程序屏幕的更实质、更详细的模型，以供可用性测试期间使用。设计者还可以将这些与便利贴或其他纸质插件结合使用。

点击原型描绘了网站页面或应用程序屏幕上的元素。它们通过热点链接各种屏幕。这些原型是低保真原型的更高级版本，也是交互原型的最简单版本。常用软件有 Axure 和 Figma。

可交互式高保真原型比低保真原型更先进。它们更美观，功能更接近最终产品。一旦团队牢牢掌握了他们希望成品体现的内容，通常会在设计过程中进一步创建高保真原型。高保真原型有时比低保真原型更适合可用性测试。常用于构建高保真原型的软件包括 Sketch、Adobe XD，协作也可以使用 Figma。

设计师只有在产品及其流程经过深思熟虑并已获得关键利益相关者的批准以进行最终测试和实施后，才能创建数字编程原型。构建数字原型需要花费大量时间和精力，因此创建它们绝不应该是原型制作过程的第一步。

编码的原型既不容易创建，也不容易修改。它们具有原生响应能力，因此人们可以在手机、平板电脑或台式机上查看它们。与创建低保真原型相比，创建编码原型通常缺乏协作性。但是，这些原型非常逼真。它们的外观和行为都像最终产品，因此它们是获得用户反馈的最佳原型。编写此类原型需要掌握 Python，或者 JS，HTML/CSS 类的前端语言。

无论是产品原型还是交互原型，它们都是表达产品功能、呈现和感受的初级产品，它们往往忽略细节信息，更专注于验证我们设计过程中的想法或功能，为最终形态的产品探索提供逐渐清晰的方向。身为一个设计师，如何运用好产品原型这一工具，掌握准确多样的原型制作方法，对于推进产品研发工作，探索产品发展方向，起着至关重要的作用。

6.2 AI 产品嵌入式硬件树莓派技术入门

树莓派是一台单板计算机。这意味着组成计算机的所有组件，如处理器、存储器和图形芯片，都被焊接到一块电路板上（图 6–2）。它也没有集成的外围设备，就像在笔记本电脑或一些台式电脑上看到的那样，比如屏幕、键盘、扬声器或触摸板。因此，必须为使用树莓派准备好操作系统，并设置好相关外设以便调试和测试交互装置。

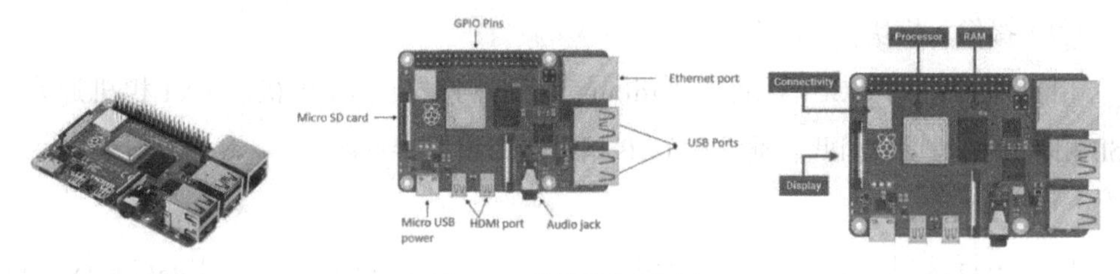

图 6–2　树莓派开发板

Raspberry Pi 主要由以下几部分组成：

（1）处理器

Raspberry Pi 使用 Broadcom BCM2835 片上系统，这是一个 ARM 处理器和视频核心图形处理单元（GPU）。该系统是 Raspberry Pi 的核心，它控制所有连接设备的操作并处理所有必需的计算。

（2）HDMI

高清多媒体接口用于将视频或数字音频数据传输到计算机显示器或数字电视。这个 HDMI 端口可帮助 Raspberry Pi 通过 HDMI 电缆将其信号连接到任何数字设备，例如显示器、数字电视或投影仪。

（3）GPIO 端口

Raspberry Pi 上提供通用输入输出端口，允许用户连接各种 I/P 设备。

（4）音频输出

音频连接器可用于连接音频输出设备，例如耳机和扬声器。

（5）USB 端口

这是一个通用端口，可用于各种外围设备，例如鼠标、键盘或任何其他 I/O 设备。借助 USB 端口，可以通过连接更多外围设备来扩展系统。

（6）SD卡

SD卡插槽在Raspberry Pi上可用。启动设备需要安装了操作系统的SD卡。

（7）以太网

以太网连接器允许访问有线网络，仅在Raspberry Pi B型上可用。通常在制作交互原型时通过板载WiFi进行网络连接。

（8）电源

提供Type C微型USB电源连接器，可连接5V电源。Raspberry Pi 4的运行功耗大约为15W，因此对供电有比较高的要求，虽然个人电脑的USB能提供5V电源，但由于其输出功率问题，经常会导致网络信号连接中断，因此建议使用3A以上的独立5V电源。

（9）摄像头模块

相机串行接口（CSI）将Broadcom处理器连接到Pi相机。CSI相机通常比USB相机价格稍贵，因此，通常用USB相机作为图像传感器。

（10）显示

显示串行接口（DSI）用于使用15针带状电缆将LCD连接到Raspberry Pi。DSI提供专门用于发送视频数据的高分辨率显示接口。

（11）GPIO引脚定义

Raspberry Pi的一个强大功能是沿电路板顶部边缘具有一排GPIO（通用输入/输出）引脚（图6-3）。所有当前的Raspberry Pi板上都有一个40针GPIO接头，尽管它在Raspberry Pi Zero、Raspberry Pi Zero W和Raspberry Pi Zero 2 W上没有安装。所有板上的GPIO接头均具有0.1英寸（2.54毫米）引脚间距。除电源和保留的EEPROM接口外，任何GPIO引脚都可以在软件中指定为输入或输出引脚。电路板上有两个

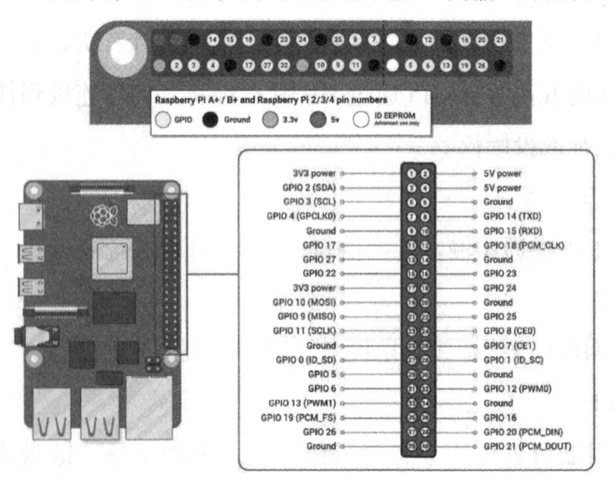

图6-3　GPIO引脚

5V 引脚和两个 3.3V 引脚，以及多个接地引脚（GND），这些引脚无法重新配置。其余引脚均为通用 3.3V 引脚，这意味着输出设置为 3.3V，输入可承受 3.3V。不要将电机直接连接到 GPIO 引脚，而应使用 H 桥电路或电机控制器板。引脚 GPIO2 和 GPIO3 具有固定的上拉电阻，但对于其他引脚，可以在软件中进行配置。

除了简单的输入和输出设备外，GPIO 引脚还可以与各种替代功能一起使用，有些可在所有引脚上使用，有些则可在特定引脚上使用。以下为与基本接口形式相关的 GPIO 引脚。

- PWM（脉宽调制）
  - 所有引脚均提供软件 PWM
  - GPIO12、GPIO13、GPIO18、GPIO19 上提供硬件 PWM
- SPI 接口
  - SPI0：MOSI（GPIO10）；MISO（GPIO9）；SCLK（GPIO11）；CE0 （GPIO8）、CE1 （GPIO7）
  - SPI1：MOSI（GPIO20）；MISO（GPIO19）；SCLK（GPIO21）；CE0 （GPIO18）；CE1（GPIO17）；CE2 （GPIO16）
- I2C
  - 数据：（GPIO2）；时钟（GPIO3）
  - EEPROM数据：（GPIO0）；EEPROM时钟（GPIO1）
- 串行
  - 发射（GPIO14）；接收（GPIO15）

6.2.1 安装操作系统

Raspberry Pi 型号缺乏板载存储，通常使用 microSD 卡，但也可以使用 USB 存储、网络存储和通过 PCIe HAT 连接的存储。所有 Raspberry Pi 消费类型号都具有 microSD 插槽。当 microSD 插槽包含 SD 卡时，Raspberry Pi 会自动从该插槽启动。

建议使用至少具有 32GB 存储空间的 SD 卡来安装 Raspberry Pi 操作系统。对于 Raspberry Pi OS Lite，建议至少为 16GB。由于 MBR 的限制，目前不支持 2TB 以上的容量，因此，原则上可以使用任何容量小于 2TB 的 SD 卡。此外，通常需要 SD 卡读写器，以便经由 PC 机的 USB 端口写入操作系统到 SD 卡。

为了进入操作系统进行网络连接设置，可以使用 Raspberry Pi 上的任何 USB 端口连接有线键盘、鼠标，并连接 HDMI 显示器，注意在 Raspberry Pi 系统启动前，蓝牙设备并不可以用。由于 Raspberry Pi 4 采用 2 个 microMDI（图 6–4），需要使用 3.5mm 的 TRRS 插口连接显示器。大多数显示器没有微型或迷你 HDMI 端口，需要使用 micro-HDMI 转 HDMI 电缆或 mini-HDMI 转 HDMI 电缆将 Raspberry Pi 上的这些端口连接到任何 HDMI 显示器。对于不支持 HDMI 的显示器，可考虑使用适配器将显示器输出从 HDMI 转换为显示器支持的端口。

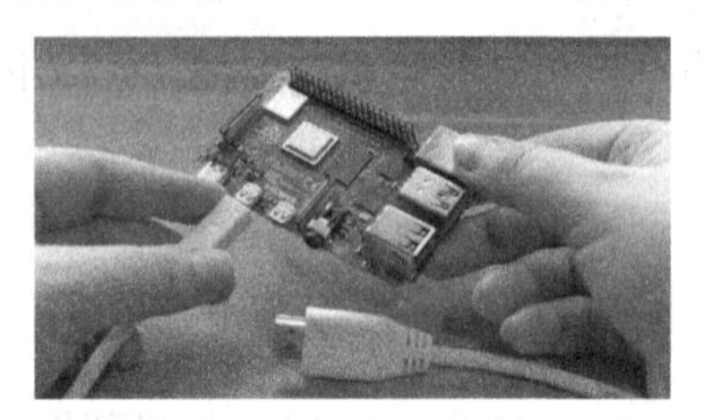

图 6–4　microMDI

在 PC 机插入装有 SD 卡的读卡器后，下载并安装操作系统。建议使用 Raspberry Pi Imager 安装操作系统（图 6–5）。Raspberry Pi Imager 是一款可在 macOS、Windows 和 Linux 上下载和写入镜像文件的工具。Imager 包含许多适用于 Raspberry Pi 的流行操作系统映像。Imager 还支持加载直接从 Raspberry Pi 或第三方供应商（如 Ubuntu）下载的图像。可以使用 Imager 为 Raspberry Pi 预配置凭据和远程访问设置。Imager 支持以该格式打包的图像以及容器格式，例如“.img”格式。

安装树莓派操作系统步骤：

步骤 1　从 raspberrypi.com/software 下载最新版本并运行安装程序。

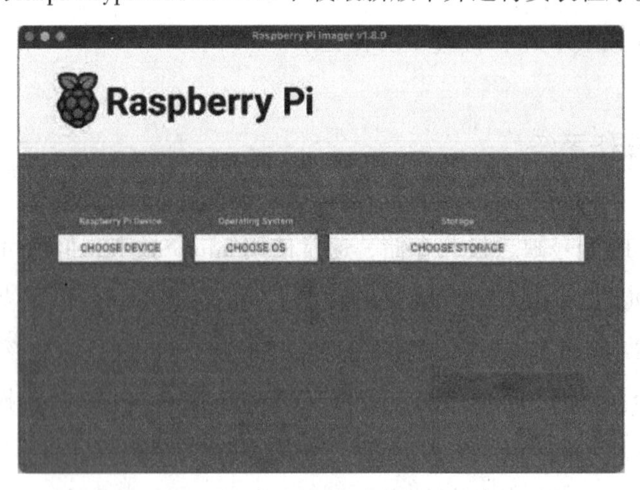

图 6–5　启动 Imager

步骤 2　单击“CHOOSE DEVICE（选择设备）”（图 6–5），然后从图 6–6 所示列表中选择对应的 Raspberry Pi 型号。

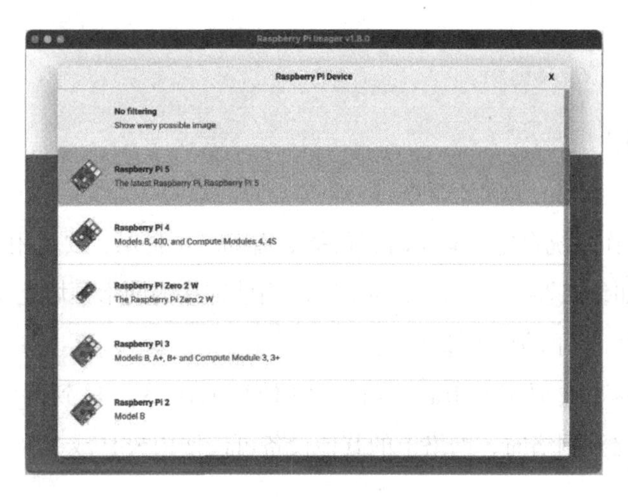

图 6–6　选择操作系统列表

步骤 3　单击“选择操作系统”并选择要安装的操作系统。Imager 始终在列表顶部显示适用于树莓派型号的推荐版本的 Raspberry Pi OS。如果需要安装只支持 32 位的应用，建议使用 32 位的操作系统，以免出现兼容问题。由于烧录操作系统会需要格式化 SD 卡，为了安全起见，建议断开其他存储设备连接，再选择存储设备（图 6–7）。

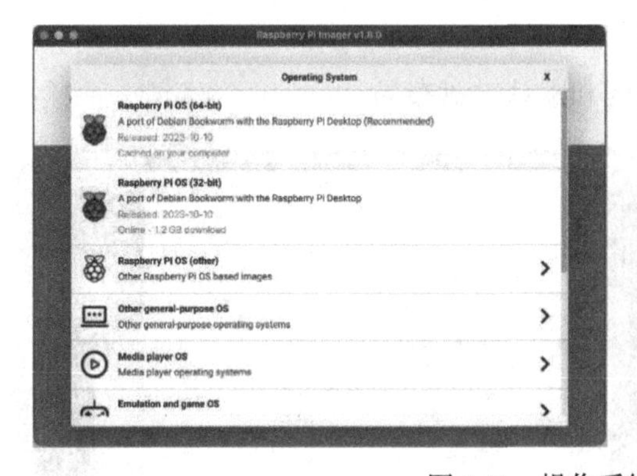

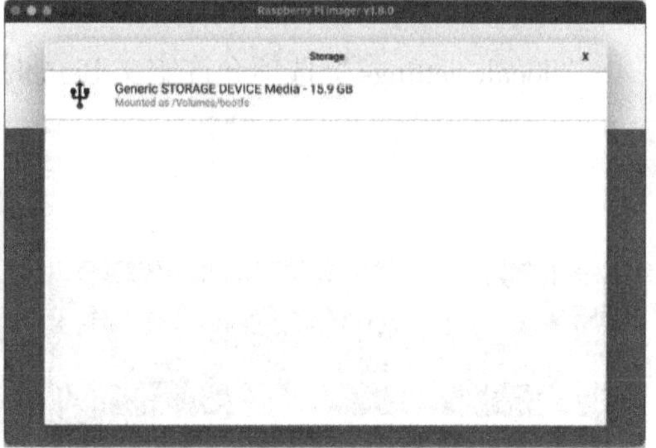

图 6–7　操作系统选择和存储选择

步骤 4　单击“下一步”。在弹出窗口中，Imager 将要求对操作系统进行自定义。强烈建议通过操作系统自定义设置来配置 Raspberry Pi（图 6–8）。如果不通过操作系统自定义设置配置 Raspberry Pi，Raspberry Pi OS 将在配置向导期间首次启动时要求提供相同的信息。可以单击“否”按钮跳过操作系统自定义。单击“编辑设置”按钮以打开操作系统自定义。操作系统自定义菜单可让用户在首次启动之前设置 Raspberry Pi。您可以预先配置：

- 用户名和密码；
- WiFi 凭据；

- 设备主机名；
- 时区；
- 键盘布局；
- 远程连接。

首次打开操作系统自定义菜单时，可能会看到一个提示，要求用户允许从主机加载 WiFi 凭据。如果回答“是”，Imager 将从当前连接的网络预填充 WiFi 凭据。如果回答“否”，则可以手动输入 WiFi 凭据。

“hostname”选项定义 Raspberry Pi 使用 mDNS 广播到网络的主机名。将 Raspberry Pi 连接到网络时，网络上的其他设备可以使用 SSH 或 VNC 与用户的计算机进行通信。

“username”和“password”选项定义 Raspberry Pi 上管理员用户账户的用户名和密码。

无线 LAN 选项允许用户输入无线网络的 SSID（名称）和密码。如果网络没有公开广播 SSID，用户应该启用“隐藏 SSID”设置。默认情况下，Imager 使用用户当前所在的国家/地区作为“无线局域网国家/地区”，此设置控制 Raspberry Pi 使用的 WiFi 频率。

“locale settings”选项允许定义 Pi 的时区和默认键盘布局。

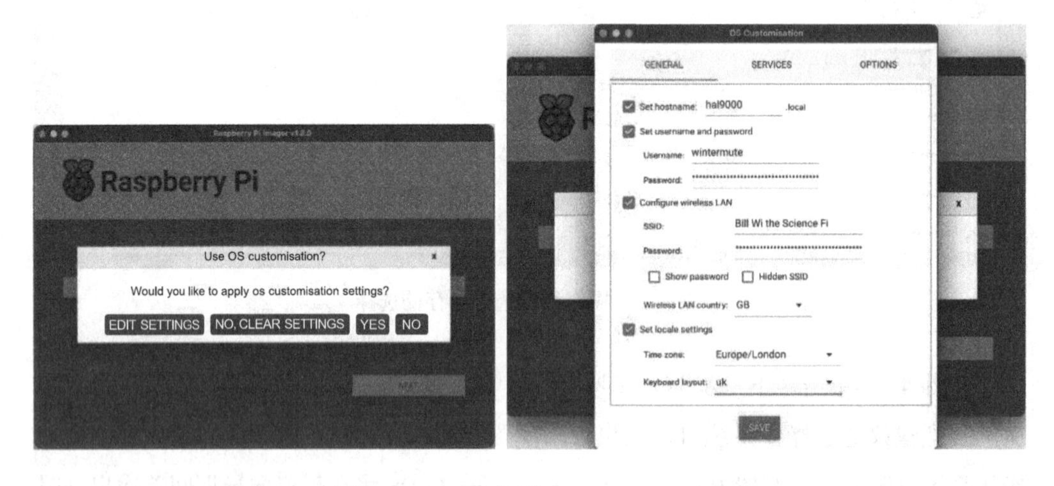

图 6–8　系统配置

“服务”选项卡包括可帮助用户远程连接到 Raspberry Pi 的设置。如果计划通过网络远程使用 Raspberry Pi，请选中“启用 SSH”旁边的框。具体步骤如下：

- 选择密码身份验证选项，使用在操作系统自定义的常规选项卡中提供的用户名和密码通过网络通过 SSH 连接到 Raspberry Pi。

• 选择 Allow public-key authentication only（仅允许公钥身份验证）以使用当前使用的计算机中的私有密钥预配置 Raspberry Pi 并进行无密码公钥 SSH 身份验证。如果 SSH 配置中已有 RSA 密钥，则 Imager 将使用该公钥。如果没有，可以单击“运行 SSH-keygen”以生成公钥 / 私钥对。Imager 将使用新生成的公钥。

步骤 5　输入完操作系统自定义设置后，单击“保存”以保存自定义设置。然后，单击“是”以在将映像写入存储设备时应用操作系统自定义设置。最后，对弹出窗口“您确定要继续吗？”回答“是”，以开始将数据写入存储设备（图 6–9）。当看到“写入成功”弹出窗口时，操作系统镜像已完全写入并验证。

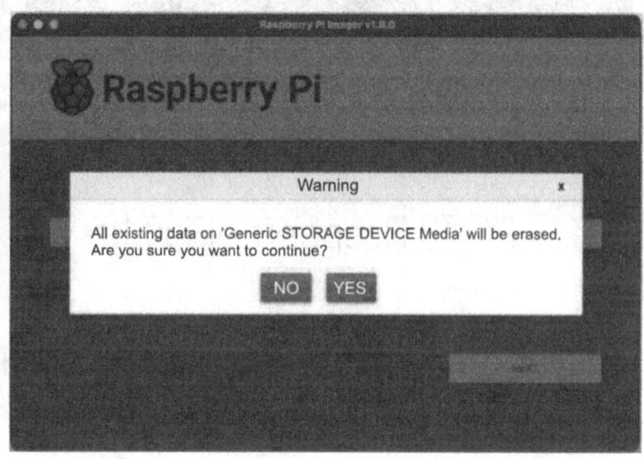

图 6–9　开始烧录

安装完操作系统后，首先确保在连接外围设备前关闭 Raspberry Pi 的电源。从读卡器上取下 SD 卡并将 SD 卡插入 Raspberry Pi 的卡插槽。然后，插入任何其他外围设备，例如鼠标、键盘和显示器（图 6–10）。

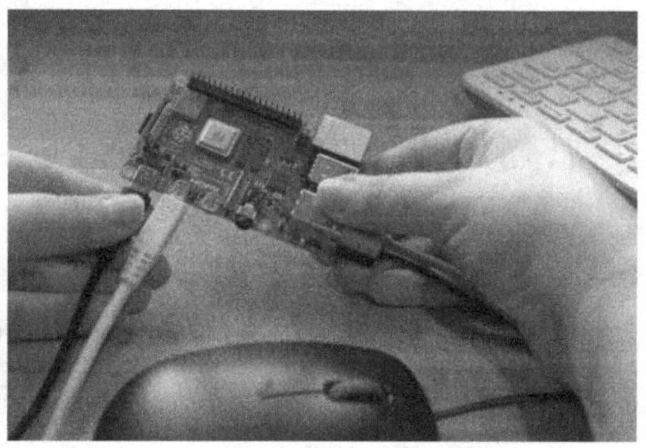

图 6–10　插入 SD 卡和外设

最后，将电源连接到 Raspberry Pi。当 Pi 通电时，应该会看到状态 LED 亮起。如果 Pi 连接到显示器，应该会在几分钟内看到启动屏幕，然后在右上角可以设置时间、WiFi、蓝牙以及音频输出端口。建议在远程连接前进入系统设置，将 SSH、VNC、Camera、Serial 等选项打开（图 6-11）。

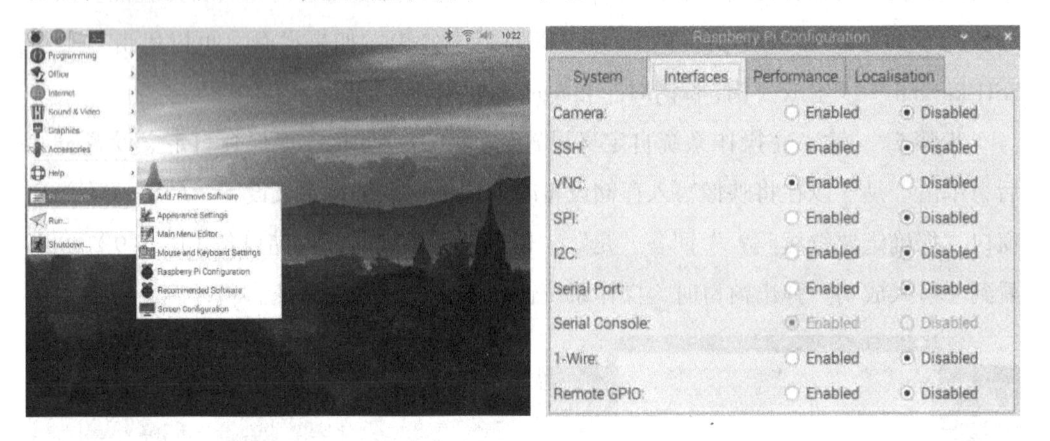

图 6-11　启动并进行配置

6.2.2　PC 和 Raspberry Pi 连接

如果在 Imager 中使用操作系统自定义来预配置 Raspberry Pi，那么设备已准备就绪，可供使用。如果选择跳过 Imager 中的操作系统自定义进行安装，Raspberry Pi 将在首次启动时运行配置向导，需要显示器和键盘才能在向导中导航（图 6-12），鼠标是可选的。

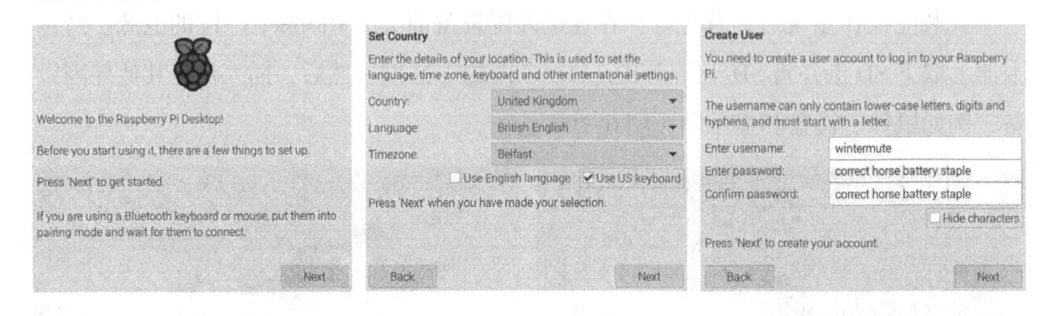

图 6-12　首次启动

默认情况下，旧版本的 Raspberry Pi OS 将用户名设置为“pi”。如果使用用户名“pi”，请避免使用默认密码“raspberry”，以确保 Raspberry Pi 安全。

建议使用手机热点提供 WiFi 测试，以保证计算机、手机和树莓派在同一局域网环境下工作。一旦设置好 WiFi，就可以丢开树莓派连接的鼠标、键盘和显示器，直接用 SSH 登录树莓派，通过 PC 机进行操作。将鼠标悬停在系统托盘中的网络图标上，将出现一个工具提示。此工具提示显示当前连接到的网络的名称和 IP 地址（图

6–13）。可以使用智能手机获取Raspberry Pi 的 IP地址。Fing应用程序是一款适用于智能手机的免费网络扫描仪。它适用于Android和iOS。打开Fing应用程序时，触摸屏幕右上角的刷新按钮。几秒钟后，获得一个列表，其中包含连接到网络的所有设备。向下滚动到制造商“Raspberry Pi”的条目。用户将在条目的左下角看到IP地址，在条目的右下角看到MAC地址。

图6–13　显示和设置热点

应用于智能产品交互原型的树莓派可能没有连接到键盘、鼠标和显示器，但需要对交互进行调试，在无外设的情况下访问Raspberry Pi。这时，可以从PC连接到Raspberry Pi。只要知道树莓派的IP地址，使用SSH或VNC便可以从另一台机器连接到Raspberry Pi。

使用安全外壳协议（secure shell，SSH）可以从同一网络上的另一台计算机或设备远程访问 Raspberry Pi的命令行。SSH提供对命令行的访问，而不是桌面环境。对于完整的远程桌面，请配置VNC。默认情况下，Raspberry Pi OS禁用SSH服务器。

无论是通过PC的SSH命令行还是VNC远程使用树莓派，都需要首先在树莓派启用SSH，如果安装时没有选择SSH选项，可以在连接有键盘、鼠标和显示器的树莓派通过桌面进行设置启用。以下是操作步骤：

①从“首选项”菜单中，启动Raspberry Pi配置；

②导航到“接口”选项卡；

③选择“SSH”旁边的“已启用”；

④单击“确定”。

也可以从树莓派终端窗口中输入“sudo raspi-config”并回车。然后：

①选择“Interfacing Options”；

② 导航到并选择“SSH”；

③ 选择“Yes”；

④ 选择“Ok”；

⑤选择“Finish”。

或者手动在引导分区中创建一个空文件：sudo nono/boot/firmware/ssh，存盘后在终端用 sudo reboot 命令重新启动树莓派计算机。这时，便可以无需通过连接外设用 SSH 或者 VNC 远程访问树莓派，就像在本地操作树莓派一样。由于树莓派资源有限，通过 VNC 访问可能会速度较慢，因此熟练使用基本的 Linux 指令通过 SSH 进行访问是比较高效的方式，只是此时对熟悉使用 GUI 操作电脑的设计师不是特别友好。用 SSH 登录树莓派的命令格式为：$ ssh <username>@<ip address>

当树莓派安装了 VNC 服务器软件时，可以从另一台设备远程访问和控制它（图 6-14）。该软件可以将设备的桌面流式传输到另一台运行 VNC Viewer 的计算机。建立连接后，使用 VNC Viewer 的用户可以准确查看坐在远程计算机前的人所看到的内容（经许可后）。

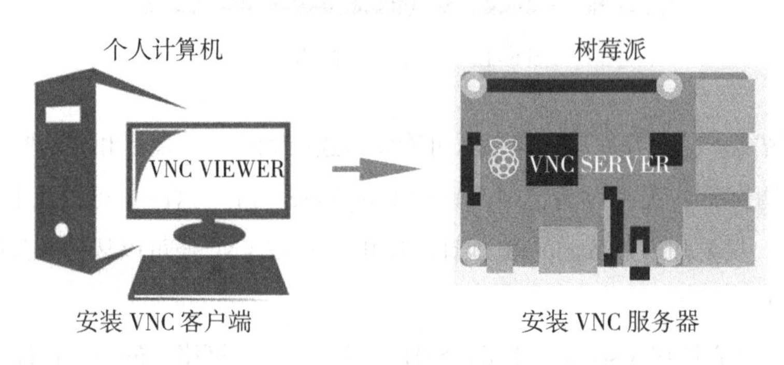

图 6-14 分别在个人计算机和树莓派安装 VNC

6.2.3 基本 Linux 指令

6.2.3.1 树莓派目录结构

Unix 和 Linux 的目录结构是一个统一的目录结构，所有的目录和文件最终都统一到“/”根文件系统下。文件系统无论是不是挂载过来的，最终都分层排列到以“/”为起始的文件系统之下。Linux 目录结构遵循“文件系统层次结构（filesystem hierarchy structure，FHS)”。“/”是 Linux 系统的根目录，也是所有目录结构的最底层。树莓派目录结构如图 6-15 所示。

树莓派对路径的使用可以使用绝对路径或者相对路径。绝对路径的写法，由根目录“/”写起，例如 /usr/share/doc 这个目录。相对路径的写法不是由“/”写起，例如由 /usr/share/doc 到 /usr/share/man 底下时，可以写成：cd ../man，“..”表示当前目录，“../”表示当前目录的上一级目录。

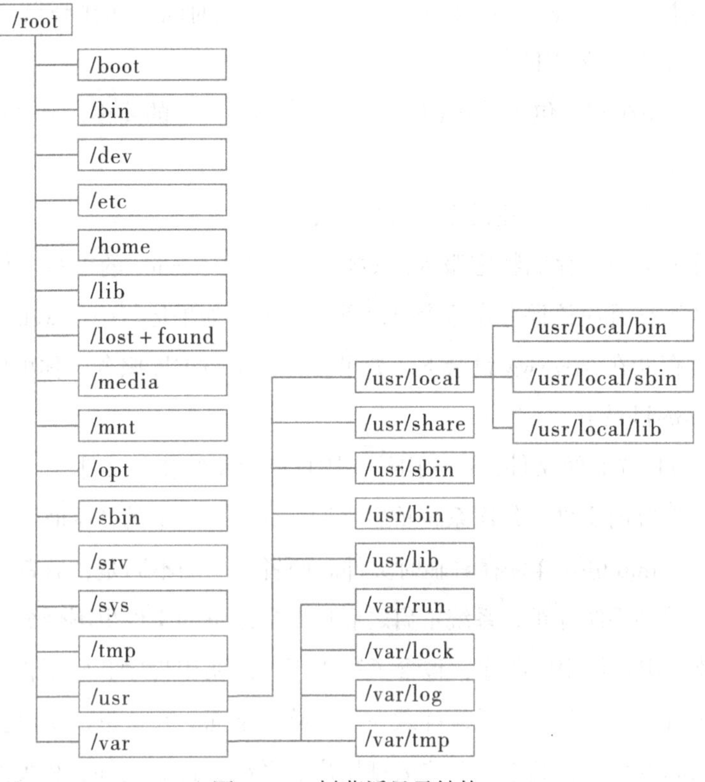

图 6–15　树莓派目录结构

/boot　放置 Linux 内核以及其他用来启动树莓派的软件包，包含系统启动文件（boot loader），例如 Grub，Lilo 或者 Kernel，以及 initrd，system.map 等配置文件。

/bin　放置与 Raspbian 有关（包括运行图形界面所需的）的二进制可执行文件，比如 cat、ls 、cp 这些命令。

/dev　这是虚拟文件夹之一，用来访问所有连接设备，包括存储卡。

/etc　系统管理和配置文件。包括系统缺省设置、网络配置文件等。

/home　Linux 上的“我的文档”，包含以用户名命名的文件夹。每一个用户在这个目录下，都会单独有一个以其用户名命名的目录，在这里保存着用户的个人设置文件，尤其是以 profile 结尾的文件。但是也有例外，root 用户的数据就不在这个目录中，而是单独在根路径下，保存在单独的 /root 文件夹下。

/lib　各种应用需要的代码库。

/lost+found　一般情况下是空的，当系统非法关机后，这里就存放了一些文件。

/media　放置可移动存储驱动器，一个给所有可移动设备比如光驱、USB 外接盘、软盘提供的常规挂载点。

/mnt　用来手动挂载外部硬件驱动器或存储设备，临时文件系统挂载点。如果用户并不想长期挂载某个驱动器，而只是临时挂载一段时间，如在U盘拷贝MP3等，那么应该挂载在这个位置下。

/opt　可选系统程序包（optional software packages）的简称，非系统部分的软件将会放置在这里。

/sbin　放置超级用户使用的系统管理命令。

/srv　目录是用来存储特定服务的数据的，它是service的缩写。任何服务相关的、持久化的数据都应该保存在这个目录下。例如，如果运行一个web服务器，可以将网站的数据存储在/srv/www目录下。如果运行一个数据库服务，你可以将数据库文件存储在/srv/db目录下。

/sys　放置操作系统文件，包含内核、固件以及系统相关文件。

/tmp　放置临时文件，每次系统重启之后，这个目录下的“临时”文件便会被清空。同样，/var/tmp也同样保存着临时文件。两者唯一的不同是，后者/var/tmp 目录保存的文件会受到系统保护，系统重启之后这个目录下的文件也不会被清空。

/usr　放置用户使用的程序，包含了属于用户的实用程序和应用程序。这里有很多重要的，但并非关键的文件系统挂载在这个路径下面。在这里，用户会重新找到一个bin、sbin和lib目录，其中包含非关键用户、系统二进制文件、相关的库和共享目录，以及一些库文件。

/var　虚拟文件，这个路径下通常保存着包括系统日志、打印机后台文件（spool files）、定时任务（crontab）、邮件、运行进程、进程锁文件等。这个目录尤其需要注意进行日常的检查和维护，因为这个目录下文件的大小可能会增长很快，以至于占满硬盘，甚至导致系统出现各种奇怪的问题。

6.2.3.2　树莓派常用命令

（1）操作系统相关命令

操作系统命令涉及系统配置、重启、升级、更新及用户操作，如表6–1所示。

表6–1　树莓派操作系统常用命令

命令	功能	命令	功能
sudo raspi-config	初始化配置	startx	启动图形化界面
sudo rpi-update	升级系统	sudo reboot	重启
sudo shutdown-h now	立即关机	sudo apt-get update	更新软件源
sudo apt-get upgrade	更新已经安装的软件	sudo apt-get install ××	安装××软件

续表

命令	功能	命令	功能
su root	切换到 root 用户	passwd user	设置 user 用户密码
sudo ps	查看进程	sudo apt-get remove ××	卸载××软件
sudo kill	终止进程的运行	sudo chmod	改变文件读写权限

命令字“sudo”表示用管理员权限运行，因为大多数操作系统相关命令与权限有关。特别注意树莓派对字符大小写敏感。

（2）树莓派中文件操作命令是使用最频繁的，如表 6–2 所示。

表 6–2　树莓派操作系统文件操作命令

命令	功能	命令	功能
ls	列出目录	pwd	显示目前的目录
cd	切换目录	mkdir	创建一个新的目录
rmdir	删除一个空的目录	cp	复制文件或目录
rm	移除文件或目录	tar	文件压缩 / 解压
mv	文件改名和移动	find / grep	文件查找
more / less	查看文件内容	nano	创建文本文件
lsusb	显示 usb 设备信息	lspci	显示 PCI 设备信息

（3）网络设置相关命令

把无线网卡插到树莓派上，输入命令 ifconfig–a 查看是否有 wlan0 的信息，如果有说明网卡状态正常，直接配置无线网络。如果查不到 wlan0 的信息，则需要安装无线网卡的驱动。网络设置相关命令如表 6–3 所示。

表 6–3　网络设置相关命令

命令	功能	命令	功能
dmesg l grep usb	查看 usb 网卡	sudo ifup wlan0	启用无线网络
apt-cache search	网络查找驱动程序	netstat	显示网络状态
sudo dpkg-i	安装 deb 驱动	ping	查看网络连通
sudo nano /etc/ network / interfaces	编辑网络配置文件	ifconfig	显示或设置网络设备
sudo nano /etc/ wpa_supplicant.conf	编辑网络用户信息	ls /sys/class/net	是否存在网络设备
sudo iwlist scan	查看当前可用的 WiFi 网络	sudo systemctl restart networkmanager.service	重启网络

6.2.4 测试外设

在交互原型开发前，先确认外设是否可用，包括摄像头、录音设备、麦克风、显示器等。

6.2.4.1 摄像头

如果使用的是 CSI 摄像头，则将树莓派断电，将 CSI 摄像头排线有触点的一侧面向 HDMI 接口，插入 CSI 接口。注意板子上有两个排线插口，使用排线插入中间位置的那个有标记 camera 的排线插口，运行 sudo raspi-config 找到 " interface opentions " 选项，确认树莓派配置中 CSI 选项打开，便可以用 raspistill -o hello.jpg -t 1000 命令测试拍照了。其中，" -o hello.jpg" 生成文件名 " hello.jpg"； "-t 1000" 表示延迟 1000ms 拍摄。拍摄照片会保存在当前目录。

如果使用 USB 摄像头，首先，使用 lsusb 命令查看系统是否支持。在插入 USB 摄像头前先运行一次 lsusb 命令，然后插入摄像头，再运行 lsusb 命令，就可以看到是否增加了设备，如果增加了，表明系统是支持的。如图 6-16 所示，可以看到新增 Device 005，那就是摄像头了。如果找不到摄像头，运行：ls /dev/video* 看看是否存在，如果不存在可以使用 root 权限打开 /etc/modules，然后添加一行：bcm2835-v4l2。然后重启 PI。

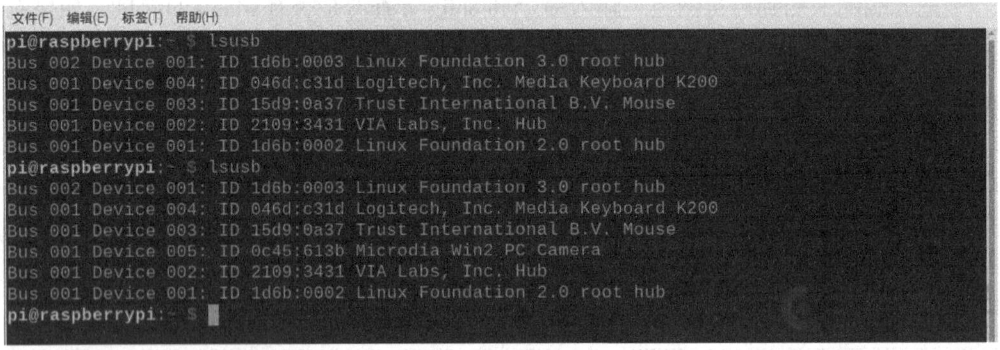

```
文件(F) 编辑(E) 标签(T) 帮助(H)
pi@raspberrypi:~ $ lsusb
Bus 002 Device 001: ID 1d6b:0003 Linux Foundation 3.0 root hub
Bus 001 Device 004: ID 046d:c31d Logitech, Inc. Media Keyboard K200
Bus 001 Device 003: ID 15d9:0a37 Trust International B.V. Mouse
Bus 001 Device 002: ID 2109:3431 VIA Labs, Inc. Hub
Bus 001 Device 001: ID 1d6b:0002 Linux Foundation 2.0 root hub
pi@raspberrypi:~ $ lsusb
Bus 002 Device 001: ID 1d6b:0003 Linux Foundation 3.0 root hub
Bus 001 Device 004: ID 046d:c31d Logitech, Inc. Media Keyboard K200
Bus 001 Device 003: ID 15d9:0a37 Trust International B.V. Mouse
Bus 001 Device 005: ID 0c45:613b Microdia Win2 PC Camera
Bus 001 Device 002: ID 2109:3431 VIA Labs, Inc. Hub
Bus 001 Device 001: ID 1d6b:0002 Linux Foundation 2.0 root hub
pi@raspberrypi:~ $
```

图 6-16　查看 USB 设备变化

也可以通过 motion 工具借助浏览器 http 协议访问监控。在使用 motion 前需要用 sudo apt-get install motion 在树莓派安装 motion。如果需要修改配置文件，可以使用 sudo nano /etc/motion/motion.conf 命令。这时，可以在个人电脑用 " http:// 你的树莓派 IP:8081" 访问摄像头了。也可以采用在线的方式来安装 mplayer，在线安装命令为

sudo apt-get install mplayer，完成上面的安装后就可以使用命令 sudo mplayer tv:// 来直接查看 USB 摄像头里面的影像了。

6.2.4.2 声卡设备

蓝牙耳机和麦克风的使用比较简单，配对好蓝牙设备就可以用了。如果没有蓝牙服务器和驱动程序，可以用 apt-get install bluetooth bluez-utils bluez-compat blueman 安装，然后运行 service bluetooth status，看蓝牙服务是否启动，通过树莓派桌面或者 bluetoothctl 命令可以配置蓝牙设备。

首先检测录音设备，$ arecord -l，这时可能的列表为：

```
**** List of CAPTURE Hardware Devices ****
card 0: PCH [HDA Intel PCH], device 0: ALC256 Analog [ALC256 Analog]
  Subdevices: 1/1
  Subdevice #0: subdevice #0
card 1: ArrayUAC10 [ReSpeaker 4 Mic Array (UAC1.0)], device 0: USB Audio [USB Audio]
  Subdevices: 1/1
  Subdevice #0: subdevice #0
```

如果用户不能使用该命令，则需要 sudo apt install alsa-utils 安装。arecord 和 aplay 是 alsa-utils 的一部分。

使用 arecord -D hw:1,0 -t wav -c 1 -r 44100 -f S16_LE test.wav 录音。arecord 是录音命令，其中 hw:1,0 表示 card 1: device 0（图 6-17），录音过程需要手动按 CTRL + C 结束，如果指定录音 60 秒，可以增加 -d 60 参数。

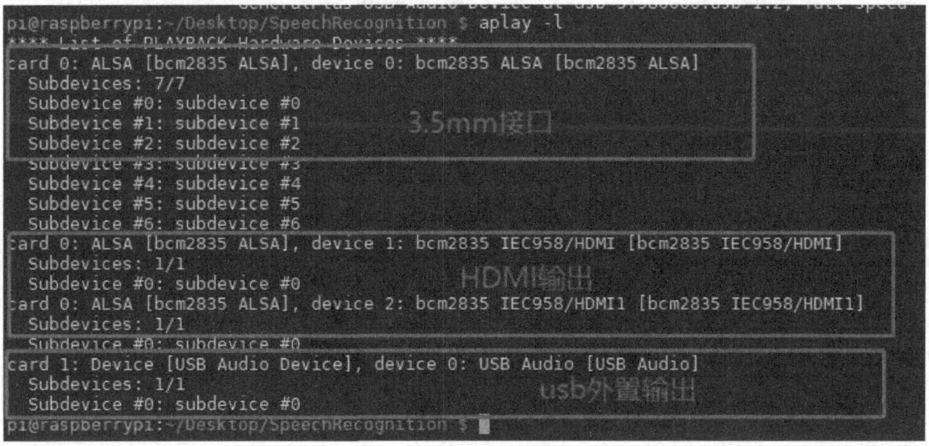

```
pi@raspberrypi:~/Desktop/SpeechRecognition $ aplay -l
**** List of PLAYBACK Hardware Devices ****
card 0: ALSA [bcm2835 ALSA], device 0: bcm2835 ALSA [bcm2835 ALSA]
  Subdevices: 7/7
  Subdevice #0: subdevice #0
  Subdevice #1: subdevice #1
  Subdevice #2: subdevice #2
  Subdevice #3: subdevice #3
  Subdevice #4: subdevice #4
  Subdevice #5: subdevice #5
  Subdevice #6: subdevice #6
card 0: ALSA [bcm2835 ALSA], device 1: bcm2835 IEC958/HDMI [bcm2835 IEC958/HDMI]
  Subdevices: 1/1
  Subdevice #0: subdevice #0
card 0: ALSA [bcm2835 ALSA], device 2: bcm2835 IEC958/HDMI1 [bcm2835 IEC958/HDMI1]
  Subdevices: 1/1
  Subdevice #0: subdevice #0
card 1: Device [USB Audio Device], device 0: USB Audio [USB Audio]
  Subdevices: 1/1
  Subdevice #0: subdevice #0
pi@raspberrypi:~/Desktop/SpeechRecognition $
```

3.5mm接口
HDMI输出
usb外置输出

图 6-17　区分不同的输出设备

-D 指定录音设备，声卡选择。

-d 指定录音时长，单位秒。

-f 指定录音格式（32/24 等）。

-r 指定了采样率，单位 Hz。

-c 指定声道（channel）个数。

-b 采样位数。

-p 缓冲区大小。

树莓派板子上只有一个音频输出 3.5mm 接口，如果树莓派没对输出口进行选择，一般会在板自带的 3.5mm 接口输出。

alsa 的配置文件是 alsa.conf，它位于 /usr/share/alsa 目录下，通常还有 /usr/share/alsa/card 和 /usr/shara/alsa/pcm 两个子目录用来设置 card 相关的参数、别名以及一些 PCM 默认设置。一般不修改里面的内容。

alsa.conf 引用了 /etc/asound.conf 和 ~/.asoundrc 两个文件，这两个文件可以配置默认声卡和指定音频输入和输出声卡。可以采用 ~/.asoundrc 文件配置声卡，由于系统正常情况下是没有这个文件的，可以通过 sudo nano ~/.asoundrc 创建配置文件并加入以下内容进行设置（图 6-18）：

```
pcm.!default{
    type asym
    playback.pcm{
        type plug
        slave.pcm "hw:1,0"
    }
    capture.pcm{
        type plug
        slave.pcm "hw:1,0"
    }
}
ctl.!default{
        type hw
        card 1
}
```

```
pcm.!default{
    type asym
    playback.pcm{
        type plug
        slave.pcm "hw:1,0"
#       type hw
#       card 1
    }
    capture.pcm{
        type plug
        slave.pcm "hw:1,0"
    }
}

ctl.!default{
    type hw
    card 1
#   type plug
#   slave.pcm "hw:1,0"
}
```

播放和录音分离
外置声卡
播放
录音
外置声卡

图 6-18　分别设置录音和播放

树莓派没有音频输入接口，可以用 USB 声卡解决该问题。树莓派 4 的耳机支持 AV 视频输出音频信号，采用美标 CTIA（美国无线通信协会）四节的 3.5 接口，和国标 OMTP（开放移动终端平台组织）常用的四节 AV 线有点区别（图 6-19），树莓派 4 的 AV 视频输出在 /boot/config.txt 中进行配置。

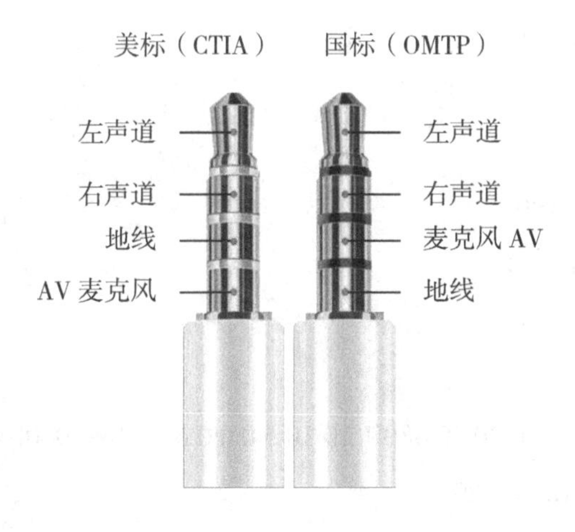

图 6-19　不同的 AV 接头定义

虽然可以在 python 中用系统命令进行录音，但对于环境嘈杂的背景，如果需要声音大于设定音量时才开始录音，则需要使用 PyAudio 模块才行。PyAudio 安装容易出错，排除错误对于设计师而言并不容易，可以参考以下几行命令：

```
sudo apt-get install portaudio.dev
sudo apt-get install portaudio19-dev python-all-dev python3-all-dev
sudo apt-get install python-pyaudio python3-pyaudio
sudo apt-get install pulseaudio
```

6.2.4.3 显示器

树莓派的 MIPI DSI（Mobile Industry Processor Interface Display Serial Interface）显示接口（图 6-20），其中 MIPI 是移动行业处理器接口标准，DSI 是一种基于多路数据通道的高速串行接口。总线上的电压摆幅仅为 200mV，产生的电磁噪声和功耗非常小。树莓派上的 DSI 接口是 15 针，具有 2 路数据通道，多见于手机或者平板电脑。

图 6-20　树莓派 DSI 接口

最简单的接口形式是 HDMI。对于圆形屏幕，在连接树莓派的时候可能会遇到屏幕整体偏移的问题，这主要是屏幕分辨率的问题，需要把屏幕的分辨率调整为 1∶1。可参考下述参数修改 /boot/config.txt 源文件。

```
overscan_top=0
overscan_bottom=0
framebuffer_width=480
framebuffer_height=480
hdmi_group=2
hdmi_mode=87
hdmi_timings=480 1 10 20 50 480 1 10 10 5 0 0 0 60 0 16960000 4
max_framebuffer_width=480
max_framebuffer_height=480
hdmi_pixel_freq_limit=400000000
```

6.3 通过树莓派用 Python 开发智能交互原型

6.3.1 训练简单的分类模型

对于设计师而言，训练自己的 AI 模型，涉及复杂的概念理解和具体算法，通常是无法独立完成的，需要数据工程师、算法专家进行配合。AutoML或者EasyDL（图6–21）云平台为初学者提供了数据上传、标注、增强、训练到校验全流程的图形化工作界面，让他们可以在云平台提交自己的数据，选择适当的算法进行模型训练，并将模型应用到自己的设计中。

图6–21　EasyDL开发平台界面

学习模型训练的过程不是要设计师取代程序员的工作，而是通过练习能深刻理解AI产品设计中涉及的数据、特征、模型、校验、部署、评估等概念，更好地与数据科学家对话，从而结合自己对用户和产品的理解，更好地设计用户体验及产品和服务系统。对于设计师而言，只要熟练使用Python语言，就可以进行简单的开发，也可以利用一些开源的工具、算法来训练自己的本地模型，集成到树莓派中，实现自己的交互原型并进行展示。下面通过一个如何用Dlib训练一个自定义手检测器、如何巧妙地自动化标注及如何通过手势控制游戏和视频播放器的AI应用展示基本过程，以便读者对AI有初步了解。

Dlib是一个流行的计算机视觉库，包含许多有趣的特定用于应用程序的算法，例如，它包含面部识别、跟踪、关键点检测等方法。当然，关键点检测本身也可以用于创建各种其他应用程序，如换脸、情感识别、面部操纵等。Dlib包含一个基于HOG+SVM的检测pipeline。虽然OpenCV也包含一个HOG+SVM检测管道，可以使用更多不同参数的控制，但Dlib的实现要干净得多，且简单易用。

方向梯度直方图（histogram of oriented gradient, HOG），是一种特征描述符。特征描述符是向量（一组数字），编码了图像的有用信息。可以将特征描述符看作图像

（或图像块）的一种描述形式，它包含关于图像内容的有用信息。例如，一个蓝色背景下的人的特征描述符与另一个背景下的人的特征描述符非常相似。计算机视觉中使用的一些著名的特征有 Haar 特征、方向梯度直方图（HOG）、尺度不变特征（SIFT）、加速鲁棒特征（SURF）等。因此，使用这些描述符，可以匹配包含相同内容的图像，通过这种方式可以进行分类、聚类类似的图像以及其他操作。HOG 是最强大的特征描述符之一，有了特征描述符，便可以得到有用的向量，通过机器学习模型来理解这个向量，就可以给出关于其他图像的预测。虽然深度学习是当前流行的 AI 模型生成的主要方法，支持向量机（SVM）进行分类预测这种方法仍然被广泛使用。SVM 是一个 ML 分类器。如果深度学习不是一个选项，那么 SVM+HOG 就是最好的机器学习方法之一，通过使用 HOG 作为特征描述符，SVM 作为学习算法，可以得到一个鲁棒的 ML 图像分类器，从而检测图像中是否包含某个目标。以下就是算法的处理流程（图 6–22）。区别于深度学习的方法，此方法不需要大量样本和昂贵的计算资源，SVM 可以在几秒钟内训练出一个目标检测器，也就是 AI 模型。

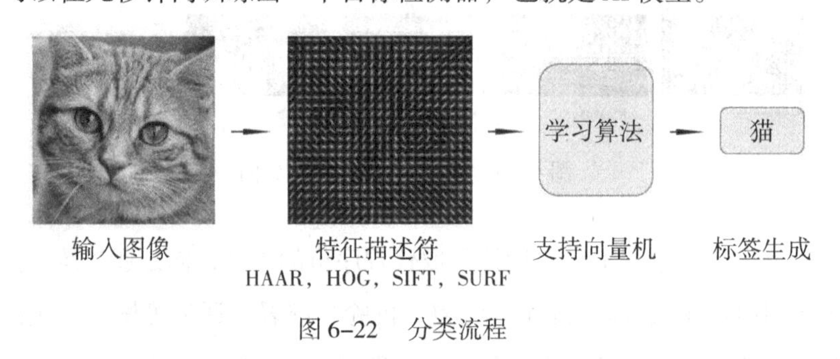

图 6–22　分类流程

使用 Dlib 训练自定义手检测器，可以分为以下几个步骤：

步骤 1　数据生成和自动标注；

步骤 2　数据预处理；

步骤 3　显示图像（可选）；

步骤 4　训练检测器；

步骤 5　保存并评估检测器；

步骤 6　在实时网络摄像头上测试训练好的检测器；

步骤 7　如何进行多目标检测（可选）。

1. 数据生成和自动标注

通常情况下，训练手检测器时，需要几张手的图片，然后对它们进行标注，这意味着必须在每张图片中在手的位置画出边框，标出手的区域，以便提取具有手特征的 HOG 描述。有两个方式进行标注，第一个选项是进行手动标注，可以先录一段自己的视频，并在视频中挥动你的手。为了让计算具有很好的泛化特性，需要在视频中移动和旋转手的方向，以便检测器在将来的交互场景中对不同角度和方向的手都能很好地预测，但不要让你的手变形(每次手掌都要面对镜头)。录制完成后，将视频分割成图像，下载 labelimg(一个流行的注释工具)进行标注。由于必须用边界框标注每个图像，这可能需要花费几个小时。第二个选项是进行自动化标注。当然，有一些目标识别的工具可以使用，比如 yolo 检测器，但缺点是直接集成到程序中比较复杂，或者可以使用自动标注平台进行标注，这又会涉及服务费用。更聪明的方法是在收集训练图像时自动执行标注过程，为此，可以使用一个滑动窗口在屏幕上来回移动，录制视频时把手放在窗口里面，每当窗口移动时（图 6-23），也随之移动手并变化姿势，完成后程序保存图像和标注。通过这种方式，实现标注过程的自动化。

图 6-23　自动标注

注意，由于兼容性的问题以及 Dlib 中的 bug，本文使用了 python3.8.6，在导入 Dlib 库时，使用的是 19.22.99。下面给出 Python 代码片段，方便读者理解。

上述代码的构建逻辑是这样的，当每次运行代码时，它会附加新的图像到之前图像中，这样做是为了可以在不同的位置和不同的背景收集更多的样本，所以你可以有一个不同的数据集。通过将 clear_images 变量设置为 True，可以选择删除所有以前的图像。下面要训练的检测器并不是一个成熟的手检测器，比如完全握拳或者展开手时会出现问题，这是因为 HOG+SVM 模型还不够健壮，不能捕捉物体的变形。对于这种情况，应确保没有采集变形手的图片，并确保手掌正对着相机。如果我们正在训练一个基于深度学习的检测器，那么这就不是一个大问题。

完整的程序可以从 Github 下载，下载地址为：https://github.com/spmallick/learnopencv/blob/master/Training_a_custom_hand_detector_with_dlib/Training_a_custom_hand_Detector.ipynb。

以下脚本将图像保存在名为“training_images”的文件夹中，并将窗口框位置追加到 python 列表中。

```
# If cleanup is True then the new images and annotations will be appended to previous ones
# If False then all previous images and annotations will be deleted.
cleanup = True

# Set the window to a normal one so we can adjust it
cv2.namedWindow('frame', cv2.WINDOW_NORMAL)
# Resize the window and adjust it to the center
# This is done so we're ready for capturing the images.
cv2.resizeWindow('frame', 1920, 1080)
cv2.moveWindow("frame", 0, 0)
# Initialize webcam
cap = cv2.VideoCapture(0, cv2.CAP_DSHOW)
# Initalize sliding window's x1, y1
x1 , y1 = 0, 0
# These will be the width and height of the sliding window.
window_width = 190#140
window_height = 190
# We will save images after every 4 frames
# This is done so we don't have lot's of duplicate images
skip_frames = 3
frame_gap = 0
# This is the directory where our images will be stored
# Make sure to change both names if you're saving a different Detector
directory = 'train_images_h'
box_file = 'boxes_h.txt'
# If cleanup is True then delete all imaages and bounding_box annotations.
if cleanup:
  # Delete the images directory if it exists
  if os.path.exists(directory):
    shutil.rmtree(directory)
```

```
        # Clear up all previous bounding boxes
        open(box_file, 'w').close()
        # Initialize the counter to 0
        counter = 0
    elif os.path.exists(box_file):
        # If cleanup is false then we must append the new boxes with the old
        with open(box_file,'r') as text_file:
            box_content = text_file.read()
        # Set the counter to the previous highest checkpoint
        counter = int(box_content.split(':')[-2].split(',')[-1])
    # Open up this text file or create it if it does not exists
    fr = open(box_file, 'a')
    # Create our image directory if it does not exists.
    if not os.path.exists(directory):
       os.mkdir(directory)
    # Initial wait before you start recording each row
    initial_wait = 0
    # Start the loop for the sliding window
    while(True):
        # Start reading from camera
        ret, frame = cap.read()
        if not ret:
            break
        # Invert the image laterally to get the mirror reflection.
        frame = cv2.flip( frame, 1 )
        # Make a copy of the original frame
        orig = frame.copy()
        # Wait the first 50 frames so that you can place your hand correctly
        if initial_wait > 60:
            # Increment frame_gap by 1.
            frame_gap +=1
```

```
        # Move the window to the right by some amount in each iteration.
        if x1 + window_width < frame.shape[1]:
            x1 += 4
            time.sleep(0.1)
        elif y1 + window_height + 270 < frame.shape[1]:
            # If the sliding_window has reached the end of the row then move down by some
amount.
            # Also start the window from start of the row
            y1 += 80
            x1 = 0
            # Setting frame_gap and init_wait to 0.
            # This is done so that the user has the time to place the hand correctly
            # in the next row before image is saved.
            frame_gap = 0
            initial_wait = 0
        # Break the loop if we have gone over the whole screen.
        else:
            break

    else:
        initial_wait += 1
    # Save the image every nth frame.
    if frame_gap == skip_frames:
        # Set the image name equal to the counter value
        img_name = str(counter)  + '.png'
        # Save the Image in the defined directory
        img_full_name = directory + '/' + str(counter) +  '.png'
        cv2.imwrite(img_full_name, orig)
        # Save the bounding box coordinates in the text file.
        fr.write('{}:({},{},{},{}),'.format(counter, x1, y1, x1+window_width, y1+window_height))
        # Increment the counter
```

```
        counter += 1
        # Set the frame_gap back to 0.
        frame_gap = 0
    # Draw the sliding window
    cv2.rectangle(frame, (x1, y1), (x1+window_width, y1+window_height), (0, 255, 0), 3)
    # Display the frame
    cv2.imshow('frame', frame)
    if cv2.waitKey(1) == ord('q'):
            break
# Release camera and close the file and window
cap.release()
cv2.destroyAllWindows()
fr.close()
```

2. 数据预处理

在开始训练之前，先从 images 目录中提取所有的图像名称。然后使用这些图像的索引来提取它们相关联的边界框。边界框将被转换为 Dlib 矩形格式，然后图像和它的边界框将一起存储在一个“字典”中，格式为 index:(image, bounding_box)。虽然可以直接从列表中的位置读取所有图片和标签，但这是一个不好的做法，因为如果在记录图片后从它的目录中删除一个图片，那就会引起麻烦。如果认为 train_images 目录中的图像不合适，那么应该在训练前清除掉它。数据预处理代码如下所示。

```
# In this dictionary our images and annotations will be stored.
data = {}

# Get the indexes of all images.
image_indexes = [int(img_name.split('.')[0]) for img_name in os.listdir(directory)]

# Shuffle the indexes to have random train/test split later on.
np.random.shuffle(image_indexes)

# Open and read the content of the boxes.txt file
f = open(box_file, "r")
```

```
box_content = f.read( )

# Convert the bounding boxes to dictionary in the format `index: (x1, y1, x2, y2)` ...
box_dict =  eval( '{' +box_content + '}' )

# Close the file
f.close( )

# Loop over all indexes
for index in image_indexes:

    # Read the image in memmory and append it to the list
    img = cv2.imread(os.path.join(directory, str(index) + '.png'))

    # Read the associated bounding_box
    bounding_box = box_dict[index]

    # Convert the bounding box to dlib format
    x1, y1, x2, y2  = bounding_box
    dlib_box = [ dlib.rectangle(left=x1 , top=y1, right=x2, bottom=y2) ]

    # Store the image and the box together
    data[index] = (img, dlib_box)
print('Number of Images and Boxes Present: {}'.format(len(data)))
```

可以选择显示图像以及它们的边界框，这样就可以可视化这些框是否绘制正确（图 6-24）。

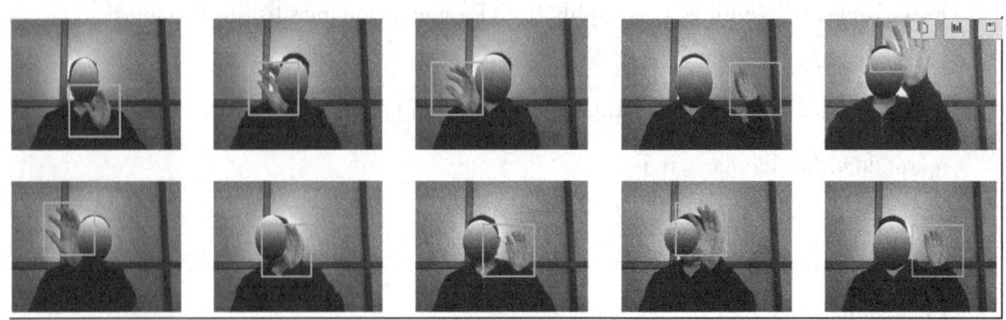

图 6-24　标注好的数据集

3. 训练检测器

可以通过调用 dlib.train_simple_object_detector 来训练检测器，并传入一个图像列表和一个相关的 dlib 矩形列表。首先，我们将从“字典”变量中提取图像和边框矩形，然后将它们传递给训练函数。在开始训练之前，还可以指定一些训练选项。最后，保存训练好的检测器，这样下次使用它时就不必再训练了。该模型的扩展名为支持向量机“.svm”。在没有 GPU 的手提电脑中训练 148 张图片大概需要 25 秒。以下为模型训练代码。

```
# This is the percentage of data we will use to train
# The rest will be used for testing
percent = 0.8

# How many examples make 80%.
split = int(len(data) * percent)

# Seperate the images and bounding boxes in different lists.
images = [tuple_value[0] for tuple_value in data.values( )]
bounding_boxes = [tuple_value[1] for tuple_value in data.values( )]

# Initialize object detector Options
options = dlib.simple_object_detector_training_options( )

# I'm disabling the horizontal flipping, becauase it confuses the detector if you're training
on few examples
# By doing this the detector will only detect left or right hand (whichever you trained on).
options.add_left_right_image_flips = False

# Set the c parameter of SVM equal to 5
# A bigger C encourages the model to better fit the training data, it can lead to overfitting.
# So set an optimal C value via trail and error.
options.C = 5

# Note the start time before training.
```

```
st = time.time( )

# You can start the training now
detector = dlib.train_simple_object_detector(images[:split], bounding_boxes[:split], options)

# Print the Total time taken to train the detector
print('Training Completed, Total Time taken: {:.2f} seconds'.format(time.time( ) - st))
file_name = 'Head_Detector.svm'
detector.save(file_name)
```

①查看训练集指标

可以调用 dlib.test_simple_object_detector( ) 在训练数据上测试模型。

```
print("Training Metrics: {}".format(dlib.test_simple_object_detector(images[:split], bounding_boxes[:split], detector)))
```

可以看到输出为“Training Metrics: precision: 0.991379, recall: 0.974576, average precision: 0.974576”，表示模型在训练集上的精度、召回和平均精度很高，模型拟合性能良好。还需要评估其泛化性能。

②查看测试集指标

可以调用 dlib.test_simple_object_detector( ) 在测试数据上测试模型。

```
print("Training Metrics: {}".format(dlib.test_simple_object_detector(images[:split], bounding_boxes[:split], detector)))
```

可以看到输出为“Testing Metrics: precision: 1, recall: 0.933333, average precision: 0.933333”，表示模型在测试集上的精度、召回和平均精度略低于训练集，但依然很高，说明模型泛化性能良好，可以用于预测了。

③训练最终的检测器

在前面代码中，使用了 80% 的数据训练模型，无论是模型的拟合性能还是泛化性能都很好，因此，可以把其他 20% 的测试集数据再进行训练，在 100% 的数据上重新训练检测器。

```
detector = dlib.train_simple_object_detector(images, bounding_boxes, options)
detector.save(file_name)
```

运行到这里，读者可能已经注意到的一件事，模型的精度相当高，只有当模型的精度和召回达到一定程度，才能应用模型进行预测，我们不希望在尝试手势控制游戏时出现任何的 false positives（假阳），影响体验。

4. 在实时网络摄像头上测试训练检测器

最后要用训练好的检测器进行推理。可以通过调用 detector = dlib.simple_object_detector( ) 来加载检测器。加载检测器之后，通过使用 detector(frame) 传入一个帧，如果检测到手，它将返回手的边框位置（图 6–25）。以下为测试代码。

图 6–25　测试结果

```
#file_name = 'Hand_Detector.svm'

# Load our trained detector
detector = dlib.simple_object_detector(file_name)

# Set the window name
cv2.namedWindow('frame', cv2.WINDOW_NORMAL)

# Initialize webcam
cap = cv2.VideoCapture(0, cv2.CAP_DSHOW)

# Setting the downscaling size, for faster detection
# If you're not getting any detections then you can set this to 1
scale_factor = 2.0

# Initially the size of the hand and its center x point will be 0
size, center_x = 0, 0
```

```
# Initialize these variables for calculating FPS
fps = 0
frame_counter = 0
start_time = time.time( )

# Set the while loop
while(True):

    # Read frame by frame
    ret, frame = cap.read( )

    if not ret:
        break

    # Laterally flip the frame
    frame = cv2.flip( frame, 1 )

    # Calculate the Average FPS
    frame_counter += 1
    fps = (frame_counter / (time.time( ) - start_time))

    # Create a clean copy of the frame
    copy = frame.copy( )

    # Downsize the frame.
    new_width = int(frame.shape[1]/scale_factor)
    new_height = int(frame.shape[0]/scale_factor)
    resized_frame = cv2.resize(copy, (new_width, new_height))

    # Detect with detector
    detections = detector(resized_frame)
```

```
# Loop for each detection.
for detection in (detections):

    # Since we downscaled the image we will need to resacle the coordinates according to the original image.
    x1 = int(detection.left( ) * scale_factor )
    y1 =  int(detection.top( ) * scale_factor )
    x2 =  int(detection.right( ) * scale_factor )
    y2 =  int(detection.bottom( )* scale_factor )

    # Draw the bounding box
    cv2.rectangle(frame, (x1, y1), (x2, y2), (0, 255, 0), 2 )
    cv2.putText(frame, 'Hand Detected', (x1, y2+20), cv2.FONT_HERSHEY_ COMPLEX, 0.6, (0, 0, 255), 2)

    # Calculate size of the hand.
    size = int( (x2 - x1) * (y2-y1) )

    # Extract the center of the hand on x-axis.
    center_x = x2 - x1 // 2

# Display FPS and size of hand
cv2.putText(frame, 'FPS: {:.2f}'.format(fps), (20, 20), cv2.FONT_HERSHEY_COMPLEX, 0.6, (0, 0, 255), 2)

# This information is useful for when you'll be building hand gesture applications
cv2.putText(frame, 'Center: {}'.format(center_x), (540, 20), cv2.FONT_HERSHEY_COMPLEX, 0.5, (233, 100, 25))
cv2.putText(frame, 'size: {}'.format(size), (540, 40), cv2.FONT_HERSHEY_ COMPLEX, 0.5, (233, 100, 25))
```

```
    # Display the image
    cv2.imshow('frame', frame)

    if cv2.waitKey(1) & 0xFF == ord('q'):
        break
# Relase the webcam and destroy all windows
cap.release( )
cv2.destroyAllWindows( )
```

HOG + SVM 实际上是一个分类器，通过在每一个滑动窗口中进行比较，对具有“手”的 HOG 特征进行分类，显然，实际使用场景中的摄像头获得的图像越大，滑动窗口遍历它的行和列所需的时间就越多，所以如果减小每帧尺寸，检测器就会运行得更快。同时，对手部滑动框的大小进行金字塔分割，用更小的滑动窗口进行检测，可以显著减少计算资源。当然，如果缩小太多，检测器的精度会受到影响，因此，需要找到合适的缩放系数。在上述例子中，2.0 的缩放系数可以将尺寸缩小 50%，这样可以在速度和精度之间取得最好的平衡。在调整图像大小并执行检测之后，必须根据原始图像重新调整检测到的坐标。

此外，如果需要在多个类上训练检测器，比如一个交互产品有多人游戏，有的人拿了一个具有传感器的泰迪熊，而有的人拿的是一个小狗，就还需要训练不同的模型，并同时运行多个检测器，当然，这会大大降低机器的运行速度，对于像树莓派这样资源有限的交互产品而言，本地运行多个模型会是一个很重的计算负担。

5. 应用

一旦训练好了多目标检测器，就可以应用到某个设计概念，将模型植入树莓派，利用 Python 开发完成交互原型的 demo，评估设计。

6.3.2　调用离线 AI 模型

对于需要定制开发又找不到现成模型应用到设计概念的情况，参考上面的例子中训练自己的 AI 模型，并保存在本地，就可以应用于 AI 产品的设计原型，进行设计评估。但现在图像处理类的模型已经十分丰富，比如人脸识别、车牌识别、姿势识别、动植物识别、风格迁移等，都有各种已经训练好的模型供原型测试，只需要评估模型大小、效率、精度是否满足设计需求即可。因此，可以直接在本地调用这些模型，进行交互设计原型开发。在涉及需要自然交互的设计概念中，利用 Mediapipe 或者

OpenPose 进行姿态或人脸识别，在老人跌倒风险、运动训练等方面有许多可供学习的设计案例。下面给出一个利用 Mediapipe 进行文创产品设计的案例，展示了从概念设计到交互原型开发的全过程。

1. 设计机会与设计概要

2024 年 1 月，两条有关甲骨文的新闻令人耳目一新。其一，中国文字博物馆发布《第二批征集甲骨文释读优秀成果获奖名单公示》，破译一个甲骨文重奖 10 万元的“悬赏令”再次兑现。其二，一名叫李右溪（网名）的甲骨文研究生在网上科普甲骨文知识，视频播放量超 2000 万（图 6-26）。此外，在 2023 年举办的杭州亚运会中，官方发布了一部以甲骨文为主题的宣传片，将竞赛项目与甲骨文结合进行可视化呈现，重新引发人们对甲骨文的关注。

博物馆是一个很好的场景，它能提供甲骨文展品，呈现历史背景，还能开展教育活动，供人们交流反馈。设计师可以以博物馆为场景，以更好的体验为目标，利用热点，结合 AI 技术，获得设计机会。

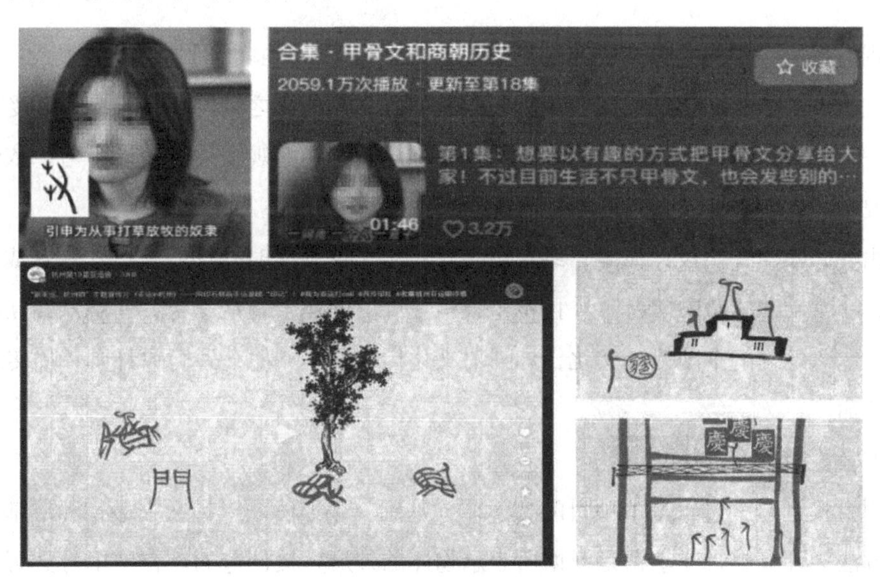

图 6-26　甲骨文重返公众视野

本文对甲骨文初学者这一群体进行了调研（图 6-27），发现大家学习甲骨文的动机以了解传统文化为主，学习方式以线上平台学习为主。现有方式存在专业性强，内容单一，资料碎片化，内容形式枯燥，缺乏反馈等问题。82% 的受访者愿意尝试与数字化技术结合的甲骨文教学，70% 的受访者希望采用游戏的形式。大家期望的学习方式是氛围更轻松，互动性更强，并与实践结合。大家希望从中获得有趣的体验，并深度了解历史文化背景，同时获得多样化的学习资源和特色纪念物件。

图 6–27　用户研究

现有博物馆作为甲骨文学习的场景，还存在以下不足：①弱互动，弱联系：通常更侧重于展示物品和信息，观众角色多为观察者，与展品之间的互动较少。②受众群体单一：更吸引对特定历史、艺术或文化主题已有兴趣的观众。③被动学习：依赖于文字说明、导游讲解或音频向导，侧重于传递信息和知识。

由此，本文提出设计概要，结合数字化技术，展开实时互动教学，让观众成为参与者，在互动和体验中学习，并且希望吸引更广泛的业余观众参与，使观众在互动体验中更深入地理解中国传统文化，加强对文化传统的认同感，践行设计师传播传统文化的使命。

2. 设计概念

甲骨文的造字过程是本项目的教学体验基础。象形法是甲骨文中最初和最基本的造字方法。许多甲骨文字符是根据所表示物体的外形直接创造的。在《甲骨文写意书法集》中与人体形象有关的字共计 245 个，占比高达 48%，既形象又写意（图 6–28），这些字通常通过简化人体的某些部分或特定动作来表达特定的意义。

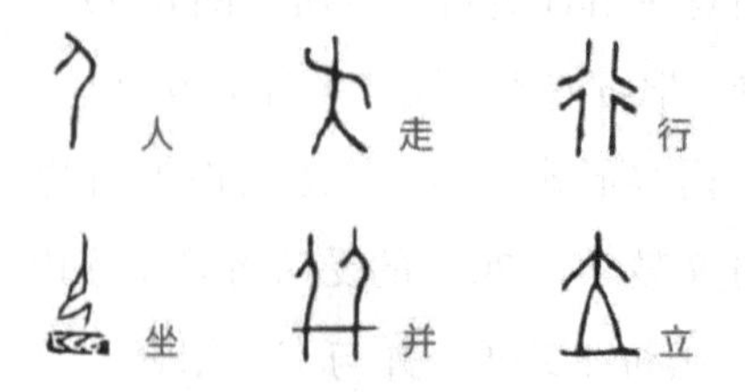

图 6–28　与人体形象有关的甲骨文

为此，以甲骨文造字过程为灵感，提出了项目概念。项目设置于博物馆，结合甲骨文中的人形字符和先进的Mediapipe识别技术，观众通过模仿甲骨文人形字符，体会甲骨文的造字过程，学习古老符号的历史和意义。甲骨文造字的这一“取象”和“构形”特征亦反映出人类认知的特点（图6-29），即人在认知过程中是以自身作为参照系，以自身和自身的运动联系世界并表征世界。我们期望公众亲身体验并深入理解中国传统文化的智慧，从而激发对中国传统文化的兴趣。同时展示如何通过创新技术使传统文化在现代社会中焕发新生，并为未来的文化教育和传播开辟新路径。

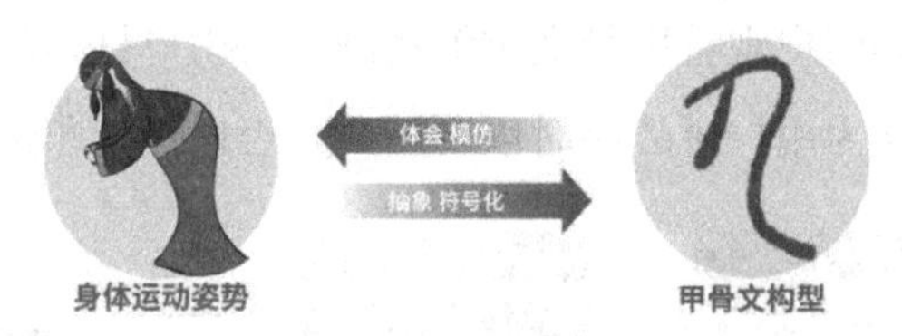

图6-29　设计概念提出

3. 用户旅程图

观众的旅程从社交媒体的一则帖子或一段广告开始，激发他们对互动教学装置的好奇心。接着，他们满怀期待地来到博物馆，使用互动装置时，会感到新奇和开心，识别成功时会兴奋和自豪，结束时，观众会获得带有自己照片和讲解的纪念卡片。体验后，观众将他们的感悟通过社交媒体分享，并可能因为此次旅程深入探索甲骨文的丰富历史，或将再次回访。这一系列旅程不仅增强了他们对甲骨文的了解，也激发了持续学习甲骨文的兴趣（图6-30）。

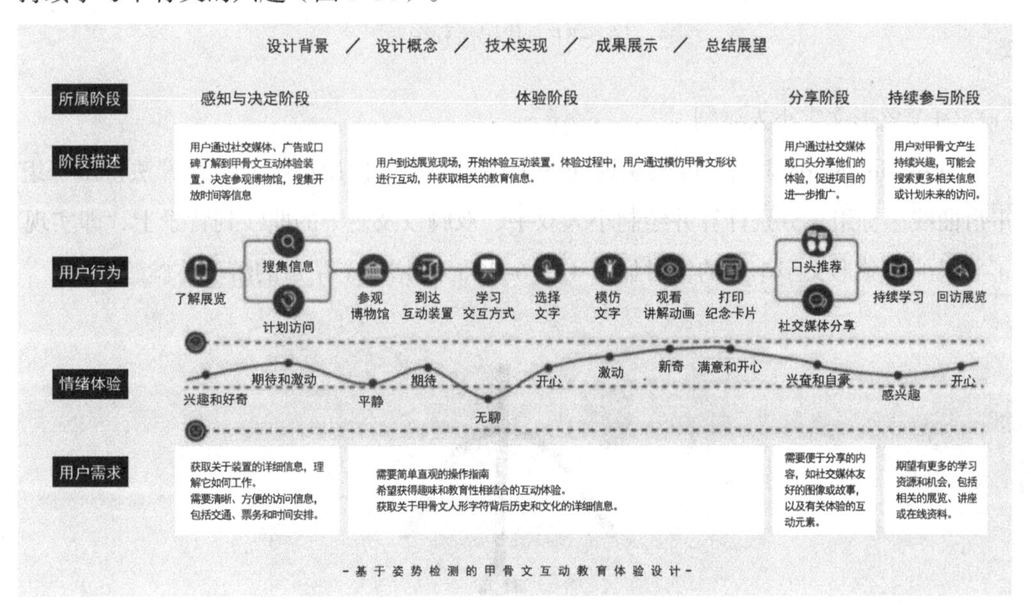

图6-30　用户旅程图

4. 技术实现

整体代码中引入的外部库分别为 Mediapipe、Matplotlib、OpenCV 以及 Numpy。Mediapipe 提供了人体姿态识别功能模块，利用训练好的模型处理摄像机捕获图像返回人体姿态关键点坐标；Matplotlib 提供了可视化绘图工具，处理复杂图形曲线计算输出；OpenCV 是计算机视觉库，提供窗口画面以及摄像头操作功能；Numpy 是 Python 的科学计算库，在代码中需经常调用（图 6–31）。

代码的主要流程模块遵循用户旅程图设计：①用户选择游玩的甲骨文；②用户开始挑战模仿甲骨文；③用户观看甲骨文讲解动画；④用户打印纪念卡片。整个体验流程较为线性，流程分支为用户挑战超时以及用户是否选择打印纪念卡片。

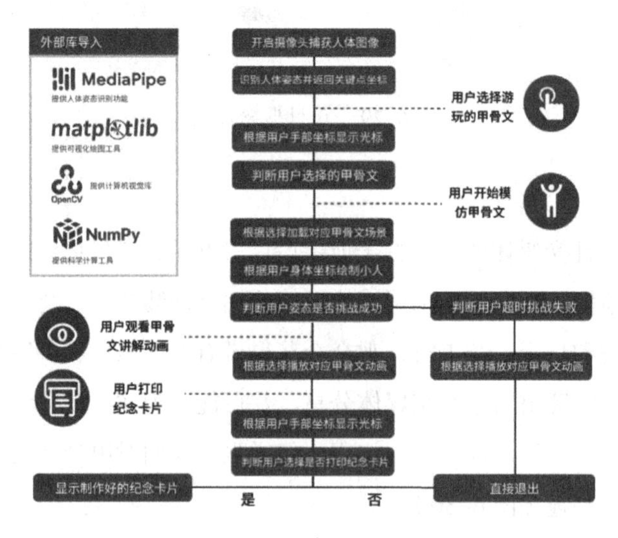

图 6–31　代码流程图

（1）象形文字小人绘制。

利用 Mediapipe 识别功能模块返回的关键点坐标，使用贝塞尔曲线算法得出一组平滑曲线坐标组。分别计算并绘制小人双手、双脚以及躯干的曲线到背景上，即实现了平滑的仿象形文字小人的实时显示（图 6–32），增强了用户的游玩体验感。

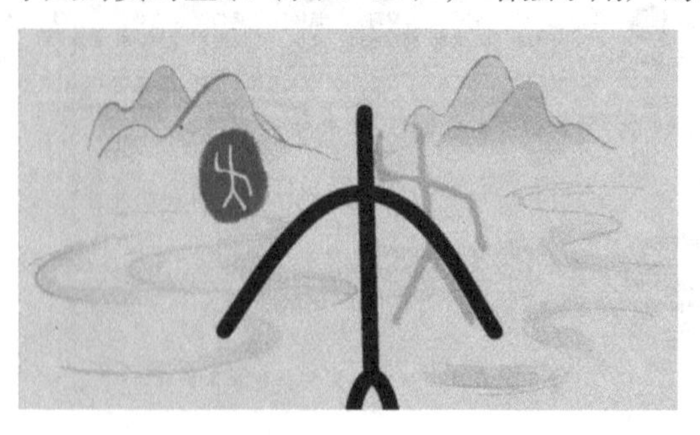

图 6–32　象形文字小人绘制效果

（2）模仿甲骨文识别。

模仿甲骨文识别是游戏体验进入下一步的关键功能。利用 Mediapipe 返回的关键点坐标，使用向量算法得出手臂或躯干的弯曲角度。利用角度判断用户姿态是否与所选甲骨文象形姿态匹配（图 6–33）。在开发中，采用了多组实验者的数据取平均值作为判断依据，且灵敏度和浮动范围均灵活可调，提高了识别可靠性。

```
def calculate_angle(point1, point2, point3):

    p1 = np.array([point1.x, point1.y])
    p2 = np.array([point2.x, point2.y])
    p3 = np.array([point3.x, point3.y])

    v1 = p1 - p2
    v2 = p3 - p2

    angle_rad = np.arccos(np.dot(v1, v2) / (np.linalg.norm(v1) * np.linalg.norm(v2)))

    angle_deg = np.degrees(angle_rad)
    return angle_deg
```

图 6–33　小人肢体向量计算角度代码与象形文字小人肢体弯曲效果

（3）纪念卡片生成。

利用 Mediapipe 返回的关键点坐标，在象形文字识别成功的时刻以人脸坐标为中心截取视频照片。然后根据 PNG 通道叠加算法将背景、纪念卡模板以及照片三层内容按设定位置生成专属纪念卡（图 6–34）。

图 6–34　专属纪念卡效果

（4）详细设计。

“人”是甲骨文的重要组成元素。据统计，在甲骨文的谱系里，以人或与人相关的部首组成的文字有 1091 字之多，在所有现存甲骨文中占比三分之一。其中最基础的人部属性表示了人的各种动作状态以及活动形态，在赋予个体属性和场景属性后，可以构成结构与字义更加复杂的字体。如人扛田具可译为负荷之“何”，人卧于床架之上可以译为“梦”，其余案例见图 6–35。

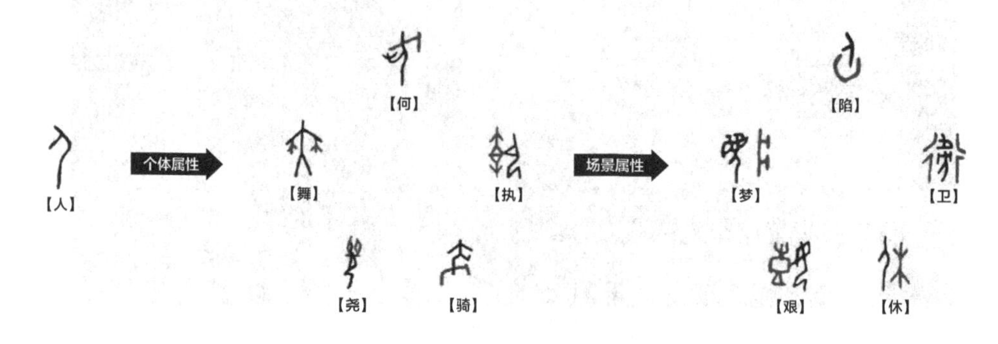

图 6–35　甲骨文构型过程示意

能够明晰“人”字所处的状态和条件对读懂甲骨文至关重要。在对 856 个常用甲骨文按照形态丰富度、文化代表性、技术可行性三个维度进行排序和筛选后，本文最终得到如图 6–36 所示的甲骨文，以落实后续的技术实现工作。其中可按照甲骨文中出现的人数分为单人、双人、三人结构，并以此为基础开展相关交互设计。

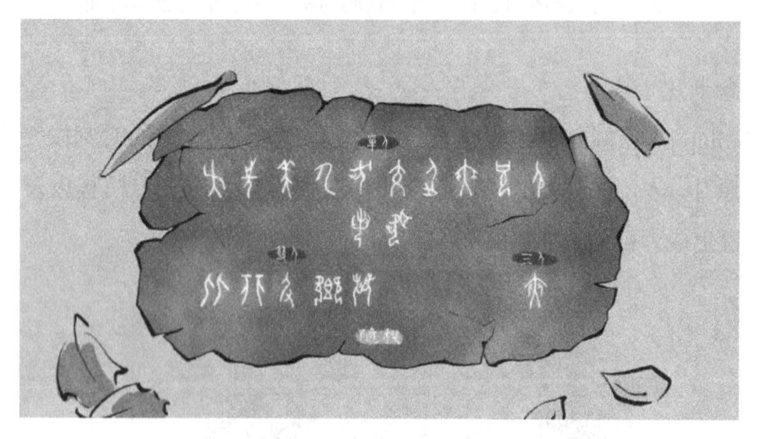

图 6–36　筛选后的甲骨文

许慎在《说文解字・叙》中提出六书理论，描述了汉字的生成方法。一曰指事、二曰象形、三曰形声、四曰会意、五曰转注、六曰假借。前四种是造字之法，后两种是用字之法。由此观之，学习甲骨文并不只是停留在对识字形这一基础层面，还应该熟知甲骨文的构型规律、字义演变以及应用场景。因此在设计实践过程中，我们主要围绕字义溯源与字义演变两方面呈现，并借助动画效果体现甲骨文在时间尺度与文化尺度上的变化与推演（图 6–37，图 6–38）。

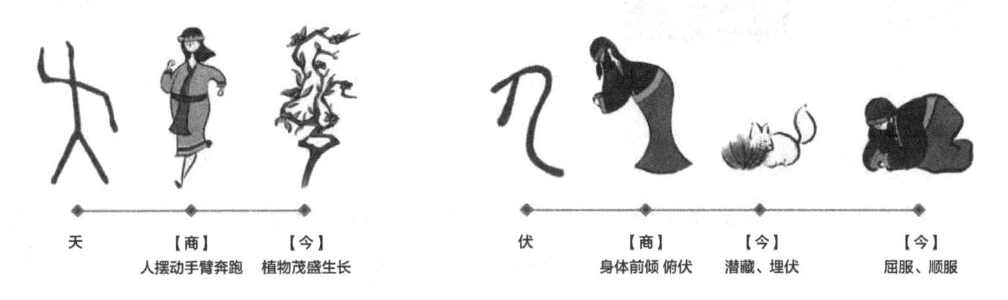

图 6–37　可视化思路示意

图 6–38　部分界面展示

界面的色彩方面，参考了殷商时期的青铜礼器，采用低饱和、强对比的色系以传达甲骨文的厚重与渊源，如图 6–39 所示。视觉风格以及具体的美术设计，其核心是还原殷商时期的人物风貌，让体验者更好地结合殷商文化理解甲骨文造字过程。到目前为止并未出土殷商服饰实物可供直接参考，所以演示动画中人物的服装和配饰风格取自殷墟玉人像中的编发、窄袖、V 字领、腰封以及上衣下裳的特征（图 6–40）。

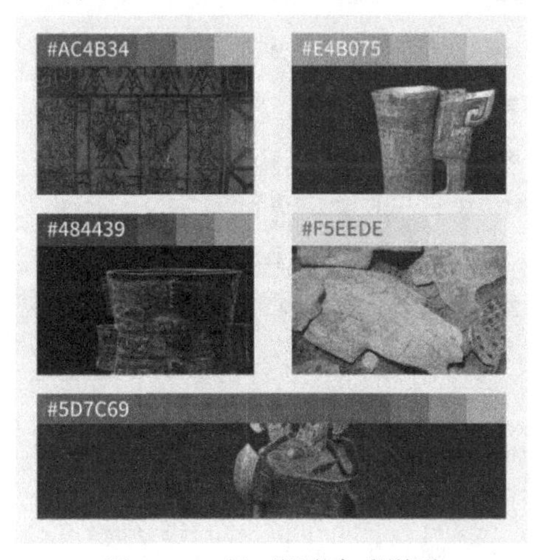

图 6–39　界面视觉色彩说明

图 6–40　殷墟玉人像及人物设计

（5）用户体验测试。

完成了部分字体的交互实现后，选取了六名用户进行评估测试。测试主要从客观感知的识字形、辨字义、举一反三的应用效果和主观感受的体验性、交互性、流畅度、视觉效果展开（图 6–41）等方面进行 。分别采用效度评估问卷与体验评估问卷。

评估结果显示，一方面，该游戏在促进用户辨析字形与字义方面有显著成效，但用户运用既有知识在判断未见过的字时，效果仍不够理想。初步推测是字体的个体属性和场景属性阻碍了判断，因此后续将对两者和“人”字本身的多样性加强适配，进一步筛选字体。

另一方面，互动与视觉效果良好，但体验流畅度尚有提升空间。身体关节点识别准确性与体验者的衣着、环境强相关，进而影响体验时长以及流畅度。后续应考虑如何优化使检测更加灵敏准确、增强操作的流畅性。

鉴于篇幅限制，未展示全部代码，仅供参考。

		测试序号	1	2	3	4	5	6	均值
效度评估问卷 ➡	客观感知	识字形	7	8	7	8	9	7	7.67
		辨字义	8	7	6	8	7	7	7.16
		举一反三	6	7	5	6	5	6	5.83
体验评估问卷 ➡	主观感受	体验性	7	8	9	8	9	8	8.16
		交互性	6	7	8	7	8	8	7.16
		流畅度	6	6	6	7	5	8	6.33
		视觉效果	8	9	8	9	9	7	8.33
		总值	48	52	49	53	52	51	50.83
		百分制	68.57	74.28	70.00	75.71	74.28	72.85	72.61

图 6–41　用户测试结果

6.3.3 云端应用

在上述设计案例中，仍然是基于PC环境开发而进行交互原型的验证。但由于树莓派资源有限，很多AI模型不适合在树莓派环境中进行推理，这时，可以借助云端的API调用，进行交互原型的开发。由于端到端调用简单方便，可以实现AI语音、AI人脸识别、AI姿态检测等功能，并且结合业务场景，可以开发很多智能硬件产品，其交互原型的思路和前述案例大体类似。此时，在ID设计阶段任务较重，需要考虑设计风格、IP概念、系统架构、交互流程、感知器件选择、App开发、系统集成及详细设计多个环节，对设计师来说是一种综合能力训练。图6-42展示了智能跟随直播小车的设计作品，基于树莓派4，利用Python调用百度云平台中的语音、图像API实现。

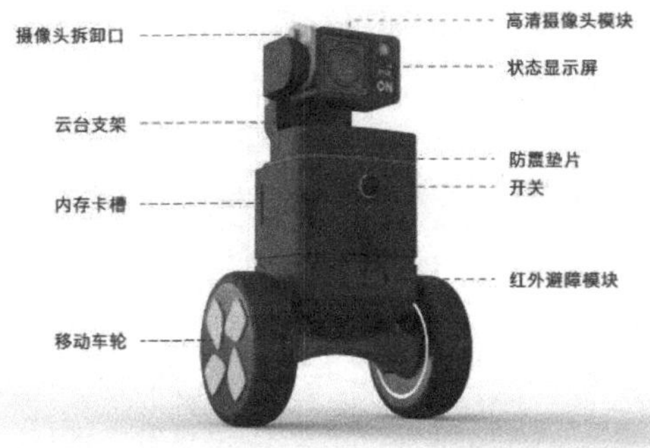

图6-42　智能跟随小车直播交互原型设计

AIGC 时代让消费者成为创造者，他们可以参与设计、创造并为之消费。未来，每个消费者都可以成为设计师，创造出自己想要的商品，使得设计平民化。专业设计师需要具有跨学科思维和创新能力，充分发挥其需求洞察能力、视觉感知能力、创新能力以及社交智能，将专业知识转化为独特的提示词，充分利用 AIGC 进行创新设计，实现设计、AI 技术和数字经济之间的融合，讲述产品背后的故事，赋能产业发展。

设计师需要了解生成式人工智能的特点及能力边界，守住偏见、伦理、法律等多方面的底线，充分尊重知识产权，以 AI 为工具，以设计材料为对象，与 AI 对话，有效地展示 AI 产品与服务，创造突破性产品。

参考文献

[1] BENJAMIN J J, BERGER A, MERRILL N, et al. Machine learning uncertainty as a design material: a post-phenomenological inquiry [C] . // Proceedings of the 2021 CHI Conference on Human Factors in Computing Systems, May 07, 2021, Association for Computing Machinery, Yokohama, Japan. 2021:1–14.

[2] Board of Innovation. Future scenario maker [EB/OL] . [2023–12–26] . https://ai.boardofinnovation.com/future-scenario-maker.

[3] Futurice. The intelligence augmentation design toolkit [EB/OL] . [2023–12–26] . https://www.futurice.com/ia-design-kit.

[4] Google. AutoML Tables [EB/OL] . [2022–12–10] . https://cloud.google.com/automl-tables/docs?hl=zh-cn.

[5] Google. What-If Tool [EB/OL] . [2022–12–10] . https://pair-code.github.io/what-if-tool/.

[6] Google PAIR. People + AI Guidebook [EB/OL] . [2023–03–15] . https://pair.withgoogle.com/guidebook.

[7] HEBRON P. Machine Learning for designers [M] . O' Relly Media, Inc., 2016.

[8] Interaction Design Foundation. AI for designers [EB/OL] . [2023–12–26] . https://www.interaction-design. org/courses/ai-for-designers.

[9] Looka. Design your own beautiful brand [EB/OL] . [2023–03–15] . https://looka.com/.

[10] PIET N. AI meets design toolkit [EB/OL] . [2023–03–15] . https://aixdesign.gumroad.com/l/toolkit.

[11] Storywizard. Engaging personalized learning experiences, powered by AI [EB/OL] . [2023–03–15] . https://www. storywizard.ai/home.

[12] Synthetic. Synthetic Users [EB/OL] . [2023–03–15] . https://app.syntheticusers.com/.

[13] UMBRELLO S, CAPASSO M, BALISTRERI M, et al. Value sensitive design to achieve the UN SDGs with AI: a case of Elderly Care Robots [J] . Minds and Machines, 2021, 31(3): 395–419.

[14] UMBRELLO S, VAN DE POEL I. Mapping value sensitive design onto AI for social good principles [J] . AI and Ethics, 2021, 1(3): 283–296.

[15] VERGANTI R, VENDRAMINELLI L, IANSITI M. Design in the age of artificial intelligence [J] . Harvard Business School Working Paper, No. 20–091, 2020.

[16] VETROV Y. How artificial intelligence is changing design [EB/OL] . [2023–03–15] .

https://algorithms.design/.

[17] 董海洋. 从软到硬：做智能硬件的 6 个月 [EB/OL] . [2022-12-10] . https://zhuanlan.zhihu.com/p/66318076.

[18] 贾明华. 硬件产品经理手册：手把手构建智能硬件产品 [M] . 北京：电子工业出版社，2020.

[19] 贾亦赫. 人工智能产品经理：从零开始玩转 AI 产品 [M] . 北京：电子工业出版社，2020.

[20] 刘海丰. 成为 AI 产品经理 [EB/OL] . [2022-12-10] . https://time.geekbang.org/column/article/329236.

[21] 孙凌云. 智能产品设计 [M] . 北京：高等教育出版社，2020.